普通高等教育"十一五"国家级规划教材
（高职高专教材）

石油产品分析
第三版

王宝仁　孙乃有　主编

化学工业出版社
·北京·

本书是普通高等教育"十一五"国家级规划教材。第二版自 2009 年出版以来，得到全国相关职业技术学院的广泛使用，曾多次重印。此次修订在保持第二版的基本结构和编写特色基础上，注意知识更新和对学生职业能力的培养，对部分内容进行了适当补充和更新。

全书共分十一章，在简单介绍石油产品及其取样方法、基本理化性质的分析基础上，分别就油品的蒸发性能、低温流动性能、燃烧性能、腐蚀性能、安定性、电性能等的分析进行了详细讲解，并介绍了油品中杂质的分析方法以及其他石油产品性能的分析方法。本书内容先进，有关术语、试验方法、量和单位均采用最新的国家标准或行业标准。

本书可作为高职高专工业分析与检验专业、石油炼制专业和其他相关专业的教材，也可作为石油炼厂分析及质量检测人员的主要参考书。

图书在版编目（CIP）数据

石油产品分析/王宝仁，孙乃有主编. —3 版. —北京：
化学工业出版社，2014.5（2019.9重印）
普通高等教育"十一五"国家级规划教材. 高职高专
教材
ISBN 978-7-122-19488-6

Ⅰ. ①石… Ⅱ. ①王…②孙… Ⅲ. ①石油产品-分析-
高等职业教育-教材 Ⅳ. ①TE626

中国版本图书馆 CIP 数据核字（2014）第 002537 号

责任编辑：陈有华　蔡洪伟　　　　　文字编辑：林　媛
责任校对：王素芹　　　　　　　　　装帧设计：王晓宇

出版发行：化学工业出版社（北京市东城区青年湖南街 13 号　邮政编码 100011）
印　　装：三河市延风印装有限公司
787mm×1092mm　1/16　印张 18½　字数 462 千字　2019 年 9 月北京第 3 版第 6 次印刷

购书咨询：010-64518888　　　　　售后服务：010-64518899
网　　址：http://www.cip.com.cn
凡购买本书，如有缺损质量问题，本社销售中心负责调换。

定　　价：35.00 元

前 言
FOREWORD

　　本书是普通高等教育"十一五"国家级规划教材。本书自2009年第二版出版以来，已多次重印，深受广大读者欢迎。普遍反映本书知识容量够用，技能训练针对性强，既给学生自学提供便利，又为教师处理教材，进行教学设计留有空间，利学利教，充分体现高职教育特色，便于开展"项目引领，任务驱动，教学做一体化"教学，利于实现"双证融通"及"校企合作、工学结合"的人才培养模式，满足学生毕业后达到无适应期上岗要求。本书既适用于应用型、技能型人才培养的各类教育，也可供从事石油产品生产、经销、质检等工作的技术人员参考使用。这次修订，在保持第二版教材体例、结构不变基础上，重点进行标准查新和知识更新，具体修改内容如下。

　　（1）查新标准，贯彻规范　　石油产品分析多为条件性试验，其专业规范性很强。近年来，随着国际贸易范围不断扩大，环保要求不断提高，石油产品标准和试验方法标准已有较多改变。修订教材相比第二版查新石油产品标准和试验方法标准50余个，为学习贯彻标准规范提供了基础。

　　（2）更新知识，保持先进性　　伴随石油产品标准和试验方法标准的升级，一些油品的分类、质量指标的评定意义、试验仪器、产品标示方法及牌号划分等也有不同程度改变，修订中注意与现行标准一致。同时增加"知识拓展"，扩大视野，对有关石油产品用途、先进指标要求及环保知识等进行介绍。

　　（3）叙述简洁，突出针对性　　修订时注意语言精练，叙述准确，并适当进行了增删。例如，增加"石油产品分析原始记录"，使教材内容更完整，实训更接近岗位工作实际；重点介绍国内现行石油产品技术要求主要技术指标的试验方法，而删除一些与其关联不大的内容（如石油产品恩氏黏度的测定）。

　　（4）图文并茂，突出操作性　　增加部分关键操作实例照片，替换及增补一些新仪器图片，示意图和装置图对比展示，直观可视，突出操作能力的培养。

　　（5）资源丰富，利于教与学　　将每章后的思考题改为测试题，题型为名词术语、判断题、填空题、选择题、简答题和计算题，突出教学技能要素和重点知识的考核。提供ppt电子教案及习题解答，利于教与学。

本书由辽宁石化职业技术学院王宝仁（第三章、第四章、第五章、第六章、附录），承德石油高等专科学校孙乃有（第七章、第八章、第九章），淄博职业技术学院房爱敏（第十章、第十一章），辽宁石化职业技术学院马超（第二章、第七章）、王新（第八章、第十一章）、晏华丹（第九章、第十章），盘锦和运实业集团有限公司王人华（第一章、第五章）、李更言（第四章、第六章）编写。全书由王宝仁统稿，王宝仁、孙乃有任主编，辽宁石化职业技术学院胡伟光主审。

教材修订中，参考和吸取一些相关资料的精华，在此向有关作者表示感谢。

限于编者水平，书中不妥之处在所难免，敬请读者批评指正，以便修改。

编　者

2013 年 10 月

第一版
前言

　　本教材是根据教育部组织制定的高职高专工业分析专业国家规划教材《石油产品分析》课程的教学基本要求编写的。教材适用于高职高专工业分析专业、石油炼制专业和其他相关专业，也可作为石油炼厂从事分析及质量检测人员的主要参考书。

　　教材内容包括石油产品分析概述和石油产品性能测定两部分，主要介绍石油产品分析的基本理论，石油产品的质量指标、试验方法和主要影响因素，重点学习评定燃料油、润滑油、石油蜡、润滑脂、石油沥青等石油产品的主要使用性能。

　　石油产品分析是工业分析与检验专业的一门专业课，是工业分析中的一个专项分析，它是在学生具备必要的专业理论和实验知识之后的一门必修课。因此，教材注意突出如下特点。

　　（1）在内容选择方面。突出"实际"、"实践"和"实用"的原则，理论知识以"必需"和"适度够用"为度，教学内容及实验项目具有典型性、综合性和可选择性；一些带有"＊"的内容可供不同专业教学选用；注意与相关学科知识的衔接和联系。

　　（2）在知识结构方面。突出应用特色和能力本位，展示出学习石油产品分析的一般思路，即指标评定意义、评定方法、影响因素和试验方法运用。利于培养学生的理论联系实际能力、分析问题解决问题能力和自学能力，促进专业培养目标的顺利实现。

　　（3）每章前均附有学习指南。指出学习内容、学习重要性、学习方法建议和需要"了解"、"理解"和"掌握"的具体内容，便于学生有目的地学习和分层次记忆知识。

　　（4）体现先进性。有关术语、试验方法、量和单位均采用最新的国家标准或行业标准；指出我国现行石油产品试验标准方法与相应国际标准之间的关系；介绍最新石油产品分析仪器的图片、适用范围和主要技术指标。

　　本教材由辽宁石化职业技术学院王宝仁（第二章、第三章、第四章、第五章、附录）、承德石油高等专科学校孙乃有（第六章、第七章、第八章）、齐齐哈尔大学刘勇智（第一章、第十章）、淄博职业学院房爱敏（第九章）编写。全书由王宝仁统稿，王宝仁、孙乃有任主编，辽宁石化职业技术学院李居参主审，胡伟光审读了全书。

　　本书的编审工作得到了化学工业出版社的大力支持，在此表示诚挚的谢意。

　　辽宁石化职业技术学院姜学信、王英健、刘永生，承德石油高等专科学校唐瑞敏、刘向红等为本书的编写提供了大量的资料，在此一并表示感谢。

　　限于编者水平，书中不妥之处在所难免，敬请读者批评指正，以便修改。

编　者

2004 年 3 月

第二版
前言

本书是普通高等教育"十一五"国家级规划教材，是在 2004 年第一版基础上修订的。本书第一版自出版以来，多次重印，深受广大师生及读者的欢迎。随着高等职业教育及教学改革的不断发展，"课程对准技术，技术对准职业"的改革模式已成为课程内容和课程体系改革的方向。石油产品分析作为一门专业规范性很强的专业课程，其内容必须与工作岗位接轨，为此，本次教材修订注意吸收广大读者的意见、建议，突出为专业培养目标服务。本次修订的特点及内容如下：

1. 注意知识更新，保持教材的先进性。教材更新了大量石油产品标准和试验方法标准，增补了一些现行石油产品技术要求常用分析方法的实训项目［如有关 GB/T 3536—1983 (1991)《石油产品闪点和燃点测定法（克利夫兰开口杯法）》、GB/T 6536—1997《石油产品蒸馏测定法》的知识与实训］，删除一些作废的石油产品试验方法标准及其试验和现行石油产品标准不用的试验方法（如有关"气液比"的知识与试验方法等）。

2. 注意贴近生产实际，保证教材结构科学合理。石油产品分析结果的正确与否，取样是基础，为正确取得代表性试样，教材增补了"第二章　石油产品取样"。"西气东输"提供了大量的清洁燃料，降低了空气污染，同时也增加了分析天然气的机会，为此教材在"第十一章　其他石油产品性能的分析"中增加了"第一节　天然气"。为便于不同学校或专业教学选用，本教材仍保留一些带有"＊"的内容。

3. 注意职业能力培养，为职业技能鉴定培训提供保证。本教材共列出 6 套职业技能模拟试题，重点展示评分记录表中的技能考核点（评分要素），为在教学过程中对实训项目技能考核点的分解与评定提供样例。

本书由辽宁石化职业技术学院王宝仁（第三章、第四章、第五章、附录），承德石油高等专科学校孙乃有（第七章、第八章、第九章），齐齐哈尔大学刘勇智（第一章），淄博职业学院房爱敏（第十章），辽宁石化职业技术学院马超（第二章）、王新（第十一章）、于月明（第六章）编写，周军、康为国参加了部分编写工作。全书由王宝仁统稿，王宝仁、孙乃有任主编，辽宁石化职业技术学院胡伟光主审。

限于编者水平，书中不妥之处在所难免，敬请读者批评指正，以便修改。

编　者
2008 年 12 月

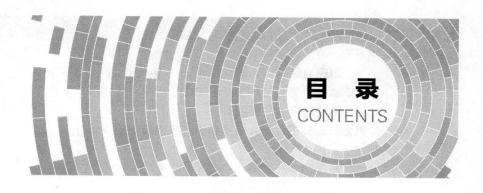

目 录
CONTENTS

本书常用符号及单位

符　号	意　义	单　位
c	物质的量浓度	mol/L
CN	标准燃料的十六烷值	
CI	试样的十六烷指数	
d	相对密度	
DI	柴油指数	
E_t	试样在温度 t 时的恩氏黏度	°E
F	相邻两层流体作相对运动时产生的内摩擦力	N
K_{20}	黏度计的水值	s
m	质量	g
MON	马达法辛烷值	
$MUON$	道路法辛烷值	
MPN	马达法品度值	
ONI	抗爆指数	
p	压力	Pa
Q	热量	kJ
Q_B	总热值	kJ/kg
S	面积	m²
RON	研究法辛烷值	
t	温度	℃
t_A	苯胺点	℃
T	滴定度	g/mL
ν	运动黏度	m²/s
VI	黏度指数	
w	质量分数	%
X	酸值	mgKOH/g
ρ	密度	g/mL
μ	动力黏度(简称黏度)	Pa·s
τ	平均流动时间(多次测定结果的算术平均值)	s
φ	体积分数	%

第一章
石油产品分析概述

学习指南

目前,石油是世界第一能源。石油产品是以石油或石油某一部分作原料直接生产所得各种商品的总称。对于石油产品的准确分析,有助于人类正确认识和合理使用石油这一不可再生性资源。本章主要概述石油及其产品组成、分类,石油产品分析任务、分析标准,以及分析数据的处理等。

通过本章学习,应了解石油产品组成及分类;熟悉石油产品分析任务及分析标准;掌握分析数据处理方法。

第一节 石油及石油产品

石油是一种黏稠状的可燃性液体矿物油,颜色多为黑色、褐色或绿色,少数有黄色。地下开采出来的石油未经加工前叫原油。

石油产品是以石油或石油某一部分作原料直接生产所得各种商品的总称。例如,燃料、润滑油、润滑脂、石蜡、沥青、石油焦及炼厂气等。

一、石油的组成

1. 石油的元素组成

世界上各国油田所产原油的性质虽然千差万别,但它们的元素组成基本一致。即主要由C、H 两种元素组成,其中 C 含量为 83.0%～87.0%,H 含量为 10.0%～14.0%;根据产地不同,还含有少量的 O、N、S 和微量的 Cl、I、P、As、Si、Na、K、Ca、Mg、Fe、Ni、V 等元素。它们均以化合物形式存在于石油中。

2. 石油的化合物组成

石油不是一种单纯的化合物,而是由几百种甚至上千种化合物组成的混合物。随着产地的不同,元素组成也各不相同,因而石油的化合物组成也存在很大差异。它们主要由烃类和非烃类组成,此外还有少量无机物。

(1) 烃类化合物 烃类化合物(即碳氢化合物)是石油的主要成分。石油中的烃类数目庞大,至今尚无法确定。但通过大量研究发现,烷烃、环烷烃和芳香烃是构成石油烃类的主要成分，它们在石油中的分布变化较大。例如，含烷烃较多的原油称为石蜡基原油，含环烷烃较多的原油称为环烷基原油，而介于二者之间者称为中间基原油。

（2）烃的衍生物　烃的衍生物即非烃类有机物。这类化合物的分子中除含有 C、H 元素外，还含有 O、N、S 等元素，这些元素含量虽然很少（1%～5%），但它们形成化合物的量却很大，一般占石油总量的 10%～15%，极少数原油中非烃类有机物含量甚至高达 60%，它们对石油炼制和石油产品质量的影响很大，其大部分需在加工过程中予以脱除，如果将它们进行适当处理，也可生产一些有用的化工产品。

（3）无机物　除烃类及其衍生物外，石油中还含有少量无机物，主要是水及 Na、Ca、Mg 的氯化物、硫酸盐和碳酸盐以及少量泥污等。它们分别呈溶解、悬浮状态或以油包水型乳化液分散于石油中。其危害主要是增加原油贮运的能量消耗，加速设备腐蚀和磨损，促进结垢和生焦，影响深度加工催化剂的活性等。

二、石油产品分类

我国石油产品分类的主要依据是 GB/T 498—1987《石油产品及润滑剂的总分类》，它参照采用国际标准 ISO/DIS 8681—1985《石油产品及润滑剂的分类方法和类别的确定》。该标准按主要用途和特性将石油产品划分为六类，即燃料（F）、溶剂和化工原料（S）、润滑剂及有关产品（L）、蜡（W）、沥青（B）、焦（C）等。其类别名称代号是按反映各类产品主要特征的英文名称的第一个字母确定的。

石油产品分类标准采用统一命名格式，产品整体名称以编码形式表示。其一般形式为

$$\boxed{类别}-\boxed{品种}\boxed{数字}$$

其中　类别——石油产品和有关产品类别用一个字母表示，该字母和其他符号用半字线"-"相隔；

品种——由一组英文字母所组成，其首字表示级别，位于其后的字母单独存在时是否有含义，在有关组或品种的详细分类标准中都有明确规定；

数字——位于产品名称最后，其含义规定在有关标准中。

例如，L-G68。其中，L 表示润滑剂；G 表示导轨油（导轨用润滑剂的组别）；68 表示黏度等级（GB/T 3141—1994《工业液体润滑剂 ISO 黏度分类》中的黏度等级）。

又如 L-HL32，其中第 1 个 L 表示润滑剂；H 表示液压系统用油；第 2 个 L 表示具有抗氧和防锈性能的精制矿物油；32 表示黏度等级（GB/T 3141—1994《工业液体润滑剂 ISO 黏度分类》中的黏度等级）。

1. 燃料

石油燃料是指用来作为燃料的各种石油气体、液体的统称。按 GB/T 12692.1—2010《石油产品燃料（F 类）分类　第 1 部分：总则》将其分为 5 组，见表 1-1。

表 1-1　石油燃料分类

组别	副　　组	组别定义
G	—	气体燃料：主要由石油中的甲烷、乙烷或其混合物组成的气体燃料
L	—	液化石油气：主要由 C_3、C_4 的烷烃或烯烃或其混合物组成，且更高碳原子数的物质液体体积小于 5% 的气体燃料
D	(L)[1](M)[2](H)[3]	馏分燃料：由原油加工或石油气分离所得的液体燃料
R	—	残渣燃料：含有来源于石油加工残渣的液体燃料。规格中应限制非来源于石油的成分
C	—	石油焦：由原油或原料油深度加工所得，主要由碳组成的来源于石油的固体燃料

① 副组（L）代表"轻质馏分"，表示沸点在 230℃ 以下、闪点（闭口）低于室温的石脑油及汽油。

② 副组（M）代表"中质馏分"，表示沸点接近 150～400℃ 之间，闪点（闭口）在 38℃ 以上的煤油及瓦斯油。

③ 副组（H）代表"重质馏分"，表示含有大量的沸点在 400℃ 以上，闪点（闭口）超过 60℃ 的无沥青质的燃料和原料。

2. 溶剂和化工原料

溶剂和化工原料一般是石油中低沸点馏分，即直馏馏分、催化重整产物抽提芳烃后的抽余油经进一步精制而得到的产品，一般不含添加剂，主要用途是作为溶剂和化工原料。

3. 润滑剂及有关产品

润滑剂是一类很重要的石油产品，几乎所有带有运动部件的机器都需要润滑剂。润滑剂包括润滑油和润滑脂。

目前，我国润滑剂及有关产品（L）按应用场合划分为18组，见表1-2。

表1-2　润滑剂、工业用油和有关产品（L类）的分类（GB/T 7631.1—2008）

组别	应用场合	已制定的国家标准编号	组别	应用场合	已制定的国家标准编号
A	全损耗系统	GB/T 7631.13	N	电器绝缘	GB/T 7631.15
B	脱模	—	P	气动工具	GB/T 7631.16
C	齿轮	GB/T 7631.7	Q	热传导液	GB/T 7631.12
D	压缩机（包括冷冻机和真空泵）	GB/T 7631.9	R	暂时保护防腐蚀	GB/T 7631.6
E	内燃机油	GB/T 7631.17	T	汽轮机	GB/T 7631.10
F	主轴、轴承和离合器	GB/T 7631.4	U	热处理	GB/T 7631.14
G	导轨	GB/T 7631.11	X	用润滑脂的场合	GB/T 7631.8
H	液压系统	GB/T 7631.2	Y	其他应用场合	—
M	金属加工	GB/T 7631.5	Z	蒸汽汽缸	—

4. 蜡、沥青和焦

（1）蜡　蜡广泛存在于自然界，在常温下大多为固体，按其来源可分为动物蜡、植物蜡和矿物蜡。石油蜡包括液体石蜡、凡士林、石蜡、微晶蜡和特种蜡，它们是具有广泛用途的一类石油产品。液体石蜡一般是指 $C_9 \sim C_{16}$ 的正构烷烃，它在室温下呈液态。凡士林又称石油脂，通常是以残渣润滑油料脱蜡所得蜡膏为原料，按照稠度要求掺入不同量润滑油，并经过精制后制成的一系列产品。石蜡又称晶形蜡，它是从减压馏分中经精制、脱蜡和脱油而得到的固态烃类，其烃类分子的碳原子数为16~45，多数为22~38，平均相对分子质量为300~500。微晶蜡是从石油减压渣油中脱出的蜡经脱油和精制而得，它的碳原子数为35~80，多数为36~60，平均相对分子质量大于500。特种蜡是用石蜡和微晶蜡为基本原料，经特殊加工或添加调和组分而制得的具有特殊性能和适应特定使用部位要求的石蜡。

（2）沥青　石油沥青是以减压渣油为主要原料制成的一类石油产品，它是黑色固态或半固态黏稠状物质。石油沥青主要用于道路铺设和建筑工程上，也广泛用于水利工程、管道防腐、电器绝缘和油漆涂料等方面。

（3）石油焦　石油焦为黑色或暗灰色的固体石油产品，它是带有金属光泽、呈多孔性的无定形碳素材料。石油焦一般含碳90%~97%，含氢1.5%~8%，其余为少量的硫、氮、氧和金属。石油焦一般是减压渣油经延迟焦化而制得，广泛用于冶金、化工等部门，作为制造石墨电极或生产化工产品的原料。

第二节　石油产品分析的目的、任务及标准

石油产品分析是指用统一规定或公认的试验方法，分析检验石油产品理化性质和使用性能的试验过程。石油产品分析课是建立在化学分析、仪器分析和石油炼制工程的基础上，以

石油炼制中的原油分析、原材料分析、生产中控制分析和产品检验为主要内容的一门课程。

一、 石油产品分析的目的和任务

1. 石油产品分析的目的

石油产品分析的目的是通过一系列的分析实验，为石油从原油到石油产品的生产过程和产品质量进行有效控制和检验。它是石油产品生产加工的"眼睛"，可为油品加工过程提供有效的科学依据。

2. 石油产品分析的任务

（1）为制订加工方案提供基础数据　对用于石油炼制的原油和原材料进行分析检验，为建厂设计和制订生产方案提供可靠的数据。

（2）为控制工艺条件提供数据　对各炼油装置的生产过程进行控制分析，系统地检验各馏出口产品和中间产品的质量，从而对各生产工序及操作进行及时调整，以保证产品质量和安全生产，并为改进生产工艺条件、提高产品质量、增加经济效益提供依据。

（3）检测石油产品的质量　对石油产品进行质量检验，确保进入商品市场的石油产品的质量，促进企业建立健全的质量保证体系。

（4）对油品的使用性能进行评定　对超期贮存和失去标签或发生混串油品的使用性能进行评定，以便确定上述油品能否使用或提出处理意见。

（5）对石油产品的质量进行仲裁　当油品生产和使用部门对油品质量发生争议时，可根据国际或国家统一制定的标准进行检验，确定油品的质量，作出仲裁，以保证供需双方的合法利益。

二、石油产品分析的标准

1. 石油产品标准

石油产品标准是指将石油及石油产品的质量规格按其性能和使用要求规定的主要指标。石油产品标准包括产品分类、分组、命名、代号、品种（牌号）、规格、技术要求、检验方法、检验规则、产品包装、产品识别、运输、贮存、交货和验收等内容。在我国主要执行中华人民共和国强制性标准（GB）、推荐性国家标准（GB/T）、石油化工行业标准（SH）和企业标准〔如石油化工企业标准（Q/SH）〕，涉外的按约定执行。

2. 试验方法标准

石油产品是复杂有机化合物的混合物，理化性质没有固定值，因此，其试验需用特定的仪器，按规定的操作条件进行。**石油产品试验方法标准就是根据石油产品试验多为条件性试验的特点，为方便使用和确保贸易往来中具有仲裁和鉴定法律约束力，而制定的一系列分析方法标准。**试验方法标准包括适用范围、方法概要、使用仪器、材料、试剂、测定条件、试验步骤、结果计算、精密度等技术规定。根据适应领域和有效范围分标准为以下六类。

（1）国际标准　由共同利益国家间的合作与协商制定，是为大多数国家所承认的，具有先进水平的标准。如国际标准化组织（ISO）所制定的标准及其确认并公布的其他国际组织所制定的标准。国际标准在全世界范围内统一使用。

（2）地区标准　局限在几个国家和地区组成的集团使用的标准。如欧洲标准化委员会（CEN）制定和使用的欧洲标准（EN）。

（3）国家标准　是指在全国范围内统一使用的标准，一般是由国家指定机关制定、颁布实施的法定性文件。例如，我国石油产品及石油产品试验方法国家标准是由国务院标准化行政主管部门指派中国石油化工科学研究院组织制定，在 1988 年以前由国家标准局颁布实施；1990 年后依次改由国家技术监督局、国家质量技术监督局、国家质量监督检疫检验总局发布。目前由国家质量监督检验检疫总局和国家标准化管理委员会联合发布。

国家标准号前都冠以不同字头。例如，我国用 GB，美国用 ANSI，英国用 BSI，德国用 DIN，日本用 JIS，俄罗斯用 ГOCT 等。

（4）行业标准　是指在无现行国家标准而又需要在全国行业范围内统一技术要求时所制定的标准。行业标准由国务院有关行政主管部门制定实施，并报国务院标准化行政部门备案，如中国石油化工行业标准用 SH 表示。行业标准不得与国家标准相抵触。

国际上著名的行业标准有美国材料与试验协会标准 ASTM、英国石油学会标准 IP 和美国石油学会标准 API。它们都是世界上著名的行业标准，是各国分析方法靠拢的目标。

（5）地方标准　在没有国家标准和行业标准，而又需要在省、自治区、直辖市范围内统一工业产品要求时所制定的标准。例如，北京市地方标准 DB 11/238—2012《车用汽油》。

（6）企业标准　在没有相应的国家或行业标准时，企业自身所制定的试验方法标准。企业标准须报当地政府标准化行政主管部门和有关行政主管部门备案。企业标准不得与国家标准或行业标准相抵触。为了提高产品质量，企业标准可以比国家标准或行业标准更为先进。企业标准符号以字母"Q"为首，如石化企业标准用 Q/SH 表示。

石油产品试验方法属技术标准中的方法标准。我国石油产品试验方法的编号意义如下：编号的字母（汉语拼音）表示标准等级，带有 T 的为推荐性标准，无 T 的为强制性标准，中间的数字为发布标准序号，末尾数字为审查批准年号，批准年号后面如有括号时，括号内数字为该标准进行重新确认的年号。例如，GB 19147—2013 为中华人民共和国强制性标准第 19147 号，2013 年批准；GB/T 5096—1985（1991）为中华人民共和国推荐性标准第 5096 号，1985 年批准，1991 年重新确认；SH/T 4985—2010 为中国石油化工行业推荐性标准第 4985 号，2010 年批准。

三、我国采用国际标准或国外先进标准的方式

1. 等同采用

"等同采用"用符号"≡"、缩写字母"idt"表示。其技术内容完全相同，没有或仅有编辑性修改，编写方法完全对应。

2. 等效采用

"等效采用"用符号"="、缩写字母"eqv"表示。其技术内容基本相同，个别条款结合我国情况稍有差异，但可被国际标准接受，编写方法不完全对应。

3. 非等效采用

"非等效采用"即"参照采用"，用符号"≠"、缩写字母"nev"表示。其技术内容有重大差异，有互不接受的条款。

第三节　实验数据的处理

一、数据中的有关术语

（1）真实值　客观存在的真实数值。绝对的真实值是难以获得的，一般可在消除系统误差后，用多个实验室得到的单个结果的平均值来表示。

（2）误差　测量结果与真实值之间的差值。表示方法有绝对误差和相对误差。

（3）绝对误差　误差的绝对值，即测定值减去真实值之差。

（4）相对误差　绝对误差与真实值之比乘以 100% 所得的相对值。

（5）系统误差　试验工作中由于某些恒定因素（如试验方法、试剂、仪器等）的影响而出现的恒定误差。这种误差表现为结果与真实值之间存在一个稳定的正误差或负误差。该类误差可通过改进实验技术予以减小。

（6）偶然误差　在全部测试中，尽管最严格地控制了各种变量（条件），但偶然的因素仍会使结果之间产生差异。该类误差一般为人为原因造成的，其误差随机变化，可为正值或负值。

（7）准确度　测量结果与真实值的符合程度，一般以相对误差来表示。

（8）偏差　测量结果与平均值之间的差值。

（9）精密度　用同一试验方法对同一试样测定的两个或多个结果的一致性程度。石油产品试验精密度用重复性和再现性表示。

（10）重复性(r)　是指在相同的试验条件下（同一操作者、同一仪器、同一实验室），在短时间间隔内，按同一方法对同一试验材料进行正确和正常操作所得独立结果在规定置信水平（置信度通常为 95%）下的允许差值。

（11）再现性(R)　是指在不同试验条件（不同操作者、不同实验室）下，使用相同类型仪器，按同一方法对同一试验材料进行正确和正常操作所得单独的试验结果在规定置信水平（置信度通常为 95%）下的允许差值。

二、数据处理及试验结果报告

1. 分析原始记录

石油产品分析原始记录，是指分析人员在试验过程中最初的数字或文字记载。原始记录不仅是出具检验报告的依据，也是质检机构的重要基础资料，工作质量的表征。原始记录应是未经过加工整理的第一手资料，不得事后追记、抄正或随意更改。其格式要规范，各页标有页码，记为"共×页第×页"。

石油产品分析原始记录内容一般应包括样品名称、编号、分析项目、分析地点、分析日期、分析依据和方法、分析结果及参加分析人员（分析人、复核人）的签名以及分析环境条件、仪器名称等。表 1-3 为某石化公司硫醇性硫试验原始记录表。

表 1-3　硫醇性硫试验原始记录表

年　　月　　班　　　　　　　　　　　　　　　　　　　　　　　　　　　质检 Q178 表

试验方法	GB/T 1792—1988				
采样地点			样品名称		
采样日期	日　　时		试验日期	日　　时	
AgNO₃ 醇标准溶液浓度 $c/(mol/L)$					
试验编号					
试样用量 m/g					
滴定终点消耗标准溶液体积 V/mL	加入标准溶液体积/mL	电位/mV			
试验结果（质量分数）$w/\%$					
备　　注	计算公式：$w=\dfrac{32.06\text{g/mol}\times cV}{1000\text{mL/L}\times m}\times 100\%$				
试验者		检查者		班长	

目前，许多厂家都采取计算机网上填报原始记录的方式，便于内部调取查阅，掌控质量信息，并及时调控操作参数。

2. 分析数据的处理

石油产品分析所得实验数据是否可靠，可通过对精密度（即重复性和再现性）的分析来判断。如果两次测定结果之差小于或等于 95％置信水平下的 r 值和 R 值，则认为两个测定结果可靠，数据有效，可将其平均值作为测定的结果。如果两次测定结果之差大于 95％置信水平下的 r 值和 R 值，则两个数据均可疑，此时，至少要取得 3 个以上结果（包括先前两个结果），然后计算最分散结果和其余结果的平均值之差，将其差值与方法的精密度相比较，如果差值超出，则应舍弃最分散的结果，再重复上述方法，直至得到一组可接受的结果为止。

结果是指按照试验方法的完整步骤进行操作所得到的测定数值。根据试验方法的不同要求，该值可由一次得到，或由几次测定的平均值得出。

例如，沥青软化点测定采用 GB/T 4507—1999《沥青软化点测定法（环球法）》。其重复性要求不大于 $1.2℃$。如果两次测定结果分别为 $116.8℃$ 和 $115.7℃$，则数据处理如下。

两次结果之差为

$$116.8℃-115.7℃=1.1℃<1.2℃$$

则这两个结果符合精密度要求，数据有效。该试验方法要求取两个结果的平均值作为报告值，即其测定结果为

$$\frac{116.8℃+115.7℃}{2}=116.25℃$$

又如，道路石油沥青针入度测定中采用 GB/T 4509—2010。该试验方法要求报告 3 次测定针入度的平均值，作为一个测定结果。并且根据针入度范围不同，3 次测定值的差值要求也不同。140 号道路石油沥青针入度在 $110\sim150mm$ 范围内，要求最大值与最小值的允许差值小于 4。若 3 次平行测定值分别为 125、126、127。则

测定值的最大差值为

$$127-125=2<4$$

这 3 个测定值符合要求，其测定结果应为

$$\frac{125+126+127}{3}=126$$

如果重复试验的 3 次平行测定值分别为 125、127、127。则测定值的最大差值为

$$127-125=2<4$$

这 3 个测定值符合要求，其测定结果应为

$$\frac{125+127+127}{3}=126.3$$

两个测定结果的平均值为

$$\frac{126+126.3}{2}=126.2$$

两个测定结果的差值与其平均值之比为

$$\frac{126.3-126}{126.2}\times100\%=0.2\%$$

GB/T 4509—2010 对重复性要求是，同一操作者，在同一实验室，用同一台仪器测得

的两个结果之差不超过平均值的 4%。显然，上述两个结果符合重复性要求，两个测定结果均可靠，任何一个都可作为报告值。

3. 分析结果报告

在油品分析中，要求将准确的分析结果及时地反馈给生产单位和生产指挥人员，以便及时调整生产工艺，得到合格的石油产品及半成品。这就需要填写分析报告单，紧急情况下，可先用电话报告分析结果后送书面报告。分析报告单一般以图表或文字形式填写，并按规定要求清楚、完善、准确填写，报告单上不得涂改或臆造数据。

试验结果报告单一般应包括采样时间、地点、试样编号、试样名称、测定次数、完成测定时间、所用仪器型号、分析项目、分析结果、备注、分析人员、技术负责人签字、实验室所在单位盖章等。作为鉴定分析或仲裁分析，还应包括实验方法、标准要求及约定等。

测试题

1. 名词术语

(1) 原油　　　(2) 石油产品　　　(3) 石油燃料　　　(4) 石油产品分析

(5) 石油产品标准　(6) 试验方法标准　(7) 国际标准　　(8) 区域标准

(9) 国家标准　　(10) 行业标准　　(11) 地方标准　　(12) 企业标准

(13) 重复性　　(14) 再现性　　(15) 原始记录　　(16) 结果

2. 判断题（正确的画"√"，错误的画"×"）

(1) GB/T 7631.1—2008 将我国润滑剂及有关产品（L）按应用场合划分为 18 类。　（　　）

(2) 石油蜡包括液体石蜡、凡士林、石蜡、微晶蜡和特种蜡。　（　　）

(3) 符号 GB/T 表示中华人民共和国强制性标准。　（　　）

(4) 原始记录应由分析人员在试验过程中及时填写。　（　　）

(5) 与国外先进标准技术内容完全相同，没有或仅有编辑性修改，编写方法完全对应地采用，称为等效采用。　（　　）

(6) 再现性是指在不同试验条件（不同操作者、不同仪器、不同实验室）下，按同一方法对同一试验材料进行正确和正常操作所得单独的试验结果，在规定置信水平（95%置信度）下的允许差值。　（　　）

3. 填空题

(1) 原油主要由____、____两种元素组成，还含有少量的____、____、____等元素。

(2) 我国石油产品依据是 GB/T 498—1987《石油产品及润滑剂的总分类》。按主要用途和特性将石油产品划分为燃料、溶剂和_____、_____、_____、_____六类。

(3) 石油燃料按 GB/T 12692.1—2010《石油产品燃料（F 类）分类　第 1 部分：总则》将其分为 5 组，分别为_____、_____、_____、_____、_____。

(4) 根据适应领域和有效范围标准分为_____、_____、_____、_____、地方标准和_____六类。

(5) SH/T 0114—1992（2007）为中国石油化工行业标准，第_____号，_____年批准，_____年重新确认。

(6) 石油产品试验精密度用_____和_____表示。

4. 选择题

(1) 下列标准符号表示企业标准的是 (　　)。

A. Q/SH　　　　B. GB　　　　C. SH/T　　　　D. DB

(2) 下列不属于我国采用国际标准或国外先进标准的方式是 (　　)。

A. 等同采用　　B. 等效采用　　C. 非等效采用　　D. 选择采用

(3) 下列国外先进标准中，表示美国试验与材料协会标准的是 (　　)。

A. ISO　　　　B. BS　　　　C. ASTM　　　　D. API

(4) 因温度计未及时校正而引起的读数误差属于 (　　)。

A. 系统误差　　B. 绝对误差　　C. 相对误差　　D. 偶然误差

5. 简答题

(1) 简述石油产品分析及其目的。

(2) 简述我国采用国际标准或国外先进标准的方式。

(3) 对照表 1-3，说明石油产品分析试验原始记录应包括的内容。

(4) 简述试验结果报告单一般应包括的内容。

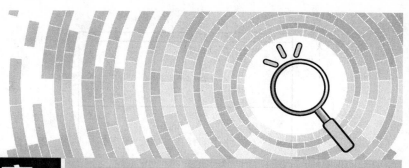

第二章
石油产品取样

 学习指南

本章主要介绍石油产品试样分类和石油产品取样方法。石油产品取样是准确获得石油产品分析数据的基础，因此必须使用代表性试样进行试验。

在本章学习中，要了解石油产品试样的分类及石油产品取样执行标准；掌握气体、液体和固体石油产品的取样方法，会进行液体石油产品取样操作；掌握石油产品取样的有关安全知识。

第一节　石油产品试样

石油产品试样是指向给定试验方法提供所需要产品的代表性部分。

一、石油产品试样的分类

按石油产品性状的不同，可将石油产品试样分为四类，见表 2-1。

表 2-1　石油和石油产品试样类别及其实例

试样类别	实　例	试样类别		实　例
气体试样	液化石油气、天然气	固体试样	可熔性试样	蜡、沥青
液体试样	汽油、煤油、柴油、润滑油、原油		不熔性试样	石油焦、硫黄块
膏状试样	润滑脂、凡士林		粉末状试样	焦粉、硫黄粉

二、液体石油产品试样的分类

石油产品分析中最常见的是液体油品，GB/T 4756—1998《石油液体手工取样法》按取样位置和方法将石油产品试样分类如下。

1. 点样

点样是指从油罐内规定位置或在泵送操作期间按规定时间从管线中采取的试样。点样仅代表石油产品局部或某段时间的性质。如图 2-1 所示，按取样位置可将点样划分如下。

（1）撇取样（表面样）　从油罐内顶液面处采取的试样。

（2）顶部样　在油品顶液面下 150mm 处采取的试样。

（3）上部样　在油品顶液面下深度 1/6 处采取的试样。

（4）中部样　在油品顶液面下深度 1/2 处采取的试样。

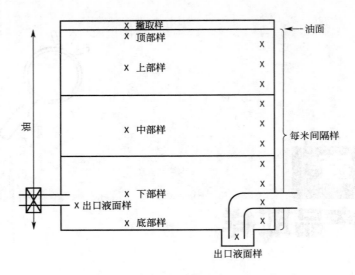

图 2-1　液体油品取样位置示意图

（×表示取样点）

（5）下部样　在油品顶液面下深度 5/6 处采取的试样。

（6）底部样　从油罐或容器底表面（底板）上，或者从管线最低点处油品中采取的试样。

（7）出口液面样　从油罐内抽出油品的最低液面处取得的试样。

此外，属于点样的还有排放样（从油罐排放活栓或排放阀门采取的试样）、罐侧样（从罐侧取样管线采取的点样）。

2. 代表性试样

代表性试样是指试样的物理、化学特性与取样总体的平均特性相同的试样。通常用按规定从同一容器各部位或几个容器中所采取的混合试样来代表该批石油产品的质量，测定油品的平均性质。油品试样一般指代表性试样。

（1）组合样　按规定比例合并若干个点样，用以代表整个油品性质的试样。常见组合样是由按下述任何一种情况合并试样而得到的。

① 按等比例合并上部样、中部样和下部样。

② 按等比例合并上部样、中部样和出口液面样。

③ 对于非均匀油品，应在多于 3 个液面上采取一系列点样，按其所代表油品数量比例掺和而成；从几个油罐或油船的几个油舱中采取单个试样，按每个试样所代表油品数量比例掺和而成。

④ 在规定间隔从管线流体中采取的一系列等体积的点样混合（时间比例样）。

除非有特殊规定或者是经过利害关系的团体同意，才能制备用于试验的组合样，否则就应对单个的点样进行试验，然后由单个试验结果和每个样品所代表的数量按比例计算整体的试验值。

（2）全层样　取样器在一个方向上通过整体液面，使其充满约 3/4（最大 85%）液体时所取得的试样。

（3）例行样　将取样器从油品顶部降落到底部，然后再以相同速度提升到油品的顶部，提出液面时取样器应充满约 3/4 时的试样。

第二节　石油及液体石油产品的取样

石油产品取样是按规定方法，从一定数量的整批物料中采集少量有代表性试样的一种行为、过程或技术。按规定取样是保证样品具有代表性的关键。

一、执行标准及其适用范围

我国石油及液体石油产品的取样执行的标准有 GB/T 4756—1998《石油液体手工取样法》和 SH/T 0635—1996《液体石油产品采样法（半自动法）》。前者适用于从固定油罐、铁路罐车、公路罐车、油船和驳船、桶和听或从正在输送液体的管线中采取液态烃、油罐残渣和沉淀物样品的方法，取样时，要求贮存容器（罐、油船、桶、听等）或输送管线中的油品处于常压范围，且油品在环境温度至 100℃ 之间应为液体；后者规定了从立式油罐中采取液体石油和石油化工产品试样的方法，对于原油和非均匀石油液体用半自动法所取试样的代表性较好。

本节仅以石油液体手工取样法为例，介绍石油及液体石油产品手工取样的仪器、操作及注意事项。

二、取样仪器、容器和用具

1. 取样仪器

（1）油罐取样器　油罐取样器按试样不同有多种，见表 2-2。

表 2-2　油罐取样器名称

试样名称	取样器名称	试样名称	取样器名称
点样	取样笼	油罐沉淀物或残渣样品	沉淀物取样器（抓取取样器）
	加重取样器		重力管或撞锤管取样器
	界面取样器	例行样	例行取样器
底部样	底部样取样器	全层样	全层取样器

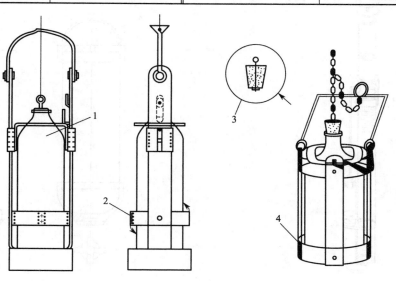

图 2-2　取样笼示意图

1—取样瓶；2—转动环；3—软木塞详图；4—加重的瓶子保持架

① 取样笼。它是一个金属或塑料保持架或笼子，能固定适当的容器（如玻璃瓶）。装配好后应加重，容器口用系有绳索的瓶塞塞紧，取样器塞子能在任一要求的液面开启（见图 2-2）。

② 加重取样器。它是一个底部加重（一般灌铅）并设有开启器盖机构的金属容器（见图 2-3）。

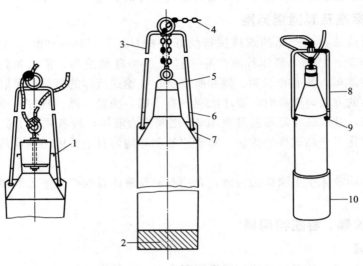

图 2-3　加重取样器

1—加重器嘴；2—外部铅锤；3,8—铜丝手柄；4—可防火花的绳或长链；5—紧密装配
的锥形帽；6—黄铜焊接头；7,9—黄铜焊的耳状柄；10—铅板

③ 界面取样器。由一根玻璃管、金属管或塑料管制成，当其在通过液体降落时液体能自由地流过，见图 2-4。通过有关装置可以使其下端在要求的液面处关闭。

触发关闭机构的重物

图 2-4　界面取样器

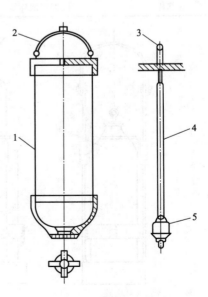

图 2-5　底部取样器

1—外壳；2—挂钩；3—放空提手；4—内芯；5—重物

④ 底部取样器。当其降落到罐底时，能通过与罐底板的接触打开阀或启闭器，而在离开罐底时又能关闭阀或启闭器，见图2-5。

⑤ 沉淀物取样器（抓取取样器）。取样器是一个带有抓取装置的坚固黄铜盒，其底部是两个由弹簧关闭的夹片组，取样器由吊缆放松，取样器顶上的两块轻质盖板可防止从液体中提升取样器时样品被冲洗出来（见图2-6）。

⑥ 重力管或撞锤管取样器。它是加重的或者配备机械操纵装置的一根具有均匀直径的管状装置，以便穿透被取样的沉淀层。

⑦ 例行取样器。它是一个加重的或放在加重取样笼中的容器，只是在取样瓶口处安装有钻孔的软木塞或有开口的螺纹帽（开口的尺寸取决于液体的黏度、液体的深度和容器的尺寸），以限制取样时的充油速度。在通过油品降落和提升时取得样品，但不能确定它是在均匀速率下充满。

⑧ 全层取样器。见图2-7，该取样器有液体进口和气体出口，通过在油品中降落和提升时取得试样，但不能确定油品是否在均匀速率下充满，故所取试样代表性稍差。

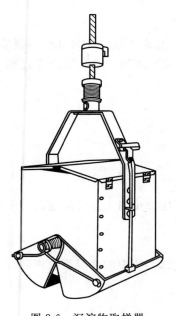

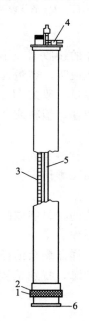

图2-6　沉淀物取样器　　　图2-7　全层取样器　　　图2-8　管状取样器
（抓取取样器）

1—底座充油孔；2—夹紧底座的滚花
的环；3—温度计；4—扳倒开关；
5—停止杆；6—接触线

（2）桶和听取样器　通常使用管状取样器，如图2-8所示，它是一根由玻璃、金属或塑料制成的管子，能插入到油桶或汽车油罐车中所需要的液面上，从一个选择液面上采取点样或底部样；有时用于从液体的纵向截面采取代表性试样，在下端有关闭机构。

（3）管线取样器　由管线取样头、隔离阀和输油管组成。取样头应安装在竖直管线中，其开口直径应不小于6mm。取样头的开口方向朝向液流方向，取样头的入口中心点应在大于管线内径的1/4处，如图2-9(b)所示。取样头的位置离上游弯管的最短距离为3倍管线内径，但最好不超过5倍管线内径，离下游弯管处的最短距离为0.5倍管线内径。如果取样头安装在水平管线中，则应安装在泵出口侧［样品进入点到管线内壁的距离见图2-9（a）］，取样头到泵出口的距离为0.5～8倍管线内径。输油管的长度应能达到试样容器底部，以便浸没充油。

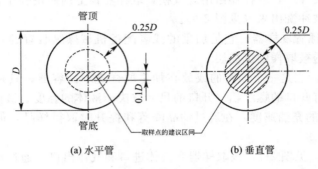

(a) 水平管   (b) 垂直管

图 2-9   取样点的位置

D—管线内径

2. 取样容器

试样容器是用于贮存和运送试样的接收器，不渗漏油品，能耐溶剂，具有足够的强度。常用玻璃瓶、塑料瓶、带金属盖的瓶或听，容量通常在0.25～5L之间。成品油销售过程中的样品容器一般使用茶色玻璃瓶，容量一般为1L。

容器封闭器有软木塞、磨砂玻璃塞、塑料或金属螺旋帽。

3. 取样用具

（1）防护手套   由不溶于烃类的材料制成。

（2）眼罩或面罩   防止石油产品飞溅伤害。

（3）防爆手电   取样照明用。

（4）取样绳   由导电、不打火花的材料制成的绳或链。不能完全由人造纤维制造，最好用天然纤维（如马尼拉麻、剑麻）制作。

（5）废油桶   作为冲洗或排放取样器剩余油样的专用设施。

（6）气体闭锁装置   当从压力油罐，特别是从使用惰性气体系统中的油罐采取样品时使用的装置。

三、取样准备

1. 确定取样条件

确定贮油罐、游船、公路罐车是否有装卸石油产品任务，确定是否可以取样，一般在完成转移或装罐30min，油品稳定后，才可以取样。

2. 选择合适的取样器和盛样容器

要根据取样任务选择合适的取样器和盛样容器，采样仪器和盛样容器必须清洁干燥，取样前应当用被取油品冲洗至少一次。

3. 做好安全防护准备

（1）穿不产生静电火花的鞋和服装；戴上不溶于烃类的防护手套；在有飞溅危险的地方，要戴眼罩或面罩。

（2）在油罐或油船上取样前，应接触在距离取样口至少1m远的某个导电部件，消除身体静电荷。

（3）浮顶油罐只要有可能，都应从顶部平台取样，因为有毒和可燃蒸气会聚集到浮顶上方。当必须下到浮顶取样时，应有至少两个人戴上呼吸器在现场；若一人取样，应有其他人员站在楼梯头处，可清楚看到取样者，以防发生意外。

（4）油罐取样时，应站在上风口，避免吸入油品蒸气。

（5）取样时，为防止打火花，在整个取样过程中应保持取样导线牢固接地，接地方法是直接接地或与取样口保持牢固接触。

四、取样操作方法

1. 立式油罐取样

（1）点样　降落取样器或瓶，直到其口部达到要求的深度（看标尺），用适当的方法打开塞子，在要求的液面处保持取样器直到充满为止。当采取顶部试样时，小心降落不盖塞子的取样器，直到其颈部刚刚高于液体表面，再突然地将取样器降到液面下 150mm 处，当气泡停止冒出表示取样器充满时，将其提出。如需在不同液面取样时，要从上到下依次取样，以避免搅动下面的液体。

（2）组合样　制备组合样是把具有代表性的单个试样的等分样转到组合样容器中混合均匀而成。

立式圆筒形油罐在成品油交接过程中，多采用上部、中部和下部样方案，若罐内油品是均匀的，则将具有代表性的单个样品按等比例分别转移到组合样容器中混合均匀。

（3）底部样　检查罐底积水与杂质情况时，应取底部样。取样时，降落底部取样器，将其直立停在油罐底上，通过与罐底板接触打开启闭器，油品自取样器底部进入取样器，静止片刻，提出取样器，则启闭器自行关闭。

如需要将其内含物全部转移进样品容器时，应使取样器直立于样品容器口上，向上轻轻提起放空提手，使所取样品包括取样器壁上黏附的水和固体沿进液孔全部转移到样品瓶中。

（4）界面样　降落打开的界面取样器，使液体通过取样器冲流，到达要求液面后，关闭阀，提出取样器。若使用透明的管子，可以通过管壁目视确定界面的存在，然后根据量油尺的量值确定界面在油罐内的位置。检查阀是否正确关闭，否则要重新取样。

（5）罐侧样　取样阀应装到油罐的侧壁上，与其连接的取样管至少伸进罐内 150mm。下部取样管应安装在出口管的底液面上。

（6）全层样　用全层取样器在油品中降落或提升时，从液体进口取得的样品。取样时要掌握好降落或提升的速度。

（7）例行样　以匀速将取样瓶和笼子从油品表面降到罐底，再提出油品表面，不能在任何点停留，当从油品中提出取样瓶时，瓶内应充入约 75% 的油品，绝不能超过 85%。

2. 卧式圆筒形和椭圆形油罐取样

从这类油罐采取点样方法与立式油罐相同，但要求按表 2-3 标明的深度取样；需制备组合样时，应按表 2-2 规定的比例进行混合。

3. 油船或驳船的取样

油船的装载容积一般划分为若干个大小不同的舱室。可以按表 2-3 的要求从每个舱室采取点样；对于装载相同油品的油船，也可按 GB/T 4756—1998 中规定的方法进行随机抽查取样。

表 2-3　卧式圆筒形和椭圆形油罐的取样

液体深度（直径的百分数）	取样液面（罐底上方直径的百分数）			组合样（比例的份数）		
	上部	中部	下部	上部	中部	下部
100	80	50	20	3	4	3
90	75	50	20	3	4	3
80	70	50	20	2	5	3
70		50	20		6	4
60		50	20		5	5
50		40	20		4	6
40			20			10
30			15			10
20			10			10
10			5			10

4. 油罐车取样

把取样器降到罐内油品深度的 1/2 处，以急速动作拉动绳子，打开取样器塞子，待取样器内充满油后，提出取样器。对于整列装有相同石油或液体石油产品的油罐车，也可按 GB/T 4756—1998 中规定的方法进行随机抽查取样，但必须包括首车。

5. 油罐残渣和沉淀物取样

罐底残渣是一层软而黏稠的有机或无机沉淀物。残渣厚度不同，取样方法不同。厚度不大于 50mm 时，使用沉淀物取样器；厚度大于 50mm 的软残渣可使用重力管取样器，硬残渣则用撞锤管取样器或其他合适的工具。

6. 桶或听取样

取样前，将桶口或听口向上放置，打开盖子，放在桶口或听口旁边，粘油的一面朝上。用拇指封闭清洁干燥的取样管上端，把管子插进油品中约 300mm 深，移开拇指，让油品进入取样管，再用拇指封闭上端，抽出取样器。水平持管，润洗内表面。要避免触摸管子已浸入油品中的部分，舍弃并排净管内的油品。再用同样的方法取样，取出的油品转入试样容器中，然后封闭试样容器，放回桶盖，拧紧。对容量少于 20L 的听装容器，用其全部内含物作为试样。

7. 管线取样

管线样有流量比例样和时间比例样两种，推荐使用流量比例样。采取管线流量比例样前，先放出一些要取样的油品，把全部取样设备冲洗干净，取样时，按表 2-4 规定从取样口采取试样，并将所取试样等体积掺和成一份组合样。采取时间比例样，按表 2-5 规定从取样口采取试样，并将采取的试样以等体积掺和成一份组合样。

表 2-4　管线流量比例样取样规定

输油数量/m³	取 样 规 定
≤1000	在输油开始（即罐内油品流到取样口）时和结束时（指停止输油前 10min）各 1 次
>1000～10000	在输油开始时 1 次，以后每隔 1000m³ 取样 1 次
>10000	在输油开始时 1 次，以后每隔 2000m³ 取样 1 次

表 2-5　管线时间比例样取样规定

输油时间/h	取　样　规　定	输油时间/h	取　样　规　定
≤1	在输油开始时和结束时各 1 次	2～24	在输油开始时 1 次,以后每隔 1h 取样 1 次
>1～2	在输油开始时、中间和结束时各 1 次	>24	在输油开始时 1 次,以后每隔 2h 取样 1 次

8. 非均匀石油或液体石油产品的取样

非均匀石油或液体石油产品最好用自动管线取样器取样。如果用手工取样法,则应先从上部、中部和出口液面处采取试样,送到实验室并用标准方法分别试验它们的密度和水含量,当试验结果之差值在规定范围内时,试样可视为具有代表性;否则要从罐的出口液面开始向上以每米间隔采取试样,并分别进行试验,用这些试验结果去确定罐内油品的性质和数量。

五、样品处理与保存

1. 样品处理

样品处理是指在样品取出点到分析点或贮存点之间对样品的均化、转移等过程。样品处理要保证保持样品的性质和完整性。

含有挥发性物质的油样应用初始样品容器直接送到试验室,不能随意转移到其他容器中,如必须就地转移,则要冷却和倒置样品容器;具有潜在蜡沉淀的液体在均化、转移过程中要保持一定的温度,防止出现沉淀;含有水或沉淀物的不均匀样品在转移或试验前一定要均化处理。手工搅拌均化不能使其中的水和沉淀物充分地分散,常用高剪切机械混合器和外部搅拌器循环的方法均化试样。

2. 试样的保存

(1) 试样保存数量　液体石油产品一般为 1L。

(2) 试样保留时间　燃料油类(汽油、煤油、柴油等)保存 3 个月;润滑油类(各种润滑油、润滑脂及特殊油品等)保存 5 个月;有些样品的保存期由供需双方协商后可适当缩短或延长。

试样在整个保存期间应保持签封完整无损,超过保存期的样品由试验室适当处置。

(3) 采取的试样要分装在两个清洁干燥的瓶子里。第 1 份试样送往化验室分析用,第 2 份试样留存发货人处,供仲裁试验使用。仲裁试验用样品必须按规定保留一定的时间。

(4) 试样容器应贴上标签,并用塑料布将瓶塞瓶颈包裹好,然后用细绳捆扎并铅封。标签上的记号应是永久的,应使用用专用的记录本作取样详细记录。

标签一般填写如下项目:取样地点;取样日期;取样者姓名;石油或石油产品的名称和牌号;试样所代表的数量;罐号、包装号(和类型)、船名等;被取试样的容器的类型和试样类型(例如上部样、平均样、连续样)。

第三节　固体和半固体石油产品、石油沥青及液化石油气的取样

一、固体和半固体石油产品的取样

石油产品中固体和半固体产品的取样方法执行 SH/T 0229—1992 (2004)《固体和半固体石油产品取样法》。

1. 取样工具

(1) 采取膏状或粉状石油产品试样时,使用螺旋形钻孔器或活塞式穿孔器,其长度有

400mm（用于在铁盒、白铁桶或袋子中取样）和 800mm（用于在大桶或鼓形桶中取样）两种。在活塞式穿孔器的下口，焊有一段长度与口部直径相等的金属丝。

（2）采取固体石油产品试样时，使用刀子或铲子。

2. 取样的一般要求

（1）根据分析任务确定合适的取样量。

（2）取样工具和容器必须清洁。采取试样前应该用汽油洗涤工具和容器，待干燥后使用。

（3）用来掺和成一个平均试样时，允许用同一件取样器或钻孔器取样，这件工具在每次取样前不必洗涤。

3. 取样方法

（1）膏状石油产品的取样

① 取样件数。装在小容器中的膏状石油产品，要按包装容器总件数的 2%（但不应少于 2 件）采取试样，取出试样要以相等体积掺和成一份平均试样。车辆运载的大桶、木箱或鼓形桶按总件数的 5%采取平均试样。

② 取样。将执行取样的容器顶部或盖子朝上立起，用抹布擦净顶部或盖子，取下的顶盖表面朝上，放在包装容器旁边。然后，从润滑脂表面刮掉直径 200mm、厚度约 5mm 的脂层。

用螺旋形钻孔器采取试样时，将钻孔器旋入润滑脂内，使其通过整个脂层一直达到容器底部，然后取出钻孔器，用小铲将润滑脂取出。若用活塞式穿孔器采取试样时，将穿孔器插入润滑脂内，使其通过整个脂层一直达到容器底部，然后将穿孔器旋转 180°，使穿孔器下口的金属丝切断试样，取出穿孔器，用活塞挤出试样。但在大桶或木箱中取样时，应先弃去钻孔器下端 5mm 脂层。

从每个取样容器中，采取相等数量试样，将其装入一个清洁而干燥的容器里，用小铲或棒搅拌均匀（不要熔化）。取出试样后，白铁桶、铁盒、木箱要用盖子盖好，大桶、鼓形桶要把顶盖装好。

（2）可熔性固体石油产品的取样

① 取样件数。装在容器中的可熔性固体石油产品，要按包装容器总件数的 2%（但不应少于两件）采取试样。取出的试样要以大约相等的体积制成一份平均试样。

② 取样。打开桶盖或箱盖（方法同前），从石油产品表面刮掉直径 200mm、厚度约 10mm 的一层，利用灼热的刀子割取一块约 1kg 的试样。

从每块试样的上、中、下部分别割取 3 块体积大约相等的小块试样；将割取的小块试样装在一个清洁、干燥的容器中，由实验室进行熔化，注入铁模。

从散装用模铸成的可熔性固体石油产品采取试样时，在每 100 件中，采取的件数不应少于 10 件；未经模铸的产品，要在每吨中采取一块样品（总数不少于 10 块）。从不同的位置选取一些大小相同的块料作为试样，再从每块试样的不同部分割 3 块体积大致相等的小块试样，装在一个容器中，交给实验室去熔化，搅拌均匀后注入铁模。

（3）粉末状石油产品的取样

① 取样件数。包装中的粉末状石油产品，要按袋子总件数的 2%或按小包总件数的 1%（但不应少于两袋或两包）采取试样，取出的试样要以相等体积掺成一份平均试样。

② 取样。从袋子或小包中取样时，将穿孔器插入石油产品内，使穿孔器通过整个粉层，将取出的试样装入一个清洁、干燥的容器中，搅拌均匀。随后，将袋或包的缺口堵塞。

（4）散装不熔性固体石油产品的取样　不熔性固体石油产品在成堆存放或在装车和卸车时，按下述规定用铲子采取试样。

① 用机械传送时，要按送料斗数的 20％取样。

② 用车辆运输时，要按车辆的 10％取样。

③ 用手推车或肩挑运送时，要按车数或挑数的 2％取样。

取出的试样要以大约相等的数量掺成一份平均试样。不允许用手任意选取几块固体石油产品作为试样。目视大于 250mm 的块料，不能作为试样。将捣碎的试样放在铁板上，小心地拌匀，并铺成一个正方形的均匀层，再按对角线划分成为四个三角形。然后把任何两个对顶三角形的试样去掉，将剩下的试样混合在一起，重新捣碎成为 5～10mm 的小块，拌匀。反复执行如上的四分法，直至试样质量达到 2～3kg 为止。

（5）从散装可熔性固体石油产品中采取样　可熔性固体石油产品，要按如下方法掺成平均试样。

① 在一批产品中要从不同位置选取一些大小相同的块料作为试样。用模铸成的石油产品，在每 100 件中，采取的件数不应少于 10 件；未经模铸的石油产品，要在每吨中采取 1 块试样，但取出的块数不应少于 10 块。

② 从每块试样的不同部分割 3 块体积大约相等的小块试样。

③ 将取出的试样装在一个容器中，交给实验室去熔化，搅拌均匀后注入铁模内。

4. 试样的保管和使用

（1）膏状石油产品试样，要分装在两个清洁、干燥的牛皮纸袋或玻璃罐中。一份试样作为分析之用，另一份试样留在发货人处保存两个月，供仲裁试验时使用。

（2）装有试样的玻璃罐要用盖子盖严，可用牛皮纸或羊皮纸封严。

（3）在每个装有试样的玻璃罐上或纸包上，要把叠成两折的细绳固定在贴上标签的地方，细绳的两个绳头要用火漆或封蜡黏在塞子上，盖上监督人的印戳。

标签必须写明：产品名称和牌号；发货工厂名称或油库名称；取样时货物的批号或车、铁盒、大桶和运输等编号；取样日期；石油产品的国家标准、行业标准或技术规格的代号。

二、石油沥青的取样

石油沥青作为一类产品具有特殊性，其取样方法执行 GB/T 11147—2010《石油沥青取样法》，该标准适用于所有沥青材料在生产、贮存或交货地点的取样。

1. 样品数量要求

（1）液体沥青样品量　常规检验样品从桶中取样为 1L（乳化沥青为 4L），从贮罐中取样为 4L。

（2）固体或半固体样品量　取样量为 1～2kg。

2. 盛样器

（1）液体沥青或半固体沥青盛样器使用具有密封盖的广口金属容器，乳化石油沥青宜用具有密封盖的广口塑料容器。

（2）固体沥青盛样器应为有密封盖的广口金属容器，也可用有可靠外包装的塑料袋。

3. 取样方法

（1）从沥青贮罐或桶中取样

① 从不能搅拌的贮罐（流体或经加热可变成流体）中取样时，应先关闭进料阀和出料阀，然后取样。对于安装取样阀的贮罐，依次从上、中、下取样阀取样，每个取样阀至少要

放掉 4L 沥青产品，然后再取 1～4L 试样，取出的上、中、下试样经充分混合后，取 1～4L 送检；对没安取样阀的贮罐，则用上部取样器或底部进样取样器在实际液面高度的上、中、下位置各取样 1～4L，经充分混合后留取 1～4L 进行所要求的检验。

② 从有搅拌设备的罐中取样（流体或经加热可变成流体的沥青），经充分搅拌后由罐中部取样 1～4L 送检。

③ 大桶包装则按（4）②的随机取样要求（见表 2-6），从充分混合后的桶中取 1L 液体沥青样品。

（2）从槽车、罐车、沥青撒布车中取样　当车上设有取样阀、顶盖及出料阀时，可从取样阀、顶盖及出料阀处取样。从取样阀取样至少应先放掉 4L 沥青后取样；从顶盖处取样时，用取样器从该容器中部取样；从出料阀取样时，应在出料至约 1/2 时取样。

（3）从油轮和驳船中取样　在卸料前取样同罐中取样；在装料或卸料中取样时，应在整个装卸过程中，时间间隔均匀地取至少 3 个 4L 品，将其充分混合后再从中取出 4L 备用；从容量 4000m³ 或稍小的油轮或驳船中取样时，应在整个装料或卸料中，时间间隔均匀地取至少 5 个 4L 样品（容量大于 4000m³ 时，至少取 10 个 4L 样品），将这些样品充分混合后，再从中取出 4L 备用。

（4）半固体或未破碎的固体沥青取样

① 取样方式。从桶、袋、箱中取样应在样品表面以下及容器侧面以内至少＞5cm 处采取。若沥青是能够打碎的，则用干净的适当工具打碎后取样；若沥青是软的，则用干净的适当工具切割取样。

② 取样数量。当能确认是同一批生产的产品时，应随机取出一件按上述取样方式取 4kg 供检验用；当上述取出样品经检验不符合规格要求或者不能确认是同一批生产的产品时，则须按随机取样的原则，选出若干件（见表 2-6）后再按上述规定的取样方式取样。每个样品的质量应不少于 0.1kg，这样取出的样品，经充分混合后取出 4kg 供检验用。

表 2-6　不同装载件数所要取出的样品件数

装载件数	选取件数	装载件数	选取件数
2～8	2	217～343	7
9～27	3	344～512	8
28～64	4	513～729	9
65～125	5	730～1000	10
126～216	6	1001～1331	11

（5）碎块或粉末状固体沥青的取样　散装贮存的沥青应按 SH/T 0229 第 7 章所规定的方法［见本节一、3.（4）］取样和准备检验用样品，总样量应不少于 25kg，再从中取出 1～2kg 供检验用；装在桶、袋、箱中的沥青，按随机取样的原则挑选出若干件，从每一件接近中心处取至少 0.5kg 样品。这样采集的总样量应不少于 25kg，然后按 SH/T 0229 中 7.2 条规定方法从中取出 1～2kg 供检验用。即应在 24h 内将试样捣碎成不大于 25mm 的小块，试样捣碎，执行四分法直至试样质量达到 1～2kg 为止。

三、液化石油气的取样

液化石油气是指在环境温度和压力适当的情况下，能以液相贮存和输送的石油气体。其主要成分是丙烷、丙烯、丁烷和丁烯，带有少量的乙烷、乙烯和戊烷、戊烯。液化石油气取样属于带压液体取样，目前执行 SH/T 0233—1992《液化石油气采样法》。

1. 取样仪器

液化石油气取样器用不锈钢制成，能耐压 3.1MPa 以上，要求定期进行约 2.0MPa 气密性试验。常见取样器类型见图 2-10，大小可按试验需要确定。

如图 2-11 所示，取样器用铜、铝、不锈钢或尼龙等材料制成的软管与取样管连接，并通过产品源控制阀（阀 1）、取样管排出控制阀（阀 2）和入口控制阀（阀 3）三个控制阀控制取样。

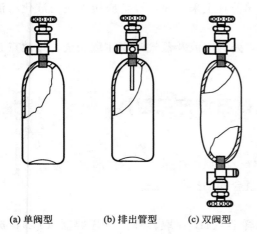

(a) 单阀型　　(b) 排出管型　　(c) 双阀型

图 2-10　液化石油气取样器

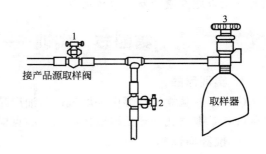

接产品源取样阀

取样器

图 2-11　取样器连接示意图

1—产品源控制阀；2—排出控制阀；3—入口控制阀

2. 取样方法

（1）取样准备

① 选择取样器。按试验所需试样量，选择清洁、干燥的取样器。对于单阀型取样器，应先称出其质量。

② 冲洗取样管。如图 2-11 所示，连接好阀 3 与取样管，关闭阀 1、阀 2 和阀 3，然后依次打开产品源取样阀、阀 1 和阀 2，用试样冲洗取样管。

a. 单阀型取样器的冲洗：冲洗取样管后，先关闭阀 2，再打开阀 3，让液相试样部分注满取样器，然后关闭阀 1，打开阀 2，排出一部分气相试样，再颠倒取样器，让残余液相试样通过阀 2 排出，重复上述冲洗操作至少 3 次。

b. 双阀型取样器的冲洗：将其置于直立位置，出口阀在顶部，当取样管冲洗完毕后，先关闭阀 2 和阀 3，再打开阀 1，然后缓慢打开阀 3 和取样器出口阀，让液相试样部分充满容器，关闭阀 1，从取样器出口阀排出部分气相试样后，关闭出口阀，打开阀 3 排出液相试样的残余物，重复此冲洗操作至少 3 次。

（2）取样　当最后一次冲洗取样器的液相残余物排完后，立即关闭阀 2，打开阀 1 和阀 3，使液相试样充满容器，再关闭阀 3、出口阀和阀 1，然后打开阀 2，待完全卸压后，拆卸取样管。调整取样量，排出超过取样器容积 80％的液相试样。

对于非排出型的取样器，采用称重法；对于排出管型的取样器，采用排出法。

（3）泄漏检查　在排去规定数量的液体后，把容器浸入水浴中检查是否泄漏，在取样期间，如发现泄漏，则试样报废。

（4）试样保管　试样应尽可能置于阴凉处存放，直至所有试验完成为止，为了防止阀的偶然打开或意外碰坏，应将取样器放置于特制的框架内，并套上防护帽。

3. 取样注意事项

（1）混合的液化石油气所采得的试样只能是液相。

（2）避免从罐底取样。

（3）如果贮罐容积较大，在取样前可先使样品循环至均匀；在管线采取流动状态试样时，管线内的压力应高于其蒸气压力，以避免形成两相。

（4）采样人员应避免液化石油气接触皮肤，应戴上手套和防护眼镜，避免吸入蒸气。

（5）液化石油气排出装置会产生静电，在采样前直至采样完，设备应接地或与液化石油气系统连接。

（6）在清洗采样器和排出采样器内样品期间，处理废液及蒸气时要注意安全。排放点必须有安全设施并遵守安全及环保规定。

第四节　实训——液体石油产品取样

1. 实训目的

（1）了解从立式油罐中采取液体石油产品取样（GB/T 4756—1998）的工具及方法。

（2）掌握立式油罐采取液体石油产品点样及组合样的操作方法。

2. 仪器与试剂

（1）仪器　取样笼：取样瓶（1L）或加重取样器（1L）；取样绳；试样容器（1L）；废油桶（10L）；吹风机；防爆手电。

（2）试剂　煤油或柴油。

3. 准备工作

（1）与炼油厂油品车间或校办实习工厂联系取样事宜，选定取样油罐，确定是否可以进行取样操作，一般取样时间为作业（完成转移或装罐）后的 30min。

（2）穿戴好安全防护装备（防护手套、防静电工作服、不打火花的鞋；在有飞溅危险的地方，要戴眼罩或面罩）。

（3）准备好取样仪器，将试样瓶洗涤干净，用吹风机干燥，并贴好标签。

4. 试验步骤

（1）采取点样

① 采取顶部样。站在上风口，保持取样导线牢固接地，打开计量孔（检尺口）盖，小心降落不盖塞子的取样器，直到其颈部刚刚高于液体表面，再突然地将取样器降到液面下 150mm 处，当气泡停止冒出表示取样器充满时，将其提出。打开试样容器，向其倒入油样冲洗至少一次，倒入废油桶中；再向其倒入 500mL 作为试样，将取样器中剩余油样倒入废油桶中，即为顶部样。

🖐 **说明**

如果需要将其内含物转移进取样容器时，由取样器或取样瓶的口部倾倒至试样容器中，立即盖好瓶塞。

② 采取上部样、中部样和下部样。站在上风口，将取样器的塞子盖好，保持取样导线牢固接地，打开计量孔盖，用取样绳沿检尺槽将取样器口部降落到距顶液面 1/6 处，拉动采样绳，打开取样器盖，静止片刻（或观察到液面气泡消失为止），在该液面深度处保持取样器直到充满为止，将其提出。打开试样容器，向其中倒入油样冲洗至少一次，倒入废油桶

中；再向其中倒入 500mL 作为试样，将取样器中剩余油样倒入废油桶中，即为上部样。

按上述方法，在取样器口部降落到距顶液面 1/2 和 5/6 处，取得中部样和下部样。

注意

采取不同液面试样时，要从上到下依次取样，以避免搅动下面的液体。

（2）采取组合样 按步骤（1）所介绍的方法，依次采取上部样、中部样和下部样，再分别将采取的油样向 1L 试样容器中倒入近 300mL 油样，3 份油样等比例混合后，即为此油罐的组合样。

注意

必须保证试样容器留出至少 10% 的无油空间。

（3）取样仪器的整理 取样完毕，盖好检尺口盖，整理好取样绳和试样容器，将油样带离油罐区。

（4）试样的封存 根据封存或化验要求，取样要充足，并做好油品状态标识。对于留存备用的试样，要贴好标识，标明取样地点、取样日期、石油或石油产品的名称和牌号、试样所代表的数量、罐号、试样的类型等，并保持封签完整。

5. 试验注意事项

（1）在油罐区及装置区取样应在当班操作工陪同下进行。

（2）严格遵守取样安全规定。

6. 报告

（1）按实物绘出液体取样器的示意图。

（2）报告所取油样的常温常压下性状（状态、颜色、气味）。

→ 测试题

1. 名词术语

（1）点样　　　　（2）顶部样　　　　（3）下部样　　　　（4）撇取样

（4）出口液面样　（4）全层样　　　　（5）组合样　　　　（6）例行样

2. 判断题（正确的画"√"，错误的画"×"）

（1）代表性试样是指试样的物理、化学特性与取样总体的平均特性相同的试样。（ ）

（2）底部取样时，底部取样器降落到罐底通过与罐底板接触打开阀或启闭器，在离开罐底时又关闭阀或启闭器。 （ ）

（3）试样容器常使用玻璃瓶、塑料瓶、带金属盖的瓶或听。 （ ）

（4）汽油、煤油、柴油等燃料油类试样的保留时间一般不超过 5 个月。 （ ）

（5）试样容器应贴上标签，并用塑料布将瓶塞瓶颈包裹好，然后用细绳捆扎并铅封。
 （ ）

（6）含有水或沉淀物的不均匀样品，常用手工搅拌的方法进行试样均化。 （ ）

3. 填空题

（1）按石油产品性状不同，可将石油产品试样分为＿＿＿＿＿、＿＿＿＿＿、＿＿＿＿＿和＿＿＿＿＿四类。

（2）点样仅代表石油产品_____或_____的性质。

（3）代表性试样是指试样的物理、化学特性与取样总体的_____相同的试样。

（4）取样笼装配好后应_____，容器口用系有绳索的瓶塞塞紧，取样器塞子能在任一要求的_____开启。

（5）样品处理是指在样品取出点到分析点或贮存点之间对样品的_____、_____等过程。

（6）采取的液体石油产品试样要分装在两个清洁干燥的瓶子里。第1份试样送往_____用，第2份试样留存发货人处，供_____使用。

（7）液体沥青或半固体沥青盛样器使用具有密封盖的广口_____容器，乳化石油沥青宜用具有密封盖的广口_____容器。

4. 选择题

（1）下列不属于液体试样的是（　　）。

A. 液化石油气　　　B. 润滑油　　　C. 汽油　　　D. 原油

（2）下列不属于点样的是（　　）。

A. 撇取样　　　　　B. 中部样　　　C. 全层样　　　D. 出口液面样

（3）将取样器从油品顶部降落到底部，然后再以相同速度提升到油品的顶部，提出液面时取样器应充满约3/4的试样，这样采取的试样是（　　）。

A. 全层样　　　　　B. 例行样　　　C. 组合样　　　D. 底部样

（4）下列不能用于采取点样的取样器是（　　）。

A. 取样笼　　　　　B. 加重取样器　C. 界面取样器　D. 重力或撞锤管取样器

（5）液体石油产品试样保存数量一般为（　　）。

A. 1L　　　　　　　B. 1.5L　　　　C. 2L　　　　　D. 0.5L

（6）固体或半固体样品取样量为（　　）。

A. 1kg　　　　　　B. 1～2 kg　　　C. 3 kg　　　　D. 4kg

5. 简答题

（1）底部取样器如何取样？

（2）液体石油产品取样应做好哪些安全防护准备？

（3）试样容器标签的一般填写项目有哪些？

（4）简述从不能搅拌的贮罐中取沥青试样的方法。

（5）分别指出液体石油产品、固体和半固体石油产品、石油沥青取样执行的标准。

第三章
油品基本理化性质的分析

学习指南

本章主要介绍油品基本理化性质分析。油品理化性质是组成它的各种化合物性质的综合表现，这些性质的测定对评定产品质量、控制石油炼制过程和进行工艺设计都有着重要的实际意义。由于油品组成的复杂性和不确定性，实际中多采用条件性试验，学习时要引起充分注意。

在本章的学习中，要理解基本理化性质的概念；掌握基本理化性质的意义；了解油品组成对基本理化性质的影响；重点掌握油品密度、黏度、闪点、燃点及残炭等基本理化性质的分析方法和操作技能；了解影响测定油品基本理化性质的主要因素。

石油产品的理化性质是控制石油炼制过程和评定产品质量的重要指标，也是石油炼制工艺装置设计与计算的依据。

油品理化性质是组成它的各种化合物性质的综合表现。由于油品是多种有机化合物的复杂混合物，其组成不易直接测定，而且多数理化性质又不具有加和性，所以对油品理化性质测定常常采用条件性试验，即使用特定仪器按照规定试验条件来测定，这样便于统一标准，使分析数据具有可比性，避免争议。因此，离开特定仪器和规定条件，所测得油品性质数据毫无意义。本章主要介绍油品的密度、黏度、闪点、燃点、自燃点和残炭等理化性质测定。

第一节 密 度

一、测定油品密度的意义

1. 密度和相对密度

（1）密度 单位体积物质的质量称为密度，符号为 ρ，单位是 g/mL 或 kg/m³。油品的密度与温度有关，通常用 ρ_t 表示温度 t 时油品的密度。**我国规定 20℃时，石油及液体石油产品的密度为标准密度**。在温差为 20℃±5℃范围内，油品密度随温度的变化可近似地看作直线关系，由式（3-1）换算。

$$\rho_{20} = \rho_t + \gamma(t - 20℃) \tag{3-1}$$

式中　ρ_{20}——油品在 20℃时的密度，g/mL；

ρ_t——油品在温度 t 时的视密度，g/mL；

γ——油品密度的平均温度系数，即油品密度随温度的变化率，g/(mL·℃)；

t——油品的温度，℃。

油品密度的平均温度系数见表 3-1。若温度相差较大时，可根据 GB/T 1885—1998《石油计量表》，由测定温度 t 时油品的视密度换算成标准密度。

表 3-1　油品密度的平均温度系数

$\rho_{20}/(\text{g/mL})$	$\gamma/[\text{g/(mL·℃)}]$	$\rho_{20}/(\text{g/mL})$	$\gamma/[\text{g/(mL·℃)}]$
0.700~0.710	0.000897	0.850~0.860	0.000699
0.710~0.720	0.000884	0.860~0.870	0.000686
0.720~0.730	0.000870	0.870~0.880	0.000673
0.730~0.740	0.000857	0.880~0.890	0.000660
0.740~0.750	0.000844	0.890~0.900	0.000647
0.750~0.760	0.000831	0.900~0.910	0.000633
0.760~0.770	0.000813	0.910~0.920	0.000620
0.770~0.780	0.000805	0.920~0.930	0.000607
0.780~0.790	0.000792	0.930~0.940	0.000594
0.790~0.800	0.000778	0.940~0.950	0.000581
0.800~0.810	0.000765	0.950~0.960	0.000568
0.810~0.820	0.000752	0.960~0.970	0.000555
0.820~0.830	0.000738	0.970~0.980	0.000542
0.830~0.840	0.000725	0.980~0.990	0.000529
0.840~0.850	0.000712	0.990~1.000	0.000518

(2) 相对密度　物质的相对密度是指物质在给定温度下的密度与规定温度下标准物质的密度之比。液体石油产品以纯水为标准物质，我国及东欧各国习惯用 20℃ 时油品的密度与 4℃ 时纯水的密度之比表示油品的相对密度，其符号用 d_4^{20} 表示，无量纲。由于水在 4℃ 时的密度等于 1g/mL，因此液体石油产品的相对密度与密度在数值上相等。

欧美各国常以 15.6℃ 作为油品和纯水的规定温度，用 $d_{15.6}^{15.6}$（或用 $d_{60℉}^{60℉}$ 表示，因为 60℉＝15.6℃）表示油品的相对密度。利用表 3-2 可以进行 $d_{15.6}^{15.6}$ 与 d_4^{20} 间的换算，换算关系为

$$d_4^{20}=d_{15.6}^{15.6}+\Delta d \tag{3-2}$$

$$d_{15.6}^{15.6}=d_4^{20}-\Delta d \tag{3-3}$$

式中　d_4^{20}——油品在 20℃ 时的相对密度；

$d_{15.6}^{15.6}$——油品在 15.6℃ 时的相对密度；

Δd——油品相对密度校正值。

表 3-2　$d_{15.6}^{15.6}$ 与 d_4^{20} 换算表

$d_{15.6}^{15.6}$ 或 d_4^{20}	Δd	$d_{15.6}^{15.6}$ 或 d_4^{20}	Δd
0.7000~0.7100	0.0051	0.8400~0.8500	0.0043
0.7100~0.7300	0.0050	0.8500~0.8700	0.0042
0.7300~0.7500	0.0049	0.8700~0.8900	0.0041
0.7500~0.7700	0.0048	0.8900~0.9100	0.0040
0.7700~0.7800	0.0047	0.9100~0.9200	0.0039
0.7800~0.8000	0.0046	0.9200~0.9400	0.0038
0.8000~0.8200	0.0045	0.9400~0.9500	0.0037
0.8200~0.8400	0.0044		

美国石油协会还常用相对密度指数（$API°$）表示油品的相对密度，它与 $d_{15.6}^{15.6}$ 的关系如下：

$$API° = \frac{141.5}{d_{15.6}^{15.6}} = -131.5 \qquad (3\text{-}4)$$

2. 油品密度与组成的关系

油品密度与化学组成和结构有关。如表 3-3 所示，在碳原子数相同的情况下，不同烃类密度大小顺序为

芳烃＞环烷烃＞烷烃

表 3-3 几种烃类的相对密度

名　称	d_4^{20}	名　称	d_4^{20}
苯	0.8789	甲苯	0.8670
环己烷	0.7785	甲基环己烷	0.7694
正己烷	0.6594	3-甲基环己烷	0.6871
2-甲基戊烷	0.6531	正庚烷	0.6837

同种烃类，密度随沸点升高而增大。当沸点范围相同时，含芳烃越多，其密度越大；含烷烃越多，其密度越小。胶质的相对密度较大，其范围是 1.01～1.07，因此石油及石油产品中，胶质含量越高，其相对密度就越大。

3. 测定油品密度的意义

（1）计算油品性质　对容器中的油品，测出容积和密度，就可以计算其质量。利用喷气燃料的密度和质量热值，可以计算其体积热值。

（2）判断油品质量　油品密度与化学组成密切相关，根据相对密度可初步确定油品品种，例如，汽油 0.70～0.77，煤油 0.75～0.83，柴油 0.80～0.86，润滑油 0.85～0.89，重油 0.91～0.97。在油品生产、贮运和使用过程中，根据密度的增大或减小，可以判断是否混入重油或轻油。根据相对密度，原油分为三个类型：轻质原油（$d_4^{20} < 0.878$）、中质原油（$0.878 < d_4^{20} < 0.884$）和重质原油（$d_4^{20} > 0.884$）。轻质原油中，一般含汽油、煤油、柴油等轻质馏分较高，含硫、含胶质较少（如我国青海和克拉玛依原油），或者含轻馏分不高，但烷烃含量很高（如大庆原油）。重质原油中，一般含轻馏分和蜡都比较少，而含硫、氮、氧及胶质较多，如孤岛原油。油品相对密度与平均沸点相关联，还可以组成新的参数即特性因数（K），原油按 K 值不同分为三个类型：石蜡基原油（$K > 12.5$）、中间基原油（$11.5 < K < 12.5$）和环烷基原油（$10.5 < K < 11.5$）。不同类型原油组成和性质不同，如石蜡基原油一般含烷烃超过 50%，其特点是含蜡高，密度小，凝点高；而环烷基原油一般密度大，凝点低，汽油中含有较多环烷烃；中间基原油则介于二者之间。原油分类为确定合理的加工方案提供了依据。

（3）影响燃料使用性能　喷气燃料的能量特性用质量热值（MJ/kg）和体积热值（MJ/m³）表示。燃料密度越小，其质量热值越高，对续航时间不长的歼击机，为了尽可能减少飞机载荷，应使用质量热值高的燃料。相反，燃料密度越大，其质量热值越小，但体积热值大，适用于作远程飞行燃料，这样可减小油箱体积，降低飞行阻力。通常，在保证燃烧性能不变坏的条件下，喷气燃料的密度大一些较好（见附录四）。

二、油品密度测定方法概述

测定液体石油产品密度的方法有密度计法和密度或相对密度法两种。生产实际中主要用密度计法。

1. 密度计法

按 GB/T 1884—2000《原油和液体石油产品密度实验室测定法（密度计法）》进行，测定时，将密度计垂直放入液体中，当密度计排开液体的质量等于其本身的质量时，处于平衡状态，漂浮于液体中。密度大的液体浮力较大，密度计露出液面较多；相反，液体密度小，浮力也小，密度计露出液面部分较少。在密度计干管上，是以纯水在4℃时的密度为1g/mL作为标准刻制标度的，因此在其他温度下的测量值仅是密度计读数，并不是该温度下的密度，故称为视密度。测定后，要用式(3-1)或 GB/T 1885—1998《石油计量表》把修正后的密度计读数（视密度）换算成标准密度。

玻璃石油密度计［见图3-1(a)］，应符合 SH/T 0316—1998《石油密度计技术条件》和表3-4中给出的技术要求。按国际通行方法，测定透明液体，先使眼睛稍低于液面位置，慢慢地升到液面，先看到一个不正的椭圆，然后变成一条与密度计刻度相切的直线，如图3-1(b)所示，则以读取液体下弯月面（即液体主液面）与密度计干管相切的刻度作为检定标准。对不透明试样，使眼睛稍高于液面位置观察，如图3-1(c)所示，要读取液体上弯月面（即弯月面上缘）与密度计干管相切的刻度。再按表3-4进行修正。

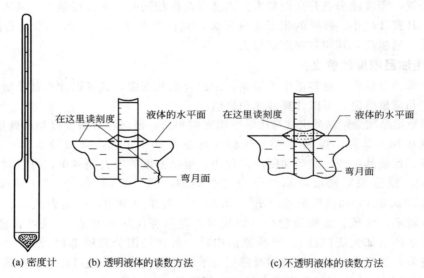

(a) 密度计　　(b) 透明液体的读数方法　　　　(c) 不透明液体的读数方法

图 3-1　石油密度计及其读数方法

表 3-4　密度计的技术要求

型　号	单　位	密度范围	每支单位	刻度间隔	最大刻度误差	弯月面修正值
SY-02	kg/m³ (20℃)	600～1100	20	0.2	±0.2	+0.3
SY-05		600～1100	50	0.5	±0.3	+0.7
SY-10		600～1100	50	1.0	±0.6	+1.4
SY-02	g/mL (20℃)	0.600～1.100	0.02	0.0002	±0.0002	+0.0003
SY-05		0.600～1.100	0.05	0.0005	±0.0003	+0.0007
SY-10		0.600～1.100	0.05	0.0010	±0.0006	+0.0014

也可以使用 SY-Ⅰ型或 SY-Ⅱ型石油密度计，其最小分度值及测量范围见表3-5。SY-Ⅰ型精度比较高，适用于油罐的计量，SY-Ⅱ型则适用于油品生产的控制与分析。无论何种试样，这两种密度计一律读取液体上弯月面（即弯月面上缘）与密度计干管相切的刻度，无需做弯月面修正。

表 3-5　两种类型石油密度计的最小分度值及测量范围

型　　号			SY-Ⅰ	SY-Ⅱ
最小分度值/(g/mL)			0.0005	0.001
测量范围	支号	1	0.6500～0.6900	0.650～0.710
		2	0.6900～0.7300	0.710～0.770
		3	0.7300～0.7700	0.770～0.830
		4	0.7700～0.8100	0.830～0.890
		5	0.8100～0.8500	0.890～0.950
		6	0.8500～0.8900	0.950～1.010
		7	0.8900～0.9300	
		8	0.9300～0.9700	
		9	0.9700～1.0100	

　　密度计要用可溯源于国家标准的标准密度计或可溯源的标准物质密度作定期检定，至少每五年复检一次。

　　密度计法简便、迅速，但准确度受最小分度值及测试人员的视力限制，不可能太高。

2. 密度或相对密度测定法

　　密度或相对密度测定法测定石油和石油产品密度是按 GB/T 13377—2010《原油和液体或固体石油产品　密度或相对密度测定　毛细管塞比重瓶和带刻度双毛细管比重瓶法》标准试验方法进行的。毛细管塞密度瓶是一种瓶颈上刻有标线及塞子上带有毛细管的瓶子，共有三个型号，见图 3-2(a)～图 3-2(c)。其中，防护帽（磨口帽）型密度瓶适用于挥发性试样（如汽油），防护帽有效地减少了挥发损失，这种密度瓶可用于测定温度低于实验室温度的试样；盖-卢塞克型密度瓶适用于除高黏度外的非挥发液体（如润滑油）；广口型密度瓶适用于较黏稠液体或固体（如重油）。盖-卢塞克型密度瓶和广口型密度瓶均不适用于测定温度远低于实验室温度的情况，这是因为称量质量时通过毛细管的膨胀可造成试样损失。

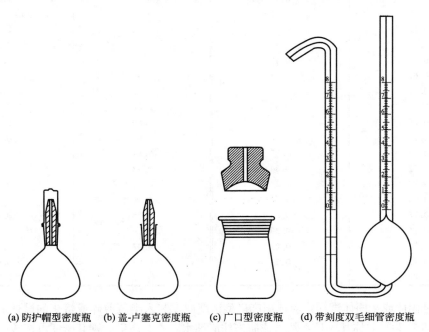

(a) 防护帽型密度瓶　　(b) 盖-卢塞克密度瓶　　(c) 广口型密度瓶　　(d) 带刻度双毛细管密度瓶

图 3-2　密度瓶

　　带刻度双毛细管密度瓶［见图 3-2(d)］有 1mL、2mL、5mL 和 10mL 四种规格，它适用于测定高挥发性及试样量较少的液体密度。

各种密度瓶在使用时首先要测定其水值。在恒定 20℃ 的条件下，分别对装满纯水前后的密度瓶准确称量（注意瓶体保持清洁、干燥），则后者与前者质量之差称为密度瓶的水值。至少测定五次，取其平均值作为密度瓶的水值。

液体试样一般选择 25mL 和 50mL 的密度瓶，在恒定温度下注满试样，称其质量。当测定温度为 20℃ 时，密度及相对密度分别按式(3-5) 和式(3-6) 计算。

$$\rho_{20} = \frac{(m_{20} - m_0)\rho_c}{m_c - m_0} + C \qquad (3-5)$$

$$d_4^{20} = \frac{\rho_{20}}{0.99820} \qquad (3-6)$$

式中　　ρ_{20}——20℃ 时试样的密度，g/mL；

　　　　ρ_c——20℃ 时纯水的密度，g/mL；

　　　　m_{20}——20℃ 时盛试样密度瓶在空气中的表观质量，g；

　　　　m_c——20℃ 时盛水密度瓶在空气中的表观质量，g；

　　　　m_0——空密度瓶在空气中的质量，g；

　　　　d_4^{20}——20℃ 时试样的相对密度；

　0.99820——20℃ 时水的密度，g/mL；

　　　　C——空气浮力修正值（见表 3-6），g/mL。

表 3-6　空气浮力修正值

$\dfrac{m_{20}-m_0}{m_c-m_0}$	修正值 C /(kg/m³)	$\dfrac{m_{20}-m_0}{m_c-m_0}$	修正值 C /(kg/m³)
0.60	0.48	0.80	0.24
0.61	0.47	0.81	0.23
0.62	0.46	0.82	0.22
0.63	0.44	0.83	0.20
0.64	0.43	0.84	0.19
0.65	0.42	0.85	0.18
0.66	0.41	0.86	0.17
0.67	0.40	0.87	0.16
0.68	0.38	0.88	0.14
0.69	0.37	0.89	0.13
0.70	0.36	0.90	0.12
0.71	0.35	0.91	0.11
0.72	0.34	0.92	0.10
0.73	0.32	0.93	0.08
0.74	0.31	0.94	0.07
0.75	0.30	0.95	0.06
0.76	0.29	0.96	0.05
0.77	0.28	0.97	0.04
0.78	0.26	0.98	0.02
0.79	0.25	0.99	0.01

如果是固体或半固体试样，应选用广口型密度瓶，装入半瓶剪碎或熔化的试样后，置于干燥器中，冷却至 20℃ 时称其质量，然后往瓶中注满纯水，称其质量。则其密度可按式(3-7) 计算。

$$\rho_{20} = \frac{(m_1 - m_0)\rho_c}{(m_c - m_0) - (m_2 - m_1)} + C \qquad (3-7)$$

式中　m_1——20℃时盛固体或半固体试样的密度瓶在空气中的表观质量，g；

　　　m_2——20℃时盛固体或半固体试样和水的密度瓶在空气中的表观质量，g。

其他符号意义同前。相对密度仍按式(3-6)计算。

密度或相对密度测定法是以测量一定体积产品质量为基础的，称量用分析天平的最小分度值（感量）仅为 0.1mg，测量温度也易控制，所以是测量石油产品密度最精确方法之一，应用比较广泛，缺点是测定时间较长。

三、影响测定的主要因素

影响油品密度测定的因素主要是温度及体积的合理控制和正确测定，此外仪器选用及不当操作都会影响测定的结果。

密度计法测定密度时，在接近或等于标准温度（20℃）时最准确，在整个试验期间，若环境温度变化大于 2℃，要使用恒温浴，以保证试验结束与开始的温度相差不超过 0.5℃。测定温度前，必须搅拌试样，保证试样混合均匀，记录要准确到 0.1℃。放开密度计时应轻轻转动一下，要有充分时间静止，让气泡升到表面，并用滤纸除去。塑料量筒易产生静电，妨碍密度计自由漂浮，使用时要用湿布擦拭量筒外壁，消除静电。要规范读数操作。

测定密度时，要按规定方法对盛有试样的密度瓶水浴恒温20min，排出气泡盖好塞子，擦干外壁后再进行称量，以保证体积稳定。所有称量过程，环境温差不应超过 5℃，以控制空气密度的变化，使之获得最大的准确性。测水值及固体和半固体试样时，为确保体积的稳定，要注入无空气水，试验中使用新煮沸并冷却到 18℃左右的纯水。密度瓶水值至少两年测定一次。对含水和机械杂质的试样，应除去水和机械杂质后再行测定，固体和半固体试样还需做剪碎或熔化等预处理。

石油产品分析仪器介绍

石油产品密度测定仪

图 3-3 为 SYP1026-Ⅱ 石油产品密度测定仪，符合 GB/T 1884—2000 要求。仪器采用密度试验专用温度计，可同时测定两种试样的密度。其主要技术参数为：使用温度范围室温～100℃；控温精度±0.2℃；加热功率 800W；交流电源 220V，50Hz；浴缸容积 ϕ300mm×300mm；试样筒容积 500mL；电动搅拌器电动机功率 15W；温度计测量范围 -20～102℃，最小分度值为 0.2℃。

图 3-3　SYP1026-Ⅱ 石油产品密度测定仪

第二节　黏　度

一、测定黏度的意义

1. 黏度的表示方法

（1）动力黏度　动力黏度又称为绝对黏度，简称黏度，它是流体的理化性质之一，是衡量物质黏性大小的物理量。当流体在外力作用下运动时，相邻两层流体分子间存在的内摩擦力将阻滞流体的流动，这种特性称为流体的黏性。根据牛顿黏性定律［见式(3-8)］，可以阐明黏度的定义。

$$F = \mu S \frac{\mathrm{d}v}{\mathrm{d}x} \tag{3-8}$$

式中　F——相邻两层流体作相对运动时产生的内摩擦力，N；

　　　S——相邻两层流体的接触面积，m^2；

　　$\mathrm{d}v$——相邻两层流体的相对运动速度，m/s；

　　$\mathrm{d}x$——相邻两层流体的距离，m；

　　$\dfrac{\mathrm{d}v}{\mathrm{d}x}$——在与流动方向垂直方向上的流体速度变化率，称为速度梯度，s^{-1}；

　　　μ——流体的黏滞系数，又称动力黏度，简称黏度，Pa·s。

式(3-8)表明，相邻两层流体作相对运动时，其内摩擦力的大小与摩擦面积和速度梯度成正比。黏滞系数（μ）是与流体性质有关的常数，流体的黏性越大，μ值越大。因此，**黏滞系数是衡量流体黏性大小的指标，称为动力黏度，简称黏度**。其物理意义是：当两个面积为$1m^2$、垂直距离为1m的相邻流体层，以1m/s的速度作相对运动时所产生的内摩擦力。

符合牛顿黏性定律的流体称为牛顿型流体。大多数石油产品在浊点温度以上都属于牛顿型流体，均可由式(3-8)求取其黏度。当液体石油产品在低温下有蜡析出时，流体性能变差，则变为非牛顿型流体。此外，润滑油中加入由高分子聚合物添加剂制成的稠化油、含沥青质较多的重质燃料（沥青质在油品中呈悬浮粒状存在）时，都转变为非牛顿型流体。非牛顿型流体在流动时不处于层流状态，不符合牛顿黏性定律，因此不能用式(3-8)求取黏度。

（2）运动黏度　某流体的动力黏度与该流体在同一温度和压力下的密度之比，称为该流体的运动黏度。

$$\nu_t = \frac{\mu_t}{\rho_t} \tag{3-9}$$

式中　ν_t——油品在温度 t 时的运动黏度，m^2/s；

　　μ_t——油品在温度 t 时的动力黏度，Pa·s；

　　ρ_t——油品在温度 t 时的密度，kg/m^3。

实际生产中常用 mm^2/s 作为油品质量指标中的运动黏度单位，$1m^2/s = 10^6 mm^2/s$。

我国石油产品（如车用柴油、喷气燃料、内燃机油及其他各种润滑油等）多采用运动黏度作为黏度的评价指标。

2. 影响油品黏度的因素

影响油品黏度的因素主要有油品的化学组成、相对分子质量、温度和压力等。

（1）化学组成　黏度是与流体性质有关的物性参数，它反映了液体内部分子间的摩擦力，因此它与流体的化学组成密切相关。通常，当碳原子数相同时，各种烃类黏度大小排列的顺序是：

正构烷烃＜异构烷烃＜芳香烃＜环烷烃

且黏度随环数的增加及异构程度的增大而增大（见表3-7）。在油品中，环上碳原子在油料分子中所占比例越大，其黏度越大，表现在不同原油的相同馏分中，含环状烃多的油品（如 K 值较小的环烷基原油）比含烷烃多的油品（如 K 值较大的石蜡基原油）具有更高的黏度（见表3-8）；同类烃中，随相对分子质量的增大，分子间引力增大，则黏度也增大，故石油馏分越重，其黏度越大（见表3-8）。

表3-7 一些烃类的运动黏度

碳原子数	结构式	$\nu_{37.8}/(\mathrm{mm^2/s})$	碳原子数	结构式	$\nu_{37.8}/(\mathrm{mm^2/s})$
26	$n\text{-}C_{26}$	11.5	26	⬡⬡—C_{16}	22.86
26	$C_4\text{-}C\text{-}C_8\text{-}C\text{-}C_4$（带 C_4 支链）	12.8	26	⬡⬡⬡—C_{12}	77.5

表3-8 不同类型原油一些馏分的运动黏度比较

序号	馏程/℃	大庆原油（石蜡基原油）			羊三木原油（环烷基原油）		
		ρ_{20}	K	ν_{50}	ρ_{20}	K	ν_{50}
1	200～250	0.8039	11.90	11.90	0.8630	11.12	1.71
2	250～300	0.8167	12.08	12.08	0.8900	11.13	3.43
3	300～350	0.8283	12.28	12.28	0.9100	11.21	7.87
4	350～400	0.8368	12.49	12.49	0.9320	11.25	23.97
5	400～450	0.8574	12.57	12.57	0.9433	11.34	146.29

（2）温度 温度对油品的黏度影响很大。温度升高，所有石油馏分的黏度都减小，最终趋近一个极限值，各种油品的极限黏度都非常接近；反之，温度降低时，油品的黏度都增大。因此，测定油品黏度按规定要保持恒温，否则，哪怕是极小的温度波动，也会使黏度测定结果产生较大的误差。

油品黏度随温度变化的性质，称为油品的黏温特性（或黏温性质），它是润滑油的一个重要质量指标。由于地区及气候条件的改变，润滑油的使用温度可能发生很大变化，因而润滑油的黏度也将发生变化。为正确评价油品的黏温性质，在生产和使用中常用黏度比和黏度指数（VI）表示油品的黏温性质。

① **油品在两个不同温度下的黏度之比，称为黏度比。**通常用50℃和100℃时的运动黏度比值（ν_{50}/ν_{100}）来表示。比值越小，黏温性越好。这种表示法比较直观，但有一定的局限性，它只能表示油品在50～100℃范围内的黏温特性，超出这个范围将无法反映。因此，也有用−20℃和50℃的黏度比表示油品在低温下的黏温特性的，如航空喷气机润滑油（GB 439—1990）要求 ν_{-20}/ν_{50} 不大于70。与黏度较小的轻质、中质润滑油相比，重质润滑油黏度随温度变化的幅度大得多，故只有黏度相近的油品，才能用黏度比来评价其黏温特性，否则是没有意义的。

② **黏度指数（VI）**是衡量油品黏度随温度变化的一个相对比较值。用黏度指数表示油品的黏温特性是国际通用的方法，目前我国已普遍采用这种方法。黏度指数越高，表示油品的黏温特性越好。

GB/T 1995—1998《石油产品黏度指数计算法》中规定，人为地选定两种油作为标准，其一为黏温性质很好的 H 油，黏度指数规定为100；另一种为黏温性质差的 L 油，其黏度指数规定为0。将这两种油分成若干窄馏分，分别测定各馏分在100℃和40℃时的运动黏度，然后在两种数据中，分别选出 100℃运动黏度相同的两个窄馏分组成一组，列成表格，本书仅选部分数据列于表 3-9。

表 3-9　一些标准油的运动黏度数据

运动黏度(100℃) /(mm²/s)	运动黏度(40℃)/(mm²/s)		运动黏度(100℃) /(mm²/s)	运动黏度(40℃)/(mm²/s)	
	L	H		L	H
7.70	93.20	56.20	8.70	116.2	67.64
7.80	95.43	57.31	8.80	118.5	68.79
7.90	97.72	58.45	8.90	120.9	69.94
8.00	100.0	59.60	9.00	123.3	71.10
8.10	102.3	60.74	9.10	125.7	72.27
8.20	104.6	61.89	9.20	128.0	73.42
8.30	106.6	63.05	9.30	130.4	74.57
8.40	109.2	64.18	9.40	132.8	75.73
8.50	111.5	65.32	9.50	135.3	76.91
8.60	113.9	66.48			

注：GB/T 1995—1998 中列出了标准油 100℃运动黏度为 2~70mm²/s 的数据。

欲确定某一油品的黏度指数时，先测定其在 40℃和 100℃时的运动黏度，然后在表中找出 100℃时与试样运动黏度相同的标准组。

当试样的黏度指数 $VI \leqslant 100$ 时，按式(3-10)计算黏度指数。

$$VI = \frac{L-U}{L-H} \times 100 \tag{3-10}$$

式中　VI——试样的黏度指数；

L——与试样在 100℃时的运动黏度相同、黏度指数为 0 的标准油在 40℃时的运动黏度，mm²/s；

H——与试样在 100℃时的运动黏度相同、黏度指数为 100 的标准油在 40℃时的运动黏度，mm²/s；

U——试样在 40℃时的运动黏度，mm²/s。

若试样 100℃时的运动黏度为 $2mm^2/s \leqslant \nu_{100} \leqslant 70mm^2/s$，可直接查表 3-9(全部数据见 GB/T 1995—1998)或采用内插法求得 L 和 H 值，再代入式(3-10)计算。

【例题 3-1】　已知某试样在 40℃和 100℃时的运动黏度分别为 73.30mm²/s 和 8.86mm²/s，求该试样的黏度指数。

解　由 100℃时的运动黏度 8.86mm²/s，查表 3-10 并用内插法计算得

$$L = 118.5 + \frac{8.86-8.80}{8.90-8.80} \times (120.9-118.5) = 119.94 mm^2/s$$

$$H = 68.79 + \frac{8.86-8.80}{8.90-8.80} \times (69.94-68.79) = 69.48 mm^2/s$$

则

$$VI = \frac{L-U}{L-H} \times 100 = \frac{119.94-73.30}{119.94-69.48} \times 100 = 92.42$$

$$VI \approx 92$$

黏度指数的计算结果要求用整数表示，如果计算值恰好在两个整数之间，应修约为最接近的偶数。例如，89.5 应报告为 90。

🖑 **说明**

如果试样 $\nu_{100} < 2mm^2/s$，则其 VI 可不说明或不报告(下同)。

若试样 $\nu_{100} > 70\text{mm}^2/\text{s}$，则需用式(3-11)、式(3-12) 计算 L 和 H，再用式(3-10) 计算黏度指数。

$$L = 0.8353\nu_{100}^2 + 14.67\nu_{100} - 216 \tag{3-11}$$

$$H = 0.1684\nu_{100}^2 + 11.85\nu_{100} - 97 \tag{3-12}$$

式中 ν_{100}——试样在 100℃时的运动黏度，mm^2/s。

当试样的运动黏度指数 $VI \geqslant 100$ 时，按式(3-13) 和式(3-14) 求算黏度指数。

$$VI = \frac{10^N - 1}{0.00715} + 100 \tag{3-13}$$

$$N = \frac{\lg H - \lg U}{\lg \nu_{100}} \tag{3-14}$$

若试样 $VI \geqslant 100$，且为 $2\text{mm}^2/\text{s} \leqslant \nu_{100} \leqslant 70\text{mm}^2/\text{s}$，可由表 3-10 直接查取或采用内插法求得 H 值，再由式(3-13) 和式(3-14) 计算。

【例题 3-2】 已知试样在 40℃和 100℃时的运动黏度分别为 $53.47\text{mm}^2/\text{s}$ 和 $7.80\text{mm}^2/\text{s}$，计算该试样的黏度指数。

解 已知 100℃运动黏度为 $7.80\text{mm}^2/\text{s}$，由表 3-10 查得 $H = 57.31\text{mm}^2/\text{s}$，代入到式(3-13) 和式(3-14) 中，得

$$N = \frac{\lg H - \lg U}{\lg \nu_{100}} = \frac{\lg 57.31 - \lg 53.47}{\lg 7.80} = 0.03376$$

$$VI = \frac{10^N - 1}{0.00715} + 100 = \frac{10^{0.03376} - 1}{0.00715} + 100 = 111.31$$

$$VI \approx 111$$

若试样 $VI \geqslant 100$，且 $\nu_{100} > 70\text{mm}^2/\text{s}$，按式(3-12) 计算 H 值后，再代入式(3-13) 和式(3-14)计算试样的黏度指数。

3. 分析油品黏度的意义

(1) 划分润滑油牌号 一些种类的润滑油产品是以油品的运动黏度值划分牌号的。例如，内燃机油、齿轮用油和液压系统用油等三大类润滑油以及其他润滑油多用运动黏度来划分牌号，其中汽油机油、柴油机油按 GB/T 14906—1994《内燃机油黏度分类》划分牌号，工业齿轮油按 50℃运动黏度划分牌号，而普通液压油、机械油、压缩机油、冷冻机油和真空泵油均按 40℃运动黏度划分牌号。

(2) 黏度是润滑油的主要质量指标 黏度对发动机的启动性能、磨损程度、功率损失和工作效率等都有直接的影响。只有选用黏度合适的润滑油，才能保证发动机具有稳定可靠的工作状况，达到最佳的工作效率，延长使用寿命。润滑油随黏度增大，其流动性能变差，使发动机功率降低，增大燃料消耗。过大的黏度甚至可以造成启动困难。相反，黏度过小，会降低油膜的支撑能力，使摩擦面之间不能保持连续的油膜，导致干摩擦，将造成发动机严重磨损，使用寿命降低。

(3) 黏度是工艺计算的重要参数 在流体流动和输送的阻力计算中，需要根据雷诺数判断流体类型，再进行计算，而雷诺数是一个与动力黏度有关的数群。

(4) 根据润滑油黏度指导工业生产 润滑油是由基础油和多种添加剂调和而成的。根据润滑油的使用要求，润滑油基础生产中，必须保证黏度和黏温特性这两个主要指标。从黏度方面看，润滑油的理想组分应是环状烃类；从黏温特性方面考虑，正构烷烃（VI 高）的黏温特性又远比环状烃（VI 低）强。因此，兼顾黏度和黏温特性，润滑油的理想组分是少环

长侧链烃类，而黏度高且黏温特性差、抗氧化能力低及残炭值高的多环短侧链烃、胶质、沥青质以及含氧、氮、硫化合物等的非理想组分，必须通过精制的手段除去。通过黏度的变化，可以判断润滑油的精制深度。一般来说，未精制馏分油的黏度＞选择性溶剂精制（除去胶质、多环芳烃，但不能除去多环烷烃）后的馏分油黏度＞经加氢补充精制或白土补充精制（除去胶质、沥青质、多环芳烃及多环烷烃）的馏分油黏度。

为保证成品润滑油的黏度符合要求，还需加入少量黏度大、黏温特性好的有机高分子聚合物（称为增黏剂或黏度添加剂、黏度指数改进剂）进行调和。

（5）黏度是润滑油、燃料油贮运输送的重要参数 当油品黏度随温度降低而增大时，会使输油泵的压力降增大，泵效下降，输送困难。一般在低温条件下，可采取加温预热降低黏度或提高泵压的办法，以保证油品的正常输送。

（6）黏度是喷气燃料的重要质量指标 黏度对喷气式发动机燃料的雾化、供油量和燃料泵润滑等有着重要的影响。燃料的黏度过大，喷射远，液滴大，雾化不良，燃烧不均匀、不完全，发动机功率降低，同时燃烧不完全的气体进入燃气涡轮后继续燃烧，易烧坏涡轮叶片，缩短发动机的使用寿命。此外，黏度过大还会降低燃料的流动性，减少发动机的供油量。若燃料黏度过小，喷射近，燃烧区域宽而短，易引起局部过热；由于喷气燃料本身又是燃料泵的润滑剂，燃料的黏度过低，还会增大泵的磨损。因此，在喷气式发动机燃料质量标准中规定了20℃及−40℃（或−20℃）的运动黏度（见附录四），它们分别对应燃料启动和正常飞行中的黏度。

（7）黏度是柴油的重要质量指标 黏度是保证柴油正常输送、雾化、燃烧及油泵润滑的重要质量指标。黏度过大，油泵效率降低，发动机的供油量减少，同时喷油嘴喷出的油射程远，油滴颗粒大，雾化状态不好，与空气混合不均匀，燃烧不完全，甚至形成积炭。黏度过小，则影响油泵润滑，加剧磨损，而且喷油过近，造成局部燃烧，同样会降低发动机功率。因此柴油质量标准中对黏度范围有明确的规定（见附录三）。

 知识拓展

只有单一黏度等级的内燃机油，称为单级油，如附录五中30、40、50等黏度等级。单级油黏度等级中的数字表示油品在100℃时的黏度等级，即高温黏度等级，其数值并不是油品的黏度值，但与油品黏度有对应关系，如30表示油品100℃时的运动黏度在9.3～12.5mm²/s范围内。带"W"的油品，如5W、20W等，表示冬（Winter）用，即低温黏度等级，如5W表示该类油品在−30℃时的低温启动黏度不大于6600mPa·s。不带"W"的油品，适用于夏季或非寒区。一些油品既有高温黏度分级，又有低温黏度分级，称为多级油，如0W-20、20W-40等。

由于多级油能同时满足高温黏度和低温黏度两个级别的要求，即在高温时能表现出足够大的黏度，在低温时又具有良好的流动性，因此其工作性能优于单级油，适用于较宽的地区范围。多级油不仅不受季节限制，而且还可以节约能源，因此近十年来已得到更加广泛的应用。

二、油品黏度测定方法概述

液体石油产品运动黏度的测定按 GB/T 265—1988《石油产品运动黏度测定法和动力黏度计算法》进行，主要仪器是玻璃毛细管黏度计，该法适用于属于牛顿型流体的液体石油产

品。其原理是依据泊塞耳方程式

$$\mu = \frac{\pi r^4 p \tau}{8VL} \tag{3-15}$$

式中 μ——试样的动力黏度，Pa·s；

    r——毛细管半径，m；

    L——毛细管长度，m；

    V——毛细管流出试样的体积，m³；

    τ——试样的平均流动时间（多次测定结果的算术平均值），s；

    p——使试样流动的压力，N/m²。

如果试样流动压力改用油柱静压力表示，即 $p = h\rho g$，再将动力黏度转换为运动黏度，则式（3-15）改写为

$$\nu = \frac{\mu}{\rho} = \frac{\pi r^4 h \rho g \tau}{8VL\rho} = \frac{\pi r^4 h g}{8VL}\tau \tag{3-16}$$

式中 ν——试样的运动黏度，m²/s；

    h——液柱高度，m；

    g——重力加速度，m/s²。

对于指定的毛细管黏度计，其半径、长度和液柱高度都是定值，即 r、L、V、h、g 均为常数，因此式（3-16）可改写为

$$\nu = C\tau \tag{3-17}$$

$$C = \frac{\pi r^4 h g}{8VL}$$

式中 C——毛细管黏度计常数，mm²/s²。

其他符号意义与式（3-16）相同。

毛细管黏度计常数仅与黏度计的几何形状有关，而与测定温度无关。

式（3-17）表明液体的运动黏度与流过毛细管的时间成正比。因此，只要知道了毛细管黏度计常数，就可以根据液体流过毛细管的时间计算其黏度。测定时，把被测试样装入直径合适的毛细管黏度计中，在恒定的温度下，测定一定体积试样在重力作用下流过该毛细管黏度计的时间，黏度计的毛细管常数与流动时间的乘积即为该温度下试样的运动黏度。

由于油品黏度与温度有关，所以式（3-17）可以改写为

$$\nu_t = C\tau_t \tag{3-18}$$

式中 ν_t——温度 t 时试样的运动黏度，mm²/s；

    τ_t——温度 t 时试样的平均流动时间，s。

在 SH/T 0173—1992（2004）《玻璃毛细管黏度计技术条件》中规定，应用于石油产品黏度检测的毛细管黏度计分为四种型号，见表 3-10。测定时，应根据试样黏度和试验温度选择合适的黏度计，务必满足试样流动时间不少于 200s，内径为 0.4mm 的黏度计流动时间不少于 350s。

表 3-10　玻璃毛细管黏度计规格型号

型　　号	毛细管内径/mm
BMN-1	0.4,0.6,0.8,1.0,1.2,1.5,2.0,2.5,3.0,3.5,4.0
BMN-2	5.0,6.0
BMN-3	0.31,0.42,0.54,0.63,0.78,1.02,1.26,1.48,1.88,2.20,3.10,4.00
BMN-4	1.0,1.2,1.5,2.0,2.5,3.0

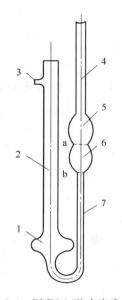

图 3-4　BMN-1 型玻璃毛细
管黏度计示意图

1,5,6—扩张部分；2,4—管身；
3—支管；7—毛细管；a,b—标线

图 3-4 为 BMN-1 型玻璃毛细管黏度计示意图。不同的毛细管黏度计，其常数 C 值不尽相同，其测定方法如下：用已知黏度的标准液体，在规定条件下测定其通过毛细管黏度计的时间，再根据式（3-18）计算出 C，实测时，应注意选用的标准液体的黏度应与试样接近，以减少误差。通常，不同规格的黏度计出厂时，都给出 C 的标定值。

三、影响测定的主要因素

（1）温度控制　油品黏度随温度变化很明显，为此规定温度必须严格保持稳定在所要求温度的 ±0.1℃ 以内，否则哪怕是极小的波动，也会使测定结果产生较大的误差。

为维持稳定的测定温度，试验时常使用如图 3-5 所示的恒温浴缸（详见石油产品分析仪器介绍部分），要求其高度不小于 180mm，容积不小于 2L，设有自动搅拌装置和能够准确调温的电热装置。

根据测定条件，要在恒温浴缸内注入表 3-11 中列举的一种液体。

（2）流动时间控制　试样通过毛细管黏度计时的流动时间要控制在不少于 200s，内径为 0.4mm 的黏度计流动时间不少于 350s，以确保试样在毛细管中处于层流状态，符合式（3-18）的适用条件。试样通过时间过短，易产生湍流，会使测定结果产生较大偏差；通过时间过长，不易保持温度恒定，也可引起测定偏差。

表 3-11　不同测定温度下使用的恒温浴液体

测定温度/℃	恒　温　浴　液　体
50~100	透明矿物油[①]、丙三醇（甘油）或 25% 硝酸铵溶液
20~50	水
0~20	水与冰的混合物或乙醇与干冰（固体二氧化碳）的混合物
−50~0	乙醇与干冰的混合物（若没有乙醇，可用无铅汽油代替）

① 恒温浴缸中的矿物油最好加有抗氧化添加剂，以防止氧化，延长使用时间。

（3）黏度计位置　黏度计必须调整成垂直状态，否则会改变液柱高度，引起静压差变化，使测定结果出现偏差。黏度计向前倾斜时，液面压差增大，流动时间缩短，测定结果偏低。黏度计向其他方向倾斜时，都会使测定结果偏高。

（4）气泡的产生　吸入黏度计的试样不允许有气泡，气泡不但会影响装油体积，而且进入毛细管后还能形成气塞，增大流体流动阻力，使流动时间增长，测定结果偏高。

（5）试样预处理　试样必须脱水、除去机械杂质。试样含水，在较高温度下进行测定时会汽化；在低温下测定时则会凝结，均影响试样正常流动，使测定结果产生偏差。若存在杂质，杂质易黏附于毛细管内壁，增大流动阻力，使测定结果偏高。

石油产品分析仪器介绍

石油产品运动黏度测定仪

目前，石油产品运动黏度的测定仪有多种，其主要差别在于温度的控制与显示的不同。

图 3-5 是 YND-3 型运动黏度测定仪。该仪器符合 GB/T 265—1988 要求。它主要由电器控制箱、恒温浴缸（双层）、电动搅拌器、电加热器、导流筒、品氏毛细管黏度计及温度计等组成。主要技术参数如下：搅拌调速为 0～4000r/min，10 级可调；辅助加热自动关断点约比设定点低 1℃；秒表计时范围为 0～999.9s；工作电源为 220V±22V，50Hz±2.5Hz；控温点设置为 0～100℃连续设定；装毛细管数量为 4 支；恒温精度为±0.1℃；加热器功率为辅助加热 1000W，主加热 800W。

图 3-5　YND-3 型运动黏度测定仪

图 3-6　ZHN1501 型石油产品运动黏度测定仪

图 3-7　ND-1 型石油产品运动黏度测定仪

图 3-6 为 ZHN1501 型石油产品运动黏度测定仪。该仪器符合 GB/T 265—1988 要求。主要技术指标为：温控范围为 20～100℃；温控精度为±0.1℃；温控检测为铂电阻；显示器为 320×240（彩显）；显示时钟为年、月、日、时、分（掉电保持）；语音提示为音乐；电源为 AC 220V±22V，50.0Hz±2.5Hz；功率不大于 1200W；使用环境温度为 10～35℃；使用环境相对湿度不高于 85%；质量为 8kg。

图 3-7 为 ND-1 型石油产品运动黏度测定仪。该仪器符合 GB/T 265—1988 要求。其特点是温度数字显示、有四路数字秒表、恒温浴温度均匀、四个黏度计安装孔可同时对两种以上油样进行平行试验并可作为高精度恒温浴进行其他试验。仪器的主要技术指标为：玻璃毛细管黏度计符合 SH/T 0173—1992（2004）《玻璃毛细管黏度计技术条件》中的要求；控温点为 20℃、40℃、50℃、80℃、100℃；显示温度为±0.1℃；温度微调为±1℃；温控精度为±0.01℃；加热器功率为辅助加热 1000W，控温加热 600W；秒表计时为 0.1～999.9s；电源电压为 AC 220V±22V，50Hz±2.5Hz。

图 3-8 为美国凯能仪器公司的 CAV2000 全自动运动黏度测定仪。它符合 GB/T 265—1988 标准，是一台不需要人员跟随

图 3-8　CAV2000 全自动运动黏度测定仪

操作的全自动仪器，很容易使用，操作人员无需接受专门训练。

当试样注入试样槽时，操作人员通过计算机键盘输入试样编号后，测量就开始，不需要操作人员进一步介入，仪器将自动测定黏度并以实验报告的形式打印。假如需要的话，黏度指数（*VI*）和不同测定温度下的黏度可通过软件计算出来。当液体通过两个微型探测器时，电子计时器可将流速测量值精确到 0.01s，使黏度测量精度达到或超过 ASTM D 445 标准所规定的要求。

第三节 闪点、燃点和自燃点

一、测定油品闪点、燃点和自燃点的意义

1. 基本概念

（1）闪点 使用专门仪器在规定的条件下，将可燃性液体（如石油产品及烃类）加热，其蒸气与空气形成的混合气与火焰接触，发生瞬间闪火的最低温度，称为闪点。闪点是评价石油产品蒸发倾向和安全性的指标。

闪火是微小爆炸，但并不是任何可燃气体与空气形成的混合气都能闪火爆炸，只有混合气中可燃性气体的体积分数达到一定数值时，遇火才能爆炸，过高或过低则空气或燃气不足，都不会发生爆炸。

（2）爆炸界限 可燃性气体与空气混合时，遇火发生爆炸的体积分数范围，称为爆炸界限。在爆炸界限内，可燃气在混合气中的最低体积分数称为爆炸下限；最高体积分数称为爆炸上限。常见烃类及油品的爆炸界限见表 3-12。

油品的闪点就是指常压下，油品蒸气与空气混合达到爆炸下限或爆炸上限的油温。通常情况下，高沸点油品的闪点为其爆炸下限的油品温度。因为该温度下液体油品已有足够的饱

表 3-12 一些烃类及油品的爆炸界限、闪点和自燃点

名　　称	爆炸下限/%	爆炸上限/%	闪点/℃	自燃点[①]/℃
甲烷	5.00	15.5	＜-66.7	645
乙烷	3.22	12.45	＜-66.7	515～530
丙烷	2.37	9.50	＜-66.7	510
丁烷	1.86	8.41	＜-60（闭口）	405～490
戊烷	1.04	7.80	＜-40（闭口）	287～550
己烷	1.25	6.90	-22（闭口）	234～540
环己烷	1.30	7.80	—	200～520
苯	1.41	6.75	—	540～580
甲苯	1.27	6.75	—	536～550
乙烯	3.05	28.60	＜-66.7	287～550
乙炔	2.50	80.00	＜0	335
氢气	4.10	74.20		510
一氧化碳	12.5	74.2		610
石油干气	约3	13.0	—	650～750
汽油	1.0	6.0	-35	415～530
煤油	1.4	7.5	28～60	330～425

续表

名　　称	爆炸下限/%	爆炸上限/%	闪点/℃	自燃点[①]/℃
轻柴油	—	—	45~120	350~380
润滑油	—	—	130~340	300~380
减压渣油	—	—	>120	230~240

① 自燃点的测定值与测定方法有关，因此不同来源的数据差异很大。表中所列数据为各文献的综合结果。

和蒸气压，使其在空气中的含量恰好达到油品的爆炸下限，因此一遇明火立即发生爆炸燃烧。由于在试验条件下油品用量很少，着火后瞬间可燃混合气即已烧尽，所以人们看到的只是短暂的火苗一闪。而低沸点油品，如汽油及易挥发的液态石油产品，在室温下的油气浓度已经大大超过其爆炸下限，其闪点一般是指爆炸上限的油品温度。若冷却以降低汽油的蒸气压，也可以测得爆炸下限所对应的闪火的温度。由于闪点是衡量油品在贮存、运输和使用过程中安全程度的指标，所以测定低沸点油品的爆炸下限温度没有实际意义。

（3）燃点　在测定油品开口杯闪点后继续提高温度，在规定条件下可燃混合气能被外部火焰点引燃，并连续燃烧不少于 5s 时的最低温度，称为燃点，通常称为开口杯法燃点。

（4）自燃点　将油品加热到很高的温度后，再使之与空气接触，无需引燃，油品即可因剧烈氧化而产生火焰自行燃烧，这就是油品的自燃现象，能发生自燃的最低油温，称为自燃点。

2. 油品闪点、燃点和自燃点与组成的关系

（1）与烃类组成的关系　通常情况下，烷烃比芳烃容易氧化，故含烷烃多的油品自燃点比较低，但其闪点却比黏度相同而含环烷烃和芳烃较多的油品高。在同类烃中，随相对分子质量增大，自燃点降低，而闪点和燃点增高。

（2）与油品馏程的关系　油品沸点越低，馏分越轻，相对分子质量越小，越易挥发，其闪点和燃点越低，反之则升高（见表 3-12）。油品闪点和燃点的高低取决于低沸点烃类含量，当有极少量轻油混入到高沸点油品中时，就能引起闪点显著降低。例如，某润滑油中掺入 1% 的汽油，闪点可从 200℃ 降至 170℃。正是由于这一原因，原油的闪点是很低的，它和低闪点油品一起被列入易燃物品之中。

与燃点相反，油品沸点越低，越不易自燃，其自燃点就越高；反之，自燃点越低（见表 3-12）。

3. 测定闪点、燃点和自燃点的意义

（1）判断油品馏分组成轻重，指导油品生产　例如，精馏塔侧线产品闪点偏低，说明它与上部产品分割不清，混有轻组分，应及时加大侧线汽提蒸汽量，分离出轻组分。

（2）鉴定油品发生火灾的危险性　闪点是有火灾出现的最低温度，闪点越低，燃料越易燃烧，火灾危险性也越大，在生产、贮运和使用中，更要注意防火、防爆。实际生产中油品的危险等级就是根据闪点来划分的，**闪点在 45℃ 以下的油品称为易燃品，闪点在 45℃ 以上的油品称为可燃品。**

（3）评定润滑油质量　在润滑油的使用中，闪点具有重要意义。例如，内燃机油都具有较高闪点，使用时不易着火燃烧，如果发现油品的闪点显著降低，则说明润滑油已受到燃料的稀释，应及时检修发动机或换油；汽轮机油和变压器油在使用中，若发现闪点下降，则表

明油品已变质，需要进行处理。

对于某些润滑油来说，规定同时测定开口杯和闭口杯闪点，以判断润滑油馏分的宽窄程度和是否掺入轻质组分。由于测定开口闪点时，油蒸气有损失，因而闪点比较高，通常，开口闪点要比闭口闪点高 10～30℃。如果两者相差悬殊，则说明该油品蒸馏时有裂解现象或已混入轻质馏分，或溶剂脱蜡与溶剂精制时，溶剂分离不完全。

二、闪点、燃点测定方法概述

测定闪点的方法有 GB/T 261—2008《宾斯基-马丁闪点的测定　闭口杯法》、GB/T 267—1988《石油产品闪点与燃点测定法（开口杯法）》和 GB/T 3536—2008《石油产品闪点和燃点的测定　克利夫兰开口杯法》三种标准试验方法。

1. 闭口杯法

GB/T 261—2008 适用于测定闪点高于 40℃可燃液体试样。例如，测定燃料油、润滑油等油品的闭口杯闪点。图 3-9、图 3-10 分别为宾斯基-马丁闭口闪点测定仪和 SYD-261 闭口闪点试验仪器。

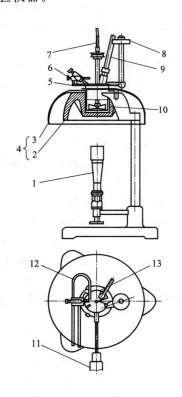

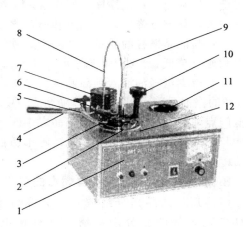

图 3-9　宾斯基-马丁闭口闪点测定仪
1—火焰加热型空气浴；2—空气浴；3—顶板；
4—加热室；5—盖子；6—点火器；7—传动软轴；
8—快门操作旋钮；9—温度计；10—试验杯；
11—手柄；12—导向管；13—快门

图 3-10　SYD-261 闭口闪点试验仪器
1—控制面板；2—试验杯；3—点火器；4—试验杯手柄；
5—乳胶管；6—进气调节阀；7—搅拌电机；8—传动软轴；
9—温度计；10—快门操作旋钮；11—试验杯座；12—电炉

测定操作时，将试样装入油杯至环状刻线处，在连续搅拌下加热，按要求控制恒定的升温速度，在规定温度间隔内用一小火焰进行点火试验，点火时必须中断搅拌，当试样表面上蒸气闪火时的最低温度即为闭口杯法闪点。

2. 开口杯法

按 GB/T 267—1988 的规定，将试样装入内坩埚至规定的刻线处，迅速升高试样温度，然后缓慢升温，当接近闪点时，恒速升温。在规定的温度间隔，将点火器火焰按规定的方法通过试样表面，则试样蒸气发生闪火的最低温度，即为开口杯法闪点。

继续进行试验，当点燃后，至少连续燃烧不少于 5s 时的最低温度，即为试样的燃点。开口杯法闪点测定装置见图 3-11、图 3-12。

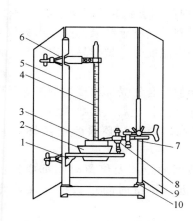

图 3-11　开口杯法闪点测定器

1—坩埚托；2—外坩埚；3—内坩埚；4—温度计；
5—支柱；6—温度计夹；7—点火器支柱；
8—点火器；9—屏风；10—底座

图 3-12　石油产品闪点与燃点测定器（开口杯法）

技术参数：适用标准 GB/T 267；喷火直径 $\phi 0.8\sim 1$mm；工作电源 AC 220V$\pm$22V，50Hz；加热功率 1000W 可调；温度计 0$\sim$360℃，分度 1℃；外坩埚上口内径 $\phi 100$mm± 5 mm；内坩埚上口内径 $\phi 64$mm± 1 mm

3. 克利夫兰开口杯法

GB/T 3536—2008 测定方法与 GB/T 267—1988 大体相同，只是试验设备和试杯的尺寸有所不同（见图 3-13）。克利夫兰开口杯法不适于测定燃料油和开口闪点低于 79℃的石油产品。

闪点的测定之所以要分为闭口杯法和开口杯法，主要决定于石油产品的性质和使用条件。闭口杯法多用于轻质油品，如溶剂油、煤油等，由于测定条件与轻质油品实际贮存和使用条件相似，可以作为防火安全控制指标的依据。对于多数润滑油及重质油，尤其是在非密闭机件或温度不高的条件下使用的润滑油，它们含轻组分较少，即便有极少的轻组分混入，也将在使用过程中挥发掉，不致造成着火或爆炸的危险，所以这类油品采用开口杯法测定闪点。在某些润滑油的规格中，规定了开口杯闪

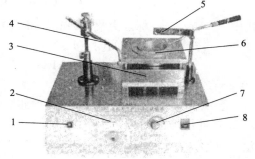

图 3-13　SYD-3536 克利夫兰开口杯法闪点试验器

1—点火扫划开关；2—电流表；3—电炉；4—点火器；
5—温度计架；6—试验杯；7—调压旋钮；8—电源开关

点和闭口杯闪点两种质量指标，其目的是用两者之差值判断润滑油馏分的宽窄程度以及有无掺入轻质油品成分。有些润滑油在密闭容器内使用，由于种种原因（如高速或其他原因引起设备过热，发生电流短路、电弧作用等）而产生高温，会使润滑油发生

分解，或从其他部件掺进轻质油品成分，这些轻组分在密闭器内蒸发聚集并与空气混合后，有着火或爆炸的危险。若只用开口杯法测定，不易发现轻油成分的存在，所以规定还要用闭口杯法进行测定。属于这类油品的有电器用油、高速机械油及某些航空润滑油等。

三、影响测定的主要因素

（1）试样含水量　试样含未溶解水时，必须进行脱水，方可进行闪点测定。GB/T 261 和 GB/T 3536 要求在试样混合均匀前，要将未溶解水分离出来。规定试样含水不大于 0.1%，否则，必须脱水。含水试样加热时，分散在油中的水会汽化形成水蒸气，有时形成气泡覆盖于液面上，影响油品的正常汽化，推迟闪火时间，使测定结果偏高。水分较多的重油，用开口杯法测定闪点时，由于水的汽化，加热到一定温度时，试样易溢出油杯，使试验无法进行。

（2）加热速度　加热速度过快，试样蒸发迅速，会使混合气局部浓度达到爆炸下限而提前闪火，导致测定结果偏低；加热速度过慢，测定时间将延长，点火次数增多，消耗了部分油气，使到达爆炸下限的温度升高，则测定结果偏高。因此，必须严格按标准控制加热速度。

（3）点火的控制　点火用的火焰大小、与试样液面的距离及停留时间都应按国家标准规定执行。若球形火焰直径偏大，与液面距离较近，停留时间过长都会使测定结果偏低。

（4）试样的装入量　按要求杯中试样要装至环形刻线处，装入量过多或过少都会改变液面以上的空间高度，进而影响油蒸气和空气混合的浓度，使测定结果不准确。

（5）大气压　油品闪点与外压有关。气压低，油品易挥发，闪点有所降低；反之，闪点则升高。

① 闭口杯闪点的大气压修正。GB/T 261—2008 中规定以标准大气压（101.3kPa）为闪点测定基准。若有偏离，需作大气压修正。

闭口杯闪点的大气压修正公式为

$$t_0 = t + 0.25℃/kPa(101.3kPa - p) \tag{3-19}$$

式中　　　t_0——标准大气压（101.3kPa）下的闪点，℃；

$\quad\quad\quad\quad t$——观察的闪点，℃；

$\quad\quad\quad\quad p$——环境大气压，kPa；

0.25℃/kPa——换算系数。

② 开口杯闪点或燃点的大气压修正。GB/T 267—1988 规定，开口杯闪点和燃点可用式（3-20）进行修正。

$$t_0 = t + \Delta t \tag{3-20}$$

式中　　t_0——标准大气压（101.3kPa）下的闪点或燃点，℃；

$\quad\quad\Delta t$——闪点修正值，℃。

其中，环境大气压在 72.0～101.3kPa（540～760mmHg）范围内时，闪点修正值按式（3-21）计算。

$$\Delta t = 7.5kPa^{-1}(0.00015t + 0.028℃)(101.3kPa - p) \tag{3-21}$$

式中　　　p——环境大气压，kPa；

　　　t——观察的闪点或燃点（300℃以上仍按300℃计），℃；

7.5kPa^{-1}——大气压力单位换算系数；

0.00015——试验常数；

0.028℃——试验常数。

　　③ 克利夫兰开口杯闪点或燃点的大气压修正。GB/T 3536—2008规定，按式（3-19）将观察闪点或燃点（t）修正为标准大气压下的闪点或燃点（t_0）。

石油产品分析仪器介绍

石油产品闪点测定仪

　　目前，石油产品闪点测定仪的变化趋势是向自动测试、数字或大屏幕显示、微机控制、结果打印输出的方向发展。

1. 石油产品闭口闪点测定仪

　　图3-14为PCB308型智能闭口闪点测定仪，该仪器符合GB/T 261—2008要求（执行A方法）。仪器特点是中、英文操作界面；彩色液晶触摸式键盘；向导式菜单可随意调节升温速率；中、英文打印；显示升温与实验时间函数曲线；自动修正大气压强的影响并计算修正值，故障自检；开盖、点火、检测、打印，100次试验结果记录、风冷自动完成。技术参数为，测量范围：室温～300℃；分辨率：0.1℃；试验火源：石油液化气（或丁烷气体）；使用环境温度：0～50℃；电源电压：AC220V±10%；频率：50Hz±5%。

2. 石油产品开口闪点测定仪

　　图3-15为PCK208型智能开口闪点测定仪。该仪器符合GB/T 3536—2008要求。测量范围：室温～400℃；分辨率：0.2℃。其余特点及主要技术参数与图3-15所示仪器相同。

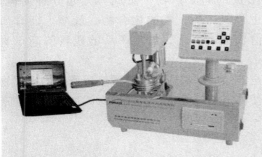

图3-14　PCB308型智能闭口
闪点测定仪

图3-15　PCK208型智能开口
闪点测定仪

　　图3-16为KSD-05型全自动开口闪点仪，该仪器符合GB/T 267—1988要求。仪器特点是，显示器采用大屏幕彩色液晶触摸屏，中文菜单程序提示操作，全自动测试，操作简单直观；具有自动测试，自动升降，自动划扫，自动气、电点火功能。技术参数为，测定范围：80～400℃；温度检测：铂电阻；自检功能：测试探头，点火划杆，点火丝，冷却风机、打印机；电、气两种点火方式；冷却方式：风冷；功率：≤900W；环境温度：5～40℃。

图 3-16　KSD-05 型全自动开口闪点仪

第四节　残　炭

一、测定残炭的意义

1. 残炭

油品在规定的仪器中隔绝空气加热，使其蒸发、裂解和缩合所形成的残留物，称为残炭。残炭用残留物占油品的质量分数表示。残炭是评价油品在高温条件下生成焦炭倾向的指标。

不加添加剂的润滑油，其残炭为鳞片状，且有光泽；若加入添加剂，其残炭呈钢灰色，质地较硬，难以从坩埚壁上脱落。因此对含添加剂高的润滑油只要求测定基础油的残炭，而不控制成品油的残炭值。

2. 残炭与组成的关系

（1）残炭与油品中的非烃类、不饱和烃及多环芳烃化合物的含量有关　残炭主要是由油品中胶质、沥青质、不饱和烃及多环芳烃所形成的缩聚产物，而烷烃只起分解反应，不参加聚合，所以不会形成残炭。因此，油品中含氮、硫、氧的化合物、胶质、沥青质及多环芳烃多的、密度大的重质燃料油，残炭值较高；裂化、焦化产品的残炭值高于直馏产品。

（2）残炭与油品的灰分多少有关　灰分主要是油品中环烷酸盐类等煅烧后所得的不燃物（详见第十章第二节），它们与残炭混在一起，可使测定结果偏高。一般含有添加剂的石油产品灰分较多，其残炭值增加较大。

3. 分析残炭的意义

（1）残炭是油品中胶状物质和不稳定化合物的间接指标　例如，催化裂化生产中，残炭值是判断原料优劣的重要参数，残炭值过高，说明原料含胶质、沥青质较多，易造成生产中焦炭产量过高，不仅破坏装置的热平衡，而且还降低催化剂的活性，影响装置正常生产及操作。

（2）预测焦炭产量　根据原料的残炭值，能预测延迟焦化工艺过程的焦炭产量。残炭值越大，目的产物焦炭的产量越高，对生产越有利。

（3）判断润滑油及柴油的精制深度　一般精制深的油品，残炭值小。柴油的残炭指的是 10％蒸余物残炭，即对普通柴油和车用柴油试样先按 GB/T 6536—2010《石油产品常压蒸馏特性测定法》对 200mL 试样进行蒸馏，收集 10％残余物作为试样；也可用 GB/T 255—

1977(1988)《石油产品蒸馏测定法》获取 10％残余物，由于该法采用 100mL 蒸馏烧瓶，因此需进行不少于两次的蒸馏，收集 10％残余物作为试样，再作康氏法残炭测定。这主要是由于柴油馏分轻，直接测定残炭值很低，误差较大，故规定测定 10％蒸余物残炭。残炭值大的柴油在使用中会在汽缸内形成积炭，导致散热不良，机件磨损加剧，缩短发动机使用寿命。

二、残炭测定方法概述

1. 康氏法残炭

康氏法残炭按 GB/T 268—1987《石油产品残炭测定法（康氏法）》进行的。该方法是国际普遍应用的一种标准试验方法，我国石油产品多采用康氏残炭指标。康氏法残炭一般用于常压蒸馏时易分解、相对易挥发的石油产品如柴油的 10％蒸余物残炭、汽油机油和柴油机油的残炭等。其测定器如图 3-17 所示。

测定时，用恒重好的瓷坩埚按规定称取试样，将盛有试样的瓷坩埚放入内铁坩埚中，再将内铁坩埚放在外铁坩埚内（内外铁坩埚之间装有细砂），然后再将全套坩埚放在镍铬丝三脚架上，使外铁坩埚置于遮焰体中心，用圆铁罩罩好。强火焰的煤气喷灯加热，使试样蒸发、燃烧，生成残留物，冷却 40min 后称量，计算残炭占试样的质量分数，即为康氏法残炭值。

加热过程分预热期、燃烧期和强热期三个阶段，测定时，一定要严格执行标准，以确保测定结果的有效性。

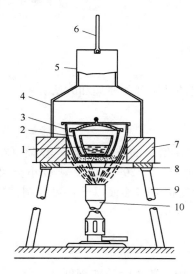

图 3-17　康氏法残炭测定器

1—矮型瓷坩埚；2—内铁坩埚；3—外铁坩埚；
4—圆铁罩；5—烟罩；6—火桥；7—遮焰体；
8—镍铬丝三脚架；9—铁三脚架；10—喷灯

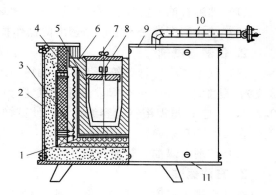

图 3-18　电炉法残炭测定器

1—电热丝（300W）；2—壳体；3—电热丝（600W）；
4—电热丝（1000W）；5—瓷坩埚；6—钢浴；
7—钢浴盖；8—坩埚盖；9—加热炉盖；
10—热电偶；11—加热炉底

2. 电炉法残炭

电炉法残炭按 SH/T 0170—1992（2000）《石油产品残炭测定法（电炉法）》进行。该方法适用于润滑油、重质燃料油或其他石油产品。如图 3-18 所示，其与康氏法的主要区别是用电炉作热源。

测定前，先将符合规定的瓷坩埚放入 800℃±20℃ 的高温炉中煅烧 1h，冷却后准确称量。接通电源，使残炭测定器电炉的温度恒定在 520℃±5℃ 范围内。在上述称量过的坩埚中加入规定量的试样，放入电炉的空穴中，盖上坩埚盖。当试样在炉中加热至开始从坩埚盖的毛细管中逸出油蒸气时，立即点燃，燃烧结束后，继续维持炉温在 520℃±5℃，煅烧残留物。从试样加热至残留物煅烧结束共需 30min。然后从电炉中取出坩埚，冷却 40min 后称量，计算质量分数，即为电炉法残炭值。

与康氏法相比，电炉法测残炭操作简便，容易掌握。因此，多用于生产控制中，只有在产品出厂和仲裁试验时才采用康氏法或兰氏法测定。

3. 兰氏法残炭

兰氏法残炭按 SH/T 0160—1992《石油产品残炭测定法（兰氏法）》进行。该方法一般适用于在常压蒸馏时部分分解的、不易挥发的石油产品，对一些不容易装入兰氏焦化瓶的重质残渣燃料油、焦化原料等油料，宜采用康氏法测定残炭。该法与康氏法没有精确的关联关系，评定油品时应引起注意。

兰氏法测定残炭时，将适量的试样装入已恒重的带有毛细管的玻璃焦化瓶中，再准确称量，计算出试样质量，然后放入温度恒定在 550℃±5℃ 的金属炉内。试样被迅速加热、蒸发、分解、焦化。试样放入炉内 20min±2min 时，将焦化瓶从炉内转移至规定的干燥器内冷却，并再次称量，计算残余的质量分数，即为兰氏法残炭值。

第五节　实　训

一、石油和液体石油产品密度测定（密度计法）

1. 实训目的

（1）理解石油密度计法（GB/T 1884—2000）测定油品密度的原理和方法。

（2）掌握密度计法测定油品密度的操作技能。

2. 仪器与试剂

（1）仪器　密度计（符合 SH/T 0316—1998 和表 3-4 给出的技术要求）；量筒（250mL，2 支）；温度计（-1～38℃，最小分度值为 0.1℃，1 支；-20～102℃，最小分度值为 0.2℃，1 支）；恒温浴（能容纳量筒，使试样完全浸没在恒温浴液面以下，可控制试验温度变化在 ±0.25℃ 以内）；移液管（25mL，1 支）。

（2）试剂　煤油、普通柴油、汽油机油。

3. 方法概要

将处于规定温度的试样，倒入温度大致相同的量筒中，放入合适的密度计，静止，当温度达到平衡后，读取密度计读数和试样温度。用《石油计量表》把观察到的密度计读数换算成标准密度。必要时，可以将盛有试样的量筒放在恒温浴中，以避免测定温度变化过大。

4. 试验步骤

（1）试样的准备　对黏稠或含蜡的试样，要先加热到能够充分流动的温度，保证既无蜡析出，又不致引起轻组分损失。

 注意

①用密度计法测定密度时，在接近或等于标准温度 20℃ 时最准确；②当密度值用于散

装石油计量时，需在接近散装石油温度 3℃ 以内测定密度，这样可以减少石油体积修正误差。

将调好温度的试样小心地沿管壁倾入到洁净的量筒中，注入量为量筒容积的 70% 左右。若试样表面有气泡聚集时，要用清洁的滤纸除去气泡。将盛有试样的量筒放在没有空气流动并保持平稳的实验台上。

注意

在整个试验期间，若环境温度变化大于 2℃ 时，要使用恒温浴，以避免测定温度变化过大。

（2）测量密度范围　将干燥、清洁的密度计小心地放入搅拌均匀的试样中。密度计底部与量筒底部的间距至少保持 25mm，否则应向量筒注入试样或用移液管吸出适量试样。

（3）测定试样密度　选择合适的密度计慢慢地放入试样中，达到平衡时，轻轻转动一下，放开，使其离开量筒壁，自由漂浮至静止状态。对不透明黏稠试样，按图 3-1(c) 所示方法读数。对透明低黏度试样，要将密度计再压入液体中约两个刻度，放开，待其稳定后按图 3-1(b) 所示方法读数。记录读数后，立即小心地取出密度计，并用温度计垂直地搅拌试样，记录温度，准确到 0.1℃。若与开始试验温度相差大于 0.5℃，应重新读取密度和温度，直到温度变化稳定在 0.5℃ 以内。如果不能得到稳定温度，把盛有试样的量筒放在恒温浴中，再按步骤（3）重新操作。

记录连续两次测定的温度和视密度。

注意

密度计是易损的玻璃制品，使用时要轻拿轻放，要用脱脂棉或其他质软的物品擦拭，取出和放入时可用手拿密度计的上部，清洗时应拿其下部，以防折断。

（4）密度修正与换算　由于密度计读数是按读取液体下弯月面作为检定标准的，所以对不透明试样，需按表 3-4 加以修正（SY-I 型或 SY-Ⅱ 型石油密度计除外），记录到 0.1kg/m³（0.0001g/mL）。根据不同的油品试样，用 GB/T 1885—1998《石油计量表》把修正后的密度计读数换算成标准密度。

5. 精密度

（1）重复性　在温度范围为 -2～24.5℃ 时，同一操作者用同一仪器在恒定的操作条件下，对同一试样重复测定两次，结果之差要求如下：透明低黏度试样，不应超过 0.0005g/mL；不透明试样，不应超过 0.0006g/mL。

（2）再现性　在温度范围为 -2～24.5℃ 时，由不同实验室提出的两个结果之差要求如下：透明低黏度试样，不应超过 0.0012g/mL；不透明试样，不应超过 0.0015g/mL。

6. 报告

取重复测定两次结果的算术平均值，作为试样的密度。密度最终结果报告到 0.0001g/cm³（0.1kg/m³），20℃。

二、石油产品运动黏度的测定

1. 实训目的

（1）掌握石油产品运动黏度的测定（GB/T 265—1988）方法和操作技能。

（2）掌握石油产品运动黏度测定结果的计算方法。

2. 仪器与试剂

（1）仪器　常用规格玻璃毛细管黏度计一组（毛细管内径为 0.8mm、1.0mm、1.2mm、1.5mm；测定试样的运动黏度时，应根据试验的温度选用适当的黏度计，使试样的流动不少于 200s）；恒温浴缸（见图 3-5，在不同温度下使用的恒温浴液体见表 3-11）；玻璃水银温度计 GB/T 514《石油产品试验用玻璃液体温度计技术条件》中的 GB-9，GB-13，各 1 支；秒表（分度 0.1s，1 块）。

（2）试剂　溶剂油（符合 GB 1922《油漆及清洗用溶剂油》要求）或石油醚（60～90℃，化学纯）；铬酸洗液；95％乙醇（化学纯）；试样（普通柴油、汽油机油或柴油机油）。

3. 方法概要

在某一恒定的温度下，测定一定体积的试样在重力下流过一个经过标定的玻璃毛细管黏度计的时间，黏度计的毛细管常数与流动时间的乘积，即为该温度下测定液体的运动黏度。

4. 准备工作

（1）试样预处理　试样含有水或机械杂质时，在试验前必须经过脱水处理，用滤纸过滤除去机械杂质。

对于黏度较大的润滑油，可以用瓷漏斗，利用水流泵或其他真空泵进行抽滤，也可以在加热至 50～100℃ 的温度下进行脱水过滤。

（2）清洗黏度计　在测定试样黏度之前，必须将黏度计用溶剂油或石油醚洗涤，如果黏度计沾有污垢，用铬酸洗液、水、蒸馏水或用 95％乙醇依次洗涤。然后放入烘箱中烘干或用通过棉花滤过的热空气吹干。

（3）装入试样　测定运动黏度时，选择内径符合要求的清洁、干燥毛细管黏度计（如图 3-4 所示），吸入试样。在装试样之前，将橡皮管套在支管 3 上，并用手指堵住管身 2 的管口，同时倒置黏度计，将管身 4 插入装着试样的容器中，利用橡皮球（或水流泵及其他真空泵）将试样吸到标线 b，同时注意不要使管身 4、扩张部分 5 和 6 中的试样产生气泡和裂隙。当液面达到标线 b 时，从容器中提出黏度计，并迅速恢复至正常状态，同时将管身 4 的管端外壁所沾着的多余试样擦去，并从支管 3 取下橡皮管套在管身 4 上。

（4）安装仪器　将装有试样的黏度计浸入事先准备妥当的恒温浴中（即预先恒温到指定温度），并用夹子将黏度计固定在支架上，在固定位置时，必须把毛细管黏度计的扩张部分 5 浸入一半。

温度计要利用另一个夹子固定，务使水银球的位置接近毛细管中央点的水平面，并使温度计上要测温的刻度位于恒温浴的液面上 10mm 处。

注意

若所用全浸式温度计的测温刻度露出恒温浴液面，则需按式（3-22）进行校正，才能准确量出液体的温度。

$$t = t_1 - \Delta t \tag{3-22}$$
$$\Delta t = kh(t_1 - t_2)$$

式中　t——经校正后的测定温度，℃；

t_1——测定黏度时的规定温度，℃；

t_2——接近温度计液柱露出部分的空气温度，℃；

Δt——温度计液柱露出部分的校正值，℃；

　k——常数，水银温度计采用 $k=0.00016$，酒精温度计采用 $k=0.001$；

　h——露出浴面的水银柱或酒精柱高度，℃。

5. 试验步骤

（1）调整温度计位置　　将黏度计调整为垂直状态，要利用铅垂线从两个相互垂直的方向去检查毛细管的垂直情况。将恒温浴调整到规定温度，把装好试样的黏度计浸入恒温浴内，按表 3-13 规定的时间恒温。试验温度必须保持恒定，波动范围不允许超过 ± 0.1℃。

表 3-13　黏度计在恒温浴中的恒温时间

试验温度/℃	恒温时间/min	试验温度/℃	恒温时间/min
80,100	20	20	10
40,50	15	$-50\sim 0$	15

（2）调试试样液面位置　　利用毛细管黏度计管身 4 所套的橡皮管将试样吸入扩张部分 6 中，使试样液面高于标线 a。

注意

不要让毛细管和扩张部分 6 中的试样产生气泡或裂隙。

（3）测定试样流动时间　　观察试样在管身中的流动情况，液面恰好到达标线 a 时，开动秒表；液面正好流到标线 b 时，停止计时，记录流动时间。应重复测定，至少 4 次。按测定温度不同，每次流动时间与算术平均值的差值应符合表 3-14 中的要求。最后，用不少于 3 次测定的流动时间计算算术平均值，作为试样的平均流动时间。

表 3-14　不同温度下，允许单次测定流动时间与算术平均值的相对误差

测定温度范围/℃	允许相对测定误差/%	测定温度范围/℃	允许相对测定误差/%
<-30	2.5	$15\sim 100$	0.5
$-30\sim 15$	1.5		

6. 计算

在温度为 t 时，试样的运动黏度按式（3-18）计算。

【例题 3-3】　某黏度计常数为 $0.4780\text{mm}^2/\text{s}^2$，在 50℃，试样的流动时间分别为 318.0s、322.4s、322.6s 和 321.0s，试报告试样运动黏度的测定结果。

解　流动时间的算术平均值为

$$\tau_{50}=\frac{318.0+322.4+322.6+321.0}{4}=321.0(\text{s})$$

由表 3-14 查得，允许相对测定误差为 0.5%，即单次测定流动时间与平均流动时间的允许差值为 $321.0\times 0.5\%=1.6(\text{s})$。

由于只有 318.0s 与平均流动时间之差已超过 1.6s，因此将该值弃去。平均流动时间为

$$\tau_{50}=\frac{322.4+322.6+321.0}{3}=322.0(\text{s})$$

则应报告试样运动黏度的测定结果为

$$\nu_{50}=C\tau_{50}=0.4780\times 322.0=154.0(\text{mm}^2/\text{s})$$

7. 精密度

用下述规定来判断结果的可靠性（置信水平为95%）。

(1) 重复性　同一操作者重复测定两个结果之差，不应超过表3-15所列数值。

表 3-15　不同测定温度下，运动黏度测定重复性要求

黏度测定温度/℃	重复性/%	黏度测定温度/℃	重复性/%
−60～<−30	算术平均值的 5.0	15～100	算术平均值的 1.0
−30～<15	算术平均值的 3.0		

(2) 再现性　当黏度测定温度范围为15～100℃时，由两个实验室提出的结果之差，不应超过算术平均值的2.2%。

8. 报告

(1) 有效数字　黏度测定结果的数值，取四位有效数字。

(2) 测定结果　取重复测定两个结果的算术平均值，作为试样的运动黏度。

三、石油产品闪点的测定（闭口杯法）

1. 实训目的

(1) 掌握闭口闪点的测定（GB/T 261—2008）方法和有关计算。

(2) 掌握闭口闪点测定器的使用性能和操作方法。

2. 仪器与试剂

(1) 仪器　宾斯基-马丁闪点测定仪；温度计（1支，温度范围20～150℃，分度值1℃，浸没深度57mm）；防护屏（用镀锌铁皮制成，高度550～650mm，宽度以适用为宜，屏身涂成黑色）；气压计（1支，精度0.1kPa）。

(2) 试剂　清洗溶剂（车用汽油、溶剂油或甲苯-丙酮-甲醇混合溶液）；普通柴油或车用柴油试样。

3. 方法概要

试样在连续搅拌下，用恒定速度加热。在规定的温度间隔，同时中断搅拌的情况下，将一小火焰引入试验杯开口处，引起试样蒸气瞬间闪火且蔓延至液面时的最低温度，即为环境大气压下的闪点，再用公式修正至标准大气压下的闪点。

4. 准备工作

(1) 试样脱水　试样含未溶解水时，在试样混合前，应将水分出来。

(2) 清洗试验杯　先用清洗剂冲洗试验杯、杯盖及其他附件，再用空气吹干。并组装仪器。

(3) 装入试样　试样注入试验杯至环状标记处，然后盖上清洁、干燥的杯盖，插入温度计，并将油杯放在空气浴中。

(4) 引燃点火器　点燃试验火源，并将火焰调整到接近球形，其直径为3～4mm。

(5) 围好防护屏　为便于观察闪火，闪点测定器要放在避风、较暗处。为更有效地避免气流和光线的影响，闪点测定器应围着防护屏。

(6) 测定大气压　用检定过的气压计，测出试验时的实际大气压。

5. 实验步骤

(1) 控制升温速度　整个试验期间，试样以5～6℃/min的速率升温，且搅拌速率为90～120r/min。

(2) 点火试验　试样温度达到预期闪点前23℃±5℃时，开始点火试验。对于预期闪点

不高于110℃的试样，每升高1℃进行一次点火试验；预期闪点高于110℃的试样，要每升高2℃点火一次。

在此期间要不断转动搅拌器进行搅拌，只有在点火时才停止搅拌。点火时，使火焰在0.5s内降到杯上含蒸气的空间中，停留1s，迅速回到原位。

（3）测定闪点 记录试验杯内产生明显着火的温度，作为试样的观察闪点。但不能将出现在火焰周围的淡蓝色光轮作为闪点。

🔥 说明

只有观察闪点与最初点火温度差值在18～28℃范围内，结果才有效。否则，应更换试样，重新试验。

6. 闪点的大气压修正

根据观察和记录的环境大气压，按式（3-19）对闪点进行大气压修正。修约到0.5℃，作为测定结果。

7. 精密度

用以下规定来判断结果的可靠性（95％置信水平）。

（1）重复性 在不同实验室，由同一操作者，使用同一台仪器，按相同的方法，对同一试样连续测定的两个实验结果之差，不能超过$0.029\bar{t}$（$\bar{t}$为两个连续结果的平均值）。

（2）再现性 在不同实验室，由不同操作者，使用相同类型仪器，按相同的方法，对同一试样测定的两个单一、独立结果之差不能超过$0.071\bar{t}$（$\bar{t}$为两个独立实验结果的平均值）。

8. 报告

结果报告修正到标准大气压（101.3kPa）下的闪点，精确到0.5℃。

四、石油产品闪点与燃点的测定（开口杯法）

1. 实训目的

（1）掌握开口杯法闪点的测定（GB/T 267—1988）方法和大气压修正计算。

（2）掌握开口杯法闪点测定器的使用性能和操作方法。

2. 仪器与试剂

（1）仪器 开口杯法闪点测定器（见图3-12，符合SH/T 0318—1992《开口闪点测定器技术条件》）；温度计（GB/T 514中的GB-3号，1支）；煤气灯、酒精喷灯或电炉（测定闪点高于200℃试样时，必须使用电炉）。

（2）试剂 溶剂油（符合GB 1922要求）或车用汽油；汽油机油试样（闪点为200～225℃）；普通柴油试样。

3. 方法概要

把试样装入内坩埚到规定的刻线。先迅速升高试样的温度，然后缓慢升温，当接近闪点时，恒速升温。在规定的温度间隔，用点火器的小火焰按规定通过试样表面，使试样表面上的蒸气发生闪火的最低温度，作为开口杯法闪点。继续进行试验，直到用点火器火焰使试样发生点燃并至少燃烧5s时的最低温度，即为开口杯法燃点。

4. 准备工作

（1）试样脱水 试样的水分大于0.1％时，必须脱水。以新煅烧并冷却的食盐、硫酸钠或无水氯化钙为脱水剂，对试样进行脱水处理，脱水后，取试样的上层澄清部分供试验使用。闪点低于100℃的试样脱水时不必加热；其他试样允许加热至50～80℃时用脱水剂脱水。

（2）清洗安装坩埚　内坩埚用溶剂油（或车用汽油）洗涤后，放在点燃的煤气灯上加热，除去遗留的溶剂油。待内坩埚冷却至室温时，放入装有细砂（经过煅烧）的外坩埚中，使细砂表面距离内坩埚的口部边缘约 12mm，并使内坩埚底部与外坩埚底部之间保持 5～8mm 厚的砂层。

说明

对闪点在 300℃ 以上的试样进行测定时，两只坩埚底部之间的砂层厚度允许酌量减薄，但在试验时必须保持规定的升温速度。

（3）注入试样　试样注入内坩埚时，不应溅出，而且液面以上的坩埚不应沾有试样。对于闪点在 210℃ 和 210℃ 以下的试样，液面距坩埚口边缘为 12mm（即内坩埚内的上刻线处）；对于闪点在 210℃ 以上的试样，液面距离口部边缘为 18mm（即内坩埚内的下刻线处）。

（4）安装仪器　将装好试样的坩埚平稳地放置在支架上的铁环（或电炉）中，再将温度计垂直地固定在温度计夹上，并使温度计水银球位于内坩埚中央，使之与坩埚底和试样液面的距离大致相等。

（5）围好防护屏　测定装置应放在避风和较暗的地方并用防护屏围着，使闪火现象能够看得清楚。

5. 试验步骤

（1）闪点的测定

① 加热坩埚。使试样逐渐升高温度，当试样温度达到预计闪点前 60℃ 时，调整加热速度；在试样温度达到闪点前 40℃ 时，控制升温速度为每分钟升高 4℃±1℃。

② 点火试验。试样温度达到预计闪点前 10℃ 时，将点火器的火焰放到距离试样液面 10～14mm 处，并在水平方向沿坩埚内径作直线移动，从坩埚的一边移至另一边所经过的时间为 2～3s。试样温度每升高 2℃ 应重复一次点火试验。

说明

点火器的火焰长度，应预先调整至 3～4mm。

③ 测定闪点。试样液面上方最初出现蓝色火焰时，立即从温度计读出温度，作为闪点的测定结果，同时记录大气压力。

注意

试样蒸气发生的闪火与点火器火焰的闪光不应混淆，如果闪火现象不明显，必须在试样升高 2℃ 时继续点火证实。

（2）燃点的测定

① 点火试验。测得试样的闪点之后，如果还需要测定燃点，应继续对外坩埚进行加热，使试样升温速度为每分钟升高 4℃±1℃。然后，按上述步骤（1）②所述方法进行点火试验。

② 测定燃点。试样接触火焰后立即着火并能继续燃烧不少于 5s，此时立即从温度计读出温度，作为燃点的测定结果，同时记录大气压力。

6. 闪点的大气压修正

当大气压力低于 101.3kPa 时，开口闪点和燃点按式（3-20）、式（3-21）进行大气压修正。此外，修正值还可以从表 3-16 查出。

表 3-16 开口闪点大气压力修正值

闪点或燃点/℃	在下列大气压力[kPa(mmHg)]时的修正值/℃										
	72.0 (540)	74.6 (560)	77.3 (580)	80.0 (600)	82.6 (620)	85.3 (640)	88.0 (660)	90.6 (680)	93.3 (700)	96.0 (720)	98.6 (740)
100	9	9	8	7	6	5	4	3	2	2	1
125	10	9	8	8	7	6	5	4	3	2	1
150	11	10	9	8	7	6	5	4	3	2	1
175	12	11	10	9	8	6	5	4	3	2	1
200	13	12	10	9	8	7	6	5	4	2	1
225	14	12	11	10	9	7	6	5	4	2	1
250	14	13	12	11	9	8	7	5	4	3	1
275	15	14	12	11	10	8	7	6	4	3	1
300	16	15	13	12	10	9	7	6	4	3	1

7. 精密度

同一操作者重复测定的两个闪点结果之差应符合如下要求：闪点≤150℃时，其差值＜4℃；闪点＞150℃时，其差值＜6℃。

同一操作者重复测定的两个燃点结果之差不应大于 6℃。

8. 报告

① 取重复测定两个闪点结果的算术平均值，作为试样的闪点。

② 取重复测定两个燃点结果的算术平均值，作为试样的燃点。

五、石油产品闪点和燃点测定（克利夫兰开口杯法）

1. 实训目的

(1) 掌握克利夫兰开口杯法闪点的测定（GB/T 3536—2008）和大气压修正计算方法。

(2) 掌握克利夫兰开口杯法闪点器的使用性能和操作方法。

2. 仪器与试剂

(1) 仪器 克利夫兰开口杯法闪点测定器（见图 3-13，包括一个试验杯、加热板、试验火焰发生器、加热器和支架）；防护屏（推荐用 46cm 边长，61cm 高，有一个开口面，内壁涂成黑色的防护屏）。温度计（符合 GB/T 514 中的 GB-5 号要求）；气压计（精度 0.1kPa）。

(2) 试剂与材料 清洗溶剂（车用汽油或其他合适溶剂）；钢丝绒；汽油机油试样（闪点约为 200~225℃）。

3. 方法概要

将试样装入试验杯到规定的刻线。先迅速升高试样的温度，然后缓慢升温，当接近闪点时，恒速升温。在规定的温度间隔，用点火器的小火焰按规定通过试样表面，使试样表面上的蒸气发生闪火的最低温度，作为开口杯法闪点。如果需要测定燃点，则继续进行试验，直到用点火器火焰使试样发生点燃并至少燃烧 5s 时的最低温度，即为试样的燃点。在环境大气压下，测得的闪点和燃点需用公式修正到标准大气压下的闪点和燃点。

4. 准备工作

(1) 安装测定装置 将测定装置放在避风暗处，用防护屏围好，以便看清闪火现象。做到预期闪点前 18℃时，能避免由于试验操作或凑近试验杯呼吸引起油蒸气游动而影响试验结果。

说明

有些试样的蒸气或热解产品是有害的，可允许将有防护屏的领口安置在通风橱内，但在距预期闪点前 56℃ 时，调节通风，使试样的蒸气既能排出又能使试验杯上面无空气流通。

（2）清洗试验杯　用清洗溶剂洗涤试验杯，以除去前次试验留下的胶质或残渣痕迹（如果有碳的沉积物，可用钢丝绒除去）。用清洁的空气吹干试杯，以确保除去所有溶剂。使用前应将试验杯冷却到预期闪点前 56℃。

（3）装好温度计　将温度计旋转在垂直位置，使其球底离试验杯底 6mm，并位于试验杯中心与边之间的中点和测试火焰扫过弧（或线）相垂直的直径上，并在点火器的对边。

注意

温度计的正确位置应使温度计上的浸入刻线位于试验杯边缘以下 2mm 处，也可将温度计慢慢下放至与试杯接触，然后再往上提 6mm。

（4）记录大气压　观察气压计，记录试验期间仪器附近环境大气压。

5. 实验步骤

（1）装入试样　将试样装入试验杯中，使弯月面的顶部恰好到装试样刻线。若注入试验杯中的试样过多，则用移液管或其他适当的工具取出多余的试样；若试样沾到仪器的外边，则倒出试样，洗净后再重装。要除去试样表面上的空气泡。

说明

①黏稠试样应在注入试样杯前先加热到能流动，但加热温度不应超过试样预期闪点前 56℃。②含有溶解或游离水的试样可用氯化钙脱水，再用定量滤纸或疏松干燥脱脂棉过滤。

（2）点燃试验火焰　点燃试验火焰，并调节火焰直径到 3.2～4.8mm 左右。若仪器上安装着金属比较小球，则与金属比较小球直径相同。

（3）控制升温速度　开始加热时，试样的升温速度为 14～17℃/min，当试样温度到达预期闪点前 56℃ 时，减慢加热速度，使在闪点前约最后 23℃±5℃ 时为 5～6℃/min。

（4）点火试验　在预期闪点前 23℃±5℃ 时，开始用试验火焰扫划，温度计上的温度每升高 2℃ 就扫划一次。试验火焰须在通过温度计直径的直角线上划过试验杯的中心。动作要平稳、连续，扫划时以直线或沿半径至少为 150mm 的周围来进行。试验火焰的中心必须在试验杯上边缘面上 2mm 以内的平面上移动，先向一个方向扫划，下次再向相反的方向扫划。试验火焰每次越过试验杯所需时间约为 1s。

（5）测定闪点　当试样液面上任一点出现闪火时，立即记下温度计上的温度读数作为观察闪点。但不要把有时在试验火焰周围产生的淡蓝色光环与真正闪点相混淆。

注意

如果观察闪点与最初点火温度相差少于 18℃，则此结果无效。应更换试样重新测定，调整最初点火温度，直至得到有效结果，即此结果应比最初点火温度高 18℃ 以上。

（6）燃点的测定　如果还需要测定燃点，则应继续加热使试样的升温速度为 5～6℃/min，继续使用试验火焰，试样每升高 2℃ 就扫划一次，直到试样着火并能连续燃烧不少于 5s，此时立即从温度计读出温度作为观察燃点。

注意

如果燃烧超过 5s，用带手柄的金属盖或其他阻燃材料做的盖子熄灭火焰。

6. 闪点或燃点的大气压修正

根据观察和记录的环境大气压，按式(3-19)对闪点进行大气压修正，结果取整数。

7. 精密度

用下列规定来判断试验结果的可靠性（95％置信水平）。

（1）重复性　同一操作者，用同一台仪器对同一个试样测定的两个结果之差不应超过下列数值：闪点 8℃，燃点 8℃。

（2）再现性　由两个实验室，对同一试样测定的两个结果，不应超过下列数值：闪点 17℃，燃点 14℃

8. 报告

取重复测定两个结果的闪点或燃点，经大气压力修正后的平均值，作为克利夫兰开口杯闪点或燃点。

六、石油产品残炭的测定（康氏法）

1. 实训目的

（1）掌握石油产品残炭（康氏法）（GB/T 268—1987）的测定方法和计算方法。

（2）掌握康氏法残炭测定器的使用性能和操作方法。

2. 仪器与试剂

（1）仪器　瓷坩埚（全部上釉，广口型，口部外缘直径为 46～49mm，容量为 29～31mL）；内铁坩埚（带环形凸缘，容量为 65～82mL，凸缘的内径 53～57mm，外径 60～67mm。坩埚高 37～39mm，带有一个盖子，盖上没有导管而有关闭的垂直孔，盖上垂直孔的直径约 6.5mm，此孔必须保持清洁。坩埚的平底外径 30～32mm）；外铁坩埚（顶部外径 78～82mm，高 58～60mm，壁厚约 0.8mm，有一个合适的铁盖。每次试验之前，在坩埚底部平铺一层约 25mL 干砂子，或放砂量以能使内坩埚的顶盖几乎碰到外坩埚的顶盖为准）；镍铬丝三脚架（环口大小能支承外铁坩埚的底部，使之与遮焰体的底面处在同一水平面）；圆铁罩（用薄铁板制成，下段圆筒直径 120～130mm，上段是烟囱，内径 50～56mm，高 50～60mm，中部由圆锥形过渡段连接上下两段。圆铁罩总高 125～130mm。此外，火桥用直径 3mm 的镍铬丝或铁丝制成，高度为 50mm，用以控制烟囱上方火焰高度）；正方形或圆形的遮焰体（用 0.5～0.8mm 薄铁板制成，表面可以用石棉覆盖，防止过度受热。边长或直径 150～175mm，高 32～38mm，中间设置有金属衬里的倒锥形孔，孔顶直径 89mm，孔底直径 83mm。遮焰体内部为空心结构）；煤气喷灯或酒精喷灯（能发生强烈火焰，直径 25mm）；经煅烧过的细砂。

（2）试剂　车用柴油、润滑油。

3. 方法概要

把已称量的试样置于坩埚内进行分解蒸发，经强烈加热一定时间后残留物发生裂化和焦化反应。在规定的加热时间结束后，将盛有炭质残余物的坩埚置于干燥器内冷却并称量，计算残炭值（以占原试样的质量分数表示）。

4. 准备工作

（1）瓷坩埚和玻璃珠　瓷坩埚（特别是使用过的含有残炭的瓷坩埚）必须先放在

800℃±2℃的高温炉中煅烧 1.5~2h，然后清洗烘干备用；准备直径约 2.5mm 的玻璃珠，也清洗烘干备用。备用的瓷坩埚和玻璃珠应保存于干燥器中。

（2）称量　将准备好的盛有两个玻璃珠的瓷坩埚称量，称准至 0.0001g。

（3）取样　所取试样必须具有代表性，取样前，将装入量不超过瓶内容积 3/4 的试样充分摇动，使其混合均匀。

👉 **说明**

黏稠或含石蜡的石油产品，应预先加热至 50~60℃才进行摇匀；含水试样应先脱水和过滤，再进行摇匀操作。

5. 试验步骤

（1）称取试样　向恒重好的瓷坩埚内，注入试样 10g±0.5g，并称准至 0.005g。

👉 **说明**

试样的称取量可由预计残炭量确定，预计残炭量低于 5％时，称取 10g±0.5g；预计残炭量为 5％~10％时，称取 5g±0.5g；预计残炭量高于 15％时，称取 3g±0.1g。

（2）安装仪器　将盛有试样的瓷坩埚放入内铁坩埚的中间。在外铁坩埚内铺平砂子，将内铁坩埚放在外铁坩埚的正中。盖好内外铁坩埚的盖子。外铁坩埚要盖得松一些，以便加热时生成的油蒸气容易逸出。

安装仪器（见图 3-17）于通风橱内，使实验在通风橱内进行，但通风不应过于强烈。先将镍铬丝三脚架放到铁三脚架上，将遮焰体放在镍铬丝三脚架上（无镍铬丝三脚架时，应在外铁坩埚与遮焰体之间的 3 个地方各垫上石棉垫，面积约 1cm²，形成适当的空隙），然后将上述准备好的全套坩埚放在镍铬丝三脚架上，必须使外铁坩埚放在遮焰体的正中心，不能倾斜。全套坩埚用圆铁罩罩上，使反应过程中受热均匀。

（3）预热阶段　在外铁坩埚下方约 50mm 处放置喷灯，进行强火加热（但不冒烟），控制预点火阶段在 10min±1.5min 内（这段时间过短容易引起发泡或火焰太高）。

👉 **注意**

如果出现试样沸腾溢出，则需将试样量减少到 5g；如果还不行，再次减至 3g，以免溢出。

（4）燃烧阶段　当罩顶出现油烟时，立即移动喷灯或倾斜喷灯，引燃油蒸气。油蒸气燃烧后，立即将喷灯的火焰调小（必要时可将喷灯暂时移开），控制油蒸气均匀燃烧，火焰高出烟囱，但不超过火桥。如果罩上看不见火焰时，可适当加大喷灯的火焰。油蒸气燃烧阶段应控制在 13min±1min 内完成。如果火焰高度和燃烧时间两者不可能同时符合要求，则优先控制燃烧时间符合要求。

（5）强热阶段　当油蒸气停止燃烧，罩上看不见蓝烟时，立即重新增强喷灯的火焰，使之恢复到开始状态，使外铁坩埚的底部和下部呈樱桃红色，煅烧时间准确保持 7min。至此，总加热时间（包括预点火和燃烧阶段在内）应控制在 30min±2min 内。

（6）确定残炭量　煅烧 7min 后（即最后阶段），移开喷灯，使仪器冷却到不见烟（约 15min），然后移去圆铁罩和外、内铁坩埚的盖，用热坩埚钳将瓷坩埚移入干燥器内，冷却 40min 后称量，称准至 0.0001g。计算残炭占试样的质量分数。

6. 车用柴油 10％蒸余物残炭值的测定

10％蒸余物的制备有 GB/T 6536—2010《石油产品常压蒸馏特性测定法》和 GB/T 255—1977(1988)《石油产品蒸馏测定法》两种方法，试验时可任选一种。

（1）用 GB/T 6536—2010 标准试验方法获取 10％蒸余物

① 装样。将冷凝管内壁擦干净后，用 250mL 的量筒取试样 200mL 注入 250mL 蒸馏烧瓶中，然后将量筒（不可清洗）放在冷凝器出口处下方，冷凝器出口尖端不得与量筒壁接触。

注意

为了得到较准确的 10％蒸余物，蒸馏时应设法使馏出物温度与装样温度一致。

② 蒸馏。均匀加热蒸馏烧瓶，在 10～15min 内从冷凝器中滴下一滴，然后移动量筒使冷凝器出口尖端与量筒壁接触，以保证液面平稳，此时应使加热速度保持在 8～10mL/min。当馏出物收集到 178mL±1mL 时，停止加热，使冷凝器中馏出物收集到 180mL 为止，蒸馏烧瓶中的试样即为 10％蒸余物。

③ 测定 10％蒸余物残炭值。趁热把留在蒸馏烧瓶内的残余物倒入已称量的坩埚内，冷却后称试样 10.0g±0.5g，称准至 0.005g，并按试验步骤 5 测定残炭值。

（2）用 GB/T 255—1977(1988) 获取 10％残余物 实验采用 100mL 蒸馏烧瓶，至少进行两次蒸馏，收集 10％蒸余物作为试样。趁热将留在烧瓶内的残余物倒入已称量并做试验用的坩埚内，冷却后称试样 10.0g±0.5g，称准至 0.002g，并按试验步骤 5 测定残炭值。

7. 计算

试样或 10％蒸余物的残炭值按式（3-23）计算。

$$w = \frac{m_1}{m_2} \times 100\% \tag{3-23}$$

式中　w——试样或 10％蒸余物的残炭值，％；

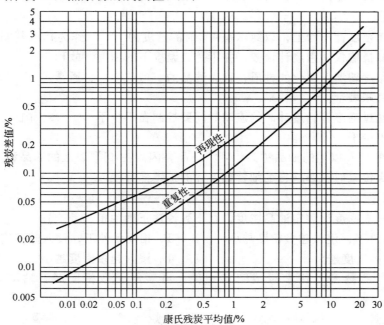

图 3-19　康氏法残炭精密度

m_1——残炭的质量，g；

m_2——试样的质量，g。

8. 精密度

按图 3-19 数据来判断试验结果的可靠性（置信水平为 95%）。

（1）重复性　同一测定者测定两次结果之差，不应超过图 3-19 所示的重复性数据。

（2）再现性　由两个实验室提供的两个结果之差，不应超过图 3-19 所示的再现性数据。

9. 报告

取重复测定两次结果的算术平均值，作为试样的残炭值。

测试题

1. 名词术语

（1）密度　　　　（2）标准密度　　　　（3）相对密度　　　　（4）视密度

（5）密度指数　　（6）运动黏度　　　　（7）黏温特性　　　　（8）黏度指数

（9）闪点　　　　（10）燃点　　　　　（11）残炭

2. 判断题（正确的画"√"，错误的画"×"）

（1）用 SY-1 型或 SY-2 型石油密度计测定石油产品密度时，一律读取液体上弯月面与密度计干管相切的刻度，再进行弯月面修正。　　　　　　　　　　　　　　　（　　）

（2）我国石油产品多采用动力黏度作为黏度的评价指标。　　　　　　　　　（　　）

（3）毛细管黏度计常数仅与黏度计的几何形状有关，而与测定温度无关。　（　　）

（4）石油产品闪点越低，其燃点越低。　　　　　　　　　　　　　　　　　（　　）

（5）灰分较多的石油产品，会使其残炭测定结果偏高。　　　　　　　　　　（　　）

（6）测定石油产品闪点时，闪点仪应放在避风较暗的地方。　　　　　　　　（　　）

3. 填空题

（1）由于在密度计干管上，以纯水在 4℃时的密度为＿＿＿＿＿作为标准刻制标度，因此在其他温度下的测量值仅是密度计读数，并不是该温度下的密度，故称为＿＿＿＿＿＿＿。

（2）油品黏度随温度变化的性质，称为油品的＿＿＿＿＿＿＿＿，通常用＿＿＿℃和＿＿＿＿＿℃时的运动黏度比值来表示。

（3）试样通过毛细管黏度计时的流动时间要控制在不少于＿＿＿＿＿s，内径为 0.4mm 的黏度计流动时间不少于＿＿＿＿＿s。

（4）闪点在 45℃以下的油品称为＿＿＿＿＿＿＿品，闪点在 45℃以上的油品称为＿＿＿＿＿品。

（5）在固定位置时，必须将毛细管黏度计的扩张部分浸入＿＿＿＿＿＿。

4. 选择题

（1）用同一支密度计测定油品密度，则下列说法正确的是（　　　　）。

A. 相同条件下，浸入越多密度越小　　　　B. 相同条件下，浸入越多密度越大

C. 浸入越多密度越大　　　　　　　　　　D. 浸入越多密度越小

（2）石油产品黏度与化学组成密切相关，当碳原子数相同时，黏度最大的烃类是（　　　　）。

A. 正构烷烃　　　　B. 异构烷烃　　　　C. 环烷烃　　　　D. 芳香烃

（3）石油产品运动黏度的温度条件是（　　　　）。

A. 20℃下　　　　　B. 固定温度下　　　　C. 任意温度下　　　　D. 特定温度下

(4) 闭口杯法测定石油产品闪点时，规定水分大于（　　）时，必须脱水。

A. 0.1%　　　　　B. 0.05%　　　　C. 0.2%　　　　D. 0.3%

(5) 闭口杯法测定石油产品闪点时，对于预期闪点不高于 110℃ 的试样，每升高（　　）进行一次点火试验。

A. 1℃　　　　　B. 2℃　　　　C. 0.5℃　　　　D. 1.5℃

(6) 克利夫兰开口杯法测定时，试验前应将试验杯冷却到预期闪点前（　　）。

A. 50℃　　　　　B. 60℃　　　　C. 56℃　　　　D. 65℃

5. 简答题

(1) 测定石油产品密度，为什么要在放入试样中的密度计达到平衡时，轻轻转动一下，再放开？

(2) 测定石油产品运动黏度时，如何记录流动时间？

(3) 举例说明测定石油产品闪点对生产和应用有何意义？

(4) 简述 GB/T 261 测定石油产品闭口闪点的方法概要。

(5) 为什么要测定柴油 10% 蒸余物残炭？

6. 计算题

(1) 已知某试样 40℃ 和 100℃ 的运动黏度分解为 $26.5mm^2/s$ 和 $6.85mm^2/s$，计算该试样的黏度指数。

(2) 已知某黏度计常数为 $0.4768mm^2/s^2$，在 50℃，试样的流动时间分别为 318.2s、321.4s、322.4s 和 321.0s，试报告试样运动黏度的测定结果。

(3) 已知在环境大气压为 102.1kPa 下，某石油产品的开口杯闪点为 190℃，请修正到标准大气压下的闪点。

第四章

油品蒸发性能的分析

 学习指南

　　本章主要介绍石油产品的蒸发性能。油品的蒸发性能主要通过馏程、饱和蒸气压等指标来评定，这些指标可以用来预测汽油、喷气燃料和柴油等内燃机燃料能否正常燃烧及发动机的工作状况，判断油品在贮运中的蒸发损失倾向和着火安全性，以及为检查工艺条件、控制产品质量和使用性能、直至为确定合理的原油加工方案等提供依据。

　　通过本章知识的学习，应了解燃料油的使用要求，理解各评定指标的基本概念；掌握各评定指标的意义、分析方法和计算方法，形成单项分析试验的操作技能。

　　蒸发性能又称为汽化性能，它是指液体在一定的温度下能否迅速蒸发为蒸气的能力。目前，石油产品绝大部分作为燃料使用，例如车用汽油、喷气燃料、车用柴油等都是重要的内燃机燃料。内燃机燃料在燃烧前，首先要经过一个雾化、汽化及与空气形成可燃混合气的过程，该过程是保证燃料燃烧稳定、完全的先决条件，因此蒸发性能是液体燃料的重要性质之一。不仅如此，它对于油品的贮存、输送也有重要意义，同时也是生产、科研和设计中的主要物性参数。油品的蒸发性可用馏程、蒸气压等指标评定。

第一节　馏　　程

一、测定馏程的意义

1. 馏程

　　纯液体物质在一定温度下具有恒定的蒸气压。温度越高，蒸气压越大。当饱和蒸气压与外界压力相等时，液体表面和内部同时出现汽化现象，这一温度称为该液体物质在此压力下的沸点。通常所说的沸点是指液体物质在标准大气压（101.3kPa）下的沸点，又称为正常沸点。

　　石油产品是一个主要由多种烃类及少量烃类衍生物组成的复杂混合物，与纯液体不同，它没有恒定的沸点，其沸点表现为一很宽的范围。由于油品中轻组分的相对挥发度大，加热蒸馏时，首先汽化，当蒸气压等于外压时，油品即开始沸腾，随汽化率的增大，油品中重组分逐渐增多，所以沸点也不断升高。

油品在规定条件下蒸馏，从初馏点到终馏点这一温度范围，叫做馏程。而在某一温度范围蒸出的馏出物，称为馏分，如汽油馏分、煤油馏分、柴油馏分及润滑油馏分等。温度范围窄的称为窄馏分，温度范围宽的称为宽馏分。石油馏分仍是一个混合物，只是包含的组分数相对少一些。油品的馏分范围因所用蒸馏设备不同，其测定结果也有差异。在石油产品质量控制、工艺计算及原油初步评价中，普遍使用简单的恩氏蒸馏设备测定馏程。

在生产实际中，常将初馏点、10％点、50％点、90％点和终馏点等一套数据统称为石油产品的馏程。馏程是石油产品蒸发性的主要指标。

2. 有关术语

（1）初馏点　蒸馏时，冷凝管末端滴下第一滴冷凝液时的校正（经大气压校正）温度计读数。

（2）回收温度（馏出温度）　石油产品在规定条件下进行馏程测定时，量筒内回收冷凝液达到某一规定体积分数时的校正温度读数。例如，回收体积分数为装入试样的10％、50％、90％时，蒸馏瓶内对应校正温度计读数分别称为10％、50％、90％回收温度。

（3）回收分数　观察温度读数的同时，在接收量筒内得到的冷凝物，以装样体积分数表示。

（4）终馏点（简称终点）　蒸馏过程中得到的最高校正温度计读数。

（5）干点　蒸馏烧瓶底部最后一滴液体汽化瞬间所观察到的校正温度计读数（此时不考虑蒸馏烧瓶壁及温度计上的任何液滴或液膜）。

通常，在蒸馏烧瓶底部液体全部汽化后才出现"最高温度"，故终馏点往往与干点相同。

（6）残留量（简称残留）　蒸馏结束后，将冷却至室温的烧瓶内容物按规定方法收集到5mL量筒中测得的体积分数。

（7）最大回收分数　蒸馏结束后，量筒内接收冷凝液的最大体积，占装入试样的体积分数。

（8）总回收分数　最大回收分数与残留之和。

（9）观测损失（简称损失）　以装入蒸馏烧瓶的试样体积为100％，减去总回收分数。

3. 测定馏程的意义

（1）馏程可作为建厂设计的基础数据　在决定一种原油的加工方案时，首先应了解原油中所含轻、重馏分的相对含量，这就需要对原油进行常压蒸馏和减压蒸馏，以得到汽油、煤油、车用柴油等轻质馏分油的收率。同时，还要对馏分性质进行详细的分析，从收率的多少和各馏分性质的优劣来判断原油最适宜的产品方案和加工方案。

（2）馏程是装置生产操作控制的依据　精馏装置生产操作条件的调控是以馏出物的馏程数据为基础的。例如，根据汽油馏程可以确定塔顶的操作温度，如果汽油干点高于指标，说明塔顶温度高或塔内压力低，塔顶回流量大或原油带水多，吹汽量大。一般可对应采用加大塔顶回流量、降低塔顶温度、加强原油脱水、减少吹汽量等措施控制产品干点合格。

此外，根据馏程的具体情况，还可以确定添加调合成分的种类和数量，以满足油品使用要求。

（3）根据馏程可以评定汽油发动机燃料的蒸发性，判断其使用性能

① 10％蒸发温度可以判断汽油中轻组分的含量，它反映汽油发动机燃料的低温启动性

能和形成气阻的倾向。发动机启动时转速较低（一般为 50～100r/min），吸入汽油量少，且发动机处于冷缸状态，进入汽缸的汽油汽化率低，如果缺乏足够的轻组分，汽油发动机的启动就会很困难。因此，车用汽油规格中规定 10%蒸发温度不能高于 70℃，表 4-1 中列出汽油 10%蒸发温度与保证发动机易于启动的最低大气温度之间的关系。显然，汽油 10%馏出温度越低，越能保证发动机的低温启动性。

表 4-1　车用汽油 10%蒸发温度与保证发动机易于启动的最低大气温度的关系

10%蒸发温度/℃	大气温度/℃	10%蒸发温度/℃	大气温度/℃
54	−21	71	−9
60	−17	77	−6
66	−13	82	−2

在相同的气温条件下，汽油 10%蒸发温度越低，所需启动的时间越短，油耗越少（见表 4-2）。

表 4-2　车用汽油 10%蒸发温度与发动机启动时间及汽油消耗量的关系

试验温度/℃	启动时间/s		启动时汽油消耗量/mL	
	10%蒸发温度 79℃	10%蒸发温度 72℃	10%蒸发温度 79℃	10%蒸发温度 72℃
0	10.5	9.4	10	8.7
−6	45	29	48	30

然而，物极必反，汽油中轻组分过多时，易在输油管内产生气阻，影响发动机的正常启动，特别是在炎热的夏季或低压下工作时更是如此。目前，汽油规格标准中只规定了 10%蒸发温度的上限，其下限实际上由另一个蒸发性指标（即蒸气压）来控制。

②　车用汽油的 50%蒸发温度表示其平均蒸发性能，它影响发动机启动后的升温时间和加速性能。冷发动机从启动到车辆起步，一般要经过一个暖车阶段，温度上升到 50℃左右，才能带负荷运转（此时发动机转速约 400r/min）。汽油的 50%蒸发温度越低，其平均蒸发性能越好，启动时参加燃烧的汽油量就越多，则发热量也越多，因而能缩短发动机启动后的升温时间并减少耗油量。

车用汽油的 50%蒸发温度还直接影响汽油发动机的加速性能和工作的稳定性。50%蒸发温度低，发动机加速灵敏，运转平稳；若过高，当发动机加大油门提速时，部分燃料来不及汽化，燃烧不完全，使发动机功率降低，甚至燃烧不起来，致使发动机熄火而无法工作。为此规定车用汽油的 50%蒸发温度不高于 120℃。

③　车用汽油的 90%蒸发温度表示其重质组分的含量，它关系到燃料的燃烧完全性。90%蒸发温度越高，重质组分越多，汽化状态越差，燃料燃烧越不完全，这不仅会降低发动机功率，增大耗油量，而且还易在汽缸内形成积炭，使磨损加重。一般来说，燃料的 90%蒸发温度低些好，我国规定车用汽油的 90%蒸发温度不高于 190℃。

④　终馏点表示燃料中最重馏分的沸点。此点温度高，则易稀释润滑油，降低其黏度，影响润滑，增大机械磨损。同时，由于燃烧不完全，还会在汽缸上形成油渣沉积或堵塞油管。试验表明，使用终馏点为 225℃的汽油，发动机的磨损比使用终馏点为 200℃的汽油增大 1 倍、耗油量增加 7%。因此，我国规定车用汽油的终馏点不高于 205℃。

（4）评定车用柴油的蒸发性，判断其使用性能　　车用柴油的馏程是保证其在发动机燃烧室内迅速蒸发和燃烧的重要指标。为保证良好的低温启动性能，需要有一定的轻质馏分，保证蒸发快，油气混合均匀，燃烧状态好，油耗少（见表 4-3）。

表 4-3　车用柴油 50％回收温度与启动性能的关系

车用柴油 50％回收温度/℃	发动机启动时间/s	车用柴油 50％回收温度/℃	发动机启动时间/s
200	8	275	60
225	10	285	90
250	27		

但馏分过轻也不利，由于柴油机是压燃式发动机（见第六章第二节），馏分越轻，自燃点越高，则着火滞后期（即滞燃期）越长，致使所有喷入的燃料几乎同时燃烧，造成汽缸内压力猛烈上升而发生工作粗暴现象。此外，过轻的馏分还会降低柴油的黏度，使润滑性能变差，油泵磨损加重。

重馏分特别是碳链较长的烷烃自燃点低，容易燃烧，但馏分过重，汽化困难，燃烧不完

表 4-4　车用柴油 300℃回收量与耗油率的关系

300℃回收量/％	单位耗油率/％
39	100
34	114
20	131

全，不仅油耗增大（见表 4-4），还易形成积炭，磨损发动机，缩短使用寿命。因此，我国车用柴油指标规定，50％回收温度不得高于 300℃，90％回收温度不得高于 355℃，95％的回收温度不得高于 365℃。

二、馏程测定方法概述

1. 恩氏蒸馏

恩氏蒸馏是一种简单而粗略地测定石油产品馏程的方法。由于恩氏蒸馏测定操作简单、迅速，结果易重合，对评定石油产品特别是评定轻质油品的使用性质，控制产品质量和检查操作条件等都有着重要的实际意义。车用汽油、喷气燃料、溶剂油、煤油和车用柴油等轻质石油产品的馏程的测定可按规定选择 GB/T 255—1977（1988）《石油产品馏程测定法》或 GB/T 6536—2010《石油产品常压蒸馏特性测定法》进行。

（1）GB/T 255—1977（1988）《石油产品馏程测定法》　该测定法适用于发动机燃料、溶剂油和轻质石油产品。所用蒸馏装置见图 4-1。

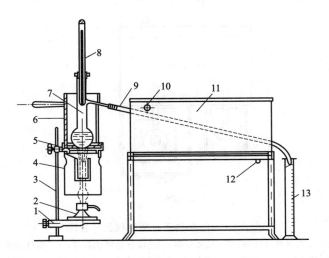

图 4-1　石油产品馏程测定器

1—托架；2—喷灯；3—支架；4—下罩；5—石棉垫；

6—上罩；7—蒸馏烧瓶；8—温度计；9—冷凝管；

10—排水支管；11—水槽；12—进水支管；13—量筒

蒸馏时，将 100mL 试样在规定的试验条件下，按产品性质要求进行蒸馏，系统观察温度读数和冷凝液体积，然后从这些数据算出测定结果。

恩氏蒸馏是间歇式简单蒸馏，没有精馏作用，油品中的烃类并不是按各自沸点逐一蒸出，而是在温度从低到高的渐次汽化过程中，以连续增高沸点的混合物形式蒸出。换言之，在蒸馏时既有首先汽化的轻组分携带部分沸点较高的重组分一同汽化的过程，同时又有留在液体中的一些低沸点轻组分与高沸点组分被一同蒸出的过程。因此馏分组成数据仅粗略地判断油品的轻重及使用性质。同时测定时只有严格按照规定条件操作，其结果才有意义。

（2）GB/T 6536—2010《石油产品常压蒸馏特性测定法》 该法适用于馏分燃料，如天然汽油（稳定轻烃）、车用汽油、航空活塞式发动机燃料（航空汽油）、喷气燃料、柴油、煤油、石脑油和溶剂油等。其蒸馏装置有手动蒸馏（采用燃气加热或电加热器）和自动蒸馏两种，图 4-2 为电加热手动蒸馏仪器装置图。

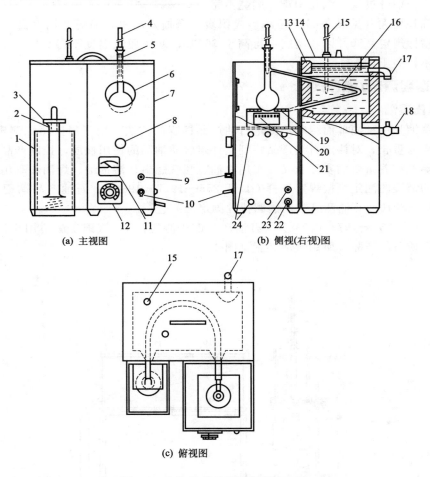

(a) 主视图　　　　　　　　　(b) 侧视(右视)图

(c) 俯视图

图 4-2　电加热手动蒸馏仪器装置图

1—接收量筒冷却浴；2—接收量筒；3—接收量筒遮盖物；4—温度传感器；

5—蒸馏烧瓶；6—视窗；7—防护罩；8—支架台水平调节旋钮；9—电源指示灯；

10—电源开关；11—电压表或电流表；12—调压器；13—冷凝浴；14—冷凝浴盖；

15—冷凝浴温度传感器；16—冷凝管；17—冷凝浴溢流口；18—冷凝浴排液口；

19—蒸馏烧瓶支板；20—蒸馏烧瓶支架台；21—电加热器；

22—电源线；23—接地线；24—通风孔

蒸馏测定时，将100mL试样在对应组别规定的条件下进行蒸馏，系统观测并记录温度读数、冷凝液体积、残留和损失，观测的温度读数需进行大气压修正，试验结果以蒸发百分数或回收百分数与对应温度作表或作图表示。

测定时根据使用蒸馏仪器的不同，要求观察记录的回收体积分数和对应温度计读数的精确度也不同，手动蒸馏要求精确至0.5mL，0.5℃，自动蒸馏要求精确至0.1 mL，0.1℃。

* 2. 减压蒸馏

减压蒸馏是采用抽真空设施，利用各组分相对挥发度的不同，使混合物在低于正常沸点的情况下得到分离的过程。

石油产品的减压蒸馏测定按GB/T 9168—1997《石油产品减压蒸馏测定法》进行。该标准适用于在常压下蒸馏可能分解的石油产品，如燃料油、蜡油、重油等重质馏分的馏程。即适用于测定最高温度达400℃时，能部分或全部蒸发的石油产品的沸点范围。

该标准方法中用约一个理论塔板的分馏装置蒸馏试样，由于采取了抽真空措施，其仪器设备、技术条件比常压蒸馏复杂得多，操作难度比较大。测定时通常规定操作压力严格控制为1.3kPa，对沸点超过500℃的重油产品，一般规定操作压力控制为0.13kPa或0.27kPa。蒸馏时按规定收集多个窄馏分，记下对应的馏出温度，并用GB/T 9168—1997中的附表或公式换算成常压馏出温度。

油品的馏程直接与黏度、蒸气压、热值、平均相对分子质量等性质有关，这些性质是决定产品使用性质的重要因素，因此减压蒸馏可为油品生产确定合适进料以及为有关工程计算提供依据。

* 3. 实沸点蒸馏

原油的实沸点蒸馏是一套分离精确度较高的间歇式常减压蒸馏装置。蒸馏时，将原油按沸点高低切割成多个窄馏分，由于其分馏精确度高，馏出温度接近馏出物质的真实沸点，故称为实沸点（真沸点）蒸馏。

实沸点蒸馏装置如图4-3所示，精馏柱内装有分离能力相当于17块理论塔板的填料，顶部有回流，试验时控制馏出速度为3～5mL/min，每个窄馏分约占原油试样质量的3%。为避免原油受热分解，操作分三段进行，第一段在常压下进行（釜底温度不高于350℃），大约可蒸出200℃前的馏出物；第二段连接抽真空系统，进行减压蒸馏，残压为1333Pa；第三段也在减压下进行，残压为667Pa。

原油实沸点蒸馏是原油评价的重要内容之一，因此，还要对测定的结果进一步处理。例如，计算每个窄馏分的收率及总收率，计算特性因数及黏度指数；测定每个窄馏分的性质如密度、黏度、凝点、苯胺点、酸值、硫含量及折射率；测定不同深度的重油、渣油的产率和性质。最后，用所得数据绘制原油实沸点蒸馏曲线、性质曲线及汽油、煤油、柴油的产率曲线，见图4-4～图4-6。据此可以了解原油的馏分组成特性，为确定合理的产品方案和加工方案及进行工艺计算提供基础数据。

三、影响测定的主要因素

1. 影响恩氏蒸馏测定的主要因素

（1）试样的脱水 若试样含水，蒸馏汽化后会在温度计上冷凝并逐渐聚成水滴，水滴落入高温油中时，会迅速汽化，造成瓶内压力不稳，甚至发生冲油（突沸）现象。因此测定前必须检查试样是否含有可见水。若含有可见水，则不适合做试验，因此测定前必须对含水试样进行脱水处理或另取一份无悬浮水的试样进行试验，并加入沸石，以保证试验安全及测定结果的准确性。

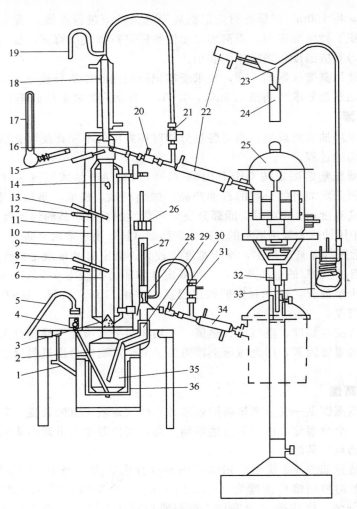

图 4-3 实沸点蒸馏装置

1—电炉升降机构；2—液相热电偶测温管；3—伞状多孔筛；4—压油接管；5—压油管；6—分馏塔塔柱；

7,12—上下部保温层热电偶测温管；8,13—上下部塔内热电偶测温管；9—保温套管；10—保温层电加热丝；

11—保温层缠料；14—卷状多孔填料；15—气相热电偶测温管；16—液封流出管；17—气相水银温度计；

18—定比回流头；19—上测压管；20,21,30,31—球形阀；22,34—冷凝管；23—弯头；24—接液量筒（100mL）；

25—真空接收器；26—下测压管；27—气相水银温度计；28—釜侧流出头；29—釜侧流出管；

32—真空接收器支架；33—冷凝水瓶；35—蒸馏釜（5L和15L两种）；36—电炉

（2）气压计　能够测量与仪器所在实验室具有相同海拔的当地观测点大气压的测量装置，测量精度为 0.1kPa 或更高。不能使用普通的无液气压计，如气象站或机场气压计，其读数是经预校正到海平面高度的。

（3）石棉垫和烧瓶支板的选择　GB/T 255—1977（1988）方法中的石棉垫具有保证加热速度和避免油品过热的作用。蒸馏不同石油产品时要选用不同孔径的石棉垫，具体要求应符合 SH/T 0121—1992（2004）《石油产品馏程测定技术条件》中有关规定。通常的考虑是，蒸馏终点的油品表面要高于加热面。轻油大都要求测定终馏点，为防止过热可选择较小的石棉垫：车用汽油用孔径为 $\phi30$mm 的石棉垫，煤油、车用柴油用孔径为 $\phi50$mm 的石棉垫。由于重油一般加热到 340～360℃就会发生裂化，因而没有必要继续蒸馏，瓶内往往剩

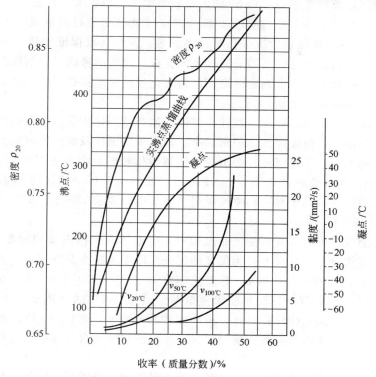

图 4-4　大庆原油实沸点蒸馏及各窄馏分性质曲线

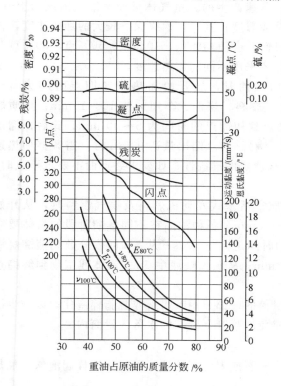

图 4-5　大庆重油的产率-性质曲线

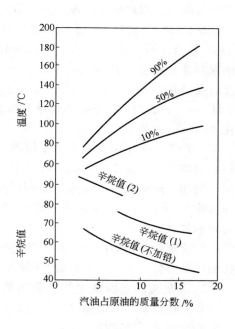

图 4-6　大庆汽油的产率-性质曲线

下一半以上的液体，故可选 $\phi 40\sim 50mm$ 的大直径石棉垫，以扩大加热面。

GB/T 6536—2010 规定，蒸馏烧瓶支板由陶瓷或其他耐热材料制成（不允许使用含石棉材料），它只允许蒸馏烧瓶通过支板孔被直接加热，因此具有保证加热速度和避免油品过热的作用。蒸馏不同石油产品要选用不同孔径的支板。通常的考虑是，蒸馏终点时的油品表面应高于加热面。轻油大都要求测定终馏点，为防止过热可选择孔径较小的支板，如车用汽油要求选用孔径为 38mm 的支板。

（4）试样及馏出物量取温度的一致性　液体石油产品的体积受温度的影响比较明显，温度升高，油品体积增大，温度降低体积则减小。如果量取试样及馏出物时的温度不同，必将引起测定误差。标准要求量取试样、馏出物及残留液体积时，温度要尽量保持一致。GB/T 255—1977（1988）通常要求在 $20℃\pm 3℃$ 下进行，而 GB/T 6536—2010 按石油产品分组有不同要求，如车用汽油（第1组）和喷气燃料（第2组）要求 $13\sim 18℃$，而车用柴油（第4组）要求 $13℃\sim$ 环境温度。

（5）冷凝浴温度　测定不同石油产品馏程时，冷凝器内水浴温度控制要求不同。例如，汽油初馏点低，轻组分多，易挥发，为保证油气全部冷凝，减少蒸馏损失，必须控制冷凝浴温度，其中 GB/T 255—1977（1988）要求控制在 $0\sim 5℃$；GB/T 6536—2010 控制在 $0\sim 1℃$。又如 GB/T 255—1977（1988）要求蒸馏凝点高于 $-5℃$ 的车用柴油等含蜡液体燃料时，控制在 $50\sim 70℃$ 之间；GB/T 6536—2010 要求控制在 $0\sim 60℃$。这样，既可使油蒸气冷凝为液体，又不致使重质馏分在管内凝结，保证冷凝液在管内自由流动，达到试验方法所规定的要求。

（6）加热速度和馏出速度的控制　各种石油产品的沸点范围是不同的，如果对较轻的油品快速加热，可发生两方面不良影响：其一，迅速产生的大量气体可使蒸馏瓶内压力上升，高于外界大气压，导致温度测定值高于正常蒸馏温度；其二，始终保持较大的加热速度，将引起过热现象，造成干点升高。反之，加热过慢，会使初馏点、10%点、50%点、90%点及终馏点等降低。因此标准中规定蒸馏不同油品要采用不同的加热速度。

GB/T 255—1977（1988）规定蒸馏车用汽油时，从开始加热到初馏点时间为 $5\sim 10min$；航空活塞式发动机燃料 $7\sim 8min$；喷气燃料、煤油、车用柴油 $10\sim 15min$；重质燃料油或其他重质油料，$10\sim 20min$。从开始加热到初馏点的时间为 $5\sim 10\ min$。此后，馏出速度应保持在 $4\sim 5mL/min$（每 10s 约 $20\sim 25$ 滴）。当总馏出量达 90mL 时，需调整加热速度，使 $3\sim 5\ min$ 内达到干点，否则会影响干点测定的准确性；如要求终点而不要求干点时，应在 $2\sim 4min$ 内达到终点。

GB/T 6536—2010 规定蒸馏车用汽油、航空活塞式发动机燃料及喷气燃料时，从开始加热到初馏点时间为 $5\sim 10min$；车用柴油 $5\sim 15min$。各种油品在不同蒸馏阶段的具体要求不同。例如，汽油从初馏点到 5% 回收分数的时间是 $60\sim 100s$；从 5% 回收分数到蒸馏烧瓶中残留物为 5mL 时冷凝平均速率是 $4\sim 5mL/min$；从蒸馏烧瓶中 5mL 液体残留物到终馏点的时间不超过 5min。

（7）蒸馏损失量的控制　测定汽油时，量筒的口部要用吸水纸或脱脂棉塞住，以减少馏出物的挥发损失，使其充分冷凝，同时还能避免冷凝管上凝结的水落入量筒内。

* 2. 影响减压蒸馏测定的主要因素

（1）试样脱水　蒸馏前必须脱水，并加入沸石或聚硅氧烷液，以防止试样起泡沫，加热后造成冲油现象，使试验无法进行。

（2）加强装置密封　装置的各连接处都要涂硅润滑脂，保证连接紧密，以控制系统压力稳定在规定绝对压力的±1%以内。此外，选用的蒸馏烧瓶应无气泡、无裂痕，防止漏入空气，稳定系统压力，避免发生爆炸危险。为了减少试验失败的可能性，只有经偏振光试验证明不变形的设备才可以使用。

（3）控制蒸馏最高温度　蒸馏时应严格控制液相最高温度不能超过 400℃，蒸气温度不能超过 350℃，否则应立即停止蒸馏。过高的温度不仅会使油品发生分解，而且长时间加热还可引起蒸馏烧瓶的变形，影响测定结果，并带来安全隐患。

（4）严格按操作规程操作，防止试验失败　在进行减压蒸馏操作时，应先开启真空泵以产生负压，同时观察烧瓶中泡沫标记的容积。如果试样起泡，可稍加压力或轻微加热消除，然后加热升温。蒸馏结束时，应先停止加热，并将蒸馏烧瓶的加热器降低 5～10cm，用温和的空气流或二氧化碳流冷却蒸馏烧瓶和加热器。当蒸馏烧瓶中的液体冷却至 80℃ 以下，再缓慢消除真空，关闭真空泵，防止向热油气中通入空气而引起蒸馏烧瓶炸裂着火，同时也避免突然增大压力，将真空压力计的密闭端冲破。

* 3. 实沸点蒸馏测定的注意事项

（1）控制蒸馏最高温度　每段蒸馏应严格控制液相指示最高温度不超过 350℃，防止油品分解。各段馏出速度控制在 3～5mL/min，保持一定的分馏精确度。

（2）严格按操作规程操作，防止试验失败　与实沸点蒸馏相似，进行减压蒸馏操作时，也必须先开真空泵，然后再加热升温。蒸馏结束时，先停止加热，放下电炉，使蒸馏釜中的液体冷却至 80℃ 以下，同时缓慢除去真空，再关闭真空泵。

（3）正确使用真空泵，保证达到所要求的真空度　真空泵不允许倒转，注意真空泵内的油液面不能过低，要按使用说明书中的要求进行维护保养。

石油产品分析仪器介绍

石油产品蒸馏测定仪

目前，石油产品蒸馏的测定多使用自动蒸馏仪。图 4-7 为 K45602 型石油产品自动蒸馏仪。该仪器符合 GB/T 255 要求，仪器采用 PT-100 温度探头，带全自动温度校正系统；用电脑控制操作，简便易使用；微处理器诊断系统连续运行，确保仪器的正常运行和操作者的安全；加热部件采用较小的、低惯性的 24V 直流加热元件，使温度控制精确；红外系统测量蒸馏过程中蒸馏体积精确到 0.01mL；可自动判定 IBP（初始沸点）、FBP（终馏点）、干点和大气压力补偿。

该仪器适用于测定汽油、煤油、柴油、溶剂油、馏分燃料、芳香族化合物和其他挥发性产品的馏程。仪器可以根据不同的方法标准自动进行试验、结果处理和产生标准试验报告；蒸馏方法和参数可以在电脑中方便地更改；温度控制精度达 ±0.01℃；微处理器控制系统连续监测试验结果、系统运行、安全特性，并且在设备遇到问题时提醒操作者需要维护或有安全问题；测试结果及时显示，并且包括蒸馏曲线、温度曲线、蒸馏速率、加热功率曲线等；内置灭火系统，利用光学检测，快速反应，确保操作者和

图 4-7　K45602 型石油
产品自动蒸馏仪

实验室安全。

图 4-8 为 BSY-104B 型蒸馏测定器（双联）。该仪器符合标准 GB/T 6536 要求，适用于车用汽油、航空活塞式发动机燃料、喷气燃料、特殊沸点的溶剂油、石脑油、煤油、柴油、馏分燃料和相似的石油产品的蒸馏测定。该仪器具有以下特点：结构紧凑，造型美观，操作方便；仪器后部设有循环水管，可与"循环水制冷设备"配接；烧瓶加热电炉采用平行式结构，加热均匀，电炉可上下调节；浴槽由不锈钢制成。

图 4-8　BSY-104B 型蒸馏测定器（双联）　　　　图 4-9　BSY-106 型减压蒸馏测定仪

图 4-9 为 BSY-106 型减压蒸馏测定仪，它符合标准 SH/T 0165，适用于蜡油和润滑油等高沸点范围石油产品的蒸馏测定。该仪器具有以下特点：保温罩采用厚壁高温优质玻璃，既可保温又可隔离热源，且便于观察烧瓶中试样的变化；操作升降架可调节电炉的高度，来保证烧瓶放在垂直位置；空气浴的后方装有 11W 的节能灯，保证清晰观察接收器刻度；恒温控制部分采用数显温控表，直观、方便，并能精确控制接收器的温度。

 # 第二节　饱和蒸气压

一、测定饱和蒸气压的意义

1. 饱和蒸气压

在一定温度下，气液两相处于平衡状态时的蒸气压力称为饱和蒸气压，简称蒸气压。石油馏分的蒸气压通常有两种表示方法：一种是汽化率为零时的蒸气压，又称为泡点蒸气压或真实蒸气压，它在工艺计算中常用于计算气液相组成、换算不同压力下烃类的沸点或计算烃类的液化条件；另一种是雷德蒸气压，它是用特定的仪器，在规定的条件下测得的油品蒸气压，主要用于评价汽油的汽化性能、启动性能、生成气阻倾向及贮存时损失轻组分等重要指标。通常，泡点蒸气压要比雷德蒸气压高。

2. 影响饱和蒸气压的因素

（1）温度　某确定纯物质的饱和蒸气压只是温度的函数，而与液体的数量、容器的形状无关。温度升高，蒸气压增大；温度降低，蒸气压减小。与纯物质相似，石油产品的蒸气压也与温度有关，温度升高，油品的蒸气压增大，温度降低，油品的蒸气压减小。

（2）物质的种类和组成　纯物质的蒸气压与物质的种类有关。即不同的物质在相同的温度下，具有不同的饱和蒸气压，蒸气压越大，该物质越容易汽化，其挥发能力越强。

石油馏分是各种烃类的复杂混合物，与纯物质相似，其蒸气压还与油品的组成有关，在一定温度下，油品的馏分越轻，越容易挥发，蒸气压越大。油品的组成是随汽化率不同而改变的，一定量的油品在汽化过程中，由于轻组分易挥发，因此当汽化率增大时，液相组成逐渐变重，其蒸气压也会随之降低。

3. 测定饱和蒸气压的意义

（1）评定汽油汽化性　汽油的饱和蒸气压越大，说明含低分子烃类越多，越容易汽化，与空气混合也越均匀，从而使进入汽缸的混合气燃烧得越完全。因此，较高的蒸气压能保证汽油正常燃烧，发动机启动快，效率高，油耗低。

（2）判断汽油在使用时有无形成气阻的倾向　通常，汽油用于发动机燃料时，希望具有较高的蒸气压，但也并不是无止境的。蒸气压过高容易使汽油在输油管路中形成气阻，使供油不足或中断，造成发动机功率降低，甚至停止运转；而蒸气压过低又会影响油料的启动性能。如表 4-5 所示，随着大气温度的升高，应控制汽油保持较低的蒸气压，才能保证汽油发动机供油系统不发生气阻。因此，对车用汽油和航空活塞式发动机燃料和车用乙醇汽油（E10）的蒸气压都有具体限制指标，如我国对车用汽油和车用乙醇汽油的蒸气压按季节规定了不同指标，要求从 11 月 1 日至次年 4 月 30 日不大于 88kPa，从 5 月 1 日至 10 月 31 日不大于 72kPa（详见附录一和附录二）。

表 4-5　大气温度与不致引起气阻的汽油蒸气压关系

大气温度/℃	不致引起气阻的蒸气压/kPa	大气温度/℃	不致引起气阻的蒸气压/kPa
10	97.3	33	56.0
16	94.0	38	48.7
22	76.0	44	41.3
28	69.3	49	36.7

（3）估计汽油贮存和运输中的蒸发损失　当贮存、灌注及运输发动机燃料时，油品含轻组分越多，蒸气压越大，蒸气损失也越大，这不仅易造成油料损失，污染环境，而且还有发生火灾的危险性。

二、石油产品蒸气压测定方法概述

测定石油产品蒸气压的标准方法有 GB/T 257—1964（1990）《发动机燃料饱和蒸气压测定法（雷德法）》和 GB/T 8017—2012《石油产品蒸气压的测定　雷德法》。前者适用于测定汽油发动机燃料的蒸气压；后者不仅适用于测定汽油，而且还适用于测定易挥发性原油及其他易挥发性石油产品的蒸气压，但不适用于测定液化石油气的蒸气压；GB/T 8017—2012 标准方法是参照 ASTM D 323：2008《石油产品蒸气压标准试验方法（雷德法）》而制定，且其测定准确性高。目前我国车用汽油、航空发动机燃料和车用乙醇汽油（E10）的蒸气压测定均采用此标准。

GB/T 8017—2012 标准方法测定蒸气压时，是将冷却的试样充入蒸气压测定器的液体室，并将液体室与 37.8℃ 的气体室相连接。将该测定仪浸入恒温浴（37.8℃）中，定期振荡，直至安装在测定仪上压力表读数稳定，此时的压力表读数经修正后，即为雷德蒸气压。

GB/T 8017—2012 标准方法的蒸气压测定装置由蒸气压测定仪、压力计和水浴三部分组成，测定仪又分气体室和液体室，二者的体积比为（3.8～4.2）：1，见图 4-10。

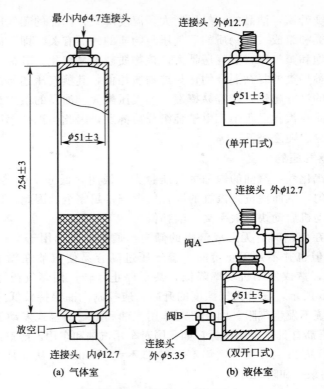

图 4-10　雷德法蒸气压测定仪（单位：mm）

两种标准方法基本相同，其比较见表 4-6。由于 GB/T 8017—2012 标准方法测定蒸气压前的空气室温度为 37.8℃，与试验时温度相等，故不再需要对温度进行压力校正。

表 4-6　两种蒸气压测定方法的区别

项　目	GB/T 257—1964 (1990)	GB/T 8017—2012	项　目	GB/T 257—1964 (1990)	GB/T 8017—2012
测定温度/℃	38±0.3	37.8±0.1	测压器	U 形水银压差计	波登弹簧压力计
测定前空气室温度/℃	室温	37.8±0.1			

三、影响测定的主要因素

（1）压力表的读数及校正　在读数时，必须保证压力表处于垂直位置，要轻轻敲击后再读数。每次试验后都要将压力表用水银压差计或压力测定装置进行校正，以保证试验结果有较高的准确性。

（2）确定容器中试样装入量　用刻度尺（不透明容器可用探针）确定容器中装入量为 70%～80%。若装入量不到容量的 70%，则不能使用；超过 80%，需倒出一些直至达到规定范围，才可用于试验。

（3）试样的空气饱和　必须按规定剧烈摇荡盛放试样的容器，使试样与容器内的空气达到饱和，满足这样条件的试样，所测得的最大蒸气压才是雷德蒸气压。

（4）检查泄漏　在试验前和试验中，应仔细检查全部仪器是否有漏油和漏气现象，任何时候发现有漏油漏气现象则舍弃试样，用新试样重做试验。

（5）取样和试样管理　取样和试样的管理应严格执行标准中的规定，避免试样蒸发损失和轻微的组成变化，试验前绝不能把雷德蒸气压测定器的任何部件当作试样容器使用。如果要测定的项目较多，雷德蒸气压的测定应是被分析试样的第一个试验，防止轻组分挥发。

（6）**仪器的冲洗** 按规定每次试验后必须彻底冲洗压力表、气体室和液体室，以保证不含有残余试样。

（7）**温度控制** 仪器的安装必须按标准方法中的要求准确操作，不得超出规定的安装时间，以确保空气室恒定在37.8℃；严格控制试样温度为0～1℃，测定水浴的温度为37.8℃±0.1℃。

石油产品分析仪器介绍

石油产品蒸气压测定器

石油产品蒸气压测定器主要有数字显示和仪表显示两种类型。

如图4-11所示，即为数字显示的JSR0201型雷德法自动蒸气压测定器。该仪器符合GB/T 8017要求。其振荡方式为水平自动正反向旋转320°；工作温度为37.8℃±0.1℃；氧弹数量为2支；压力显示为数显压力，快速接头连接；工作电源为AC 220V±22V，50Hz。

图4-12为BSY-112型饱和蒸气压测定器，该仪器为仪表显示类型。符合GB/T 8017要求，主要适用于汽油蒸气压的测定，也可用于测定挥发性原油和其他易挥发性非黏性石油产品的饱和蒸气压。

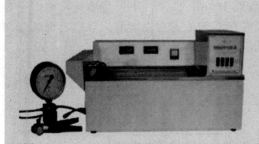

图4-11 JSR0201型雷德法自动蒸气压测定器

图4-12 BSY-112型饱和蒸气压测定器

第三节 实 训

一、石油产品馏程的测定

1. 实训目的

（1）掌握轻质石油产品馏程的测定方法［GB/T 255—1977（1988）］和操作技能。

（2）掌握轻质石油产品馏程测定结果的修正与计算方法。

2. 仪器与试剂

（1）仪器　石油产品馏程测定器［见图 4-1，符合 SH/T 0121—1992（2004）《石油产品馏程测定技术条件》中的规定］；秒表（1 块）；喷灯或用带自耦变压器的电炉；温度计（GB/T 514—2005《石油产品试验用玻璃液体温度计技术条件》中的 GB-46、GB-47，各 1 个；棒状 0～100℃，1 个）；量筒（100mL，1 个；10mL，1 个）。

（2）试剂　90 号车用汽油、煤油或车用柴油。

3. 方法概要

100mL 试样在规定的试验条件下，用专门仪器按产品性质要求进行蒸馏，系统观察馏出液体积和馏出温度，最后计算出测定结果。

4. 准备工作

（1）试样脱水　若油品含水，试验前应先加入新煅烧并冷却的食盐或无水氯化钙进行脱水处理，沉淀后方可取样。

（2）擦拭冷凝管　蒸馏前，冷凝器的冷凝管要用缠在铜丝或铝丝上的软布擦拭内壁，除去上次蒸馏残留下的液体。

（3）安装冷凝系统　蒸馏汽油时，将冷凝器的进水支管套上带夹子的橡皮管，然后将冰块或雪装入水槽，再装上冷水浸过的冷凝管。蒸馏时水槽中的温度必须保持在 0～5℃。

🖐 **说明**

缺乏冰雪时，验收试验可以用冷水代替，但仲裁试验必须使用冰或雪。

如果蒸馏溶剂油、喷气燃料、煤油及其他石油产品，冷凝器的进水和排水支管都要套上橡皮管，让水经过进水支管流入水槽，再经排水支管流走，流出水的温度要调节到不高于 30℃。

若蒸馏含蜡液体燃料（凝点高于 −5℃），需控制水温在 50～70℃之间。

（4）洗涤蒸馏烧瓶　蒸馏烧瓶可以用轻质汽油洗涤，再用空气吹干。必要时，用铬酸洗涤液或碱洗液除去蒸馏烧瓶中的积炭。

（5）量取试样　用清洁、干燥的 100mL 量筒量取 100mL 试样，注入蒸馏烧瓶中，不要让试样流入蒸馏烧瓶的支管内。量筒中的试样体积按凹液面的下边缘读取，观察时眼睛要与液面保持在同一水平面上。注入蒸馏烧瓶时试样的温应为 20℃±3℃。

🖐 **注意**

在测定含蜡液体燃料时，可适当提高试样温度，使其在流动状态下量取，但要控制接收馏出物的温度与量取试样温度一致。

（6）安装温度计　将插好温度计的软木塞，紧紧塞在盛有试样的蒸馏烧瓶口内，使温度计和蒸馏烧瓶的轴心线互相重合，并且使水银球的上边缘与支管焊接处的下边缘处于同一水平面。

（7）安装装置　装有汽油或溶剂油的蒸馏烧瓶，要安装在内径为 φ30mm 的石棉垫上；装有煤油、喷气燃料或车用柴油的蒸馏烧瓶要安装在内径为 φ50mm 的石棉垫上；使之符合 SH/T 0121—1992（2004）《石油产品馏程测定技术条件》中的有关规定。

蒸馏烧瓶的支管用软木塞与冷凝管的上端紧密连接。支管插入冷凝管内的长度要达到 25～40mm，但不要与冷凝管内壁接触。在软木塞的连接处均涂上火棉胶之后，将上罩放在石棉垫上，把蒸馏烧瓶罩住。

（8）**安放接收器** 将量取过试样的量筒（不需经过干燥）放在冷凝管下面，并使冷凝管下端插入量筒中不少于25mm处（暂时互相不接触），但不得低于100mL标线。量筒的口部要用棉花塞好，方可进行蒸馏。

蒸馏汽油时，量筒要浸在装有水的高型烧杯中，水面要高出量筒的100mL标线，量筒的底部要压有金属压载物，防止量筒浮起。在蒸馏过程中，高型烧杯中的水温应保持在20℃±3℃。

5. 试验步骤

（1）**点火加热** 装好仪器之后，先记录大气压力，然后开始对蒸馏烧瓶均匀加热。

✤ **说明**

蒸馏汽油或溶剂油时，从加热开始到冷凝管下端滴下第一滴馏出液所经过的时间为5～10min；蒸馏航空汽油时，为7～8min；蒸馏喷气燃料、煤油、车用柴油时，为10～15min；蒸馏燃料油或其他重质油料时，为10～20min。

（2）**记录初馏点，控制蒸馏速度** 第一滴馏出液从冷凝管滴入量筒时，记录此时的温度作为初馏点。然后移动量筒使其内壁接触冷凝管末端，让馏出液沿量筒内壁流下。此后，蒸馏速度要均匀，每分钟馏出4～5mL，此速度相当于每10s馏出20～25滴。检查蒸馏速度时，可以移动量筒使其内壁与冷凝管末端离开片刻。

（3）**记录各馏分组成温度** 在蒸馏过程中要及时记录试样技术标准中所要求的内容。

① 如果试样的技术标准要求不同馏出体积分数（如10％、50％、90％等）的温度，那么当量筒中馏出液的体积达到技术标准所指定的体积分数时，应立即记录馏出温度。试验结束时，温度计的误差应根据温度计检定证上的修正数进行修正；馏出温度受大气压力的影响，应根据式(4-1)进行修正。

② 如果试样的技术标准要求在某温度（如100℃、200℃、250℃、270℃等）时的馏出体积分数，那么当蒸馏温度达到相当于技术标准所指定的温度时，要立即记录量筒中的馏出液体积。

✤ **注意**

在这种情况下，温度计的误差应预先根据温度计检定证上的修正数进行修正；馏出温度受大气压力的影响，也应预先按式(4-1)进行修正。

例如，蒸馏煤油时，大气压力为96.6kPa，而温度计在270℃的修正值为＋1℃，即以269℃代替270℃。当温度计读数达到

$$(270-1)-7.5\times0.065\times(101.3-96.6)=267(℃)$$

时，即可记录量筒中馏出液体积。

（4）**蒸馏终点的控制** 在蒸馏汽油或溶剂油的过程中，当量筒中的馏出液达到90mL时，允许对加热强度作最后一次调整，要求在3～5min内达到干点，如要求终点而不要求干点时，应在2～4min内达到终点；在蒸馏喷气燃料、煤油或车用柴油的过程中，当量筒中的液面达到95mL时，不要改变加热强度，并记录从95mL到终点所经过的时间，如果这段时间超过3min，此次试验无效。

蒸馏达到试样技术标准要求的终点（如馏出95％、96％、97.5％、98％等）时，除记录馏出温度外，应同时停止加热，让馏出液流出5min，记录量筒中的液体体积。

注意

蒸馏煤油时，如果尚未达到技术标准要求的馏出98％时，就已把试样蒸干，再次试验则允许在馏出液达到97.5％时记录馏出温度并停止加热，让馏出液流出5min，记录量筒中液体的体积。如果量筒中的液体体积小于98mL，应重新进行试验。

如果试样的技术标准规定有干点温度，那么对蒸馏烧瓶的加热要达到温度计的水银柱停止上升而开始下降时为止，同时记录温度计所指示的最高温度作为干点。在停止加热后，让馏出液流出5min，再记录量筒中液体的体积。

说明

蒸馏试验时，体积和温度读数要分别精确到0.5mL和1℃。

（5）测定残留体积　试验结束时，取出上罩，让蒸馏烧瓶冷却5min后，从冷凝管卸下蒸馏烧瓶。卸下温度计及瓶塞之后，将蒸馏烧瓶中热残留物小心地倒入10mL量筒内，待量筒冷却到20℃±3℃时，记录残留物体积。精确至0.1mL。

（6）计算损失量　试样的体积（100mL）减去馏出液和残留物的总体积所得之差，就是损失量。

说明

对于馏程不明的试样，试验时要记录下列温度：初馏点，馏出体积分数为10％、20％、30％、40％、50％、60％、70％、80％、90％和97％的温度；当试样确定近似牌号之后，再按照该牌号的技术标准所规定的各项馏程要求，重新进行馏程测定。

6. 大气压力对馏出温度影响的修正

当实际大气压力超出100.0～102.6kPa范围，即大气压力高于102.7kPa（770mmHg）或低于100.0kPa（750mmHg）时，馏出温度受大气压力的影响需要按式(4-1)、式(4-2)进行修正。

$$t_0 = t + C \tag{4-1}$$

$$C = 0.0009\text{kPa}^{-1} \times (101.3\text{kPa} - p)(273℃ + t) \tag{4-2}$$

式中　t_0——校正为101.3kPa下的馏出温度，℃；

　　　t——在试验条件下的温度计读数，℃；

　　　C——温度修正数，℃；

　　　p——实际大气压力，kPa。

温度修正数也可以根据式(4-3)计算。

$$C = 7.5\text{kPa}^{-1} \times k(101.3\text{kPa} - p) \tag{4-3}$$

式中　　k——馏出温度的修正常数，℃；

　7.5kPa^{-1}——大气压力单位换算系数。

其他符号意义同式(4-2)，k的数值可由表4-7查得。

7. 精密度

平行测定的两个结果允许有如下的误差：初馏点，4℃；干点，2℃；中间馏分，1mL；残留物，0.2mL。

8. 报告

试样馏程用各馏程规定的平行测定结果的算术平均值表示。

表 4-7 馏出温度的修正常数

馏出温度/℃	k/℃	馏出温度/℃	k/℃
11～20	0.035	191～200	0.056
21～30	0.036	201～210	0.057
31～40	0.037	211～220	0.059
41～50	0.038	221～230	0.060
51～60	0.039	231～240	0.061
61～70	0.041	241～250	0.062
71～80	0.042	251～260	0.063
81～90	0.043	261～270	0.065
91～100	0.044	271～280	0.066
101～110	0.045	281～290	0.067
111～120	0.047	291～300	0.068
121～130	0.048	301～310	0.069
131～140	0.049	311～320	0.071
141～150	0.050	321～330	0.072
151～160	0.051	331～340	0.073
161～170	0.053	341～350	0.074
171～180	0.054	351～360	0.075
181～190	0.055		

二、车用汽油馏程的测定

1. 实训目的

(1) 掌握车用汽油馏程测定（GB/T 6536—2010）的方法及操作技能。

(2) 掌握车用汽油馏程测定结果修正与计算方法。

2. 仪器与试剂

(1) 仪器 石油产品馏程测定仪器（见图 4-1），其基本元件如下：蒸馏烧瓶（125mL，1个）；冷凝器（冷凝管为无缝防腐金属管制成，长为 560mm±5mm，冷凝器内管长为 390mm±3mm，全浸在冷却介质中，冷凝管的下端为锐角，使顶端能与量筒壁相接触）；冷浴（体积和构造依所用冷却介质而定，其冷却能力应足以维持规定温度）；金属罩或围屏；加热器（燃气加热器要求有一个灵敏的手动控制阀和气体压力调节器，电加热器要在 0～1000W 内可调节）；蒸馏烧瓶支架和支板；量筒（100mL，1 个，5mL，1 个）；温度计（GB-46，1 个；棒状 0～100℃，1 个）。此外还有秒表（1 块）；气压计（1 个）。

(2) 试剂及材料 90 号车用汽油；拉线（细绳或铜丝）；吸水纸（或脱脂棉）；无绒软布。

3. 方法概要

蒸馏测定时，将 100mL 试样在汽油对应组别（第 1 组）规定的条件下进行蒸馏，系统观测并记录温度读数、冷凝液体积、残留和损失，观测的温度读数需进行大气压修正，试验结果以蒸发百分数或回收百分数与对应温度作表或作图表示。

4. 准备工作

(1) 取样 将冷却的试样装入温度低于 10℃ 的试样瓶中，并弃去初始试样。若所采取试样处于环境温度，则以搅动最小的方式将试样装入温度低于 10℃ 的试样瓶中，立即用密合的塞子封好试样瓶，并将其贮存于低于 10℃ 环境（冰浴或冰箱等）中。

✋ 说明

去除试样悬浮水的方法：将试样保存在 0～10℃ 之间，每 100mL 试样中加入约 10g 无水硫酸钠，振荡约 2min，再静止约 15min，至无悬浮水时，用倾析法倒出试样，并保持低于 10℃待分析使用。在结果报告中，应注明试样曾用干燥剂干燥过。

注意

不要完全充满并紧密封合冷的试样瓶，以免受热后造成试样瓶破裂。

（2）仪器准备　选择蒸馏仪器，并确保蒸馏烧瓶、温度计、量筒和 100mL 试样冷却至 13～18℃，蒸馏烧瓶支板和金属罩不高于环境温度。

说明

量筒必须放在另一冷浴中，该冷浴为高型透明的玻璃杯或塑料杯，其高度要求能将量筒浸入 100mL 刻线处，试验过程中应始终保持冷浴状态。

（3）冷浴准备　采取措施使冷凝浴温度维持在 0～1℃；接收量筒周围冷却浴温度维持在 13～18℃。冷凝浴介质的液面必须高于冷凝器最高点；冷却浴至少应浸没在接收量筒 100mL 刻线，也可以采取循环或吹风等措施，来维持冷浴温度均匀。

说明

测定汽油时，合适的冷浴介质有碎冰和水、冷冻盐水或冷冻乙二醇，目前多采用自动蒸馏仪，用压缩机制冷。

（4）擦洗冷凝管　用缠在拉线上的一块无绒软布擦除冷凝管内的残存液。

（5）装入试样　用量筒取 100mL 试样，并尽可能地将试样全部倒入蒸馏瓶中。

注意

装入试样时，蒸馏烧瓶支管应向上，以防液体注入支管中。为防止突沸，可向蒸馏瓶中加几粒沸石。

（6）安装蒸馏温度计　用聚硅氧烷橡胶塞或其他相当的聚合材料制成的塞子，将温度计紧密装在蒸馏烧瓶的颈部，水银球位于蒸馏烧瓶颈部中央，毛细管低端与蒸馏烧瓶支管内壁底部最高点齐平（见图 4-13）。

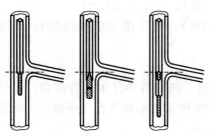

图 4-13　温度计在烧瓶中的位置

（7）安装冷凝管　用密合的软木塞、聚硅氧烷橡胶塞或其他相当的聚合材料制成的塞子，将蒸馏烧瓶支管紧密安装在冷凝管上，蒸馏烧瓶要调整至垂直，蒸馏烧瓶支管伸入冷凝管内 25～50mm。升高及调整蒸馏烧瓶支板，使其对准并接触蒸馏烧瓶底部。

（8）安装量筒　将取样的量筒不经干燥，放入冷凝管下端的量筒冷却浴内，使冷凝管下端位于量筒中心，并伸入量筒内至少 25mm，但不能低于 100mL 刻线。用一块吸水纸或类似材料将量筒盖严，这块吸水纸剪成紧贴冷凝管。

（9）记录环境温度和大气压力。

5. 试验步骤

（1）加热　将装有试样的蒸馏烧瓶加热，并调节加热速度，保证开始加热到初馏点的时间为 5～10min。

（2）控制蒸馏速度　观察记录初馏点后，如果没有使用接收器导向装置，则立即移动量筒，使冷凝管尖端与量筒内壁相接触，让馏出液沿量筒内壁流下。调节加热，使从初馏点到5％回收体积的时间是60~100s；从5％回收体积到蒸馏烧瓶中5mL残留物的冷凝平均速率是4~5mL/min。

提示

检查蒸馏速度时，可以移动量筒使其内壁与冷凝管末端离开片刻。

注意

①不符合上述蒸馏条件，则要重新进行蒸馏；②如果观察到分解点（蒸馏烧瓶中由于热分解而出现烟雾时的温度计读数，此时温度波动，并开始明显下降），则应停止加热，并按（6）规定进行；③观察温度计时，视线要保持水平。

（3）观察和记录　汽油要求记录初馏点、终馏点和5％、15％、85％、95％回收分数及从10％~90％每10％回收分数的温度计读数。根据所用仪器，记录量筒中液体体积时，要精确到0.5mL（手动）或0.1mL（自动），记录温度计读数，要精确至0.5℃（手动）或0.1℃（自动）。

（4）加热最后调整　当在蒸馏烧瓶中残留液体约为5mL时，再调整加热，使此时到终馏点的时间不大于5min。

说明

如果此条件不能满足，可进一步调整最后加热强度，重新进行试验。

（5）观察记录终馏点，并停止加热。

（6）继续观察记录　在冷凝管有液体继续滴入量筒时，每隔2min观察一次冷凝液体积，直至相继两次观察的体积一致（自动蒸馏体积变化小于0.1mL）为止。精确测量体积，记录。根据所用仪器，精确至0.5mL（手动）或0.1mL（自动），报告为最大回收分数。若因出现分解点而预先停止了蒸馏，则从100％减去最大回收分数，报告此差值为残留量和损失，并省去步骤（7）。

（7）量取残留体积分数　待蒸馏烧瓶冷却后，将其内容物（沸石除外）倒入5mL量筒中，并将蒸馏烧瓶倒悬在量筒之上，让蒸馏瓶排油，直至量筒液体体积无明显增加为止。记录量筒中的液体体积，精确至0.1mL，作为残留体积分数。

说明

若5mL带刻度量筒在1mL以下无刻度，当估计液体体积少于1mL时，则应先向量筒中加入1mL较重的油，以便较好地测量回收液体体积。

（8）计算观测损失　最大回收分数和残留之和为总回收分数。从100％减去总回收分数，则得出观测损失。

6. 计算和报告

（1）记录要求　对每一次试验，都应根据所用仪器要求进行记录，所有回收分数都要精确至0.5％（手动）或0.1％（自动），温度计读数精确至0.5℃（手动）或0.1℃（自动）。报告大气压力精确至0.1kPa。

（2）大气压力修正　温度计读数按式(4-1)或表4-8修正到101.3kPa，并将修正结果修约至 0.5℃（手动）或 0.1℃（自动）。报告应包括观察的大气压力，并说明是否已进行大气压力修正。

表 4-8　近似的蒸馏温度读数修正值

温度范围/℃	每 1.3kPa(10mmHg) 压力差的修正值/℃	温度范围/℃	每 1.3kPa(10mmHg) 压力差的修正值/℃
10～30	0.35	>210～230	0.59
>30～50	0.38	>230～250	0.62
>50～70	0.40	>250～270	0.64
>70～90	0.42	>270～290	0.66
>90～110	0.45	>290～310	0.69
>110～130	0.47	>310～330	0.71
>130～150	0.50	>330～350	0.74
>150～170	0.52	>350～370	0.76
>170～190	0.54	>370～390	0.78
>190～210	0.57	>390～410	0.81

注：当大气压力低于 101.3kPa（760mmHg）时，则加上修正值；高于 101.3kPa 时，则减去修正值。

（3）校正损失　修正至 101.3kPa 时的损失。按式(4-4)进行计算。

$$L_c = \frac{L-0.5\%}{1+[101.3-p/\text{kPa}]/8.0} + 0.5\% \tag{4-4}$$

式中　L_c——校正损失（体积分数），%；

　　　L——观测损失（从试验数据计算得出的损失体积分数），%；

　　　p——试验时的大气压力，kPa；

（4）校正最大回收分数　按式(4-5)进行计算。

$$R_c = R_{\max} + (L-L_c) \tag{4-5}$$

式中　R_c——校正最大回收分数，%；

　　$R_{\max}$——最大回收分数，%；

　　　L——观测损失，%；

　　　L_c——校正损失，%。

（5）计算蒸发温度　油品按规定条件蒸馏时，所得回收分数与观测损失之和，称为蒸发分数，而规定蒸发分数时的校正温度读数，称为**蒸发温度**。按式(4-6)计算 10%、50% 和 90% 蒸发温度。

$$t = t_L + \frac{(t_H-t_L)(R-R_L)}{R_H-R_L} \tag{4-6}$$

式中　t——蒸发温度，℃；

　　　R——对应于规定蒸发体积分数的回收体积分数，%；

　　　R_L——临近并低于 R 的回收体积分数，%；

　　　R_H——临近并高于 R 的回收体积分数，%；

　　　t_L——在 R_L 时记录的温度计读数，℃；

　　　t_H——在 R_H 时记录的温度计读数，℃。

7. 精密度

按下述规定判断试验结果的可靠性（95% 置信水平）。

（1）重复性　同一操作者重复测定的两个结果之差不应大于表 4-9（手动）或表 4-10

（自动）中所示的数据。

（2）再现性 不同操作者测定的两个结果之差不应大于表4-9（手动）或表4-10（自动）中所示的数据。

表4-9 汽油手动蒸馏的重复性和再现性

蒸发分数/%	重复性/℃	再现性/℃	蒸发分数/%	重复性/℃	再现性/℃
初馏点	3.3	5.6	80	$1.2+0.86\%S_c$	$2.0+1.74\%S_c$
5	$1.9+0.86\%S_c$	$3.1+1.74\%S_c$	90	$1.2+0.86\%S_c$	$0.8+1.74\%S_c$
10	$1.2+0.86\%S_c$	$2.0+1.74\%S_c$	95	$1.2+0.86\%S_c$	$1.1+1.74\%S_c$
20	$1.2+0.86\%S_c$	$2.0+1.74\%S_c$	终馏点	3.9	7.2
30~70	$1.2+0.86\%S_c$	$2.0+1.74\%S_c$			

注：S_c 为按式(4-7) 计算得到的温度变化率。

表4-10 汽油自动蒸馏的重复性和再现性

蒸发分数/%	重复性/℃	再现性/℃	蒸发分数/%	重复性/℃	再现性/℃
初馏点	3.9	7.2	80	$1.1+0.67\%S_c$	$1.7+2.0\%S_c$
5	$2.1+0.67\%S_c$	$4.4+2.0\%S_c$	90	$1.1+0.67\%S_c$	$0.7+2.0\%S_c$
10	$1.7+0.67\%S_c$	$3.3+2.0\%S_c$	95	$1.1+0.67\%S_c$	$2.6+2.0\%S_c$
20	$1.1+0.67\%S_c$	$3.3+2.0\%S_c$	终馏点	4.4	8.9
30~70	$1.1+0.67\%S_c$	$2.6+2.0\%S_c$			

注：S_c 为按式(4-7) 计算得到的温度变化率。

表4-9和表4-10中的S_c称为温度变化率（或斜率），表示蒸发温度随蒸发分数的变化率。车用汽油蒸馏时，不要求计算初馏点、终馏点（或干点）的温度变化率，其余表4-11中所列出的斜率数据点，则按式(4-7) 计算：

$$S_c = (t_U + t_L)/(\varphi_U - \varphi_L) \tag{4-7}$$

式中 S_c——温度变化率（或斜率），℃/%；

t_U——较高温度，℃；

t_L——较低温度，℃；

φ_U——与t_U相应的蒸发分数，%；

φ_L——与t_L相应的蒸发分数，%。

表4-11 确定温度变化率（或斜率）的数据点

斜率点/%	IBP	5	10	20	30	40	50	60	70	80	90	95	EP
t_L数据点/%	0	0	0	10	20	30	40	50	60	70	80	90	95
t_U数据点/%	5	10	20	30	40	50	60	70	80	90	95	$\varphi_{EP}/\%$
$(\varphi_U-\varphi_L)/\%$	5	10	20	20	20	20	20	20	20	20	10	5	$(\varphi_{EP}/\%-95)$

注：IBP 为初馏点，EP 为终馏点。

对于10%~85%回收分数之间未列于表4-11中的数据点，用式(4-8)计算温度变化率。

$$S_c = 0.05/\% (t_{\varphi+10\%} - t_{\varphi-10\%}) \tag{4-8}$$

式中 S_c——温度变化率，℃/%；

t——用脚标表示在该蒸发分数时的温度，℃；

φ——蒸发分数，%；

$\varphi-10\%$——比该蒸发分数小10%；

$\varphi+10\%$——比该蒸发分数大10%。

*三、车用汽油蒸馏测定（雷德法）

1. 实训目的

（1）掌握车用汽油蒸气压的测定（GB/T 8017—2012）方法和计算。

（2）掌握雷德蒸气压测定仪的使用性能和操作方法。

2. 仪器与试剂

（1）仪器　雷德法蒸气压测定仪（见图 4-10）；试样容器（容量为 1L，见图 4-14，用玻璃或金属制造，器壁具有足够强度。试样容器附有倒油装置，它是装有注油管和透气管的软木塞或盖子，能密封试样容器的口部，注油管一端与软木塞或盖子的下表面相平，另一端能插到距离液体室底部 6～7mm 处，透气管的底端能插到试样容器的底部）；压力表（波登弹簧压力计）；冷浴（维持 0～1℃）；水浴（维持 37.8℃±0.1℃）；温度计（符合 GB/T 514 中 GB-54 要求）；水银压差计（或压力测量装置）。

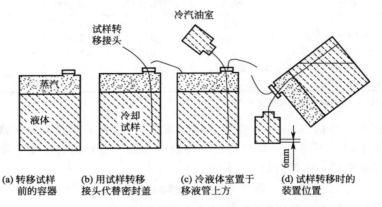

图 4-14　从试样容器转移试样至液体室的示意图

（2）试剂　车用汽油。

3. 准备工作

（1）取样　按 GB/T 4756—1998《石油液体手工取样法》进行取样。从油罐车或油罐中取样时，将空的开口式试样容器吊着沉进罐内燃料中，使试样容器中充满燃料。将试样容器提出，倒掉所有燃料以洗涤试样容器。然后将试样容器重新沉入罐内燃料中，应一次放到接近罐底，立即提出。提出后燃料应装至试样容器顶端，再立即倒掉一部分燃料，使试样容器中所装试样的体积在 70%～80% 之间，如图 4-14(a) 所示，立即用塞子或盖子封闭取样器口。

（2）试样管理　在打开容器之前，试样容器及试样均应冷却至 0～1℃。该温度的测定方法是直接测定放在同一冷浴中另一个相同容器内相似液体的温度，该容器的冷却时间与试样容器的冷却时间相等。取样后，试样应置于冷的地方，直至试验全部完成。渗漏容器中的试样不能用于试验。

（3）空气饱和容器中的试样　将装有试样的容器从 0～1℃ 的冷浴中取出、擦干，开封检查其容积是否处于 70%～80% 之间，若符合要求，立即封口，剧烈振荡后放回冷浴中，至少 2min，再重复上述开盖、封口、振荡、冷浴冷却两次。

🖐 说明

对透明容器不要求开盖验证试样装入量，但为使其与盛放在非透明容器中的试样具有相同的实验步骤，要求进行 4 次开盖、封口、振荡，再冷浴冷却 2min 操作。

（4）液体室的准备 将开口的液体室和试样转移连接装置完全浸入冷却浴中，放置 10min 以上，使其冷却到 0～1℃。

（5）气体室的准备 将压力表连接在气体室上，气体室浸入 37.8℃±0.1℃ 的水浴中，使水的液面高出气体室顶部至少 24.5mm，保持 20min 以上，在液体室充满试样之前不要将气体室从水浴中取出。

4. 试验步骤

（1）试样的转移 准备工作完成后，将试样容器从冷却浴中取出，开盖，插入经冷却的试样转移管及透气管，见图 4-14（b）。将冷却的液体室尽快放空，放在试样转移管上，见图 4-14（c）。同时将整个装置快速倒置，液体室应保持直立位置，见图 4-14（d）。试样转移管应延伸到离液体室底部 6mm 处，试样充满液体室直至溢出，提起试样容器，轻轻叩击试验台使液体室不含气泡。

（2）安装仪器 向液体室补充试样直至溢出，将气体室从 37.8℃ 的水浴中取出，并在 10s 之内使两者连接完毕。

> **注意**
>
> 将气体室从 37.8℃ 的水浴中取出时，排干水的时间要短，不要摇动，防止室温空气与气体室内的空气发生对流，破坏试验条件。

（3）测定仪放入水浴 将安装好的蒸气压测定仪倒置，使试样从液体室进入气体室。继续保持气体室处于倒置状态，上下剧烈摇动 8 次。然后使压力表向上，将测定仪浸入温度为 37.8℃±0.1℃ 的水浴中，稍微倾斜测定仪，使液体室与气体室的连接处刚好位于水浴液面下，仔细检查连接处是否漏气或漏油，若无泄漏，则将测定仪浸入水浴中，使液面高出气体室顶部至少 25mm。

> **注意**
>
> 试验过程中，要注意观察，任何时候发现漏气或漏油现象，均应重新取样，重做试验。

（4）蒸气压的测定 当安装好的蒸气压测定仪浸入水浴 5min 后，轻轻地敲击压力表，观察读数。将测定仪取出，倒置并剧烈摇动 8 次，然后重新放入水浴中，敲击压力表，观测读数。重复操作至少 5 次，每次间隔时间至少 2min，直至相继两个读数相等时为止。读出最后恒定的表压，精确至 0.25kPa。记录此压力为试样的"未校正蒸气压"。然后，立即卸下压力表（不要试图除去压力表内可能窝存的液体！），用水银压差计（或压力测量装置）对读数进行校正，校正后的蒸气压即为雷德蒸气压。

> **说明**
>
> 若水银压差计（或压力测量装置）读数高于压力表，则雷德蒸气压等于未校正蒸气压加上两者差值；反之减去差值。

（5）仪器的清洗 做完试验后，要及时清洗仪器，为下次试验做好准备。拆开气体室和液体室，倒掉液体室中的试样。用 32℃ 左右的温水彻底清洗气体室和液体室至少 5 次，然后控干。拆下压力表，用反复离心的办法除去残留在波登管中的试样，或将压力表持于两手掌中，表面持于右手，并使表连接装置的螺纹向前，手臂以 45°角向前上方伸直，让表的接头指向同一方向，然后手臂以约 135°的弧度向下甩，这样产生的离心力有助于表内液体的倒出，重复操作至少 3 次，然后用一小股空气吹波登管至少 5min。

提示

若在温水浴中冲洗气体室，必须使其底部及开口在通过水面时保持封闭，以免水面上的浮油进入室内。

5. 精密度

用下述规定判断试验结果的可靠性（95％的置信水平）。

（1）重复性　同一操作者用同一仪器，在恒定的条件下对同一被测物质连续试验两次，其结果差值不应超过 3.65kPa。

（2）再现性　不同试验室的不同操作者，对同一被测物质的两个独立试验结果之差不应超过 5.52kPa。

6. 报告

对压力表和水银压差计之间差值校正后的压力作为雷德蒸气压。报告精确至 0.25kPa。

测试题

1. 名词术语

(1) 馏程　　　　　(2) 初馏点　　　　(3) 回收温度　　　　(4) 回收百分数

(5) 终馏点　　　　(6) 干点　　　　　(7) 残留量　　　　(8) 最大回收分数

(9) 总回收分数　　(10) 观测损失　　　(11) 蒸气压　　　　(12) 蒸发温度

2. 判断题（正确的画"√"，错误的画"×"）

(1) 在相同气温条件下，汽油 10％蒸发温度越低，所需启动时间越短，耗油越少。
　　　　　　　　　　　　　　　　　　　　　　　　　　　　　　　　　　（　　）

(2) GB/T 6536 规定蒸馏发动机燃料时，从开始加热到初馏点时间为 5～10min。
　　　　　　　　　　　　　　　　　　　　　　　　　　　　　　　　　　（　　）

(3) 根据蒸气压和蒸馏特性，GB/T 6536 将车用汽油的样品特性确定为第 1 组。
　　　　　　　　　　　　　　　　　　　　　　　　　　　　　　　　　　（　　）

(4) GB/T 6536 测定车用汽油馏程时，从开始加热到初馏点的时间是 5～10min。
　　　　　　　　　　　　　　　　　　　　　　　　　　　　　　　　　　（　　）

(5) 安装蒸气压测定仪时，先向液体室补充试样直至溢出，再将气体室从 37.8℃的水浴中取出，并在 10s 之内使两者连接完毕。　　　　　　　　　　　　　　（　　）

(6) GB/T 6536 规定，蒸馏烧瓶支板由陶瓷或石棉制成。　　　　　　　　（　　）

3. 填空题

(1) GB/T 6536 规定蒸馏车用汽油时，从初馏点到 5％回收分数的时间是_____s；从 5％回收分数到蒸馏烧瓶中残留物为 5mL 时冷凝平均速率是_____mL/min；从蒸馏烧瓶中 5mL 液体残留物到终馏点的时间不大于____min。

(2) GB/T 6536 蒸馏车用汽油前，要确保_____、_____、_____和 100mL _____冷却至 13～18℃，蒸馏烧瓶支板和金属罩不高于_____。

(3) GB/T 8017 规定蒸气压测定装置的_____与_____二者体积比为 (3.8～4.2)∶1。

(4) GB/T 8017 规定，蒸气压测定仪安装必须按要求准确操作，不得超出规定安装时间，以确保空气室恒定在____℃；严格控制试样温度为____℃，测定水浴的温度为_____。

（5）GB/T 8017 规定，测定蒸气压时，当安装好的蒸气压测定仪浸入水浴____min 后，轻轻地敲击压力表，观察读数。将测定仪取出，倒置并剧烈摇动_____次，然后重新放入水浴中，敲击压力表，观测读数。重复操作至少_____次，每次间隔时间至少_____min，直至相继两个读数相等时为止。读出最后恒定的表压，精确至____kPa。记录此压力为试样的_____。

4. 选择题

（1）GB/T 255 规定，记录残留物体积，应等待量筒冷却到（　　）。

A. 20℃±3℃　　　　B. 20℃±1℃　　　　C. 20℃±2℃　　　　D. 20℃±5℃

（2）GB/T 6536 测定车用汽油馏程时，接收量筒周围冷却浴温度维持在（　　）。

A. 0～4℃　　　　B. 0～10℃　　　　C. 13～18℃　　　　D. 装样温度±3℃

（3）GB/T 6536 规定，手动蒸馏要求精确至（　　）。

A. 0.1mL，0.1℃　　B. 0.5mL，0.5℃　　C. 0.5mL，0.1℃　　D. 0.1mL，0.5℃

（4）GB/T 8017 测定车用汽油蒸气压，若容器中试样量低于（　　）时，则不能用于试验。

A. 60%　　　　B. 80%　　　　C. 90%　　　　D. 70%

（5）GB/T 8017 规定，清洗仪器时要用 32℃ 左右的温水彻底清洗气体室和液体室至少（　　）次，然后控干。

A. 5　　　　B. 4　　　　C. 3　　　　D. 2

（6）GB/T 6536 蒸馏车用汽油要求选用孔径为（　　）的支板。

A. 36mm　　　　B. 38mm　　　　C. 40mm　　　　D. 42mm

5. 简答题

（1）简述按 GB/T 6536 蒸馏车用汽油时冷浴的准备。

（2）测定馏程对评价车用汽油的使用性能有什么意义？是怎样评价的？

（3）实沸点蒸馏测定的意义是什么？

（4）我国车用汽油指标按季节不同，对蒸气压有什么规定？

（5）当汽油试样要测定较多项目时，为什么要求雷德蒸气压测定必须是第一个试验？

6. 计算题

已知在大气压为 98.6kPa 时，观测的手动蒸馏数据。

项　　目	在 98.6kPa 时的观测值	项　　目	在 98.6kPa 时的观测值
初馏点/℃	27.5	回收 20% 时温度/℃	56.0
回收 5% 时温度/℃	35.0	最大回收分数/%	95.2
回收 10% 时温度/℃	40.5	残留/%	1.2
回收 15% 时温度/℃	47.5	损失/%	3.6

计算修正至 101.3kPa 后的：（1）5% 回收温度；（2）10% 回收温度；（3）损失；（4）最大回收分数；（5）10% 蒸发温度（t_{10E}）；要求根据所使用的仪器，对回收温度进行修约。

第五章
油品低温流动性能的分析

学习指南

　　本章主要介绍油品的低温流动性能。油品的低温流动性能是指油品在低温下使用时，维持正常流动顺利输送的能力。根据油品的用途，评价低温流动性能的指标有浊点、结晶点、冰点、倾点、凝点和冷滤点等。

　　学习时要注意试验的条件性，并由此深入理解各评定指标的基本概念；掌握各评定指标的意义；了解油品组成对低温流动性能的影响；重点掌握油品的冰点、凝点、冷滤点等低温流动性能的分析方法和仪器的使用；了解影响测定油品低温流动性能的主要因素。

　　油品的低温流动性能是指油品在低温下使用时，维持正常流动顺利输送的能力。例如，我国北方冬季气温可达 $-30℃$ 左右，室外发动机或机器的启动温度与环境温度基本相同，因此发动机燃料和润滑油要求有相应的低温流动性能。根据油品的用途不同，评价低温流动性能的指标也有差异，常用的评价指标有浊点、结晶点、冰点、倾点、凝点和冷滤点等。

第一节　浊点、结晶点和冰点

一、测定油品浊点、结晶点和冰点的意义

1. 浊点、结晶点和冰点

　　（1）浊点　试样在规定的条件下冷却，开始呈现雾状或浑浊时的最高温度，称为浊点，以℃表示。此时油品中出现了许多肉眼看不见的微小晶粒，因此不再呈现透明状态。

　　（2）结晶点　试样在规定的条件下冷却，出现肉眼可见结晶时的最高温度，称为结晶点，以℃表示。在结晶点时，油品仍处于可流动的液体状态。

　　（3）冰点　试样在规定的条件下，冷却到出现结晶后，再升温至结晶消失的最低温度，称为冰点，以℃表示。结晶点与冰点之差一般不超过 6℃。

2. 影响油品浊点、结晶点和冰点的主要因素

　　（1）烃类组成的影响　不同种类、结构的烃类，其熔点也不相同。当碳原子数相同时，通常

正构烷烃、带对称短侧链的单环芳烃、双环芳烃的熔点最高，含有侧链的环烷烃及异构烷烃则较低。因此，若油品中所含大分子正构烷烃和芳烃的量增多时，其浊点、结晶点和冰点就会明显升高，则燃料的低温性能变差。例如，用石蜡基的大庆原油炼制的喷气燃料，其结晶点要比用中间基的克拉玛依原油、胜利原油炼制的喷气燃料高得多，见表 5-1。从表中还可以看出，由同一原油炼制的喷气燃料，馏分越重，其密度越大，结晶点越高，这是由于同类烃随相对分子质量的增大，其沸点、相对密度、熔点逐渐升高的缘故。为保证结晶点合格，喷气燃料的尾部馏分不能过重。

表 5-1　不同原油喷气燃料馏分范围与结晶点的关系

原油类别	馏分范围/℃	密度(20℃)/(kg/m³)	结晶点/℃
大庆原油(石蜡基)	130～210	767.9	−65
	130～220	770.9	−59.5
	130～230	774.3	−56
	130～240	776.3	−52
	130～250	778.8	−47
克拉玛依原油(中间基)	120～230	784.8	−65
	130～240	788.3	−63
	140～240	791.0	−60

（2）油品含水量的影响　油品含水可使浊点、结晶点和冰点显著升高。轻质油品有一定的溶水性，由于温度的变化，这些水常以悬浮态、乳化态和溶解状态存在。在低温下，油品中的微量水可呈细小冰晶析出，能直接引起过滤器或输油管路的堵塞，更为严重的是，细小的冰晶可作为烃类结晶的晶核，有了晶核，高熔点烃类可迅速形成大的结晶，使滤网堵塞的可能性大大增加，甚至中断供油，造成事故。

油品中溶解水的数量主要取决于油品的化学组成，此外还与环境温度、湿度、大气压力和贮存条件等有关。各种烃类对水的溶解度比较如下：

$$芳烃＞烯烃＞环烷烃＞烷烃$$

由此可见，对使用条件恶劣的喷气燃料要限制芳烃含量，国产喷气燃料规定芳烃含量不得大于 20％。同一类烃中，随相对分子质量和黏度的增大，对水的溶解度减小。

随着温度的降低，水在燃料中的溶解度减小。例如，2 号喷气燃料从 40℃ 降低到 0℃时，其溶解水的含量由 135mg/kg 降低至 40mg/kg。为防止喷气燃料结晶，使用中常采用加热过滤器或预热燃料的办法。

3. 测定油品浊点、结晶点和冰点的意义

（1）结晶点和冰点是评定航空活塞式发动机燃料和喷气燃料低温性能的质量指标　我国习惯用结晶点，欧美各国则采用冰点。航空汽油和喷气燃料都是在高空低温环境下使用的，如果出现结晶，就会堵塞发动机燃料系统的滤清器或导管，使燃料不能顺利泵送，供油不足，甚至中断，这对高空飞行是相当危险的。因此，我国对航空活塞式发动机燃料和喷气燃料的低温性能指标提出了严格的要求（见表 5-2）。

表 5-2　某些轻质油品的低温性能指标

项目		航空汽油(GB/T 1787—2008)	喷气燃料			煤油(GB 253—2008)	
			1 号[GB 438—1977(1988)]	2 号[GB 1788—1979(1988)]	3 号(GB 6537—2006)	1 号	2 号
冰点/℃	不高于	−58.0	—	—	−47	−30	−30
浊点/℃	不高于	—	—	—	—	—	—
结晶点/℃	不高于	—	−60	−50	—	—	—

（2）浊点主要是煤油的低温性能质量指标　浊点过高的煤油在冬季室外使用时，会析出细微的结晶，堵塞灯芯的毛细管，使灯芯无法吸油，导致灯焰熄灭。我国对煤油的低温性能规格标准要求见表 5-2。

二、浊点、结晶点和冰点测定方法概述

1. 浊点的测定

浊点的测定按 GB/T 6986—1986《石油浊点测定法》进行，该标准适用于测定油层在 40mm 时仍保持透明且浊点低于 49℃的轻质石油产品的浊点。

测定时，将脱水处理后的试样倾入试管液位标线处，按图 5-1 安装好试验装置。在规定的条件下冷却，每当温度计下降 1℃时，在不断搅动的情况下，迅速将试管取出观察浊点，当试管底部开始出现浑浊时的最高温度即为浊点。

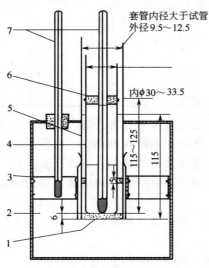

图 5-1　浊点试验仪器（单位：mm）
1—垫片；2—冷浴；3—垫圈；4—试管；
5—套管；6—软木塞；7—温度计

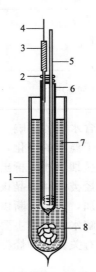

图 5-2　航空燃料冰点测定仪器
1—不镀银的真空保温瓶；2—软木塞；
3—B 型防潮管；4—搅拌器；5—温度计；
6—双壁玻璃管；7—冷却剂；8—干冰

如果试样的浊点很低，往往需要几个冷浴，每个冷浴比前一个冷浴温度低 17℃。例如，当试样冷却到 10℃还没出现浊点，则将试管移入温度保持在 -18～-15℃的第二个冷浴的浴套中；若试样被冷却到 -7℃还没出现浊点，则将试管移入温度保持在 -35～-32℃的第三个冷浴中。每次要等到试样温度高于新冷浴 28℃时，才能转移试管，绝不允许将冷试管直接放入下一个冷浴中。

2. 冰点的测定

冰点的测定按 GB/T 2430—2008《航空燃料冰点测定法》进行。

测定冰点时，将 25mL 试样装入洁净干燥的双壁试管中，装好搅拌器及温度计，将双壁试管放入盛有冷却介质的保温瓶中（见图 5-2），不断搅拌试样使其温度平稳下降，记录结晶出现的温度作为结晶点。然后从冷浴中取出双壁试管，使试样在连续搅拌下缓慢升温，记录烃类结晶完全消失的最低温度作为冰点。

喷气燃料的冰点的测定也可以用 SH/T 0770—2005《航空燃料冰点测定法（自动相转换法）》进行，该标准适用于测定的冰点范围为 -80～+20℃，目前已作为 3 号喷气燃料冰点的试验方法，但当有争议时，应以 GB/T 2430 测定结果为准。

其测定原理是将试样以（15±5）℃/min 的速率冷却，同时用一光源持续照射。用光学阵列检测器连续检控试样，以观察固态烃类结晶的初步形成。一旦结晶形成，试样就开始以

(10.0±0.5)℃/min 的速率升温，直到最后烃类结晶转变为液相，最后固态烃类结晶变成液相时的温度记录为冰点。

3. 结晶点的测定

轻质石油产品浊点和结晶点的测定可按 SH/T 0179—1992（2000）《轻质石油产品浊点和结晶点测定法》标准方法进行，其测定装置如图 5-3 所示。

测定时将试样分别装入两支洁净、干燥的双壁玻璃试管的标线处，每支试管要塞上带有温度计和搅拌器的橡皮塞，温度计位于试管中心，温度计底部与试管底部距离约 15mm。其中一支试管作为对照标准，另一支试管插入规定的冷浴中。

在达到预期浊点前 3℃时，从冷浴中取出试管，迅速放在盛有工业乙醇的烧杯中浸一下，然后在透光良好条件下与对照试管相比较，观察试样状态。每次观察时间不得超过 12s。若试样与对照试管比较时无异样，则认为未达到浊点。将试管放入冷浴中，然后每降 1℃再观察比较一次，直至试样开始呈现浑浊为止。此时温度计所示的温度即为浊点。

测出浊点后，将冷浴温度降到比试样预期结晶点低 15℃±2℃，继续搅拌试样，当到达预期的结晶点前 3℃时，从冷浴中取出试管，迅速放入盛有工业乙醇的烧杯中浸一下，观察试样状态。如果试样未出现结晶，再将试管放入冷浴中，每降 1℃，观察一次，每次观察不超过 12s。当试样开始呈现肉眼可见的晶体时，温度计所示的温度即为结晶点。

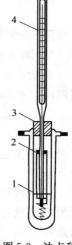

图 5-3　浊点和结晶点测定仪

1—环形标线；
2—搅拌器；
3—软木塞；
4—温度计

虽然喷气燃料可以达到无水分的质量指标，但实际使用时又很难防止燃料从空气中吸收并溶解水分，这种溶解水用干燥的滤纸过滤是不能除掉的，只有像脱水法测定浊点那样，用新煅烧的粉状硫酸钠或无水氯化钙处理，才能将其脱去。这在实际使用及贮存中是难以实现的，也是不现实的。为使测定符合实际，标准中规定，采取未脱水试样来测定喷气燃料的浊点和结晶点。

 石油产品分析仪器介绍

轻质石油产品冰点、浊点和结晶点测定器

目前，轻质石油产品冰点、浊点和结晶点的测定多采用压缩机制冷或半导体制冷装置代替干冰冷浴。图 5-4 为 DSY-021A 型冰点浊点结晶点测定器。该仪器特点是，复叠式进口压缩机制冷，数显控温系统，试样机械式自动搅拌，不锈钢低温浴。

图 5-4　DSY-021A 型冰点浊点结晶点测定器

适用标准：GB/T 2430；SH/T 0179

主要参数：控温范围－70～20℃；恒温精度±0.5℃；

搅拌频率 0～120 次/min，连续可调；工作电源 AC220V±10%，50Hz。

第二节　倾点、凝点和冷滤点

一、测定油品倾点、凝点和冷滤点的意义

1. 油品的凝固现象

石油产品是多种烃类的复杂混合物，在低温下油品是逐渐失去流动性的，没有固定的凝固温度。根据组成不同，油品在低温下失去流动性的原因有两种。

（1）黏温凝固　对含蜡很少或不含蜡的油品，温度降低，黏度迅速增大，当黏度增大到一定程度时，就会变成无定形的黏稠玻璃状物质而失去流动性，这种现象称为黏温凝固。油品凝固现象主要决定于它的化学组成，影响黏温凝固的是油品中的胶状物质以及多环短侧链的环状烃。

（2）构造凝固　对含蜡较多的油品，温度降低，蜡就会逐渐结晶出来，当析出的蜡增多至形成网状骨架时，就会将液态的油包在其中而失去流动性，这种现象称为构造凝固。影响构造凝固的是油品中高熔点的正构烷烃、异构烷烃及带长烷基侧链的环状烃。

黏温凝固和构造凝固，都是指油品刚刚失去流动性的状态，事实上，油品并未凝成坚硬的固体，仍是一种黏稠的膏状物，所以"凝固"一词并不十分确切。

2. 倾点、凝点和冷滤点

（1）倾点　在试验规定条件下冷却时，油品能够流动的最低温度，叫做倾点，又称流动极限，以℃表示。

（2）凝点　**油品的凝点（又称凝固点）是指油品在试验规定条件下，冷却至液面不移动时的最高温度**，以℃表示。由于油品的凝固过程是一个渐变过程，所以凝点的高低与测定条件有关。

（3）冷滤点　**在试验规定条件下，当试样不能流过过滤器或 20mL 试样流过过滤器的时间大于 60s 或试样不能完全返回到试杯时的最高温度，称为冷滤点，以℃（按 1℃ 的整数倍）表示**。

3. 影响油品倾点、凝点和冷滤点的主要因素

（1）烃类组成的影响　同浊点、结晶点和冰点相似，油品的倾点、凝点和冷滤点也与烃类组成密切相关。当碳原子数相同时，柴油以上馏分（沸点高于 180℃）的各类烃中，通常正构烷烃熔点最高，带长侧链的芳烃、环烷烃次之，异构烷烃则较小（见表 5-3）。

表 5-3　一些烃类的熔点

碳 原 子 数	构 造 式	熔 点/℃
18	nC_{18}	28.0
18	C_7-C-C_7 下接 $C-C-C$	−65.0
18	（十氢萘）C_8	−48.0
18	（苯环）C_{12}	−7.0
24	nC_{24}	50.7

续表

碳 原 子 数	构　造　式	熔　点/℃
24	C—C—C₂₁ 上C	37.6
24	C₁₈ 环己烷	41.3
24	C₁₈ 苯环	32.5

油品中高熔点烃类的含量越多，其倾点、凝点和冷滤点就越高；而且沸点越高，变化越明显。例如，石蜡基原油及其直馏产品的倾点、凝点和冷滤点要比环烷基原油及其直馏产品高得多，表 5-4 列出了不同类型原油的直馏柴油馏分凝点的比较值。

表 5-4　不同类型原油的直馏柴油馏分（180～300℃）的凝点比较

原　油　类　型	凝　点/℃
大庆原油（石蜡基）柴油馏分	−21.5
孤岛原油（环烷基）柴油馏分	−48.0

（2）胶质、沥青质及表面活性剂的影响　这些物质能吸附在石蜡结晶中心的表面上，阻止石蜡结晶的生长，致使油品的凝点、倾点下降。所以，油品脱除胶质、沥青质及表面活性物质后，其凝点、倾点会升高；而加入某些表面活性物质（降凝添加剂），则可以降低油品的凝点，使油品的低温流动性能得到改善。

（3）油品含水量的影响　柴油、润滑油的精制过程都要与水接触，若脱水后的油品含水量超标，则油品的倾点、凝点和冷滤点会明显增高。

4. 测定油品倾点、凝点和冷滤点的意义

（1）列入油品规格，作为石油产品生产、贮存和运输的质量检测标准　不同规格牌号的车用柴油对凝点、冷滤点都有具体规定（见附录三）；润滑剂及有关 18 组产品都选择性地对凝点、倾点做出了具体要求。

（2）确定油品的使用温度　例如，GB 19147—2013《车用柴油（Ⅳ）》按凝点分为5 号、0 号、−10 号、−20 号、−35 号和−50 号六个牌号。−10 号车用柴油的凝点不高于−10℃，依此类推。要注意根据地区和气温的不同，选用不同牌号的油品，见表 5-5。

表 5-5　车用柴油的选用（风险率为 10%）

车用柴油（Ⅳ）(GB 19147—2013)牌号	适用条件	车用柴油（Ⅳ）(GB 19147—2013)牌号	适用条件
5 号	最低气温大于 8℃的地区	−20 号	最低气温大于−14℃的地区
0 号	最低气温大于 4℃的地区	−35 号	最低气温大于−29℃的地区
−10 号	最低气温大于−5℃的地区	−50 号	最低气温大于−44℃的地区

对车用柴油而言，并不是在失去流动性的凝点温度时才不能使用，大量行车及冷启动试验表明，其最低极限使用温度是冷滤点。冷滤点测定仪是模拟车用柴油在低温下通过过滤器的工作状况而设计的，因此冷滤点比凝点更能反映车用柴油的低温使用性能，它是保证车用柴油输送和过滤性的指标，并且能正确判断添加低温流动改进剂（降凝剂）后的车用柴油质

量，一般冷滤点比凝点高 2～6℃（见附录三）。为保证柴油发动机的正常工作，户外作业时通常选用凝点低于环境温度 7℃以上的柴油。

（3）估计石蜡含量，指导油品生产　石蜡含量越多，油品越易凝固，倾点、凝点和冷滤点就越高，据此可估计石蜡含量，指导油品生产。润滑油基础油的生产需要通过脱蜡工艺除去高熔点组分，以降低其凝点，但脱蜡加工的生产费用高，通常控制脱蜡到一定深度后，再加入降凝剂使其凝点达到规定要求。高凝点直馏柴油一般采用添加低温流动改进剂或掺和二次加工柴油的办法降低凝点。

此外，凝点还用于估计燃料油不经预热而能输送的最低温度，因此它是油品抽注、运输和贮存的重要指标。

二、倾点、凝点和冷滤点测定方法概述

1. 倾点的测定

石油和石油产品倾点的测定按 GB/T 3535—2006《石油产品倾点测定法》进行。其试验仪器装置（见图 5-5）。测定时将清洁的试样倒入试管中，按要求预热后，再按规定条件冷却，同时每间隔 3℃倾斜试管一次检查试样的流动性，直到试管保持水平位置 5s 而试样无流动时，记录温度，再加 3℃作为试样能流动的最低温度，即为试样的倾点。取重复测定的两个结果的平均值作为试验结果。

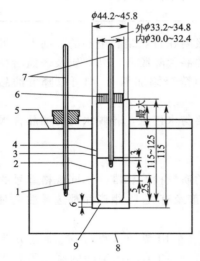

图 5-5　倾点试验仪器（单位：mm）

1—垫圈、垫片；2—套管；3—试样液面位置；4—试管；5—冷浴液面位置；6—软木塞；7—温度计；8—圆盘；9—冷浴

2. 凝点的测定

石油产品凝点的测定按 GB/T 510—1983 （1991）《石油产品凝点测定法》进行，该标准方法常用于润滑油及深色石油产品凝点的测定。

测定时将试样装入规定的试管中，按规定的条件预热到 50℃±1℃，在室温中冷却到 35℃±5℃，然后将试管放入装好冷却剂的容器中。当试样冷却到预期的凝点时，将浸在冷却剂中的试管倾斜 45°，保持 1min，此后，从冷却剂中取出套管，迅速用工业乙醇擦拭试管外壁，垂直放置仪器，并透过套管观察液面是否移动。然后，从套管中取出试管重新将试样预热到 50℃±1℃，按液面有无移动的情况，用比上次试验温度低或高 4℃的温度重新测定，直至能使液面位置静止不动而提高 2℃又能使液面移动时，则取液面不动的温度作为试样的凝点。取重复测定的两个结果的算术平均值作为试样的凝点。

3. 冷滤点的测定

馏分燃料油冷滤点的测定按 SH/T 0248—2006《柴油和民用取暖油冷滤点测定法》进行，该标准适用于馏分燃料，包括含有流动性改进剂或其他添加剂，供柴油机和民用取暖装置使用的燃料。手动冷滤点测定仪器装配图见图 5-6。

测定冷滤点时，先将 45mL 清洁的试样注入试杯中，水浴加热到 30℃±5℃，再按规定条件冷却，当试样冷却到比预期浊点高 5℃时，以 1.961kPa （200mm H$_2$O）压力抽吸，使试样通过规定的过滤器 20mL 时停止，同时停止秒表计时，继续以 1℃的间隔降温，再抽吸。如此反复操作，直至 60s 内通过过滤器的试样不足 20mL 或在切断压力下，试样不能完全自然流回试杯中为止，则记录本次抽吸开始时的温度，为试样的冷滤点。

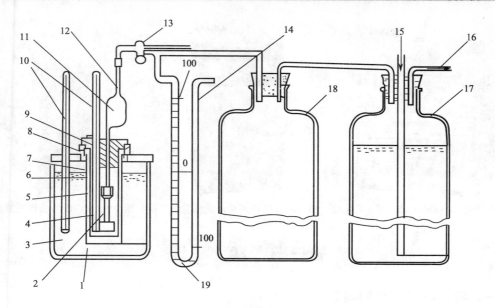

图 5-6 手动冷滤点测定仪器装配图

1—保温杯；2—过滤器；3—冷浴；4—定位环；5—试杯；6—定位环；7—套管；

8—支撑环；9—塞子；10—温度计；11—吸量管；12—20mL 刻度线；13—三通阀；14—U 形管压差计；

15—接大气；16—接真空泵；17—真空水箱（稳压水槽）；18—5L 真空水箱；19—水

三、影响测定的主要因素

预热条件和冷却速度是影响测定倾点、凝点和冷滤点的主要因素。不同的预热条件和冷却速度下，石蜡在油品中的溶解程度、结晶温度、晶型结构及形成网状骨架的能力均不相同，可致使测定结果出现明显的误差。因此，试验时只有严格遵守操作规程，才能得到正确的具有可比性的数据。

 石油产品分析仪器介绍

石油产品倾点、凝点和冷滤点测定器

目前，石油产品倾点、凝点和冷滤点的测定多采用压缩机制冷装置，并且测定装置的功能有由单一向多功能发展的趋势。

图 5-7 为 NQ-3Z 自动凝点、倾点测定仪。该仪器符合 GB/T 3535、GB/T 510 要求，可自动测试石油产品倾点、凝点，即自动降温、自动记录、自动打印测试结果。仪器特点是：采用分体式结构，彻底消除震动、对絮状物破坏及对测试数据的影响；采用微倾斜技术，在缓慢倾斜过程中，一旦检测到液面有移动，立刻停止倾斜，恢复垂直状态，不必在多次倾斜后将试管取出重新进行加热；自动制冷，降温速度均匀稳定；内置微型加热器，使试样快速升温，并避免冷却介质温度过高。

图 5-8 为 DKY-38 多功能低温测定仪。该仪器符合 GB/T 510、GB/T 3535 和 SH/T 0248 要求。适用于石油产品倾点、凝点的测定。与吸滤装置（见图 5-9）配合使用，可测定石油产品冷滤点。仪器双槽四孔设计，可提供−17℃、−34℃、−51℃、−68℃各不同测试温度的两孔恒温冷浴。

图 5-7　NQ-3Z 自动凝点、倾点测定仪　　图 5-8　DKY-38 多功能低温测定仪　　图 5-9　KY-42 冷滤点吸滤装置

第三节　实　　训

＊一、喷气燃料冰点的测定

1. 实训目的

（1）掌握冰点的测定（GB/T 2430—2008）方法和操作技能。

（2）了解冰点对油品生产及使用的重要性。

2. 仪器与试剂

（1）仪器　双壁玻璃试管（见图 5-2，在内外管之间充满常压的干燥的氮气或空气。管口用装有温度计、防潮管或压帽的软木塞塞紧，搅拌器穿过防潮管或压帽）；防潮管（由硼硅玻璃制备。用以防止湿气冷凝）；压帽（防止空气中湿气在样品管中冷凝，用以代替防潮管。压帽紧密插入软木塞内，用脱脂棉填充黄铜管和搅拌器之间的空间）；搅拌器（是一个下端平滑弯曲成 3 个螺旋圈的黄铜棒）；真空保温瓶（见图 5-2，能容纳所需体积的冷却液，并使双壁玻璃试管浸入到规定的深度）；温度计（符合 GB/T 514 中的 GB-38 号规格要求，1 支）。

> ☝ **注意**
>
> 温度计需按检定方法进行检定，检定点温度为 0℃、－40℃、－60℃和－75℃。

（2）试剂　硅胶（用作防潮管的脱水剂）；乙醇（工业用）；氮气；干冰。

3. 方法概要

在测定条件下，试样出现烃类结晶后，再使其升温，当烃类结晶消失时的最低温度即为冰点。

4. 实验步骤

（1）安装仪器　量取 25mL±1mL 试样，倾入清洁、干燥的双壁玻璃试管中。用带有搅拌器、温度计（或压帽）的软木塞紧紧地塞住试管，调节温度计位置，使感温泡位于试管中心，并距管底 15～20mm。

（2）冷浴仪器　将安装好的仪器放入盛有冷却介质的保温瓶中（试样液面应在冷却剂液面下约 15～20mm 处），逐渐加入干冰。同时搅拌试样（以 1～1.5 次/s 的速度上下移动搅拌器），注意不要让搅拌器的螺旋圈露出试样液面或触及双壁玻璃试管底部。在整个试验期间，要保持冷却剂液面高于试样液面。

✋ **说明**

冷却剂由丙酮或乙醇加入干冰制成，也可用液氮代替干冰或采用机械制冷装置。

（3）测定冰点 观察时可暂停搅拌。如果在−10℃左右出现云雾状，且继续降温时现象并不加重，则认为是试样含水引起的，不必考虑。当试样开始出现肉眼可见的晶体时，记录此时的温度。从冷浴中取出试管，使试样在室温下继续升温（仍以1~1.5次/s的速度进行搅拌），记录烃类结晶完全消失的最低温度作为冰点观察值。

✋ **注意**

结晶出现温度应低于结晶消失温度，两者之差一般不大于6℃。否则，说明结晶没有被正确观察识别。

5. 精密度

（1）重复性 同一操作者平行测定两次，结果相差不超过1.5℃。

（2）再现性 由两个实验室提出同一试样的两个测定结果不超过2.5℃。

6. 报告

试样的冰点，要按检定温度计的相应校正值进行修正。即冰点观察值加上温度计的修正值，作为试样的冰点，精确到0.5℃。

二、石油产品凝点的测定

1. 实训目的

（1）掌握石油产品凝点的测定［GB/T 510—1983（1991）］方法和操作技能。

（2）了解凝点对油品生产及使用的重要性。

2. 仪器与试剂

（1）仪器 圆底试管（1支，高度160mm±10mm，内径20mm±1mm，在距管底30mm的外壁处有一环形标线）；圆底玻璃套管（高度130mm±10mm，内径40mm±2mm）；盛放冷却剂用的广口保温瓶或筒形容器（高度不小于160mm，内径不小于120mm）；温度计（符合GB/T 514—2005《石油产品试验用玻璃液体温度计技术条件》的规定，−30~60℃，最小分度1℃，2支；0~100℃，1支）；支架（用于固定套管、冷却剂容器和温度计）；水浴。

（2）试剂 无水乙醇（化学纯）；冷却剂（试验温度在0℃以上用水和冰；在−20~0℃用盐和碎冰或雪；−20℃以下用工业乙醇和干冰）；车用柴油或轻柴油。

3. 方法概要

将装在规定试管中的试样冷却到预期温度时，倾斜试管45°，保持1min，观察液面是否移动。

4. 试验步骤

（1）制备含有干冰的冷却剂 在选定的盛放冷却剂的容器中，注入工业乙醇达容器内深度的2/3，在搅拌下按需要逐渐加入适量的细块干冰，当气体不再剧烈冒出后，添加工业乙醇达到必要的高度。

✋ **说明**

目前多采用制冷设备进行试验。

（2）试样脱水 若试样含水量大于产品标准允许范围，必须先行脱水。对含水多的试样应先静置，取其澄清部分进行脱水。对易流动的试样，脱水时加入新煅烧的粉状硫酸钠或小粒氯化钠，定期振摇 10～15min，静置，用干燥的滤纸滤取澄清部分。对黏度大的试样，先预热试样不高于 50℃，再通过食盐层过滤。食盐层的制备是在漏斗中放入金属网或少许棉花，然后再铺上新煅烧的粗食盐结晶。试样含水多时，需要经过 2～3 个漏斗的食盐层过滤。

（3）在干燥清洁的试管中注入试样　使液面至环形刻线处，用软木塞将温度计固定在试管中央，水银球距管底 8～10mm。

（4）预热试样　将装有试样和温度计的试管垂直浸在 50℃±1℃ 的水浴中，直至试样温度达到 50℃±1℃ 为止。

（5）冷却试样　从水浴中取出试管，擦干外壁，将试管安装在套管中央，垂直固定在支架上，在室温条件下静置，使试样冷却到 35℃±5℃，然后将试管放入装好冷却剂的容器中。冷却剂的温度要比试样预期凝点低 7～8℃。外套管浸入冷却剂的深度不应少于 70mm。

注意

冷却试样时，冷却剂温度的控制必须准确到 ±1℃；试样凝点低于 0℃ 时，应事先在套管底部注入 1～2mm 无水乙醇。

（6）测定试样凝点范围　当试样冷却到预期凝点时，将浸在冷却剂中的试管倾斜 45°，保持 1min，然后小心取出仪器，迅速地用工业乙醇擦拭套管外壁，垂直放置仪器，透过套管观察试样液面是否有过移动。

当液面有移动时，从套管中取出试管，重新预热到 50℃±1℃，然后用比前次低 4℃ 的温度重新测定，直至某试验温度能使试样液面停止移动为止。

注意

试验温度低于 −20℃ 时，应先除去套管，将盛有试样和温度计的试管在室温条件下升温到 −20℃，再水浴加热。

当液面没有移动时，从套管中取出试管，重新预热到 50℃±1℃，然后用比前次高 4℃ 的温度重新测定，直至某试验温度能使试样液面出现移动为止。

（7）确定试样凝点　找出凝点的温度范围（液面位置从移动到不移动或从不移动到移动的温度范围）之后，采用比移动的温度低 2℃ 或比不移动的温度高 2℃ 的温度，重新进行试验。如此反复试验，直至能使液面位置静止不动而提高 2℃ 又能使液面移动时，取液面不动的温度作为试样的凝点。

（8）重复测定　试样凝点必须进行重复测定，且第二次测定开始试验温度要比第一次测出的凝点高 2℃。

5. 精密度

用以下数值来判断测定结果的可靠性（置信水平为 95%）。

（1）重复性　同一操作者重复测定两次，结果之差不应超过 2℃。

（2）再现性　由不同实验室提出的两个结果之差不应超过 4℃。

6. 报告

取重复测定两次结果的算术平均值，作为试样的凝点。

注意

如果是检测试样的凝点不符合技术标准，应采用比技术标准规定的凝点高 1℃ 的温度进行试验；如果液面位置能够移动，就认为凝点合格。

三、柴油冷滤点的测定

1. 实训目的

（1）掌握石油产品冷滤点的测定（SH/T 0248—2006）方法和有关计算。

（2）掌握冷滤点测定装置的安装和操作技术。

2. 仪器与试剂

（1）仪器及材料　手动冷滤点测定仪器 1 套（见图 5-6），其中包括：试杯（45mL 处有一刻线）；温度计（3 支，GB/T 514 中的 GB-36、GB-37 及温度范围 −80～20℃的冷浴用温度计，各 1 支）；过滤器（黄铜制，内有黄铜镶嵌 330 目金属丝网）；吸量管（玻璃制，20mL 处有一刻线）；冷浴（如果冷浴中放入多个套管，各套管之间距离至少为 50mm，冷却剂可用乙醇加干冰等）；真空源（真空泵或水流泵）；秒表（1 块，精度为 0.2s 或更高）；电吹风机（1 把）；无绒滤纸。

（2）试剂　正庚烷（分析纯）；丙酮（分析纯）；试样（普通柴油或车用柴油）。

3. 方法概要

在规定条件下冷却试样，通过可控的真空装置，使试样经过标准滤网过滤器吸入吸量管。以 1℃间隔降温，重复一次此步骤，记录试样充满吸量管的时间超过 60s 或不能完全返回到试杯时的最高温度作为试样的冷滤点。

4. 准备工作

（1）试样除杂　试样中如有杂质，必须将试样加热到 15℃以上，将 50mL 试样用无绒滤纸过滤。

（2）准备冷浴　按估计的冷滤点，准备不同温度和数目的冷浴（见表 5-6）。在整个操作过程中，冷浴要搅拌均匀。

表 5-6　试样预期冷滤点与所需冷浴温度控制

试样冷滤点/℃	各冷浴的温度/℃		
＞−20	−34±0.5		
−35～−20	−34±0.5		−51±1
＜−35	−34±0.5	−51±1	−67±2

（3）仪器的准备　手动仪器每次实验前，拆开过滤器，用正庚烷清洗连接管、试杯、吸量管和温度计，然后用丙酮冲洗，最后再用经过滤的干燥空气吹干。检查包括套管在内的所有配件是否清洁干燥，检查黄铜壳体、黄铜螺帽和滤网有无损坏，若需要，应更换新的，并检查温度计的校准情况。

仪器装配图见图 5-6。黄铜螺帽应拧紧，防止泄漏。

5. 试验步骤

（1）安装装置　将装有温度计、吸量管（已预先与过滤器接好）的橡胶塞塞入盛有45mL 试样的试杯中，使温度计垂直，温度计距试杯底部应保持 1.5 mm±0.2 mm，过滤器垂直放于试杯底部，然后置于热水浴中，使油温达到 30℃±5℃。打开套管口塞子，将准备好的试杯垂直放置于在冷浴中预先冷却到预定温度的套管内。如果套管不能全部放入冷浴中，则套管应垂直放入冷浴中 85mm±2mm 处，冷浴温度应保持在 −34℃±0.5℃。

（2）连接抽真空系统　将抽真空系统与吸量管上的三通阀连接好。在进行测定前，不要让吸量管与抽真空系统接通。启动真空源抽真空。调节空气流速为 15L/h，U 形管压差计应稳定在 1.9613 kPa±0.0098kPa，即 200mmH$_2$O±1mmH$_2$O 的压差。

（3）测定冷滤点　当试样冷却到比预期温度（一般比浊点高 5℃）时，开始第一次测定。转动三通阀，使抽空系统与吸量管接通，同时用秒表计时。由于真空作用，试样开始通过过滤器，当试样上升到吸量管 20mL 刻线处，关闭三通阀，停止计时，转动三通阀，使吸量管与大气相通，试样自然流回试杯。

（4）确定冷滤点　每降低 1℃，重复测定操作，直至 60s 时试样不能充满吸量管为止。记下此时的温度，即为试样冷滤点。

提示

①测定时，若试样降到－20℃，还未达到其冷滤点，则在试样自然流回试杯之后，将试杯迅速转移到－51℃±1℃的冷浴中进行测定，直至达到其冷滤点。如果试样在－35℃还未达到其冷滤点，则迅速转移到－67℃±2℃的冷浴中进行测定，直至达到冷滤点；②如果第一次过滤达到吸量管刻度标记时间超过 60s，则放弃过滤，在一个稍高温度，重复前面的试验；③当试样在－51℃还没达到冷滤点，则应停止试验，并报告结果为"－51℃时未堵塞"；④按照步骤（4）冷却后，如果试样充满吸量管标记处仍小于 60s，但在旋转三通阀到初始位置时，吸量管中的液体不能全部自热流回试验杯中，则本次抽吸开始时的温度为试样的冷滤点。

说明

若为自动仪器按如下步骤进行试验：

① 安装装置，并调试仪器状态　调节冷浴温度至－34℃±0.5℃；将已过滤的 45mL 试样导入清洁、干燥的试杯中至刻线处；将保温杯和定位环放到套管内的合适位置；将装有温度计、吸量管（已预先与过滤器接好）的塞子塞入盛有 45mL 试样的试杯中，并保证过滤器放在试杯的底部。

② 连接抽真空系统　如果需要，将吸量管与真空源再次连接。接通真空源，调节空气流速为 15L/h。开始实验前，检查 U 形管水位压差计稳定指示压差为 1.9613 kPa±0.0098kPa。

③ 测定冷滤点　当试样温度达到 30℃±5℃时，将试杯放入装置，立刻打开压力开关。如果已知试样的浊点，则最好将试样直接冷却到浊点以上 5℃。仪器将自动执行试验步骤，且在适当的温度会自动调节冷浴温度，当试样在 60s 时未达到吸量管刻度标记，或在切断压力下，试样不能完全自然流回试杯中，则记录本次抽吸开始的温度为试样的冷滤点。

（5）试验仪器洗涤与整理　见准备工作（3）。

6. 精密度

用下述规定判断试验结果的可靠性（95％置信水平）。

（1）重复性　同一操作者，使用同一台仪器，在相同的操作条件下，对同一试样进行测定，所得两个结果之差不能超过 1℃。

（2）再现性　由不同操作者，在不同实验室，对同一试样进行测定，所得的两个独立结果之差，不应超过式(5-1)计算的数值。

$$R = 0.103(25 - \bar{t}) \tag{5-1}$$

式中　R——再现性最高允许数值，℃；

　　　$\bar{t}$——用以比较的两个试验结果的平均值，℃。

7. 报告

将记录的温度报告为冷滤点。

测试题

1. 名词术语

(1) 浊点　　　　(2) 结晶点　　　(3) 冰点　　　(4) 黏温凝固

(5) 构造凝固　　(6) 倾点　　　　(7) 凝点　　　(8) 冷滤点

2. 判断题（正确的画"√"，错误的画"×"）

(1) 油品的低温流动性能是指油品在低温下使用时，维持正常流动顺利输送的能力。

（　　）

(2) 在结晶点时，油品仍处于可流动的液体状态。　　　　　　　　　　（　　）

(3) 结晶点与冰点之差一般不超过 6℃。　　　　　　　　　　　　　（　　）

(4) 油品含水可使浊点、结晶点和冰点显著降低。　　　　　　　　　（　　）

(5) 大量行车及冷启动试验表明，其最低极限使用温度是凝点。　　　（　　）

(6) 当试样在 −51℃ 还没达到冷滤点，则应停止试验，并报告结果为"−51℃时未堵塞"。

（　　）

3. 填空题

(1) 当试样冷却到____℃还没出现浊点，则将试管移入温度保持在_____℃的第二个冷浴的浴套中；若试样被冷却到____℃还没出现浊点，则将试管移入温度保持在_____℃的第三个冷浴中。每次要等到试样温度高于新冷浴____℃时，才能转移试管，绝不允许将冷试管直接放入下一个冷浴中。

(2) 测定凝点时，试样预热后，要从水浴中取出试管，擦干外壁，将试管安装在套管中央，垂直固定在支架上，在_____下静置，使试样冷却到_____。然后将试管放入装好冷却剂的容器中。冷却剂温度要比试样预期凝点低_____℃。外套管浸入冷却剂的深度不应少于____mm。

(3) 在试验规定条件下，当试样不能流过过滤器或_____mL 试样流过过滤器的时间大于____s 或试样不能完全返回到试杯时的____温度，称为冷滤点。

(4) 测定冷滤点时，先将____mL 清洁的试样注入试杯中，水浴加热到_____，再按规定条件冷却。

(5) 测定冷滤点时，当试样冷却到比预期浊点高____℃时，以 1.961kPa 压力抽吸，使试样通过规定的过滤器 20mL 时停止，同时停止秒表计时，继续以____℃的间隔降温，再抽吸。

4. 选择题

(1) 安装测定冰点仪器时，应使温度计感温泡位于试管中心，并距管底（　　）mm。

A. 15～20　　　　B. 10～15　　　　C. 5～10　　　　D. 10～20

(2) 试样在规定条件下冷却，出现肉眼可见结晶时的（　　）温度，称为结晶点。

A. 观察　　　　B. 校正　　　　C. 最低　　　　D. 最高

(3) GB/T 2430 测定航空燃料冰点时，要将（ ）mL 试样装入洁净干燥的双壁试管中。

A. 20 　　　　　　　B. 25 　　　　　　　C. 30 　　　　　　　D. 50

(4) 测定车用柴油或普通柴油凝点时，装有试样和温度计的试管要垂直浸在 50℃±1℃ 的水浴中，直至试样温度达到（ 　）为止。

A. 20℃±1℃ 　　　B. 30℃±1℃ 　　　C. 50℃±1℃ 　　　D. 40℃±1℃

(5) 试样凝点必须进行重复测定，且第二次测定开始试验温度要比第一次测出的凝点高（ ）℃。

A. 1 　　　　　　　　B. 2 　　　　　　　C. 3 　　　　　　　D. 5

5. 简答题

(1) 评价油品低温流动性能的指标有哪些？

(2) 举例说明浊点、结晶点、冰点、倾点、凝点和冷滤点分别是哪些油品的评价指标？

(3) GB 19147—2013《车用柴油（Ⅳ）》按凝点分为哪几种牌号？

(4) 为什么标准中规定，要采用未脱水试样来测定喷气燃料的浊点和结晶点？

(5) 测定凝点时，要求冷却剂的温度比试样预期凝点低 7～8℃，若过高或过低会对测定结果有什么影响？

第六章
油品燃烧性能的分析

学习指南

　　本章主要学习燃料油品燃烧性能的评定指标及分析方法。燃料油品主要以汽油发动机、柴油发动机及喷气式发动机等发动机燃料为主，各种发动机的工作过程有着本质的区别，因此对燃料性质要求也有着本质不同。

　　学习时必须从油品使用条件出发，具体分析不同燃料使用要求及相应产品指标，并由此深入理解各种评定指标的基本概念、意义；了解油品组成对燃烧性能的影响；了解各种燃烧性能评定指标的分析方法；掌握喷气燃料烟点测定的操作技能。

　　石油产品绝大部分作为燃料使用，从数量上看，燃料油占全部石油产品的 90％以上，其中又以汽油发动机、柴油发动机及喷气式发动机等发动机燃料占主要地位。这些发动机都是以液体石油燃料为动力而运转的。燃烧性能是评价燃料油品的重要指标。燃烧性能就是指燃料是否具有较高的热值，在发动机工作状况下能否充分燃烧并提供更高的有效功率的能力。燃料能否充分燃烧要从发动机的结构、工作状况、空气的合理供应、油品的物理性质和化学组成等多方面考虑。本章主要从发动机的使用条件出发，介绍评定发动机燃料燃烧性能的标准及其试验方法。

第一节　汽油的抗爆性

一、评定汽油抗爆性的意义

1. 汽油机的爆震现象

　　（1）汽油机工作原理　汽油机又称点燃式发动机，它是用电火花点燃油气混合气而膨胀做功的机械。按燃料供给方式不同，汽油机又分为化油器式（汽油在汽缸外与空气形成可燃混合气）发动机和电喷式（由电子系统控制，将燃料由喷油器喷入发动机进气系统中）发动机两种，目前新车多采用后一种。两种发动机除进气系统不同外，其工作过程相同，现仅以点燃式发动机（如图 6-1 所示）为例说明其工作过程。其工作过程包括以下四个步骤，简称四行程。

　　① 吸气。进气阀打开，活塞自汽缸顶部的上止点向下运动，汽缸压力逐渐降至 70～90kPa，使空气由喉管以 70～120m/s 的高速吸入混合室，同时被吸入的汽油经过导管、喷嘴在

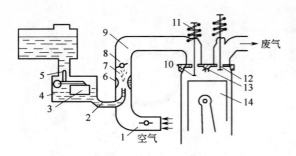

图 6-1　点燃式发动机原理构造

1,8—节气阀；2—导管；3—浮子；4—浮子室；5—针阀；

6—喷嘴；7—喉管；9—混合室；10—进气阀；11—弹簧；

12—排气塞；13—火花塞；14—活塞

喉管处与空气混合，进入混合室。在混合室中汽油开始汽化，进入汽缸后吸收余热进一步汽化。当活塞运行至下止点时，进气阀关闭。此时混合气温度为 80～130℃。

② 压缩。活塞自下止点向上运动，混合气被压缩，压力和温度随之升高。通常压缩终温可达 300～450℃，压力可达 0.7～1.5MPa。

③ 膨胀做功。当活塞运动接近上止点时，电火花塞开始打火，点燃油气与空气的混合气。火焰传播速度为 20～50m/s，压力可达 2.4～4.0MPa，最高温度为 2000～2500℃。高温高压燃气推动活塞向下运动，通过连杆带动曲轴旋转对外做功。

④ 排气。活塞运行到下止点，燃烧膨胀做功行程结束，活塞依靠惯性又向上运行，排气阀打开，排出燃烧废气。

以上四个行程构成汽油机的一个工作循环。一般汽油机都有四个或六个汽缸，并按一定顺序组合进行连续工作。

（2）汽油机的爆震现象　在正常情况下，当汽油蒸气和空气的混合气体在汽缸中被压缩时，温度也随之上升，一经电火花点燃，便以火花为中心，逐层发火燃烧，平稳地向未燃区传播，火焰速度为 20～50m/s。此时，汽缸内的温度、压力变化均匀，活塞被均匀地推动，发动机处于良好的工作状态。但是，使用燃烧性能差的汽油时，油气混合物被压缩点燃后，在火焰尚未传播到的地方，就已经生成了大量不稳定的过氧化物，并形成了多个燃烧中心，同时自行猛烈爆炸燃烧，使火焰传播速度剧增至 1500～2500m/s。这样高速的爆炸燃烧，产生强大冲击波，猛烈撞击活塞头和汽缸，发出金属敲击声，这种现象称为汽油机的爆震。

汽油机发生爆震时，火焰速度极快，瞬间掠过，使得燃料来不及充分燃烧便被排出汽缸，形成黑烟，因而造成功率下降，油耗增大。同时受高温高压的强烈冲击，发动机很容易损坏，可导致活塞顶或汽缸盖撞裂、汽缸剧烈磨损及汽缸门变形，甚至连杆折断，迫使发动机停止工作。

2. 影响点燃式发动机爆震的因素

（1）燃料性质　当碳原子数相同时，正构烷烃和烯烃易被氧化，自燃点最低。若使用含正构烷烃、烯烃较多的燃料，很容易形成不稳定的过氧化物，发生爆震现象。反之，如果燃料含异构烷烃、芳烃和环烷烃较多，由于它们不易氧化，自燃温度较高，就不易引起爆震。

同类烃中，相对分子质量越大（或沸点越高），形成不稳定过氧化物的倾向越大。因此，由同一原油炼制的汽油，馏分越重，越容易发生爆震。

（2）发动机结构和工作状况　发动机的压缩比较大、汽缸壁温度过高或操作条件不当，都易促使爆震现象的发生。

① 压缩比。压缩比是指活塞在下止点时的汽缸容积

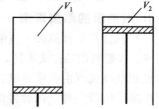

(a)活塞至下止点　(b)活塞至上止点

图 6-2　进气和压缩时汽缸的容积

（V_1）与在上止点时的汽缸容积（V_2）的比值（见图 6-2）。通常，提高压缩比，混合气体被压缩的程度增大，可提高发动机的功率，降低油耗（见表 6-1）。但是压缩比越大，压缩后混合气的温度和压力越高，有利于过氧化物的生成和积累，反而易发生爆震。因此，不同压缩比的发动机，必须使用抗爆性与其相匹配的汽油，才能提高发动机的功率而不会发生爆震现象。目前汽车发动机正朝着增大压缩比的方向发展，这就要求生产更多抗爆性能好（辛烷值高）的汽油。

表 6-1　发动机的压缩比、耗油量及功率的关系

压缩比	耗油/%	功率/%	要求汽油辛烷值（MON）
6	100	100	66
7	93	108	75
8	88	113	88
9	85	117	95
10	82	120	98

　② 发动机的操作条件。汽缸内油气与空气的混合程度可用空气过剩系数（α）表示，空气过剩系数是指燃烧过程中实际供给空气量和理论需要空气量之比。在 α 为 0.8～0.9 时，最易爆震；在 α 为 1.05～1.15 时，不易爆震，功率大；汽缸进气的温度和压力增高，爆震倾向增大；冷却水温度升高，爆震趋势增大；发动机转速增大，爆震减弱。总之，凡是能促进汽油自燃的因素，如汽缸内温度、压力的增大等，均能加剧爆震；凡是能促进汽油充分汽化、燃烧完全的因素，均能减缓爆震现象。

3. 评定汽油抗爆性的意义

　（1）划分车用汽油牌号　汽油抗爆性是指汽油在发动机汽缸内燃烧时抵抗爆震的能力。抗爆性能好的汽油，使用时不易发生爆震，其燃烧状态好。汽油的抗爆性用辛烷值来评定，辛烷值越高，汽油的抗爆性越好，可允许发动机在更高压缩比下工作，以提高发动机功率，降低燃料消耗。**辛烷值是在标准试验条件下，将汽油试样与已知辛烷值的标准燃料（或称参比燃料）在爆震试验机上进行比较，如果爆震强度相当，则标准燃料的辛烷值即为被测汽油的辛烷值。**标准燃料是由抗爆性能很高的异辛烷(2,2,4-三甲基戊烷，其辛烷值规定为100)和抗爆性能很低的正庚烷（其辛烷值规定为 0）按不同体积分数配制而成的。标准燃料的辛烷值就是燃料中所含异辛烷的体积分数。

　我国车用汽油（GB 17930—2011）按研究法辛烷值划分为 3 个牌号：90 号、93 号和 97 号。航空活塞式发动机燃料［GB/T 1787—2008］按马达法辛烷值划分为 3 个牌号：75 号、95 号和 100 号。

　（2）评价汽油质量，指导油品生产　辛烷值是汽油最重要的质量指标。为满足汽油使用要求，成品油必须严格按指标控制生产。实际上，由原油直接蒸馏得到的汽油远远满足不了使用要求，只能称为半成品。例如，直馏汽油特别是石蜡基原油的直馏汽油其辛烷值最低，一般为 40～60；催化裂化汽油的辛烷值较高，也仅为 78 左右。因此，要想达到成品油的规格标准，必须添加理想组分。

　汽油的辛烷值和汽油的化学组成有关。在碳原子数相同的烃类中，正构烷烃的辛烷值最低，高度分支的异构烷烃和芳香烃辛烷值最高，环烷烃和烯烃居中。在无抗爆剂情况下测定的辛烷值，可以大致判断汽油的主要成分。通常，同一原油加工出来的汽油其辛烷值按直馏汽油、催化裂化汽油、催化重整汽油、烷基化汽油的顺序依次升高。这是由于催化汽油含较多的烯烃、异构烷烃和芳烃，重整汽油含较多的芳烃，而烷基化汽油几乎是 100％的异构烷

烃所致。为了适应发动机在不同转速下的抗爆要求，优质汽油应含有较多异构烷烃。异构烷烃不但辛烷值高，抗爆性能好，而且敏感性低，发动机运行稳定，因此是汽油中理想的高辛烷值组分。

二、汽油抗爆性的评定方法

1. 车用汽油抗爆性的评定方法

（1）马达法辛烷值　辛烷值的测定都是在标准单缸发动机中进行的。马达法辛烷值是在 900r/min 的发动机中测定的，用以表示点燃式发动机在重负荷条件下及高速行驶时汽油的抗爆性能。马达法辛烷值目前仍是我国航空活塞式发动机燃料的质量指标（见附录一）。

（2）研究法辛烷值　研究法辛烷值是发动机在 600r/min 条件下测定的，它表示点燃式发动机低速运转时汽油的抗爆性能。测定研究法辛烷值时所用的辛烷值试验机与马达法辛烷值基本相同，只是进入汽缸的混合气未经预热，温度较低。研究法所测结果一般比马达法高出 5～10 个辛烷值单位。

我国车用汽油抗爆性能采用研究法表示（见附录一）。研究法和马达法所测辛烷值可用式（6-1）近似换算。

$$MON = RON \times 0.8 + 10 \tag{6-1}$$

式中　MON——马达法辛烷值；

　　　RON——研究法辛烷值。

研究法辛烷值和马达法辛烷值之差称为该汽油的敏感性。它反映汽油抗爆性随发动机工作状况剧烈程度的加大而降低的情况。就实际使用而言，汽油敏感性低些有利，敏感性越低，发动机工作稳定性越高。敏感性的高低取决于油品的化学组成，通常烃类的敏感性顺序为：

$$芳烃 > 烯烃 > 环烷烃 > 烷烃$$

根据化学组成不同，不同来源的汽油其敏感性相差很大。例如，以芳烃为主的重整汽油，敏感性一般为 8～12；烯烃含量较高的催化裂化汽油，敏感性一般为 7～10；以烷烃为主的直馏汽油，敏感性一般为 2～5。

（3）道路法辛烷值　马达法辛烷值和研究法辛烷值都是在实验室中用单缸发动机在规定条件下测定的，它不能完全反映汽车在道路上行驶时的实际状况。为此，一些国家采用行车法来评价汽油的实际抗爆能力，称为道路法辛烷值。它是在一定温度下，用多缸汽油机进行辛烷值测定的一种方法。在实际应用中，大多采用经验公式计算道路法辛烷值。

$$MUON = 28.5 + 0.431RON + 0.311MON - 0.040\varphi_A \tag{6-2}$$

式中　$MUON$——道路法辛烷值；

　　　φ_A——烯烃体积分数，%。

其他符号意义与式（6-1）相同。按式（6-2）计算的道路法辛烷值，其数值介于马达法辛烷值与研究法辛烷值之间。目前道路法辛烷值还未列入我国汽油的评定指标。

（4）抗爆指数　与道路法辛烷值相似，抗爆指数是又一个反映车辆在行驶时的汽油抗爆性能指标，又称为平均实验辛烷值。

$$抗爆指数 = \frac{MON + RON}{2} \tag{6-3}$$

目前，我国车用汽油已对抗爆指数指标提出了明确的要求（见附录一）。

2. 航空活塞式发动机燃料抗爆性的评定方法

航空活塞式发动机燃料对抗爆性的要求非常严格，规定用马达法辛烷值和品度值两个指标表示。

　　航空活塞式发动机燃料的辛烷值表示发动机在贫油混合气（过剩空气系数 α 为 $0.8\sim$ 1.0）下工作，即飞机巡航时燃料的抗爆性。品度值是航空汽油在富油混合气（α 为 $0.7\sim$ 0.8）下，无爆震工作时发出的最大功率与异辛烷在同样条件下发出的最大功率之比，它表示飞机在起飞和爬高时燃料的抗爆性。品度值和辛烷值（马达法 100 以上）可按 GB/T 503—1995《汽油辛烷值测定法（马达法）》中的表 9 进行换算，也可用式(6-4)换算。

$$MPN = 100 + 3(MON - 100) \qquad (6-4)$$

式中 MPN ——马达法品度值。

三、汽油辛烷值测定方法概述

1. 马达法辛烷值

　　马达法辛烷值的测定按 GB/T 503—1995《汽油辛烷值测定法（马达法）》进行，该标准适用于车用汽油和航空活塞式发动机燃料。

　　测定汽油辛烷值是在一台可连续改变压缩比的单缸四冲程发动机上进行的，标准规定的试验设备是美国制造的 ASTM-CFR 试验机，见图 6-3 为 U1-CFR F2U 研究法/马达法联合辛烷值试验机。机上装有测量爆震强度的爆震表，可以把被测试样的爆震强度准确指示出来，通过转换，得到试样的辛烷值。马达法辛烷值的测定方法可以采用内插法或压缩比法。

　　（1）内插法　基本原理是：在固定的压缩比条件下，使试样的爆震表读数位于两个参比燃料调和油的爆震表读数之间，然后采用内插法计算试样的辛烷值。其测定的具体步骤如下。

　　① 将仪器调试到标准爆震强度要求。按表 6-2所要求的标准操作条件，确定试验装置的工作状态，再调试装置使其符合标准爆震强度要求。

图 6-3　U1-CFR F2U 研究法/
马达法联合辛烷值试验机

标准爆震强度是已知辛烷值的参比调和油在爆震试验装置中燃烧时产生爆震的程度，通常调整爆震表读数为 50。这时参比燃料的马达法辛烷值与测微计数值对应关系符合表 6-3 的要求。

表 6-2　辛烷值测定的标准操作条件

操作条件	马达法 (GB/T 503—1995)	研究法 (GB/T 5487—1995)	操作条件	马达法 (GB/T 503—1995)	研究法 (GB/T 5487—1995)
发动机转速/(r/min)	900±9	600±6	火花塞间隙/mm	0.51±0.13	0.51±0.13
曲轴箱润滑油	SAE 30	SAE 30	断电器间隙/mm	0.51	0.51
操作温度下的油压/kPa	187～207	187～207	气门间隙		
曲轴箱油温/℃	57±8.5	57±8.5	吸气阀/mm	0.203	0.203
冷却液温度/℃	100±1.5	100±1.5	排气阀/mm	0.203	0.203
吸气湿度/(g 水/kg 干空气)	3.56～7.12	3.56～7.12	点火时间		
吸气温度/℃	38±2.8	见 GB/T 5487—1995 表 9 的规定	上止点前角度	见 GB/T 503—1995 中第 6 章的有关规定	13°
混合气温度/℃	149±1.1	不控制			

② 估计试样的辛烷值。先用试样调整燃料与空气的混合比，使之获得最大爆震强度，让爆震表指针在接近 50 的位置上。再调整压缩比（即调整汽缸高度，用测微计读数表示，可通过表 6-4 进行换算）使爆震表读数为 50。确定试样产生标准爆震强度时的汽缸高度，记下此时的爆震表读数。根据测微计读数，按表 6-3 估算出试样的辛烷值。

③ 用内插法计算试样的辛烷值。根据试样估算的辛烷值，配制两个不同辛烷值的参比燃料，一个辛烷值略高于试样，另一个略低于试样，二者之差不大于 2 个辛烷值单位。然后，在相同条件下分别对两个参比燃料进行试验，保持压缩比不变，测定爆震强度，记下爆震表的读数，并按式(6-5) 计算试样的辛烷值。

$$X=\frac{b-c}{b-a}(A-B)+B \tag{6-5}$$

式中　X——试样的辛烷值；

　　　A——高辛烷值参比燃料的辛烷值；

　　　B——低辛烷值参比燃料的辛烷值；

　　　a——高辛烷值参比燃料的平均爆震表读数；

　　　b——低辛烷值参比燃料的平均爆震表读数；

　　　c——试样的平均爆震表读数。

（2）压缩比法　该法测定试样辛烷值的原理是：根据试样在标准爆震强度下所需的汽缸高度（用测微计读数表示），从表 6-3 即可查出其辛烷值。

表 6-3　标准爆震强度测微计读数与马达法辛烷值的对照

马达法辛烷值	0.0	0.1	0.2	0.3	0.4	0.5	0.6	0.7	0.8	0.9
	测　微　计　读　数									
40	0.891	0.891	0.890	0.890	0.889	0.889	0.888	0.888	0.887	0.887
41	0.887	0.886	0.886	0.886	0.885	0.885	0.884	0.884	0.883	0.883
42	0.883	0.882	0.882	0.881	0.881	0.880	0.880	0.880	0.879	0.879
43	0.878	0.878	0.877	0.877	0.876	0.876	0.876	0.875	0.875	0.874
44	0.874	0.873	0.873	0.872	0.872	0.871	0.871	0.871	0.870	0.870
45	0.869	0.869	0.868	0.868	0.867	0.867	0.866	0.866	0.865	0.865
46	0.864	0.864	0.864	0.863	0.863	0.862	0.862	0.861	0.861	0.860
47	0.860	0.859	0.859	0.858	0.858	0.857	0.857	0.856	0.856	0.855
48	0.855	0.854	0.854	0.853	0.853	0.852	0.852	0.851	0.851	0.850
49	0.850	0.849	0.849	0.848	0.848	0.847	0.847	0.846	0.846	0.845
50	0.845	0.844	0.844	0.843	0.842	0.842	0.841	0.841	0.840	0.840
51	0.839	0.839	0.838	0.838	0.837	0.837	0.836	0.836	0.835	0.835
52	0.834	0.833	0.833	0.832	0.832	0.831	0.831	0.830	0.830	0.829
53	0.828	0.828	0.827	0.827	0.826	0.826	0.825	0.824	0.824	0.823
54	0.823	0.822	0.822	0.821	0.820	0.820	0.819	0.819	0.818	0.818

注：在 GB/T 503—1995 的表 1 中列出辛烷值在 40～120 之间的对应关系，为说明方法，这里仅选部分数据。表中所列数据是在海拔高度为 0～500m、大气压为 101.325kPa、喉管直径为 14.29mm 的情况下测得的。

参比燃料仅用来取得标准爆震强度，其辛烷值要求与试样处于相同范围（根据辛烷值的范围不同，其允许差值为 0.7～2.0 不等）。先把 ASTM-CFR 试验机调整到标准运转条件，再调节参比燃料与空气的混合比，使其达到最大爆震强度。然后调整压缩比使参比燃料辛烷值与汽缸高度之间关系符合表 6-4 的要求。继续调整爆震表，直到指针指向 50。

标准爆震强度标定好以后，就可用试样进行操作，试验条件与标定时完全一样（调节燃料与空气的混合比，同样使其达到最大爆震强度），调压缩比使爆震表指针也指向 50。记录汽缸高度，由表 6-3 查得试样的辛烷值。

测定结果修约到一位小数，报告为马达法辛烷值，简写为 ××.×/MON。对于马达法辛烷值高于 100 的航空汽油，经 GB/T 503—1995 中的表 9 换算成品度值后，报告为马达法品度值，简写为 ××.×/MPN。

表 6-4　发动机测微计读数和压缩比换算

测微计读数	0.000	0.001	0.002	0.003	0.004	0.005	0.006	0.007	0.008	0.009
	压　缩　比									
0.000	16.00	15.95	15.90	15.85	15.80	15.75	15.71	15.66	15.61	15.56
0.010	15.52	15.47	15.42	15.38	15.33	15.29	15.24	15.20	15.15	15.11
0.020	15.06	15.02	14.98	14.93	14.89	14.85	14.80	14.76	14.72	14.68
0.030	14.64	14.60	14.55	14.51	14.47	14.43	14.39	14.35	14.31	14.27
0.040	14.20	14.20	14.16	14.12	14.08	14.04	14.01	13.97	13.93	13.89
0.050	13.86	13.82	13.78	13.75	13.71	13.68	13.64	13.61	13.57	13.53
0.060	13.50	13.47	13.43	13.40	13.36	13.33	13.30	13.26	13.23	13.20
0.070	13.16	13.13	13.10	13.06	13.03	13.00	12.97	12.94	12.90	12.87
0.080	12.84	12.81	12.78	12.75	12.72	12.69	12.66	12.63	12.60	12.57
0.090	12.54	12.51	12.48	12.45	12.42	12.39	12.36	12.34	12.31	12.28
0.100	12.25	12.22	12.19	12.17	12.14	12.11	12.08	12.06	12.03	12.00
0.110	11.98	11.95	11.92	11.90	11.87	11.84	11.82	11.79	11.77	11.74
0.120	11.71	11.69	11.66	11.64	11.61	11.59	11.56	11.54	11.51	11.49
0.130	11.47	11.44	11.42	11.40	11.37	11.34	11.32	11.30	11.27	11.25
0.140	11.23	11.20	11.18	11.16	11.14	11.11	11.09	11.07	11.04	11.02

注：在 GB/T 503—1995 的表 B1 中列出测微计读数在 0.000～1.000 之间的对应关系，这里仅选部分数据。

2. 研究法辛烷值

研究法辛烷值是按 GB/T 5487—1995《汽油辛烷值测定法（研究法）》进行的，该标准适用于测定车用汽油的抗爆性。

研究法与马达法测定辛烷值都使用 ASTM-CFR 试验机（见图 6-3），其测定原理、方法基本相同，仅是发动机的工作状况和试验条件略有差异（详见表 6-2）。当然，有关数据换算表的对应性也作了调整。其测定结果要求修约到小数点后一位，报告为研究法辛烷值，简写为 ××.×/RON。

使用 ASTM-CFR 试验机测定辛烷值，准确、严格，是对外贸易和进行仲裁时必做的试验。但其操作条件比较严格，设备复杂，试样需要量大，测定时间长，应用极为不便。为此，一些简便、快捷、环保及科技含量高的辛烷值测试仪器研究出来。如图 6-4 所示，是一种手持式辛烷值分析仪可在 15s 内完成测试，立即显示并打印结果，目前已被广泛应用于汽油的生产、质检和科研中；图 6-5 是一种便携式汽油分析仪，它具有快速、精确、多功能的特点，可同时测定汽油的辛烷值、氧化物含量、苯含量、芳香族化合物含量和烯烃含量等，便于生产现场和实验室的使用。

图 6-4　ZX202C 手持式辛烷值分析仪　　　　图 6-5　GS-500 便携式汽油分析仪

　　此外，为了适应科研与生产的需要，近年来还出现了一些间接测定辛烷值的方法，如核磁共振波谱法、气相色谱法以及物理化学参数法等。这些方法的基本原理是将汽油易于测定的化学组成结构参数和物理性质参数与辛烷值进行关联，得出精确的经验式，进而简捷地计算辛烷值。

 知识拓展

抗爆添加剂 MTBE

　　加入抗爆剂是提高汽油辛烷值的最常用方法，在禁止使用对环境污染严重的四乙基铅以后，近年来我国最多使用的是含氧化合物甲基叔丁基醚（MTBE）。MTBE 对直馏汽油、催化裂化汽油、宽馏分重整汽油和烷基化汽油均有良好的调和效应，其调和辛烷值高于本身的净辛烷值（RON 为 117，MON 为 101），特别是直馏汽油和烷基化汽油调和效果最好，通常 RON 可分别达到 133 和 130，MON 分别达到 115 和 108，此外，它还能提高汽油的氧含量，使其燃烧更完全，因而可减少 CO 等汽车尾气污染物的排放。2010年统计数据表明，我国 MTBE 生产装置已有 60 多个。

　　但是，MTBE 极易溶于水，主要由于汽油贮罐泄漏造成。研究发现，MTBE 能对地下水造成不可逆污染（自然条件下很难降解），即使极低浓度，也会导致水质有难喝的味道，危害人体健康，美国环保署已经将 MTBE 列为人类可能致癌物。因此发达国家已立法限期禁止使用 MTBE，寻找 MTBE 的替代品已是当务之急。

 ## 第二节　柴油的着火性

一、评定柴油着火性的意义

1. 柴油机的工作粗暴现象

（1）柴油机的工作原理　柴油机和汽油机都属于活塞式内燃发动机，按工作过程不同，柴油机分为四行程和二行程两类。现以常见的四行程发动机为例（见图6-6），说明其工作过程。

① 吸气。汽缸活塞自汽缸顶部向下运动，进气阀打开，空气经由空气滤清器被吸入汽缸，活塞到达下止点时，进气阀关闭。有些柴油机装有空气增压鼓风机，以增加空气进入量和压力，提高柴油的经济性。

② 压缩。活塞自下止点向上运动，压缩吸入的空气，由于压缩是在接近绝热状态下进行的，空气的温度和压力急剧上升，压缩终了时，温度可达 500～700℃，压力可达3.5～4.5MPa。

③ 膨胀做功。当活塞快接近上止点时，柴油先后经过粗、细滤清器、高压油泵及喷嘴以雾状喷入汽缸。此时汽缸内的空气温度已超过柴油的自燃点，因此柴油迅速汽化、

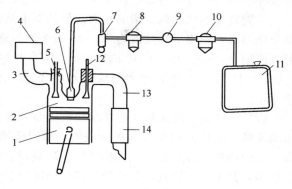

图 6-6　柴油机构造原理

1—活塞；2—汽缸；3—进气管；4—空气滤清器；
5—进气阀；6—喷油嘴；7—高压油泵；8—细滤清器；
9—输油管；10—粗滤清器；11—油箱；
12—排气阀；13—排气管；14—消声器

与空气混合并自燃，燃烧温度高达 1500～1200℃，压力升至 4.6～12.2MPa。高温气体迅速膨胀，推动活塞向下运动做功。

④ 排气。活塞向下运动到达下止点后，受惯性作用，再次向上运动，此时排气阀打开，排出废气，完成一个工作循环。

柴油机的工作过程与汽油机既相似又有本质区别，因此对燃料的性质要求也必然不同。首先，柴油机吸入与压缩的是空气，而不是空气与燃料的混合气体，不受燃料性质的影响，因此压缩比可以尽可能地增大（可高达 16～24），使燃料转化为功的效率显著提高，实际上柴油机燃料的单位消耗率比汽油机低 30%～70%，非常经济。其次，汽油机是靠电火花点燃的，故称为点燃式发动机，它要求燃料燃点要低，自燃点要高；柴油机是由喷入汽缸的燃料靠自燃而膨胀做功的，因此柴油机又称为压燃式发动机，它要求燃料有较低的自燃点。

（2）柴油机的工作粗暴现象　柴油机压缩行程至活塞接近上止点时，燃料即以雾状喷入并迅速汽化和氧化，氧化过程逐渐加剧，以致猛烈到着火燃烧，开始膨胀做功行程。**从喷油器开始喷油到燃料自燃着火这段时间，称为着火滞后期（或称为滞燃期，用曲轴旋转角度表示）**。着火滞后期很短，不同燃料的着火滞后期从百分之几秒到千分之几秒，但它对柴油机工作状况的影响却非常大。正常情况下，柴油的自燃点较低，着火滞后期短，燃料着火后，边喷油、边燃烧，发动机工作平稳，热功效率高。但是，**如果柴油的自燃点高，则着火滞后期增长，以致在开始自燃时，汽缸内积累较多的柴油同时自燃，温度和压力将剧烈增高，冲击活塞头剧烈运动而发出金属敲击声，这种现象称为柴油机的工作粗暴。**柴油机工作粗暴会使柴油燃烧不完全，形成黑烟，油耗增大，功率降低，并使机件磨损加剧，甚至损坏。

2. 评定柴油着火性的意义

（1）判断柴油燃烧性能，为油品使用及质检提供依据　柴油的着火性就是指柴油的自燃能力，换言之，就是柴油燃烧平稳性。柴油着火性通常用十六烷值表示，一般十六烷值高的柴油，自燃能力强，燃烧均匀，着火性好，不易发生工作粗暴现象，发动机热功效率提高，使用寿命延长。但是使用十六烷值过高（如大于65）的柴油同样会形成黑烟，燃料消耗量反而增加，这是因为燃料的着火滞后期太短，自燃时还未与空气混合均匀，致使燃烧不完

全，部分烃类因热分解而形成黑烟；另外，十六烷值过高，还会减少燃料来源。因此，从使用性和经济性两方面考虑，使用十六烷值适当的柴油才合理。

不同转速的柴油机对柴油十六烷值的要求是不同的，研究表明，转速大于 1000r/min 的高速柴油机，使用十六烷值为 40～50 的柴油为宜；转速低于 1000r/min 的中、低速柴油机，可以使用十六烷值为 30～40 的柴油。GB/T 19147—2013《车用柴油（Ⅳ）》中规定，5 号、0 号、−10 号车用柴油的十六烷值不小于 49，−20 号不小于 46，−35 号、−50 号不小于 45。

（2）了解柴油着火性与化学组成的关系，指导油品生产　柴油着火性能的好坏与其化学组成及馏分组成密切相关。实验表明，相同碳原子数的不同烃类，正构烷烃的十六烷值最高，无侧链稠环芳烃最低，正构烯烃、环烷烃、异构烷烃居中；烃类的异构化程度越高，环数越多，其十六烷值越低；芳烃和环烷烃随侧链长度的增加，其十六烷值增加，而随侧链分支的增多，十六烷值显著降低；相同的烃类，相对分子质量越大，热稳定性越差，自燃点越低，十六烷值越高。

如表 6-5 所示，以石蜡基原油生产的柴油，其十六烷值高于环烷基原油生产的柴油，这是由于前者含有较多的烷烃，而后者含有较多的环烷烃所致。由相同类型原油生产的柴油，直馏柴油的十六烷值要比催化裂化、热裂化及焦化生产的柴油高，其原因就在于化学组成发生了变化，催化裂化柴油含有较多芳烃，热裂化和焦化柴油含有较多烯烃，因此十六烷值有所降低。经过加氢精制的柴油，由于其中的烯烃转变为烷烃，芳烃转变为环烷烃，故十六烷值明显提高。

表 6-5　不同类型原油的直馏柴油和二次加工柴油的十六烷值比较

柴 油 来 源	十六烷值	柴 油 来 源	十六烷值
大庆催化裂化柴油	46～49	玉门专用柴油	66
大庆直馏柴油	67～69	孤岛直馏柴油	33～36
大庆延迟焦化柴油	58～61	孤岛催化柴油	25～27
大庆热裂化柴油	56～59	孤岛催化加氢柴油	30～35

为提高柴油的着火性能，可将十六烷值低的热裂化、焦化柴油和部分十六烷值较高的直馏柴油掺和使用，此即柴油的调和。此外还可以采用加入添加剂的手段，提高柴油的十六烷值，常用的添加剂是硝酸烷基酯。

二、柴油着火性的评定方法

1. 十六烷值

十六烷值是评定柴油着火性的指标之一。它是在规定操作条件的标准发动机试验中，将柴油试样与标准燃料进行比较测定，当两者具有相同的着火滞后期时，标准燃料的十六烷值即为试样的十六烷值。

标准燃料是用着火性能好的正十六烷和着火性能较差的七甲基壬烷按不同体积比配制成的混合物。规定正十六烷的十六烷值为 100，七甲基壬烷的十六烷值为 15。则该试样的十六烷值可按式(6-6)计算。

$$CN = 100\varphi_1 + 15\varphi_2 \tag{6-6}$$

式中　CN——标准燃料的十六烷值；

φ_1——正十六烷的体积分数，%；

φ_2——七甲基壬烷的体积分数，%。

2. 十六烷指数

十六烷指数是表示柴油着火性能的一个计算值，它是用来预测馏分燃料的十六烷值的一种辅助手段。其计算按 GB/T 11139—1989《馏分燃料十六烷指数计算法》进行，该方法适用于计算直馏馏分、催化裂化馏分以及两者的混合燃料的十六烷指数，特别是当试样量很少或不具备发动机试验条件时，计算十六烷指数是估计十六烷值的有效方法。当原料和生产工艺不变时，可用十六烷指数检验柴油馏分的十六烷值，进行生产过程的质量控制。试样的十六烷指数按式(6-7) 计算：

$$CI = 431.29 - 1586.88\rho_{20} + 730.97\rho_{20}^2 + 12.392\rho_{20}^3 + 0.0515\rho_{20}^4 -$$
$$0.554t + 97.803(\lg t)^2 \tag{6-7}$$

式中　CI——试样的十六烷指数；

$\quad\quad\rho_{20}$——试样在 20℃时的密度，g/mL；

$\quad\quad t$——试样按 GB/T 6536《石油产品常压蒸馏特性测定法》测得的中沸点，℃。

【例题 6-1】 若已知某试样在 20℃时的密度为 0.8400g/mL，按 GB/T 6536《石油产品常压蒸馏特性测定法》测得的中沸点为 260℃，计算该试样的十六烷指数。

解　由式(6-7) 得

$CI = 431.29 - 1586.88 \times 0.8400 + 730.97 \times 0.8400^2 + 12.392 \times 0.8400^3 + 0.0515 \times$
$0.8400^4 - 0.554 \times 260 + 97.803 \times (\lg 260)^2 = 47.8$
$$CI \approx 48$$

式(6-7) 不适用于计算纯烃、合成燃料、烷基化产品、焦化产品以及从页岩油和油砂中提炼的燃料的十六烷指数，也不适用于计算加有十六烷改进剂的馏分燃料的十六烷指数。

目前，十六烷指数已列入我国车用柴油的质量指标（详见附录三）。十六烷指数还可按 SH/T 0694—2000《中间馏分燃料十六烷指数计算法（四变量公式法）》来计算。

3. 柴油指数

柴油指数是表示柴油着火性能的另一个计算值。它是和柴油密度、苯胺点●相关联的参数，也可以用它来计算十六烷值。柴油指数的表达式为

$$DI = \frac{(1.8t_A + 32)(141.5 - 131.5d_{15.6}^{15.6})}{100d_{15.6}^{15.6}} \tag{6-8}$$

$$DI = \frac{(1.8t_A + 32)API°}{100} \tag{6-9}$$

式中　DI——柴油指数；

$API°$——柴油的相对密度指数；

$\quad t_A$——柴油的苯胺点，℃；

$d_{15.6}^{15.6}$——柴油在 15.6℃时的相对密度。

通过经验公式(6-10)，可由柴油指数计算十六烷值。

$$CI = \frac{2}{3}DI + 14 \tag{6-10}$$

虽然十六烷指数和柴油指数的计算简捷、方便，很适用于生产过程的质量控制，但也不允许随意替代用标准发动机试验装置所测定的试验值，柴油规格指标中的十六烷值必须以实测为准。

三、柴油十六烷值测定方法概述

柴油的十六烷值按 GB/T 386—2010《柴油十六烷值测定法》进行。测定仪器是一台

● 石油产品与等体积的苯胺混合，加热至两者互相溶解为单一液相的最低温度，称为石油产品的苯胺点。

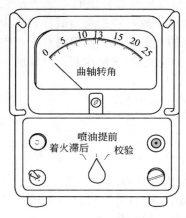

图 6-7　着火滞后期表

可改变压缩比的专用单缸柴油机，压缩比可调范围为 8：1～36：1，机上装有着火滞后期表（见图 6-7）及其辅助装置。

测定十六烷值的基本原理是：在标准操作条件下，将试样的着火性质与已知十六烷值的两个标准燃料相比较，其中两个标准燃料的十六烷值分别比试样略高或略低，在着火滞后期相同的情况下，测定它们的压缩比（用手轮读数表示）并据此用内插法计算试样的十六烷值。其具体测定步骤如下。

（1）燃料流速的控制　稳定发动机操作条件，调整燃料泵的流速测微计，使燃料流速达到 13.0mL/min。最终流速应在 60s±1s 时间范围内进行测定。记录流速测微计读数作为参考。

（2）喷油提前角的调整　喷油提前角是喷油器开始喷油到活塞上止点的曲轴旋转角度。调整时，旋转测微计，按规定调整并固定喷油提前角为上止点前 13°。记录喷油时测微计读数作为参考。

（3）试样着火滞后期的测量　着火滞后期是以曲轴旋转角度表示的。测量时，将着火滞后期表（见图 6-7）上的选择开关转到"着火滞后"的位置，然后用手轮调节发动机压缩比，准确锁紧在上述要求的喷油提前角（上止点前 13°）位置上，记录手轮读数。以同样的方法，至少重复三遍，计算平均值。

（4）标准燃料的选择　选择两个相差不大于 5 个十六烷值的标准燃料进行试验，调节发动机压缩比，使试样在仪表指示 13°的手轮读数处于两个标准燃料之间，否则另选标准燃料。根据标准燃料的十六烷值和压缩比数值，用内插法按式（6-11）即可计算试样的十六烷值。

$$CN = CN_1 + (CN_2 - CN_1)\frac{a - a_1}{a_2 - a_1} \qquad (6-11)$$

式中　CN——试样的十六烷值；

CN_1——低十六烷值标准燃料的十六烷值；

CN_2——高十六烷值标准燃料的十六烷值；

a——试样三次测定手轮读数的平均值；

a_1——低十六烷值标准燃料三次测定手轮读数的平均值；

a_2——高十六烷值标准燃料三次测定手轮读数的平均值。

计算结果准确至小数点后一位，作为十六烷值测定结果。报告时，用符号××.×/CN 表示，例如，47.8/CN。

为避免使用标准柴油发动机测定燃料十六烷值的不便与烦琐，目前已研制出多种便携式十六烷值测定仪应用于柴油的生产、质检和科研中。

第三节　喷气燃料的燃烧性能

一、喷气式发动机的工作原理

喷气燃料又称航空涡轮燃料，用于喷气式发动机。喷气式飞机飞行高（可达 20km 以上）、速度大［达 1～4Ma（马赫），即声速的 1～4 倍］、油耗少、热功转化效率高，广泛应用在军用和民航中。喷气式发动机是和汽油机、柴油机完全不同的一类发动机，如图 6-8 所示，它由空气压缩机、燃烧室、燃气涡轮和尾喷管几部分组成。

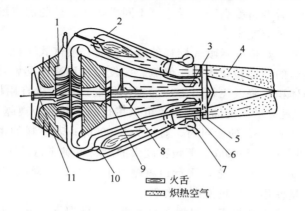

图 6-8　涡轮喷气式发动机工作原理

1—双面供气离心式压缩机；2—燃烧室；3—后轴承；4—尾喷管；
5—燃气涡轮；6—涡轮整流窗；7—冷却空气出口；8—中轴承；
9—冷却涡轮和后轴承的冷却叶片；10—喷嘴；11—前轴承

涡轮喷气式发动机工作时，空气从进气道进入离心式压缩机，经加压到 0.3～0.5MPa，温度升到 150～200℃，以 40～60m/s 的速度进入燃烧室，与喷嘴喷出的燃料混合并在燃烧室内连续不断燃烧，燃烧室中心的燃气温度可达 1900～2200℃。燃烧后的高温气体与冷空气混合，温度降至 750～850℃后进入燃气涡轮，推动涡轮以 8000～16000r/min 高速旋转，从而带动空气压缩机工作。燃气最后进入尾喷管，并在 500～600℃的温度下高速喷入大气，产生的反作用力推动飞机前进。

喷气式发动机没有汽缸，燃料在压力下连续喷入到高速的空气流中，一经点燃便连续燃烧，并不像活塞式发动机那样，燃料的供应、燃烧间歇进行。发动机工作原理的特殊性决定其对所用燃料燃烧性能要求的特殊性。

二、评定喷气燃料燃烧性能的指标

喷气式发动机对燃料的要求非常严格，要求燃料在任何情况下进行连续、平稳、迅速和完全燃烧。为了保证发动机工作正常，要求喷气燃料具有良好的燃烧性能，即热值高、密度大、燃烧快而充分、不生成积炭等。所以，在喷气燃料的产品规格中规定有热值、密度、烟点、辉光值、萘系芳烃含量等燃烧性能质量指标（详见附录四）。

1. 热值

（1）热值　单位质量燃料完全燃烧时所放出的热量，称为质量热值，单位为 kJ/kg；单位体积燃料完全燃烧时所放出的热量，称为体积热值，单位是 kJ/m³。石油和石油产品主要是碳氢化合物，完全燃烧后主要生成二氧化碳和水，按生成水的状态不同，热值又分为高热值和低热值。高热值又称为总热值，它是指燃料燃烧生成的水蒸气被全部冷凝成液态水时的热值；低热值又称为净热值，它与高热值的区别在于燃烧生成的水是以蒸汽状态存在的。因此，如果燃料中不含水分，则高低热值之差即为相同温度下水的蒸发潜热。

（2）热值与油品组成的关系　各种油品的物理、化学性质的区别，可以归结为其化学组成的差异。在各类烃中，烷烃分子的氢碳比（H/C）最高，芳烃最低。由于氢的热值远比碳高，因此碳原子数相同的烃类的质量热值顺序为

烷烃＞环烷烃、烯烃＞芳烃

体积热值顺序正好与此相反。这是由于芳烃密度较大，而正构烷烃密度较小的缘故。正构烷烃和异构烷烃相比，后者密度高于前者。对于同类烃而言，随沸点增高，密度增大，则其体积热值变大，而质量热值变小。

（3）测定热值的意义　热值表示喷气燃料的能量性质，喷气式飞机飞行高，速度大，续航远，需要燃料具有足够的热能转化为功作保障。按发动机用途不同，对热值要求也略有差异。例如，为减小油箱体积、降低飞行阻力，远程飞行的民航飞机宜用体积热值大的燃料，因为体积热值越大，飞机油箱的热能储量越大，可供飞行的时间和距离越长。以一个 $30m^3$ 油箱为例，当装有密度为 $830kg/m^3$ 的燃料时，质量为 24900kg；若燃料的密度为 $750kg/m^3$ 时，其质量只有 22500kg，两者相差 2400kg。假设密度大的燃料可供飞行的距离为 100%，那么密度小的燃料只为前者的 90%，换言之，飞行距离缩短了 10%。而对续航时间不长的歼击机，为减少飞机载荷，应尽量使用质量热值高的燃料。

喷气燃料规格中规定采用净热值。因为在发动机工作状况下，水都是以气态排出，其冷凝热不可能得到利用，所以只有计算净热值才有实际意义。

热值是喷气燃料的重要指标，据此可以确定喷气燃料的理想组分及馏分的轻重。例如，正构烷烃有较高的质量热值，但体积热值小，并且低温性能差，不甚理想；芳烃虽然有较高的体积热值，但质量热值低，且燃烧不完全，易形成积炭，吸水性大，所以更不是理想的组分，规格中限定芳烃含量不能大于 20%；烯烃虽然具有较好的燃烧性能，但安定性差，生成胶质的倾向大，也被限制使用，如 3 号喷气燃料限制其含量小于 5%。因此，兼顾质量热值和体积热值，环烷烃和异构烷烃应是喷气燃料的较理想组分。对喷气燃料馏分的要求，应介于汽油和车用柴油之间为宜，通常为 150~250℃ 的窄馏分。

（4）测定方法概述　热值的测定按 GB/T 384—1981（1988）《石油产品热值测定法》进行。该标准适用于测定不含水的石油产品（汽油、喷气燃料、柴油和重油等）的总热值和净热值。测定仪器是氧弹式量热计。下面简单介绍测定热值的原理步骤。

① 弹热值的测定。在氧弹式量热计中测定的热值称为"弹热值"。测定时先称取定量试样，置于小器皿中，用易燃而不透气的胶片密封后置于充有压缩氧气的密闭氧弹中，然后用电火花点燃试样，待其完全燃烧放出的热量传递于量热计周围的水中，测量水在试样燃烧前后的温度，根据水的质量和比热容即可计算水吸收的热量（Q）。

$$Q = mC(t - t_0) \tag{6-12}$$

式中　m——水的质量，kg；

　　　C——水的比热容，kJ/(kg·K)；

　　　t_0——燃烧前的水温，K；

　　　t——燃烧后的水温，K。

在用量热计测定时，量热计的水温高于周围介质温度，其所散失的热量需加以校正；另外测试时所用的胶片和导火线，也要同时燃烧，所产生的热量也需校正；量热计系统本身在测定过程中也要吸收热量；测定中所用量热温度计应先经检定机关校正。对以上各项进行校正后，计算出单位质量试样所放出的热量，即为弹热值。

$$Q_D = \frac{Q}{m} \tag{6-13}$$

式中　Q_D——试样的弹热值，kJ/kg；

　　　Q——试样燃烧放出的热量，kJ；

m——试样的质量，kg。

② 总热值的测定。先从氧弹洗涤液中测定硫含量（先将试样在氧弹中燃烧生成的二氧化硫转变为硫酸，再使硫酸根离子转化为硫酸钡沉淀析出，测定硫酸钡的质量即可求出硫含量），然后从试样的弹热值中减去酸的生成热（即由二氧化硫生成硫酸的热量及由氮生成硝酸的热量）和溶解热就是总热值。

$$Q_Z = Q_D - 94.2w_S - Q_N \qquad (6\text{-}14)$$

$$w_S = \frac{0.1373m_1}{m} \times 100\% $$

式中　Q_Z——试样的总热值，kJ/kg；

　　　Q_D——试样的弹热值，kJ/kg；

　　　w_S——试样的硫含量，%；

　　94.2——每1%硫转化为硫酸时的生成热和溶解热，kJ/kg；

　　　Q_N——硝酸的生成热和溶解热，kJ/kg，轻质燃料 $Q_N = 50.24$kJ/kg，重质燃料
　　　　　　$Q_N = 41.87$kJ/kg；

　　　m_1——所得硫酸钡沉淀的质量，kg；

　0.1373——硫酸钡质量换算成含硫质量的换算系数；

　　　m——试样的质量，kg。

③ 净热值的计算。从总热值中减去汽化热即为净热值。

　　　　　　轻质油　　　$Q_J = Q_Z - 25.12 \times 9w_H$ \qquad (6-15)

　　　　　　重质油　　　$Q_J = Q_Z - 25.12(9w_H + w_{H_2O})$ \qquad (6-16)

式中　Q_J——试样的净热值，kJ/kg；

　　　w_H——试样的氢含量，%；

　　w_{H_2O}——试样中的水含量，%；

　　　　9——氢含量转换为水含量的系数；

　　25.12——水汽在氧弹中每凝结1%所放出的潜热，kJ/kg。

净热值测定程序烦琐、耗时，对周围环境要求严格。除非是仲裁要求，通常可按 GB/T 2429—1988《航空燃料净热值计算法》中规定的经验公式进行计算，介绍如下。

无硫试样的计算式为

　　　　航空活塞式发动机燃料　　$Q_J = 41.9557 + 0.00020543t_A API°$ \qquad (6-17)

　　　　　　喷气燃料　$Q_J = 41.6796 + 0.00025407t_A API°$ \qquad (6-18)

式中　Q_J——无硫试样的净热值，kJ/kg；

　　　t_A——无硫试样的苯胺点，℃；

　　$API°$——无硫试样的相对密度指数。

含硫试样的计算式为

$$Q_r = Q_J(1 - 0.01w_S) + 0.1016w_S \qquad (6\text{-}19)$$

式中　Q_J——无硫试样的净热值，MJ/kg；

　　　Q_r——含硫试样的净热值，MJ/kg；

　　　w_S——试样含硫的质量分数，%；

　0.1016——硫化物的热化学常数。

2. 烟点

（1）烟点　烟点又称无烟火焰高度，是指规定的条件下，试样在标准灯具中燃烧时，产

生无烟火焰的最大高度，单位为 mm。它是评定喷气燃料生成软积炭倾向的指标。

（2）烟点与油品组成的关系　如表 6-6 所示，喷气燃料烟点与积炭密切相关，烟点越高，积炭越少。因此，烟点与油品组成的关系，就是积炭与组成的关系。积炭可分为硬积炭与软积炭，在高温部位形成的积炭是燃料高温缩聚而形成的产物，质硬而脆，H/C 比较低，称为硬积炭；在低温部位形成的积炭，如燃烧室头部的积炭，质地松软，H/C 比较高，称为软积炭。软积炭是由炭黑及燃料中高沸点组分缩聚生成的重质烃类混合物。烃类的 H/C 越小，生成积炭的倾向越大。各种烃类生成积炭的倾向为

双环芳烃＞单环芳烃＞带侧链芳烃＞环烷烃＞烯烃＞烷烃

表 6-6　喷气燃料烟点与积炭的关系

烟点/mm	积炭/g	烟点/mm	积炭/g
12	7.5	26	1.6
18	4.8	30	0.5
21	3.2	43	0.4
23	1.8		

飞行试验证明，随油品中芳香烃特别是双环芳烃（沸点高于 205℃的芳香烃多为双环芳烃）含量的增高，喷气燃料燃烧生成的炭粒增多，火燃的明亮度显著增大，使燃烧室接受辐射过多而超温，故生成积炭的倾向显著增大（见表 6-7）。

表 6-7　喷气燃料中芳香烃含量对发动机生成积炭的影响

试样编号	含芳香烃体积分数/%		积炭质量分数/%
	总　量	205℃以上高沸点芳烃含量	
1	3	2	0.36
2	19	2	1.11
3	27	4	1.71
4	26	9	4.65

此外，同种烃类，随相对分子质量的增大，生成积炭的倾向也增大，即燃料的馏分组成越重，越易形成积炭。

（3）测定烟点的意义　烟点是喷气燃料燃烧性能的重要质量指标，限制合适的烟点，可以保证燃料正常燃烧，避免积炭的形成。例如，喷嘴上的积炭，破坏燃料的雾化，使燃烧状况恶化，加速火焰筒壁积炭的生成，引起局部过热，导致筒壁变形甚至破裂；若点火器电极上形成积炭，会使电极间"连桥"而短路，无法点火启动；如果积炭脱落，随燃气进入燃气涡轮，可以损伤涡轮叶片。这些都会影响发动机正常工作，甚至造成飞行事故。研究发现，当烟点超过 25～30mm 时，喷气燃料的积炭生成量会降到很小值，因此，喷气燃料规格指标中要求严格控制烟点不小于 25mm。烟点也是煤油的规格指标，烟点高，燃烧完全，生成积炭倾向小，不易冒黑烟，GB 325—2008《煤油》要求 1 号煤油烟点不小于 25mm，2 号煤油烟点不小于 20mm。

要使烟点合格，必须控制燃料的烃类组成。由于芳烃特别是萘系芳烃对烟点影响最大，因此喷气燃料的规格指标中除限制烟点外，还要限制有害组分芳烃的含量，要求其体积分数不大于 20%。煤油中允许保留少量芳烃，因为芳烃燃烧后产生的炭粒可增加灯焰的亮度，故对其含量未另加指标限制。

（4）测定方法概述　烟点的测定按 GB/T 382—1983（1991）《煤油烟点测定法》进行。

该标准方法适用于测定煤油和喷气燃料的烟点，其测定所用灯具如图 6-9 所示。

　　测定时量取一定量试样注入清洁、干燥的贮油器中，点燃灯芯，按规定调节火焰高度至 10mm，燃烧 5min。再将灯芯升高到出现有烟火焰，然后平稳地降低火焰高度，读取烟尾刚好消失时的火焰高度，即为烟点的实测值。

　　由于这是条件性试验，测定值与测定仪器及大气压力有关，因此需按式(6-20)进行校正。

$$H = f H_c \qquad (6\text{-}20)$$

式中　H——试样的烟点，mm；

　　　　H_c——试样的烟点测定值，mm；

　　　　f——仪器校正系数。

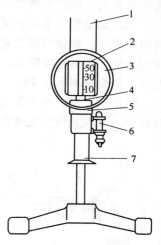

图 6-9　测定烟点用灯
1—烟道；2—标尺；3—燃烧室；
4—灯芯管；5—对流室平台；
6—调节螺旋；7—贮油器

　　仪器校正系数是指标准燃料于标准压力（101.325kPa）下，在该仪器中测定的烟点（标准值）与标准燃料于实际压力在该仪器中测定的烟点（实测值）之比。标准燃料采用异辛烷和甲苯的混合物，表 6-8 中给出一系列标准燃料在 101.325kPa 下的烟点值。使用时，根据试样的实测烟点，选取两个标准燃料，其烟点一个比试样略高，一个略低。然后分别测定这两个标准燃料在实际压力下的烟点，按式(6-21)即可计算仪器的校正系数。

$$f = \frac{1}{2}\left(\frac{A_b}{A_c} + \frac{B_b}{B_c}\right) \qquad (6\text{-}21)$$

式中　A_b——第一种标准燃料烟点的标准值，mm；

　　　　A_c——第一种标准燃料烟点的实测值，mm；

　　　　B_b——第二种标准燃料烟点的标准值，mm；

　　　　B_c——第二种标准燃料烟点的实测值，mm。

表 6-8　标准燃料的烟点值

异辛烷的体积分数/%	甲苯的体积分数/%	101.325kPa 下的烟点/mm	异辛烷的体积分数/%	甲苯的体积分数/%	101.325kPa 下的烟点/mm
60	40	14.7	90	10	30.2
75	25	20.2	95	5	35.4
85	15	25.8	100	0	42.8

　　仪器校正系数要定期测定，若调换使用人员或大气压力变化超过 706.6Pa 时，必须重新测定。

3. 辉光值

　　（1）辉光值　辉光值是标准仪器内，用规定的方法测定火焰辐射强度的一个相对值，用固定火焰辐射强度下火焰温度升高的相对值表示。辉光值反映燃料燃烧时的辐射强度，用它可以评定燃料生成硬积炭的倾向。

　　（2）辉光值与化学组成的关系　辉光值与燃料的化学组成有关，当烃类碳原子数相同时，烷烃的辉光值最高，环烷烃、烯烃居中，芳烃最小。生炭性强的燃料如含芳烃多的燃料，燃烧后生成炭粒较多，火焰亮度增加，热辐射强度增大，当达到同样辐射强度时，火焰温升小，其辉光值也小；反之，生炭性弱的燃料，热辐射强度小，当达到同样辐射强度时，火焰温升大，则辉光值较大。

（3）测定辉光值的意义　辉光值反映燃料燃烧时辐射强度的高低和评定燃料生成硬积炭倾向的大小。燃烧室壁上硬积炭的生成与火焰辐射强度密切相关，辉光值越高，表示燃料燃烧时火焰的辐射强度越低，燃烧时生成硬积炭的倾向越小。为减少硬积炭的生成，喷气燃料的辉光值要求不低于45。

测定辉光值，可为确定喷气燃料的理想组分提供依据。例如环烷烃辉光值大，生成积炭倾向小，兼顾其他性能应是喷气燃料的理想组分；而芳烃的辉光值最小，生成积炭倾向最大，因此从这一指标看，也必须限制燃料中的芳烃含量。

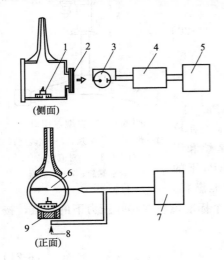

图6-10　CRC型辉光计示意图

1—灯芯式小油灯；2—橙色滤光片；3—光电池；
4—放大器；5—辉光计表；6—火焰热电偶；
7—电位计；8—大气热电偶；9—空气流入口

（4）测定方法概述　测定辉光值按GB/T 11128—1989《喷气燃料辉光值测定法》进行。

图6-10为CRC型辉光计，它由火焰辐射强度测定系统（包括滤光片、光电池、放大器和辉光计表等装置，能保证测定在480～700nm范围内的火焰辐射强度）和火焰温升测定系统（包括小油灯，一个双元热电偶线路和用数字输出表指示的电位计）所组成。

辉光值测定的基本原理是：在标准试验条件下将试样与两个标准燃料相比较（标准燃料之一为工业标准异辛烷，规定其辉光值为100；另一标准燃料为四氢化萘，规定其辉光值为0），当三者在同样辐射强度时（规定以四氢化萘烟点时的火焰辐射强度为基准），测定火焰温度升高值，按规定公式即可计算出试样的辉光值。

测定时，先将标准燃料四氢化萘注入烟灯中点燃，逐步升高灯芯直到烟点，记录辉光仪（表示火焰辐射强度）上读数，每上升5个单位，记1次温升值。根据记录绘制出四氢化萘的辉光计表读数与温升值的试验曲线，如图6-11(a)所示。四氢化萘到达烟点时的数据即为评价试样的基准。然后按同样试验条件，测定试样与异辛烷在四个不同辉光计表读数时的温升值。值得注意的是，要求四个测定的数据点中必须有两个高于四氢化萘的评价基准、两个低于四氢化萘的评价基准，据此分别绘出试样和异辛烷的试验曲线，见图6-11。由图可以求得在四氢化萘烟点时三组试验的温升值，然后按式(6-22)计算试样的辉光值。

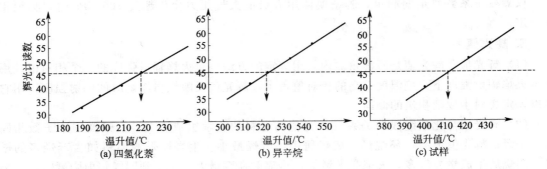

图6-11　火焰温升值

$$LN = \frac{\Delta T_1 - \Delta T_2}{\Delta T_3 - \Delta T_2} \times 100 \qquad (6-22)$$

式中 LN——试样的辉光值；

ΔT_1——试样在评价基准处的火焰温升值，℃；

ΔT_2——四氢化萘在烟点时的火焰温升值，℃；

ΔT_3——异辛烷在评价基准处的火焰温升值，℃。

第四节 实训——煤油烟点的测定

1. 实训目的

（1）掌握煤油烟点的测定［GB/T 382—1983(1991)］方法和校正系数的计算。

（2）掌握烟点仪器的使用性能和操作方法。

2. 仪器与试剂

（1）仪器 烟点灯［如图 6-9 所示，包括以下部分：灯芯管、空气导管和贮油器（贮油器结构和尺寸见图 6-12 和表 6-9），装配有灯芯导管和进气口的对流平台、灯体和灯罩（灯体结构和尺寸见图 6-13 和表 6-10）。烟点灯上备有一个专用的 50mm 标尺，在其黑色玻璃上每 1mm 分度处用白线标记，灯芯导管的顶部与标尺的零点标记处在同一水平面上，还备有能使贮油器均匀缓慢升降的装置。灯体门上的玻璃是弧形的，以防止形成多重映像。贮油器的底座和其本体之间的连接处不应漏油］；灯芯（圆形灯芯，长度不小于 125mm，由纯棉纱织成）；量筒（1 支，25mL）；滴定管（1 支，25mL 或 50mL）。

表 6-9 烟点灯贮油器临界尺寸

各部位名称	项 目	临 界 尺 寸/mm	各部位名称	项 目	临 界 尺 寸/mm
贮油器本体	内径	21.25±0.05	灯芯管	内径	4.7±0.05
	外径	贮油器支座有适度滑动即可		外径	与灯芯导管紧密配合
	长度	109.0±0.05		长度	82.0±0.05
			空气导管	内径	3.5±0.05
				长度	90.0±0.05

表 6-10 灯体的临界尺寸

各部位名称	项 目	临界尺寸/mm	各部位名称	项 目	临界尺寸/mm
烟窗	内径	40.0±1.0	灯芯导管	内径	6.0±0.02
	烟窗出口到灯体中心的垂直高度	130±1.0	平台	外径	35.0±0.05
灯体	内径	81.0±1.0		空气导入孔（20 个）	3.5±0.05
	内径深度	81.0±1.0	进气口	直径（20 个）	2.9±0.05
标尺	范围	0～50	贮油器支座	内径	23.8±0.05

（2）试剂 甲苯（分析纯）；异辛烷（分析纯）；石油醚或轻质汽油；试样（煤油）。

3. 方法概要

测定时，试样在标准灯具内燃烧，火焰高度的变化反映在毫米刻度尺背景上。测量时把灯芯升高到出现有烟火焰，然后再降低到烟尾刚刚消失，此时的火焰高度即为试样的烟点。

4. 准备工作

（1）安放灯具 将灯具垂直放在一个避风的地方。仔细检查灯体，确保平台内空气孔和

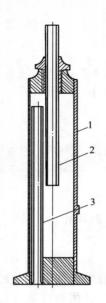

图 6-12　贮油器
1—贮油器主体；
2—灯芯管；
3—空气导管

贮油器空气导口的尺寸正确并干净、畅通。平台的位置不能影响空气孔通气。

（2）洗涤灯芯　用石油醚或直馏轻质汽油洗涤灯芯，并在 100～105℃的温度下干燥 30min，取出后放在干燥器中备用。

（3）洗涤贮油器　用石油醚或直馏轻质汽油洗涤贮油器，并用空气吹干。

（4）试样的准备　将试样保持到室温，如果发现试样中有杂质或呈雾状，要用定量滤纸过滤。

（5）润湿灯芯　将灯芯用试样润湿，并装入灯芯管中。如果灯芯卷曲，应仔细捻平，再重新用试样润湿灯芯上端。

✋ **注意**

在仲裁试验时，必须更换新灯芯，然后再用上述方法处理。

5. 试验步骤

（1）量取试样　用量筒量取 20mL 试样，倒入清洁、干燥的贮油器内。

✋ **注意**

如果试样很少，不足 20mL，允许用不少于 10mL 的试样做试验。

（2）安装烟点灯　将灯芯管小心放入贮油器中，拧紧，勿使试样洒落在通空气的小孔中。将不整齐的灯芯头用剪刀剪平，使其突出灯芯管 3mm。将贮油器插入灯中。

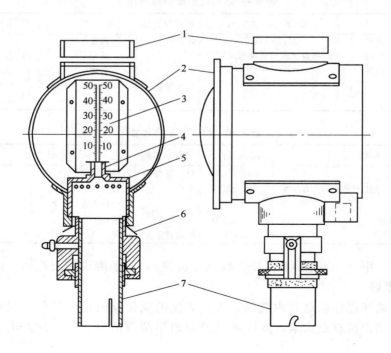

图 6-13　灯体
1—烟窗；2—灯体；3—标尺；4—灯芯导管；5—平台；6—进气口；7—贮油器支座

（3）测定烟点　点燃灯芯，调节火焰高度至 10mm，燃烧 5min。升高灯芯至呈现油烟，然后再平稳降低火焰高度，其外形可能出现下列几种情况：

① 一个长尖状，可轻微看见油烟，形状间断不定并跳跃的火焰；

② 一个延长的点尖状，光边是一个尖状的凸面，如图 6-14 中的火焰 1；

③ 点尖状正好消失，出现了一个很亮的燃烧火焰，如图 6-14 中的火焰 2，在接近真实火焰的尖端，有时出现锯齿状的辉光，这些可不必考虑；

④ 一个完好的圆光，如图 6-14 中的火焰 3。

估读图 6-14 中火焰 2 的高度，记录烟点准确至 0.5mm。

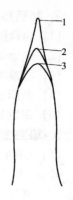

图 6-14　典型的火焰形状
1—火焰过高；
2—火焰正常；
3—火焰过低

注意

①为消除视差，观察者的眼睛应倾斜到中心线的一边，以便在标尺白色垂直线的一侧能看见反射影，而另一侧能看见火焰本身；②在观察灯芯呈现油烟的现象时，可在烟道的后方衬上一张白纸或不透明的白色板。

（4）确定烟点的测定值　按上述规定方法重复观察 3 次，取 3 次烟点观测值的算术平均值，作为烟点的测定值。

注意

如果测定值变化超过 0.1mm，必须用新的试样并换灯芯重做试验。

6. 仪器校正系数的测定

（1）配制及选择标准燃料　用滴定管配制一系列不同体积分数的甲苯和异辛烷标准燃料混合物。测定时，根据试样的烟点尽量选取烟点测定值与试样测定值相近（一个比试样烟点测定值略高，另一个则略低）的标准燃料。

（2）计算仪器校正系数　按式（6-21）和表 6-9 的有关数据进行计算。

7. 计算

试样的烟点可按式（6-20）计算，计算结果准确至 0.1mm。

8. 精密度

用表 6-11 中的规定判断两个结果的可靠性（置信水平为 95%）。

表 6-11　烟点测定的精密度判断

烟点/mm	重复性/mm	再现性/mm	烟点/mm	重复性/mm	再现性/mm
20 以下	1	2	30~40	1	4
20~30 以下	1	3			

9. 报告

取重复测定的两个结果的算术平均值作为试样的烟点。

测试题

1. 名词术语

（1）汽油抗爆性　　（2）辛烷值　　　　（3）敏感性　　　　（4）抗爆指数

（5）着火性　　　　（6）十六烷值　　　（7）十六烷指数　　（8）柴油指数

（9）热值　　　　　（10）弹热值　　　　（11）烟点　　　　　（12）辉光值

2. 判断题（正确的画"√"，错误的画"×"）

(1) 当碳原子数相同时，正构烷烃和烯烃易被氧化，自燃点最低，易引起汽油爆震。　（　　）

(2) 汽油敏感性低些有利，敏感性越低，发动机工作稳定性越高。　（　　）

(3) 标准燃料的辛烷值就是燃料中所含正庚烷的体积分数。　（　　）

(4) 兼顾质量热值和体积热值，环烷烃和异构烷烃应是喷气燃料较理想组分。　（　　）

(5) 测定烟点时，必须量取 20mL 试样，到入清洁、干燥的贮油器内。　（　　）

3. 填空题

(1) GB 17930—2011《车用汽油》按研究法辛烷值划分 3 个牌号：＿＿号、＿＿号和＿＿号；GB/T 1787—2008《航空活塞式发动机燃料》按马达法辛烷值划分 3 个牌号：＿＿号、＿＿号和＿＿号。

(2) 马达法辛烷值的测定方法可以采用＿＿＿＿＿或＿＿＿＿＿。

(3) 测定十六烷值的基本原理是：在标准操作条件下，将＿＿着火性质与已知十六烷值的两个标准燃料相比较，其中两个标准燃料的十六烷值分别比试样略高或略低，在着火滞后期＿＿＿＿的情况下，测定它们的压缩比并据此用＿＿＿＿计算试样的十六烷值。

(4) 测定烟点时，量取一定量试样注入清洁、干燥的贮油器中，点燃灯芯，按规定调节火焰高度至＿＿mm，燃烧＿＿min。再将灯芯升高到＿＿＿＿＿＿，然后平稳地降低火焰高度，读取烟尾刚好消失时的＿＿＿＿＿，即为烟点的实测值。

(5) 烟点测定值与＿＿＿＿＿及＿＿＿＿＿有关，需按公式＿＿＿＿进行校正。

4. 选择题

(1) 评定车用乙醇汽油（E10）抗爆性能的指标是（　　）。

A. 马达法辛烷值　　B. 道路法辛烷值　　C. 抗爆指数　　D. 品度值

(2) 研究法辛烷值和马达法辛烷值测定原理基本相同，前者发动机转速为（　　）r/min。

A. 900　　　　B. 500　　　　C. 800　　　　D. 600

(3) 碳原子数相同时，烃类的质量热值最高的是（　　）。

A. 芳烃　　　　B. 环烷烃　　　　C. 烯烃　　　　D. 烷烃

(4) 烟点测定洗涤灯芯时，用石油醚或直馏轻质汽油洗涤灯芯，并在 100～105℃的温度下干燥（　　），取出后放在干燥器中备用。

A. 30min　　　B. 1h　　　　C. 1.5h　　　　D. 50min

(5) 辉光值测定所用标准燃料异辛烷的辉光值规定其为（　　）。

A. 0　　　　B. 100　　　　C. 75　　　　D. 15

5. 简答题

(1) 什么是汽油机的爆震现象？影响汽油机的爆震有哪些？

(2) 我国车用汽油的抗爆性是用哪种方法评定的？

(3) 简述测定柴油十六烷值的标准燃料，如何计算十六烷值？

(4) 净热值与总热值有什么不同？喷气燃料指标中要求哪种热值？

(5) 喷气燃料对烟点有什么要求？其测定意义如何？

6. 计算题

(1) 某试样经规定试验比较测定，其着火滞后期与含正十六烷体积分数为 48％、七甲基壬烷体积分数 52％的标准燃料相同，求该试样的十六烷值。

(2) 已知试样在 20℃时的密度为 0.8300g/mL，按 GB/T 3536《石油产品常压蒸馏特性测定法》测得的中沸点为 280℃，计算该试样的十六烷指数。

第七章
油品腐蚀性能的分析

 学习指南

　　本章主要介绍汽油、柴油、喷气燃料和润滑油等石油产品腐蚀性能的分析,其中包括水溶性酸、碱、酸度(值)、硫含量和金属腐蚀试验等有关油品质量检测指标。各种油品的质量指标不尽相同,本章知识的安排是按油品的酸(或碱)含量、硫含量以及它们共同存在下的协同效果——对金属试片的腐蚀性试验的顺序展开的,以期达到知识的系统性和认知顺序的合理性。

　　学习时应注重理解有关内容的基础知识与术语;掌握评价指标的实际意义;掌握分析方法原理、试验步骤的概要;了解影响测定结果的主要因素。

　　石油产品在贮存、运输和使用过程中,对所接触机械设备、金属材料、塑料及橡胶制品等的腐蚀、溶胀作用,称为油品腐蚀性。由于机械设备和零件多为金属制品,因此,油品腐蚀性主要指对金属材料的腐蚀。腐蚀作用不但会使机械设备受到损坏,影响其使用寿命,而且由于金属腐蚀生成物多为不溶于油品的固体杂质,所以还会影响油品的洁净度和安定性,从而对贮存、运输和使用带来一系列危害。油品腐蚀性组分主要是酸性物质、碱性物质和含硫化合物,有关检测指标有水溶性酸、碱、酸度(值)、硫含量和金属腐蚀试验等。本章主要介绍汽油、柴油、喷气燃料和润滑油等石油产品腐蚀性能的测定。

第一节　水溶性酸、碱的测定

一、测定水溶性酸、碱的意义

1. 水溶性酸、碱

　　石油产品中的水溶性酸、碱是指石油炼制及油品运输、贮存过程中,混入其中的可溶于水的酸、碱。水溶性酸通常为能溶于水中的酸,主要为硫酸、磺酸、酸性硫酸酯以及相对分子质量较低的有机酸等;水溶性碱主要为氢氧化钠、碳酸钠等。

　　原油及其馏分油中几乎不含有水溶性酸、碱,油品中的水溶性酸、碱多为油品精制工艺中加入的酸、碱残留物,它是石油产品的重要质量指标之一。

2. 测定意义

（1）预测油品的腐蚀性　水溶性酸、碱的存在，表明油品经酸碱精制处理后，酸没有被完全中和或碱洗后用水冲洗得不完全。这部分酸、碱在贮存或使用时，能腐蚀与其接触的金属设备及构件。水溶性酸几乎对所有金属都有较强的腐蚀作用，特别是有水存在时，腐蚀性更加严重；水溶性碱对有色金属，特别是铝等金属材料有较强的腐蚀性。例如，汽油中若有水溶性碱的存在，气化器的铝制零件会生成氢氧化铝胶体，堵塞油路、滤清器及油嘴。

（2）列为油品质量指标　在水分、氧气、光照及受热的长期作用下，水溶性酸、碱会引起油品氧化、分解和胶化，降低油品安定性，促使油品老化。所以，在成品油出厂前，哪怕是发现有微量的水溶性酸、碱，都认为产品不合格，绝不允许出厂。

（3）指导油品生产　水溶性酸、碱是导致油品氧化变质的不安定组分，油品中若检测出水溶性酸、碱，表明通过酸碱精制工艺处理后，这些物质还没有完全被清除彻底，产品不合格，需要优化工艺条件，以利于生产优质产品。

二、水溶性酸、碱测定方法概述

石油及其产品中的酸、碱性物质，主要分为亲水和疏水（亲油）两种类型。通常，精制工艺中加入的无机酸、碱残留物是亲水的，而相对分子质量较低的有机酸具有兼溶性质。油品中水溶性酸、碱的测定，主要检测的是石油产品中亲水性物质。

水溶性酸、碱的测定，属于定性分析试验法，按 GB/T 259—1988《石油产品水溶性酸及碱测定法》进行，该标准主要适用于测定液体石油产品、添加剂、润滑脂、石蜡、地蜡及含蜡组分的水溶性酸、碱。

水溶性酸、碱测定基本原理是：用蒸馏水与等体积的试样混合，经摇动在油、水两相充分接触的情况下，使水溶性酸、碱被抽提到水相中。分离分液漏斗下层的水相，用甲基橙（或酚酞）指示剂或用酸度计测定其 pH，以判断试样中有无水溶性酸、碱的存在。

这是一种表示油品中是否含有酸、碱腐蚀活性物质的定性试验方法，既不能说明油品中究竟含有哪种类型的酸、碱，也不能给出酸、碱各自的准确含量，但可以作为产品质量的控制指标。对汽油、溶剂油等轻质石油产品，试验时在常温下用蒸馏水抽提；对 50℃ 时运动黏度大于 $75mm^2/s$ 的试样，需先用中性溶剂将试样稀释后，再加入 50～60℃ 蒸馏水抽提；对固态试样，取样后向试样中加入蒸馏水并加热至固形物熔化后抽提。如果试样与蒸馏水混合时，形成不易分层的乳浊液，则改用 50～60℃ 的 95％乙醇水溶液（1∶1）进行抽提，必要时再加入稀释溶剂，以降低试样的黏度，达到油、水两相彻底分离的目的。

用酸碱指示剂来判断试样中是否存在水溶性酸、碱的方法是：抽出溶液对甲基橙不变色，说明试样不含水溶性酸；若对酚酞不变色，则试样不含水溶性碱。采用 pH 来判断试样中是否存在水溶性酸、碱，见表 7-1。当对油品的质量评价出现不一致时，水溶性酸、碱的仲裁试验按酸度计法进行。

表 7-1　抽出溶液 pH 值与油品中有无水溶性酸、碱的关系

pH	油品水相特性	pH	油品水相特性
＜4.5	酸性	＞9.0～10.0	弱碱性
4.5～5.0	弱酸性	＞10.0	碱性
＞5.0～9.0	无水溶性酸、碱		

三、影响测定的主要因素

（1）取样均匀程度　水溶性酸、碱有时会沉积在盛样容器的底部（尤其是轻质油品），因此在取样前应将试样充分摇匀；测定石蜡、地蜡等本身含蜡成分的固态石油产品试样时，必须

事先将试样加热熔化后再取样，以防止构造凝固中的网状结构对酸、碱性物质分布产生影响。

（2）试剂、器皿的清洁性　测定所用的抽提溶剂（蒸馏水、乙醇水溶液）以及汽油等稀释溶剂必须事先中和为中性。仪器必须确保清洁，无水溶性酸、碱等物质存在，否则会影响测定结果的准确性。

（3）试样黏度　如果试样 50℃时的运动黏度大于 75mm²/s，可用稀释溶剂对试样进行稀释并加热到一定温度后再行测定，不然，黏稠试样中的水溶性酸、碱将难以抽提出来，使测定结果偏低。

（4）油品的乳化　试样发生乳化现象的原因，通常是油品中残留的皂化物水解的缘故，这种试样一般情况下呈碱性。当试样与蒸馏水混合易于形成难以分离的乳浊液时，须用 50～60℃呈中性的 95％乙醇水溶液（1∶1）作抽提溶剂来分离试样中的酸、碱。

第二节　酸度、酸值的测定

一、测定酸度、酸值的意义

1. 酸度、酸值

石油产品的酸度、酸值都是用来衡量油品中酸性物质数量的指标。**中和 100mL 石油产品中的酸性物质，所需氢氧化钾的质量，称为酸度，以 mgKOH/100mL 表示；中和 1g 石油产品中的酸性物质，所需要的氢氧化钾质量，称为酸值，以 mgKOH/g 表示。**

油品中的酸性物质不是单一化合物，而是由不同酸性物质构成的集合，所以用碱性溶液来滴定试样抽出溶液时，无法根据酸、碱反应的物质的量比例关系直接求出具体某种酸的含量，只能以中和 100mL（或 1g）试样中的各类酸性物质所消耗的氢氧化钾质量来表示。使用水和有机试剂复合萃取剂来抽提试样中的酸性物质，主要运用的是相似相溶原理，使试样中的无机酸、有机酸同时被抽提出来。

2. 酸性物质的来源

油品中的酸性物质主要为无机酸、有机酸、酚类化合物、酯类、内酯、树脂以及重金属盐类、铵盐和其他弱碱的盐类、多元酸的酸式盐和某些抗氧及清净添加剂等。无机酸在油品中的残留量极少，若酸洗精制工艺条件控制得当，几乎不存在无机酸；油品中的有机酸，主要为环烷酸和脂肪酸，它们大部分是原油中固有的且在石油炼制过程中没有完全脱尽的，部分是石油炼制或油品运输、贮存过程中被氧化而生成的。另外，油品中还含有少量酚类化合物，苯酚等主要存在于轻质油品中，萘酚等主要存在于重质油品中。这些化合物虽然含量较少，但其危害性也很大。馏分油或油品中酸性物质的存在，无疑对炼油装置、贮存设备和使用机械等产生严重的腐蚀性，酸性物质还能与金属接触生成具有催化功能的有机酸盐。对石油产品中酸性物质的测定，所得的酸度（值）一般为有机酸、无机酸以及其他酸性物质的总值，但主要是有机酸性物质（环烷酸、脂肪酸、酚类、硫醇等）的中和值。

3. 测定意义

（1）判断油品中所含酸性物质的数量　油品中酸性物质的数量随原油组成及其馏分油精制程度而变化，酸度（酸值）越高，说明油品中所含的酸性物质就越多。柴油、喷气燃料对酸度或酸值都有具体要求（见附录三、附录四）。

（2）判断油品对金属材料的腐蚀性　油品中有机酸含量少，在无水分和温度较低时，一般对金属不会产生腐蚀作用，但当含量增多且存在水分时，就能严重腐蚀金属。有机酸的相对分子质量越小，其腐蚀能力越强。环烷酸、脂肪酸等有机酸与某些有色金属（如铅和锌等）作用，所生成的腐蚀产物为金属皂类，还会促使燃料油品和润滑油加速氧化。同时，皂类物质逐渐聚集在油中形成沉积物，破坏机器的正常工作。汽油在贮存时氧化所生成的酸性物质，比环烷酸的腐蚀性还要强，它们能部分溶于水，当油品中有水分落入时，便会增大其腐蚀金属容器能力。柴油中的酸性物质对柴油发动机工作状况也有很大影响，酸度（值）大的柴油会使发动机内积炭增加，这种积炭是造成活塞磨损、喷嘴结焦的主要原因。

（3）判断润滑油的变质程度　对使用中的润滑油而言，在运行机械内持续使用较长一段时间后，由于机件间的摩擦、受热以及其他外在因素的作用，油品将受到氧化而逐渐变质，出现酸性物质增加的倾向。因此，可从使用环境中油品的酸（碱）值来确定是否应当更换机油。例如，汽油机油酸值增值大于 2.0mg KOH/g，柴油机油大于 2.5mg KOH/g 时，必须更换机油。

二、酸度、酸值测定方法概述

测定石油产品中的各种酸（或碱）性物质的中和值，通常采用乙醇或甲苯异丙醇等有机溶剂的水溶液抽提试样中的待测酸性物质，如 GB/T 258—1977（1988）《汽油、煤油、柴油酸度测定法》、GB/T 7304—2000《石油产品和润滑剂酸值测定法（电位滴定法）》、SH/T 0688—2000《石油产品和润滑剂碱值测定法（电位滴定法）》、GB/T 4945—2002《石油产品和润滑剂酸值或碱值测定法（颜色指示剂法）》等，都是利用水或有机溶剂抽提试样中的酸（或碱）性物质后，再进行化学滴定分析或电位滴定分析，相应的终点确定既可用指示剂颜色变化显示，也可用电位计电位显示。

部分油品酸度（值）的质量指标见表 7-2。

表 7-2　部分油品酸度（值）的质量指标

油品名称	酸值/(mgKOH/g)	酸度/(mgKOH/100mL)	试验方法
航空活塞式发动机燃料 （GB/T 1787—2008）	—	≤1.0	GB/T 258
车用柴油（IV） （GB 19147—2013）	—	≤7	GB/T 258
2 号喷气燃料 ［GB 1788—1978(1988)］	—	≤1.0	GB/T 258
空气压缩机油 （GB 12691—1990）	报告 （未加剂、加剂后）	—	GB/T 4945
冷冻机油 （GB/T 16630—2012）	L-DRA:≤0.02 L-DRD:≤0.10	—	GB/T 4945

1. 轻质油品酸度的测定

测定汽油、煤油、柴油的酸度，按 GB/T 258—1977(1988)《汽油、煤油、柴油酸度测定法》进行。该方法适用于测定未加乙基液❶的汽油、煤油和柴油的酸度。

采用化学滴定分析法测定油品酸度的基本原理是：利用沸腾的乙醇溶液抽提试样中的酸性物质，再用已知浓度的氢氧化钾乙醇溶液进行滴定，通过酸碱指示剂颜色的改变来确定终点，由滴定时消耗氢氧化钾乙醇溶液的体积，计算出试样的酸度。其化学反应如下：

$$RCOOH + KOH \longrightarrow RCOOK + H_2O$$

$$H^+ + OH^- \longrightarrow H_2O$$

---

❶　四乙基铅与导出剂（如溴乙烷）的混合物称为乙基液，俗称铅水。乙基液是常用的抗爆添加剂，但有剧毒，目前我国已禁止生产加铅汽油。

试样的酸度按式(7-1) 计算。

$$X=\frac{100VT}{V_1}$$

(7-1)

$$T=56.1c$$

式中　X——试样酸度，mgKOH/100mL；

　　　V——滴定时所消耗氢氧化钾乙醇溶液的体积，mL；

　　　T——氢氧化钾乙醇溶液的滴定度，mgKOH/mL；

　　　V_1——试样体积，mL；

　　56.1——氢氧化钾的摩尔质量，g/mol；

　　　c——氢氧化钾乙醇溶液的物质的量浓度，mol/L。

　　能够用于测定油品酸度（值）的酸碱指示剂有酚酞、甲酚红、碱性蓝 6B、溴麝香草酚蓝（溴百里酚蓝）等。不同标准试验方法依据待测试样的馏分轻重与取样多少，滴定时选用的指示剂也不尽相同，关键在于抽出溶液的颜色必须能够与酸碱指示剂所改变的颜色区分开来。油品酸度（值）测定的终点确定，除可利用上述酸碱指示剂外，还可以使用电位计检测。

2. 石油产品和润滑剂酸值的测定（电位滴定法）

　　测定石油产品和润滑剂的酸值，按 GB/T 7304—2000《石油产品和润滑剂酸值测定法（电位滴定法）》进行，该标准适用于测定能够溶解于甲苯和异丙醇混合溶剂的石油产品和润滑剂中的酸性物质。主要仪器设备为电位滴定装置（见图 7-1）。

　　基本原理是：准确称取一定量的试样于滴定池中，用甲苯-异丙醇（内含少量水）混合溶剂（亦称滴定溶剂）溶解试样，将玻璃指示电极-甘汞参比电极固定在滴定池内，调整电位计至测量状态，充分搅拌混合溶液使试样中的酸性物质溶出、分布均匀，以氢氧化钾的异丙醇溶液直接滴定试样与滴定溶剂的混合试液，在手绘或自动绘制的电位-滴定剂用量的曲线上（E-V 图）仅把明显突跃点作为终点。其化学反应如下：

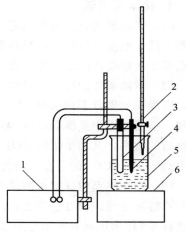

图 7-1　电位滴定装置
1—电位计；2—滴定管；3,4—电极；
5—滴定池；6—电磁搅拌器

$$RCOOH+KOH \longrightarrow RCOOK+H_2O$$

试样的酸值按式(7-2) 计算。

$$X=\frac{56.1\times(A-B)c}{m}$$

(7-2)

式中　X——试样酸值，mgKOH/g；

　　56.1——氢氧化钾摩尔质量，g/mol；

　　　A——滴定混合试液至终点所消耗氢氧化钾异丙醇溶液的体积，mL；

　　　B——相当于 A 的空白值，mL；

　　　c——氢氧化钾异丙醇溶液的物质的量浓度，mol/L；

　　　m——试样质量，g。

　　测定时，根据预测试样的酸值，按要求准确称取试样，加入滴定池中。向盛有试样的滴定池内加入一定量的滴定溶剂，启动磁力搅拌装置，在不引起混合试液飞溅和产生气泡的情况下，尽可能提高搅拌速度，以便于试样中的酸性物质均匀释放出来。安装电极（也可在搅拌前就固定好），记录滴定管中氢氧化钾异丙醇溶液的初始体积及混合溶液的电位值，按一定的滴定速度进行滴定操作，记录滴定过程中消耗氢氧化钾异丙醇溶液的体积和滴定池内混合溶液的电位变化值。将电位变化突跃点作为滴定终点，计算试样的酸值。

电位滴定法是利用滴定时抽出溶液中氢离子浓度的改变，通过电位检测、显示氢离子浓度的变化来确定终点的，不像用酸碱指示剂法存在肉眼观察颜色变化可能带来的测量误差，能够在有色或浑浊的抽出溶液中进行滴定分析，对测定轻、重石油产品中的酸、碱含量皆适用。

此外，测定石油产品中的碱值，可按 SH/T 0251—1993（2004）《石油产品碱值测定法（高氯酸电位滴定法）》、GB/T 4945—2002《石油产品和润滑剂酸值或碱值测定法（颜色指示剂法）》进行。

三、影响测定的主要因素

1. 化学滴定法

（1）指示剂用量　每次测定所加的指示剂要按规定量加入，以免引起滴定误差。通常用于测定试样酸度（值）的指示剂多为弱酸性有机化合物，本身会消耗碱性溶液，如果指示剂用量多于规定量，测定结果将可能偏高。

（2）煮沸条件的控制　试验过程中，待测试液要按规定的温度和时间煮沸并迅速进行滴定，以提高抽提效率和减少 CO_2 对测定结果的影响。标准规定将抽提溶剂预煮沸5min后再中和，抽提过程中煮沸 5min，滴定操作在 3min 内完成，这些措施既利于提高抽提试样中酸性物质的效率，又利于驱除 CO_2，并防止其溶于乙醇溶液中（CO_2 在乙醇中的溶解度比在水中高 3 倍）。CO_2 的存在，将使测定结果偏高。

（3）滴定终点的确定　准确判断滴定终点对测定结果有很大的影响。用酚酞作指示剂滴定至乙醇层显浅玫瑰红色为止；用甲酚红作指示剂滴定至乙醇层由黄色变为紫红色为止；用碱性蓝 6B 作指示剂滴定至乙醇层由蓝色变为浅红色为止；用溴麝香草酚蓝作指示剂滴定至乙醇层由黄色变为绿色或蓝绿色为止。对于滴定终点颜色变化不明显的试样，可滴定到混合溶液的原有颜色开始明显地改变时作为滴定终点。

（4）抽出溶液颜色的变化　当遇到抽出溶液颜色较深时，利用颜色指示-化学滴定分析方法测定试样的酸度（值）时会产生严重误差，必须改用电位滴定法测定。

2. 电位滴定

（1）电极维护与保养　所用的电极应做到及时维护与保养，用后应插入滴定溶剂中漂洗，再分别用蒸馏水和异丙醇清洗。暂时不用时，玻璃指示电极浸泡在蒸馏水中，甘汞参比电极存放在饱和氯化钾异丙醇溶液中。

（2）已使用油品试样的预处理　使用过的油品中的沉积物常呈酸性或碱性，或沉淀物易吸附油中的酸、碱性物质，因此应保证所取的试样具有代表性。为使试样中的沉淀物能均匀分散开来，可将试样加热到 60℃±5℃并搅拌，必要时用孔径为 154μm 的筛网进行过滤。

（3）难溶解试样的处理　遇有难溶解的重质沥青、残渣物时，试样的溶解可采用三氯甲烷代替甲苯。

（4）终点确定　对于使用过的油品酸值的测定，其电位滴定突跃点可能不清楚甚至没有突跃点。如果没有明显突跃点，则以相应的新配制的酸性或碱性非水缓冲溶液的电位值作为滴定终点。

第三节　硫含量的测定

一、测定硫含量的意义

1. 硫及其化合物的危害

目前，原油中可以鉴定出 100 多种含硫化合物，主要包括硫醚、硫醇、噻吩、二（多）硫化合物等。原油中含硫化合物的存在数量及类型，不仅对研究石油的形成具有重大意义，同时还可用于指导石油炼制过程。一般而言，不同炼制工艺所得到的馏分油，其含硫化合物的构成是不同的：直馏馏分中，烷基硫醚（醇）较多；热裂化馏分中，芳香基硫醚（醇）较多。

硫及其化合物对石油炼制、油品质量及其应用的危害，主要有以下几个方面。

（1）腐蚀石油炼制装置　在原油炼制过程中，各种含硫有机化合物分解后均可部分生成 H_2S，H_2S 一旦遇水将对金属设备造成严重腐蚀。

（2）污染催化剂　含硫物质与重金属催化剂中的金属元素形成硫化物，会使催化剂降低或失去活性，造成催化剂中毒。因此，在石油炼制过程中，一般对使用原料的硫含量需进行严格的控制，如催化重整原料，硫含量必须低于 1.5mg/kg，同时还要控制水分不得超过 15mg/kg。

（3）影响油品质量　含硫化合物在油品中的存在，将严重影响石油产品的质量。含硫物质通常具有特殊的异味，尤其是硫醇具有强烈的恶臭味，臭鼬就是利用这类物质来防御外敌进攻的。油品中的硫含量若超出规定的允许范围，不仅会影响人们的感官性能，还会严重制约油品的安定性，加速油品氧化、变质进程，甚至导致贮油容器或使用设备的腐蚀。但在民用煤气或液化气中，可适量加入少量低级硫醇，利用其特殊异味判断燃气是否泄漏。

（4）严重污染环境　燃料油品中的硫及含硫化合物，燃烧后最终的转化产物将以 SO_2 或 SO_3 形式排放到大气中，它们是形成大气酸雨的主要成分之一。

2. 测定意义

硫含量是指存在于油品中的硫及其衍生物（硫化氢、硫醇、二硫化物等）的含量，通常以质量分数表示。测定硫含量意义如下。

（1）用于指导生产　原油的产地不同，其硫含量也有差异。含硫质量分数低于 0.5％的称为低硫原油，介于 0.5％～2％之间的称为含硫原油，高于 2％的称为高硫原油。对不同硫含量的原油，其炼制工艺也不尽相同。硫在石油馏分中的分布一般是随石油馏分馏程范围的升高而增加，大部分含硫物质主要集中在重质馏分油和渣油中。从轻质油品中的硫含量多少可以看出含硫化合物在石油炼制过程中是否发生分解。因此，检测不同馏分油中的硫含量，可以用来判断工艺条件是否合适以及保护催化剂免于污染。

（2）油品质量控制指标　喷气燃料中硫含量的多少，可直接反映出喷气式发动机内腐蚀活性产物的多少和生成积炭的可能性，油品中硫化物的存在还易于发生高温"烧蚀"现象[1]，导致潜在的飞行安全隐患。国产 3 号喷气燃料质量指标中，规定总硫含量不大于 0.2％、硫醇性硫含量不大于 0.002％。目前，国产车用汽油（Ⅲ）质量指标中，规定硫含

---

❶ 烧蚀即燃气的高温气相腐蚀。其表现为腐蚀表面被烧成麻坑状或表层起泡并呈鳞片状剥落。喷气式发动机中许多零件是由耐热合金制成的，其中镍的含量很高，在高于 1000℃的温度下，镍与燃料中含硫化合物作用可生成镍硫低熔点合金（熔点只有 650℃），因而零件迅速被破坏。

量不大于 0.015％，即使这样的规定，也与《世界燃油规范》（第四版）中关于汽油类标准规定的硫含量（不大于 0.001％）存有一定差距。为此 GB 17930—2011《车用汽油》中，又对车用汽油（Ⅳ）的硫含量质量指标提出不大于 50mg/kg 的新要求。部分油品硫含量质量指标及试验方法见表 7-3。

表 7-3　部分油品硫含量质量指标及试验方法

油　品	硫含量(质量分数)/%		仲裁(或常用)试验方法
车用汽油(Ⅲ) (GB 19147—2011)	硫醇性硫	≤0.001	GB/T 1792—1988《馏分燃料中硫醇硫含量测定法(电位滴定法)》
	总硫含量	≤0.015	SH/T 0689—2000《轻质烃及发动机燃料和其他油品的总硫含量测定法(紫外荧光法)》
航空活塞式发动机燃料 (GB/T 1787—2008)	硫醇性硫	—	—
	总硫含量	≤0.05	GB/T 380—1977(1988)《石油产品硫含量测定法(燃灯法)》
3 号喷气燃料 (GB 6537—2006)	硫醇性硫	≤0.002	GB/T 1792—1988《馏分燃料中硫醇硫含量测定法(电位滴定法)》
	总硫含量	≤0.2	GB/T 380—1977(1988)《石油产品硫含量测定法(燃灯法)》
煤油 (GB 253—2008)	硫醇性硫	≤0.003	GB/T 1792—1988《馏分燃料中硫醇硫含量测定法(电位滴定法)》
	总硫含量	1 号:≤0.04 2 号:≤0.10	GB/T 380—1977(1988)《石油产品硫含量测定法(燃灯法)》
车用柴油(Ⅳ) (GB 19147—2013)	硫醇性硫	—	—
	总硫含量	≤50mg/kg	SH/T 0689—2000《轻质烃及发动机燃料和其他油品的总硫含量测定法(紫外荧光法)》
汽油机油 (GB 11121—2006)	总硫含量	报告	GB/T 387—1990《深色石油产品硫含量测定法(管式炉法)》(常用)

　　值得说明的是，并不是对所有的油品硫含量越低越好，特殊油品如齿轮油规定了一定的硫含量，但它一般情况下不是腐蚀性物质，而是有意加入的极压抗磨剂中的含硫化合物。

知识拓展

汽柴油欧洲标准

　　随着汽车尾气中氮氧化合物（NO_x）、一氧化碳（CO）、碳氢化合物（HC）和颗粒物（PM）等大气污染物对环境危害的日益严重，世界各国及地区先后制定了汽车尾气排放的限量标准，其中欧洲标准是一项大多数国家和地区执行的参照标准，从 2009 年 1 月 1 日开始至今执行欧洲Ⅴ号排放标准，目前已制定出欧洲Ⅵ号排放标准。

　　满足欧洲Ⅴ号排放标准的汽、柴油标准要求指标如下。汽油：硫含量≤10mg/kg，苯含量(体积分数)≤1.0％，芳烃含量(体积分数)≤35％，烯烃含量(体积分数)≤18％，铅含量≤5mg/L；柴油：十六烷值≥51，十六烷值指数≥46，硫含量≤10mg/kg，多环芳烃(质量分数)≤8％，密度 820～845kg/m³。

二、硫含量测定方法概述

目前，测定石油产品中含硫化合物与硫含量的方法分为定性和定量两种类型。典型的定性标准试验方法是博士试验法，其余均为定量试验方法。下面仅介绍一些常用试验方法。

1. 博士试验法

SH/T 0174—1992(2000)《芳烃和轻质石油产品硫醇定性试验法（博士试验法）》主要适用于定性检测车用汽油、车用乙醇汽油（E10）及3号喷气燃料等轻质石油产品和芳烃硫醇性硫，也可检测其中的硫化氢。

博士试验法所用的博士试剂为亚铅酸钠（Na_2PbO_2）溶液，其配制方法如下。

$$(CH_3COO)_2Pb + 2NaOH \longrightarrow Na_2PbO_2 + 2CH_3COOH$$

博士试验法的基本原理是：根据亚铅酸钠溶液博士试剂与试样中的硫醇反应，生成硫醇铅，硫醇铅再与硫元素反应生成深色的硫化铅，来定性地检测试样中是否存在硫醇类物质。其测定过程如下。

用博士试剂进行"初步试验"，若试样中有硫醇存在，则有如下反应：

$$Na_2PbO_2 + 2RSH \longrightarrow (RS)_2Pb + 2NaOH$$

硫醇铅以溶解状态存在于试液中，通常呈现的颜色并不明显，或因硫醇分子量的不同，使试验溶液呈现微黄色。

用博士试剂进行"最后试验"，即向上述溶液中加入少量的硫黄粉，硫醇铅遇到硫黄粉则生成硫化铅深色沉淀，其反应如下：

$$(RS)_2Pb + S \longrightarrow PbS\downarrow + RSSR$$
$$\text{（黑色）}$$

生成的硫化铅沉淀将使博士试剂与试样（油）的液接界面（该界面同时还含有硫黄粉层）颜色变深（呈橘红色、棕色，甚至黑色）。若参与反应的硫黄粉层的颜色没有明显变深现象，则说明试样中不含有硫醇性硫。

倘若试样中含硫组分的构成比较复杂（不仅仅只有硫醇性硫存在），则需要通过初步试验结果（见表7-4）再继续进行试验，排除干扰后进一步判断有无硫醇性硫的存在。如果已经确认试样中有硫化氢存在，则试样需要用氯化镉预处理，以驱除硫化氢的干扰，再进行最后试验；如果只是断定可能有过氧化物存在，则还需要另做试验进一步确认有无过氧化物存在；若试样中确实有过氧化物存在，则该标准试验方法无法用于检测试样中有无硫醇性硫。

表 7-4　博士试验法的试验变化（初步试验结果）

观察外观变化	初步试验结果	有 关 说 明
立即生成黑色沉淀	有硫化氢存在	需要驱除硫化氢,再进行最后试验
缓慢生成褐色沉淀	可能有过氧化物存在	需要另做试验加以确认,若确实有过氧化物存在则不必进行最后试验
在摇动期间溶液变成乳白色,然后颜色变深	有硫醇和元素硫存在	直接报告为"不通过"
无变化或黄色	难以判断硫醇是否存在	需要进行最后试验再加以确认

博士试验法的主要试验步骤如下。

（1）初步试验　加入亚铅酸钠溶液摇动后，按上述博士试验变化表（见表7-4），判断是否（或可能）有硫化氢、过氧化物、硫醇和元素硫的存在（仅有硫醇和元素硫存在时，可直接得到结论）。另取试样进一步试验，一是排除硫化氢的干扰（用 $CdCl_2$ 驱除），可继续进行最后试验；二是用碘化钾-淀粉酸性溶液进行检验，若试液变蓝则说明试样中含有过氧化物，不必进行最后试验（因不能得到正确结果）。

（2）最后试验　加入硫黄粉确认硫醇是否存在。

博士试验是利用博士试剂检测汽油、煤油、喷气燃料、石脑油、苯类等轻质石油产品中，是否含有硫醇或硫化氢的一个非常灵敏的定性试验方法。该方法操作简单、快速、灵敏，在油品精制工艺控制和产品质量检测过程中具有广泛的应用，苯基硫醇和乙基硫醇在试样中存在量为 18mg/kg、异丙基硫醇为 6mg/kg、异丁基硫醇为 0.6mg/kg，就可以观察出颜色的变化。

2. 氨-硫酸铜法

GB/T 505—1965(1990)《发动机燃料硫醇性硫含量测定法（氨-硫酸铜法）》目前仅作为 2 号喷气燃料中硫醇性硫含量的测定方法。

基本原理是：将氨-硫酸铜溶液（氨过量时为深蓝色）与试样中的硫醇相互作用形成铜的硫醇化合物，从而使深蓝色溶液快速褪色，当反应接近化学计量点时，溶液又呈现浅蓝色，该颜色虽经摇动也不消失则达到滴定终点。反应过程如下。

向硫酸铜水溶液中加入氨水，生成淡绿色的碱式盐 $Cu_2(OH)_2SO_4$ 沉淀。

$$2CuSO_4 + 2NH_3 \cdot H_2O \longrightarrow Cu_2(OH)_2SO_4 \downarrow + (NH_4)_2SO_4$$

补加过量氨水，则有深蓝色的四氨合铜配离子 $[Cu(NH_3)_4]^{2+}$ 生成。

$$Cu_2(OH)_2SO_4 + 8NH_3 \cdot H_2O \longrightarrow [Cu(NH_3)_4]SO_4 + [Cu(NH_3)_4](OH)_2 + 8H_2O$$

滴入 $[Cu(NH_3)_4]^{2+}$ 与试样中的硫醇作用，使得滴入试液中的滴定剂颜色（深蓝色）很快褪色。

$$[Cu(NH_3)_4](OH)_2 + 2C_2H_5SH \longrightarrow (C_2H_5S)_2Cu + 4NH_3 + 2H_2O$$

$$[Cu(NH_3)_4]SO_4 + 2C_2H_5SH \longrightarrow (C_2H_5S)_2Cu + 4NH_3 + H_2SO_4$$

借助稍微过量的氨-硫酸铜溶液（自身指示剂）滴入试液后，此时混合溶液会呈现出 $[Cu(NH_3)_4]^{2+}$ 的低浓度颜色（浅蓝色），达到滴定终点。

本试验还需要事先确定氨-硫酸铜溶液的滴定度，操作方法如下。

先移取 100mL 氨-硫酸铜溶液，滴加硫酸中和氨水，使 $[Cu(NH_3)_4]^{2+}$ 分解，此时溶液由深蓝色转变为浅蓝色，然后再过量加入 1～2mL 硫酸，其反应如下：

$$[Cu(NH_3)_4]SO_4 + 2H_2SO_4 \longrightarrow CuSO_4 + 2(NH_4)_2SO_4$$

$$[Cu(NH_3)_4](OH)_2 + 3H_2SO_4 \longrightarrow CuSO_4 + 2(NH_4)_2SO_4 + 2H_2O$$

再加入碘化钾溶液与生成的硫酸铜作用

$$2CuSO_4 + 4KI \longrightarrow I_2 + Cu_2I_2 \downarrow + 2K_2SO_4$$

最后将析出的碘用硫代硫酸钠溶液滴定，当溶液呈微黄色时，加入几滴新配制的淀粉溶液，滴定至蓝色消失为止。

$$I_2 + 2Na_2S_2O_3 \longrightarrow 2NaI + Na_2S_4O_6$$

综合以上滴定和标定反应过程可以看出

$$CuSO_4 \sim [Cu(NH_3)_4]^{2+} \sim 2C_2H_5SH \sim 2KI \sim \frac{1}{2}I_2 \sim Na_2S_2O_3$$

即

$$CuSO_4 \sim 2C_2H_5SH$$

故所用氨-硫酸铜滴定溶液的滴定度，即每毫升氨-硫酸铜溶液相当于试样中硫醇性硫的质量，可按式(7-3) 计算。

$$T=\frac{32.06\times2VT_1}{126.91\times100}$$ (7-3)

式中　T——氨-硫酸铜滴定溶液的滴定度，g/mL；

　　32.06——S 的摩尔质量，g/mol；

　　　V——滴定氨-硫酸铜溶液所消耗硫代硫酸钠溶液的体积，mL；

　　　T_1——硫代硫酸钠溶液的滴定度，即每毫升硫代硫酸钠溶液相当于 I_2 的质量，g/mL；

　　126.91——I_2 的摩尔质量，g/mol；

　　100——测定氨-硫酸铜溶液滴定度时，所取氨-硫酸铜溶液的体积，mL。

试样中硫醇性硫的质量分数按式(7-4) 计算。

$$w=\frac{V_2T}{V_3\rho}\times100\%$$ (7-4)

式中　w——试样的硫醇性硫含量，%；

　　　V_2——滴定试液所消耗氨-硫酸铜溶液的体积，mL；

　　　T——氨-硫酸铜溶液的滴定度，g/mL；

　　　V_3——试样的体积，mL；

　　　ρ——试样的密度，g/mL。

主要试验步骤如下。

取一定量的试样（可根据试样中预测硫醇性硫的质量分数确定，0.01% 以下，取100mL；0.01%～0.02%，取 50mL；0.02% 以上，取 25mL）于分液漏斗中，用氨-硫酸铜溶液滴定。逐次滴入氨-硫酸铜溶液后，每次都应当将装有试样的分液漏斗急剧摇动，使水相中的蓝色变浅直至消失为止。当滴定至水相中的浅蓝色经过剧烈摇动 5min 也不消失，则认为达到化学计量点，可作为滴定终点。

氨-硫酸铜法属于化学定量分析中的直接滴定分析法。该方法简单、测定时间比较短，不足之处是准确性不十分理想，尤其对脂肪系硫醇性硫测定结果稍微偏低。因此现多采用电位滴定法，即 GB/T 1792—1988《馏分燃料中硫醇硫含量测定法（电位滴定法）》（详见本章第五节实训三）。该方法与 GB/T 7304—2000 测定原理基本相同，只是所用指示电极为银-硫化银电极。

3. 燃灯法

石油产品含硫化合物或硫含量的测定，最常用的检测方式有两种途径：一是使用特定的试剂与试样中的待测物质直接反应，如博士试验法、氨-硫酸铜法等；二是将试样中的待测物质先转化为可以检测的成分后再进行间接测定，如燃灯法、管式炉法等。此外，还用现代分析仪器进行无损测定，如 GB/T 11140—2008《石油产品硫含量测定法（X 射线光谱法）》、GB/T 17040—2008《石油产品硫含量测定法（能量色散 X 射线荧光光谱法）》等。

间接测定法一般是通过试样完全燃烧所生成的 SO_2 或 SO_3 产物，经由吸收（接收）溶液转化为 Na_2SO_3 或 H_2SO_4 物质后，再选择滴定分析法或其他分析方法针对转化产物进行测定，表征结果时将其换算成试样中的硫含量。

GB/T 380—1977(1988)《石油产品硫含量测定法（燃灯法）》主要适用于测定雷德蒸气压力不高于 80kPa（600mmHg）的轻质石油产品（如汽油、煤油、柴油等）的硫含量，主

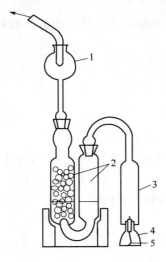

图 7-2 石油产品硫含量
（燃灯法）测定器
1—液滴收集器；2—吸收器；
3—烟道；4—带有灯芯的燃
烧灯；5—灯芯

要仪器设备为燃灯法硫含量测定器（如图 7-2 所示）。

测定基本原理是：将试样装入特定的灯中进行完全燃烧，使试样中的含硫化合物转化为二氧化硫，用碳酸钠水溶液吸收生成的二氧化硫，再用已知浓度的盐酸溶液返滴定，由滴定时消耗盐酸溶液的体积，计算出试样中的硫含量。其化学反应如下。

试样中的含硫化合物在灯中完全燃烧，生成二氧化硫。

$$\text{硫化物} + O_2 \longrightarrow SO_2 \uparrow$$

二氧化硫经 10mL 0.3% 的碳酸钠溶液（过量）吸收后，生成亚硫酸钠。

$$SO_2 + Na_2CO_3 \longrightarrow Na_2SO_3 + CO_2 \uparrow$$

剩余的碳酸钠再用已知浓度的盐酸溶液返滴定，由消耗盐酸溶液的体积可计算出试样中的硫含量。

$$Na_2CO_3 + 2HCl \longrightarrow 2NaCl + H_2O + CO_2 \uparrow$$

试样中硫的质量分数按式(7-5) 计算。

$$w = \frac{0.0008(V_0 - V)K}{m} \times 100\% \qquad (7\text{-}5)$$

式中 w——试样的硫含量，%；

0.0008——与单位体积 0.05mol/L 盐酸溶液相当的硫含量，g/mL；

V_0——滴定空白试液所消耗盐酸溶液的体积，mL；

V——滴定吸收燃烧生成物溶液所消耗盐酸溶液的体积，mL；

K——换算为 0.05mol/L HCl 溶液的修正系数，即试验中实际使用盐酸溶液的物质的量浓度与 0.05mol/L 的比值；

m——试样的燃烧量，g。

式(7-5) 中的 0.0008g/mL 为所使用的 0.05mol/L HCl 溶液对硫的滴定度，它可由测定原理中各物质间的定量化学反应关系计算。由

$$S \sim SO_2 \sim Na_2CO_3 \sim 2HCl$$

有

$$\frac{1}{2}S \sim HCl$$

当所使用盐酸溶液的物质的量浓度为 0.05mol/L 时，其滴定度为

$$T = \frac{0.05 \times 36.5}{1000} = 0.001825 (\text{g/mL})$$

则其对硫的滴定度可由如下比例计算为

$$36.5 : 0.001825 = \left(\frac{1}{2} \times 32\right) : T$$

则

$$T = 0.0008\text{g/mL}$$

若配制的实际盐酸溶液的物质的量浓度为 0.05mol/L，则 $K=1$。

4. 管式炉法

GB/T 387—1990《深色石油产品硫含量测定法（管式炉法）》主要适用于测定试样中含硫质量分数大于 0.1% 的深色石油产品，试验主要仪器设备为管式电阻炉（如图 7-3 所示）。

管式炉法与燃灯法的类似，都属于间接测定石油产品中硫含量的定量分析方法。燃灯法

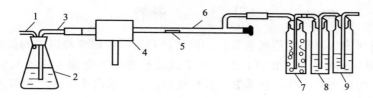

图 7-3　石油产品硫含量（管式炉法）测定器

1—连接泵的出口管；2—接收器；3—石英弯管；4—管式电炉；

5—盛样瓷舟；6—磨口石英管；7～9—洗气瓶

只能测定具有毛细渗透能力、可供灯芯燃烧的轻质或黏度不是太高的液态石油产品。对于黏度高不宜用燃灯法测定硫含量的液态油品，可利用与其他不含硫的标准有机溶剂混合、稀释后再进行测定（若所用有机溶剂含硫量固定，也可借助液体的可加性原理进行测定）；而对于某些石油产品，如原油、渣油、润滑油、石油焦、蜡、沥青以及含硫添加剂等半固态或固态物质，则需要采用管式炉法或其他试验方法进行硫含量的测定。

　　管式炉法测定油品硫含量的原理是：将试样放入管式电阻炉内并在规定流速的空气流中完全燃烧，将生成的二氧化硫和三氧化硫用过氧化氢-硫酸接收溶液吸收（此时，二氧化硫也被氧化成硫酸），再用已知浓度的氢氧化钠溶液滴定接收溶液中的硫酸，根据滴定时消耗氢氧化钠溶液的体积（扣除空白值），即可计算出试样中的硫含量。

　　测定时，试样中的含硫化合物在管式电阻炉中完全燃烧，生成二氧化硫和三氧化硫。

$$硫化物 + O_2 \longrightarrow SO_2 \uparrow + SO_3$$

三氧化硫被接收溶液中的水吸收生成硫酸。

$$SO_3 + H_2O \longrightarrow H_2SO_4$$

二氧化硫被接收溶液中的过氧化氢氧化，也生成硫酸。

$$SO_2 + H_2O_2 \longrightarrow H_2SO_4$$

再将接收（吸收）溶液中的硫酸用氢氧化钠溶液返滴定，由消耗氢氧化钠溶液的体积，可计算出试样中的硫含量。

$$H_2SO_4 + 2NaOH \longrightarrow Na_2SO_4 + 2H_2O$$

试样中硫的质量分数按式（7-6）计算。

$$w = \frac{0.016c(V - V_0)}{m} \times 100\% \qquad (7\text{-}6)$$

式中　　　w——试样的硫含量，%；

　0.016——1.000mol/L NaOH 溶液对硫的滴定度，即每毫升氢氧化钠溶液相当于硫的质量，g/mL；

　　　　c——氢氧化钠溶液的物质的量浓度，mol/L；

　　　　V——滴定接收硫氧化物的吸收溶液所消耗氢氧化钠溶液的体积，mL；

　　　V_0——滴定空白试验时所消耗氢氧化钠溶液的体积，mL；

　　　　m——试样的质量，g。

　　式（7-6）中的 0.016g/mL 与式（7-5）中的 0.0008g/mL 计算方法相似，这里假定氢氧化钠溶液物质的量浓度为 1.000mol/L，其对硫的滴定度由各物质间的定量化学反应关系得到。由

$$S \sim SO_2 \text{ 或 } SO_3 \sim H_2SO_4 \sim 2NaOH$$

得

$$\frac{1}{2}S \sim NaOH$$

故
$$T = \frac{16 \times 40}{40 \times 1000} = 0.016 (\text{g/mL})$$

由于试验过程中实际滴定用的氢氧化钠溶液的物质的量浓度与假定的氢氧化钠溶液的物质的量浓度（1.000mol/L）之比值，正好等于试验过程中实际滴定用的氢氧化钠溶液的物质的量浓度值，所以无需再用修正系数（K）校正，而直接用实际使用的氢氧化钠溶液的物质的量浓度。通常，管式炉法实际用于滴定的氢氧化钠溶液的物质的量浓度为0.0200mol/L。

5. 电位滴定法

GB/T 1792—1988《馏分燃料中硫醇硫测定法（电位滴定法）》适用于测定硫醇硫含量在0.0003%～0.01%范围内，无硫化氢的汽油、喷气燃料和煤油中的硫醇硫（见表7-3）。当游离硫质量分数大于0.0005%时，对测定有一定干扰。

硫醇硫含量测定采用电位滴定法，其装置与石油产品和润滑剂酸值测定的电位滴定装置相同（见图7-1），它是将无硫化氢试样溶解在乙酸钠的异丙醇溶剂中，用硝酸银异丙醇标准滴定溶液进行电位滴定，由玻璃参比电极和银-硫化银指示电极之间的电位突跃指示滴定终点。在滴定过程中，硫醇硫沉淀为硫醇银，反应如下：

$$\text{RSH} + \text{AgNO}_3 \longrightarrow \text{RSAg} \downarrow + \text{HNO}_3$$

试样中，硫醇硫的质量分数按式（7-7）计算：

$$w = \frac{32.06cV}{1000m} \times 100\% \tag{7-7}$$

式中　　　w——试样的硫醇硫含量，%；

　　32.06——硫醇中硫原子的摩尔质量，g/mol；

　　　　V——达到终点时所消耗的硝酸银-异丙醇标准溶液体积，mL；

　　1000——单位换算，1L=1000mL，mL/L；

　　　　c——硝酸银异丙醇标准滴定溶液的浓度，mol/L；

　　　　m——试样的质量，g。

为使硝酸银在试样中更好地溶解及减少硫醇银沉淀对硝酸银的吸附，试验中采取用大量的异丙醇作溶剂。

三、影响测定的主要因素

1. 博士试验法

（1）对试剂的要求　制备好的博士试剂应贮备在密闭的容器内，呈无色、透明状态，如不洁净，用前可进行过滤。

（2）硫黄粉及其用量　所用的升华硫应是纯净、干燥的粉状硫黄，每次所加入的量要保证在试样和亚铅酸钠溶液的液接界面上浮有足够的硫黄粉薄层（为35～40mg），不要加入过多或过少，以免影响结果观察。

（3）要保证完全反应　为使反应在规定时间内完成，试样与博士试剂混合后应当用力摇动，并在规定静置时间内观察油、水两相及硫黄粉层的颜色变化情况。

（4）排除硫化氢干扰　如果试样中含有硫化氢，则在未加入硫黄粉之前摇动，就会出现PbS黑色沉淀，应重新取一份试样与氯化镉溶液一起摇动，反复冲洗、分离，将硫化氢除尽（$\text{CdCl}_2 + \text{H}_2\text{S} \longrightarrow \text{CdS} \downarrow + 2\text{HCl}$），否则，最后试验将难以判断是否有硫醇性硫的存在。

2. 氨-硫酸铜法

（1）碘挥发损失对测定结果的影响　在标定氨-硫酸铜溶液的滴定度时，加碘化钾前要使待测试液冷却至 20℃±5℃，以免碘挥发损失。

（2）试样的预处理　试样中的硫化氢会影响测定结果，因此有硫化氢存在时，试验前要用氯化镉溶液处理，将硫化氢除尽。

（3）滴定终点的判断　用氨-硫酸铜法测定油品中的硫醇性硫，终点时溶液的颜色是由前期的深蓝色过渡到浅蓝色直至消失为止，应仔细进行滴定操作，按标准规定充分振荡，避免氨-硫酸铜溶液过量较多，使测定结果偏高。为了使滴定终点便于观察，无色水相的体积达到 4～5mL 时，可从分液漏斗下部放出。若水相的颜色改变难以在分液漏斗内观察清楚，在预计要达到滴定终点时，还可将滴定至接近无色的试液从分液漏斗中放出 1～3 滴于白色瓷蒸发皿（或点滴板）中进行颜色观察。

3. 燃灯法

（1）试样完全燃烧程度　试样在燃灯中能否完全燃烧，对测定结果影响很大，如试样在燃烧过程中冒黑烟或未经燃烧而挥发跑掉，则使测定结果偏低。试验过程中调整气流流速、调节灯芯和火焰高度，甚至用标准正庚烷（或乙醇、汽油等）来稀释较黏稠的油品等试验步骤的目的，都是为了促使试样完全燃烧。

（2）试验材料和环境条件　如果使用材料或环境空气中有含硫成分，势必要影响测定结果，标准中规定不许用火柴等含硫引火器具点火；倘若滴定与空白试验同体积的 0.3％ 的碳酸钠水溶液，所消耗盐酸溶液的体积比空白试验所消耗的盐酸溶液体积多出 0.05mL，则视为试验环境的空气氛围已染有含硫组分，需要彻底通风后另行测定。

（3）吸收液用量　每次加入吸收器内的碳酸钠溶液的体积是否准确一致、操作过程中有无损失，对测定结果也有影响。若吸收器内的碳酸钠溶液因注入时不准确或操作过程中有损失，都会导致空白试验测定结果产生偏差。标准中规定用吸量管准确地向吸收器中注入 0.3％ 的碳酸钠溶液 10mL，其目的就是要保证吸收器内加入碳酸钠溶液体积的准确性。

（4）终点判断　标准中规定在滴定的同时要搅拌吸收溶液，还要与空白试验达到终点所显现的颜色作比较，都是为了正确判断滴定终点。

4. 管式炉法

（1）燃烧温度控制　试验过程中的炉膛温度必须达到 900℃ 以上，否则重质油品中存在的某些多硫化合物和磺酸盐不能完全分解、燃烧，从而影响部分含硫物质不能完全转化成硫的氧化物，使测定结果偏低。

（2）对助燃气体的要求　所用的空气必须经过洗气瓶净化，流速要保持在 500mL/min。过快，容易将未燃烧的硫分带走；过慢，会导致燃烧不完全（因供氧不足）。两种情形皆会导致测定结果偏低。

（3）气路密闭性　测定器的供气系统应当不漏气，若有漏气现象发生，将使测定结果产生误差。正压送气供气状态时，漏气可使燃烧生成的硫的氧化物逸出，使测定结果偏低；负压抽气供气状态时，未经洗气瓶净化的空气容易进入管内，如果试验环境的空气中已有硫，则使测定结果偏高。

（4）器皿的洁净程度　试验中使用的石英管及瓷舟等，切不可含有硫化物或其他能吸收硫的介质。

5. 电位滴定法

（1）滴定溶剂的选择　汽油中所含硫醇的相对分子质量较低，在溶液中容易挥发损失，因此标准方法采用在异丙醇中加入乙醇钠溶液，以保证滴定溶剂呈碱性；而喷气燃料和煤油中含相对分子质量较高的硫醇，用硫酸性滴定溶剂，则有利于在滴定过程中更快达到平衡。

（2）滴定溶剂的净化　硫醇极易被氧化为二硫化物（R—S—S—R′），从而由"活性硫"转变为"非活性硫"。因此，要求每天在测定前，都要用快速氮气流净化滴定溶剂 10min，以除去溶解氧，保持隔绝空气。

（3）标准滴定溶液的配制和盛放　为避免硝酸银见光分解，配制和盛放硝酸银-异丙醇标准滴定溶液时，必须使用棕色容器；标准滴定溶液的有效期不超过 3 天，若出现浑浊沉淀，必须另行配制；在有争议时，需当天配制。

（4）滴定时间的控制　为避免滴定期间硫化物被空气氧化，应尽量缩短滴定时间，在接近终点等待电位恒定时，不能中断滴定。

石油产品分析仪器介绍

石油产品硫含量测定器

图 7-4 为 KL-3120 型 X 荧光硫含量测定仪。该仪器符合国标 GB/T 17040 和 GB/T 11140 要求，其特点是机电—体微机化设计，简洁美观；检测品种广，检测量程宽，分析速度快，标准样品耗量少；仪器数据存储量大，含量分析结果和标定工作曲线参数随时可查等。

图 7-5 为 BSY-119 石油产品硫含量测定仪（燃灯法）。该仪器是根据 GB/T 380—1977（1988）设计制造的，适用于测定总硫含量大于 0.005％的液体石油产品。其特点为：结构简单、直观、操作方便；可根据用户的需要提供任意组平行试验的支架；灯的支座可以任意调节高矮，使系统牢靠固定；有带真空管线的分配器，方便操作。

图 7-6 为 BSY-120 深色石油硫含量测定仪（管式炉法）。该仪器符合 GB/T 387—1990 要求，适用于润滑油、原油、焦炭和残渣等石油产品中硫含量的测定。该仪器具有造型小巧、自动化程度高等特点，仪器主要由水平形的管式电炉系统、电子温度显示控制系统、电动机控制驱动系统、时间控制系统、空气净化系统、空气流量调节系统等组成。电炉由电炉丝加热，伺服电动机驱动系统可使电炉平稳运行，并具有进车、暂停、复位功能。

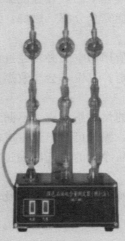

图 7-4　KL-3120 型 X 荧光硫含量测定仪

图 7-5　BSY-119 石油产品硫含量测定仪（燃灯法）

图 7-6　BSY-120 深色石油硫含量测定仪（管式炉法）

第四节　油品的金属腐蚀试验

一、测定意义

金属材料与环境介质接触发生化学或电化学反应而被破坏的现象，称为金属腐蚀。金属腐蚀不仅会引起金属表面色泽、外形发生变化，而且会直接影响其力学性能，降低有关仪器、仪表、设备的精密度和灵敏度，缩短其使用寿命，甚至导致重大生产事故。金属腐蚀的本质是金属原子失去电子被氧化成金属离子。当金属接触的介质不同时，反应具体情况不同。通常将金属腐蚀分为化学腐蚀和电化学腐蚀两大类。加速金属腐蚀现象的根本原因在于金属材料本身组成、性质和金属设备所处的环境介质条件。

石油产品与金属材料接触所发生的腐蚀，既有化学腐蚀也有电化学腐蚀，高温情况下还可能发生更为严重的"烧蚀"现象。导致油品腐蚀金属设备、机械构件的因素很多，但直接原因就是油品中含有水溶性酸、碱和有机酸性物质以及含硫化合物等，特别是油品中没有彻底清除的硫及其化合物对发动机及其他机械设备的腐蚀更为严重。

含硫物质按其化学性质可分为"活性硫"和"非活性硫"两大类。"活性硫"包括硫、硫化氢、低级硫醇、磺酸等，主要源于石油炼制过程中含硫化合物的分解产物，这些活性组分残留在轻质馏分油中，能直接与金属作用；"非活性硫"包括硫醚、二硫化物、环状硫化物等，主要存在于重质馏分油中，它们多为原油中固有的且在炼制过程中未能彻底分离出去的组分，其化学性质比较稳定，不能直接与金属作用，但燃烧后可转化为"活性硫"。例如，生成硫的氧化物，遇水后能够生成腐蚀性极强的硫酸或亚硫酸，进入大气中会造成空气污染并形成大气"酸雨"现象。

油品中的水溶性酸、碱以及环烷酸、脂肪酸等，可以通过石油炼制过程中的精制工艺加以脱除，使其含量尽可能地少。但油品中的某些含硫化合物要完全将其脱除，不仅技术上有难度，而且经济上也不尽合理。尽管实际生产过程中对不同原料、中间产品和最终产品都有规范的质量指标控制，如水溶性酸、碱、酸度（值）和硫含量等，但这些质量指标还是不能很好地反映实际应用场合中成品油对金属材料的腐蚀倾向。因此，需要用铜片、银片腐蚀等试验来评价油品对金属材料的腐蚀性。

二、测定方法概述

油品对金属材料的腐蚀性试验，是将金属试片放置（悬挂）于待测试样中，在一定温度条件下持续一段时间，根据金属试片的变化现象来评定油品有无腐蚀倾向的试验方法。该法用以判断馏分油或其他石油产品在炼制过程中或其他使用环境下对机械、设备等的腐蚀程度。在试样中浸渍金属试片的腐蚀性试验，主要反映油品中"活性硫"含量的多少，但也能一定程度地显示出油品中酸、碱存在时的协同效果，因此可认为是一项较为综合的试验方法。

根据油品使用环境，可供腐蚀性试验选用的金属试片主要有铜片和银片。此外，也有使用其他金属试片来进行油品的腐蚀性能试验的。例如，SH/T 0331—1992（2004）《润滑脂腐蚀试验法》，采用铜片和钢片等金属材料来进行试验；而 SH/T 0080—1991《防锈油脂腐蚀性试验法》，则利用了更多的金属试片（如铜、黄铜、紫铜、镉、铬、铅、锌、铝、镁、钢、铁等）来进行试验，测定结果用不同金属试片的级别或质量变化（mg/cm^2）来表示。当然，金属试片在待测试样中所处的温度高低以及滞留时间的长短，也主要取决于不同油品的实际使用环境，部分油品的铜片腐蚀性试验条件见表 7-5。

表 7-5　部分油品的铜片腐蚀性试验条件 ［GB/T 5096—1985(1991)］

油品名称	加热温度/℃	浸渍时间/min
天然汽油	40±1	180±5
车用汽油、柴油、燃料油	50±1	180±5
航空活塞式发动机燃料、喷气燃料	100±1	120±5
煤油、溶剂油	100±1	180±5
润滑油	100 或更高温度±1	180±5

下面重点介绍石油产品的铜片腐蚀试验和银片腐蚀试验。

1. 铜片腐蚀的测定

GB/T 5096—1985(1991)《石油产品铜片腐蚀试验法》适用于测定航空活塞式发动机燃料、喷气燃料、车用汽油、天然汽油或具有雷德蒸气压不大于 124kPa（930mmHg）的其他烃类、溶剂油、煤油、柴油、馏分燃料油、润滑油和其他石油产品对铜的腐蚀性程度，试验过程中使用的主要仪器设备为试验弹（内放盛样试验容器与金属试片）、液体浴或铝块浴等。

若试样的雷德蒸气压大于 124kPa，如天然汽油，则采用 SH/T 0232—1992（2004）《液化石油气铜片腐蚀试验法》。

铜片腐蚀试验测定的基本原理是：将一块已磨光好的规定尺寸和形状的铜片浸渍在一定量待测试样中，使油品中腐蚀性介质（如水溶性酸、碱、有机酸性物质，特别是"活性硫"等）与金属铜片接触，并在规定的温度下维持一段时间，使试样中腐蚀活性组分与金属铜片发生化学或电化学反应，试验结束后再取出铜片，根据洗涤后铜片表面颜色变化的深浅及腐蚀迹象，并与腐蚀标准色板进行比较，确定该油品对铜片的腐蚀级别。

试验过程中铜片表面受待测试样的侵蚀程度，取决于试样中含有的腐蚀活性组分的多少，由此预测石油产品在使用环境下对金属设备及构件的腐蚀倾向。腐蚀标准共分为四级，见表 7-6。

表 7-6　铜片腐蚀标准色板的分级 ［GB/T 5096—1985（1991）］

级别 （新磨光的铜片）	名称	说明①
1	轻度变色	a 淡橙色，几乎与新磨光的铜片一样 b 深橙色
2	中度变色	a 紫红色 b 淡紫色 c 带有淡紫蓝色或银色，或两种都有，并分别覆盖在紫红色上的多彩色 d 银色 e 黄铜色或金黄色
3	深度变色	a 洋红色覆盖在黄铜色上的多彩色 b 有红和绿显示的多彩色(孔雀绿)，但不带灰色
4	腐蚀	a 透明的黑色、深灰色或仅带有孔雀绿的棕色 b 石墨黑色或无光泽的黑色 c 有光泽的黑色或乌黑发亮的黑色

① 铜片腐蚀标准色板由表中说明的色板所组成。

通常用金属试片被待测油品腐蚀后的颜色变化或腐蚀迹象来判断腐蚀倾向。但有些腐蚀性试验既要观察受损金属试片的表观颜色变化，又要称其质量（如防锈油脂等）。燃料油品在运输、贮运和使用过程中，都面临同金属材料接触的问题，尤其是发动机气化和供油系统中的燃料油品与金属构件接触更为密切，故要求油品铜片腐蚀试验必须合格（见表7-7）。铜片腐蚀试验是油品质量控制的重要检测指标。

表 7-7　部分油品腐蚀级别和试验条件及方法

油品名称	铜片腐蚀级别	银片腐蚀级别	试验条件	试验方法
车用汽油 （GB 17930—2011）	≤1	—	50℃、3h	GB/T 5096—1985(1991)
3号喷气燃料 （GB 6537—2006）	≤1	≤1	100℃、2h(铜片) 50℃、4h(银片)	GB/T 5096—1985(1991) SH/T 0023—1990
导轨油 （SH/T 0361—1998）	≤2	—	100℃、3h	GB/T 5096—1985(1991)
通用锂基润滑脂 （GB/T 7324—2010）	无绿色或黑色	—	100℃、24h(乙法)	GB/T 7326—1987《润滑脂铜片腐蚀试验法》
	≤1		52℃、48h	GB/T 5018—2008《润滑脂防腐蚀性试验法》

2. 银片腐蚀的测定

银片腐蚀性试验，主要用来检测喷气燃料中的"活性硫"，它比铜片腐蚀试验更为灵敏。随着航空事业的迅速发展，一些喷气发动机供油系统中的高压柱塞泵已经采用了镀银部件，以改善防腐性能，延长使用周期。但在使用某些经铜片腐蚀性试验合格的喷气燃料时，还存在喷气发动机燃油泵镀银部件受侵蚀的现象。为此，喷气燃料要求银片腐蚀性试验，直接评定喷气燃料对金属银腐蚀的活性组分，对改善喷气燃料的质量、防止其对银的腐蚀作用、保证燃油泵安全运行具有十分重要的意义。

《喷气燃料银片腐蚀试验法》主要适用于测定喷气燃料对航空涡轮发动机燃料系统银部件的腐蚀倾向，试验过程中使用的主要仪器设备为银片腐蚀装置、水浴、银片等。

银片腐蚀性试验测定的基本原理是：将磨好光的银片浸渍在盛有250mL试样的试管（如图7-7所示）中，再将其置入温度为50℃±1℃的水浴中，维持4h或更长时间，使试样中腐蚀性介质（如水溶性酸、碱、有机酸性物质，特别是游离硫和硫醇等）与金属银片发生化学或电化学反应，待试验结束后再取出银片，根据洗涤后银片表面颜色变化的深浅及腐蚀迹象，按标准中规定的银片腐蚀分级表确定该试样对银的腐蚀级别。

银片腐蚀分级表共分为五级，见表7-8。

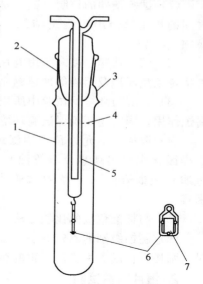

图 7-7　喷气燃料银片
腐蚀装置

1—试管；2—磨口（45号）；3—试管接口处容积（350mL）；4—浸入线；5—冷凝器；6—玻璃钩；7—银片

表 7-8　银片腐蚀分级

级别	名称	现象描述
0	不变色	除局部可能稍失去光泽外，几乎和新磨光的银片相同
1	轻度变色	淡褐色，或银白色褪色
2	中度变色	孔雀屏色，如蓝色或紫红色或中度和深度麦黄色或褐色
3	轻度变黑	表面有黑色或灰色斑点和斑块，或有一层均匀的黑色沉积膜
4	变黑	均匀地深度变黑，有或无剥落现象

喷气燃料银片腐蚀试验法的主要试验步骤如下。

量取 250mL 试样注入银片腐蚀装置的盛样磨口试管中。将银片悬放在冷凝器（与磨口试管盖联体）下端玻璃钩所挂的玻璃框架上，一并浸到内盛试样的银片腐蚀装置的磨口试管中，盖上带有冷凝器的磨口盖，连接冷凝器上的冷却水流（入口水温在 20℃±5℃ 范围），控制其流速为 10mL/min。将上述装配妥当的银片腐蚀装置浸入水浴中至盛样磨口试管浸入线处，维持温度为 50℃±1℃。当达到规定试验时间 4h 时，取出银片浸入异辛烷中，随后立即取出，用滤纸吸干，检查银片的腐蚀痕迹。

部分油品质量指标中规定的银片腐蚀级别见表 7-7。

三、影响测定的主要因素

关于油品对金属材料的腐蚀性试验（除润滑脂、防锈油脂外），需要特别强调指出的是，不同种类的金属试片，绝不能同时放在同一盛样试管的油品中，以防止金属发生原电池反应，导致某一金属试片过度腐蚀，不能准确判断测试结果；同一盛有试样的试管中，也不允许放入多于标准中规定数量的同类金属试片，以防止油品中能促使金属材料腐蚀的活性组分有效浓度降低，使测定结果产生误差。

1. 铜片腐蚀试验

（1）试验条件的控制　铜片腐蚀试验为条件性试验，试样受热温度的高低和浸渍试片时间的长短都会影响测定结果。一般情况下，温度越高、时间越长，铜片就越容易被腐蚀。

（2）试片洁净程度　所用铜片一经磨光、擦净，绝不能用裸手直接触摸，应当使用镊子夹持，以免汗渍及污物等加速铜片的腐蚀。

（3）试剂与环境　试验中所用的试剂会对结果有较大的影响，因此应保证试剂对铜片无腐蚀作用；同时还要确保试验环境，没有含硫气体存在。

（4）取样　不允许预先用滤纸过滤试样，以防止具有腐蚀活性的物质损失，只有当试样因含水而出现悬浮（浑浊）现象时，才可用一张中速定性滤纸把足够体积的试样过滤到一个清洁、干燥的试管中，因为铜片与水接触，会引起变色，造成等级评定困难。

（5）与标准色板的比较方法　比较时，要对光线成 45°角折射的方法拿持观察。

（6）腐蚀级别的确定方法　当一块铜片的腐蚀程度恰好处于两个相邻的标准色板之间时，则按变色或失去光泽严重的腐蚀级别给出测定结果。

2. 银片腐蚀试验

（1）取样操作　银片腐蚀性试验所用的取样容器，最好为带有磨口盖的棕色玻璃瓶，取样时应在阴凉处进行，装满样品后应立即盖好盖子，避免空气介入和阳光照射，防止气体硫化物逸出和外界空气及其他杂质进入瓶内污染样品，同时也避免了试样中的含硫化合物被氧化。取样后的试样应迅速地进行试验。

（2）试样的预处理　银片腐蚀试验的准备工作中，除要求尽量避免接触空气和阳光照射以外，还要求试样不含悬浮水。银片对腐蚀活性物质的敏感程度较铜片灵敏，当它与水接触时极易形成渍斑，造成评级困难。因此，一旦发现试样中有悬浮水存在，需要用滤纸将其滤去。但通常情况下，成品喷气燃料中一般不会含有悬浮水，除非是油品在运输或贮存中发生偶然事故。

（3）试验条件的控制　银片腐蚀试验也为条件性试验，试样受热温度的高低和浸渍试片时间的长短也会影响测定结果。

石油产品分析仪器介绍

石油产品铜片腐蚀试验仪

图 7-8 为 BSY-113 铜片腐蚀测定器。符合 GB/T 5096—1985(1991) 要求。仪器由上盖搅拌部分、试验弹部分、浴槽与控制部分等组成。该仪器具有以下特点：结构紧凑、造型美观、操作方便；搅拌轴、桨，浴槽由不锈钢制成；控温采用数字温控仪拨盘式温度设定，数字显示。

图 7-9 为 JSR2101 石油产品铜片腐蚀试验仪，符合 GB/T 5096—1985(1991)。其技术参数为：工作温度，−130℃±0.5℃至常温；控温方式，数显温度控制仪；氧弹数量，四支；工作电源，AC 220V±22V，50Hz。

图 7-8　BSY-113 铜片腐蚀测定器　　　　图 7-9　JSR2101 石油产品铜片腐蚀试验仪

 第五节　实　　训

一、石油产品水溶性酸、碱的测定

1. 实训目的

(1) 掌握油品水溶性酸、碱的测定 (GB/T 259—1988) 原理与试验方法。

(2) 了解抽提技术在油、水分离过程中的应用。

2. 仪器与试剂

(1) 仪器　分液漏斗 (250mL 或 500mL)；试管 (直径 15~20mm、高度 140~150mm，用无色玻璃制成)；漏斗 (普通玻璃漏斗)；量筒 (25mL、50mL、100mL)；锥形瓶 (100mL 和 250mL)；瓷蒸发皿；电热板或水浴；酸度计 (玻璃-甘汞电极或玻璃-氯化银电极，精度为 pH≤0.01)。

(2) 试剂　甲基橙 (配成 0.02%甲基橙水溶液)；酚酞 (配成 1%酚酞乙醇溶液)；95%乙醇 (分析纯)；滤纸 (工业滤纸)；溶剂油。

3. 方法概要

用蒸馏水或乙醇水溶液抽提试样中的水溶性酸、碱，然后分别用甲基橙或酚酞指示剂检查抽出溶液颜色的变化情况，或用酸度计测定抽提物的 pH，以判断油品中有无水溶性酸、碱的存在。

4. 准备工作

（1）取样　将试样置入玻璃瓶中，不超过其容积的 3/4，摇动 5min。黏稠的试样或石蜡试样应预先加热至 50～60℃再摇动。当试样为润滑脂时，用刮刀将试样的表层（3～5mm）刮掉，然后在不靠近容器壁的至少三处，取约等量的试样置入瓷蒸发皿，并小心地用玻璃棒搅匀。

（2）95％乙醇溶液的准备　95％乙醇溶液必须用甲基橙或酚酞指示剂或酸度计检验呈中性后，方可使用。

5. 试验步骤

（1）试验液体石油产品　将 50mL 试样和 50mL 蒸馏水放入分液漏斗，加热至 50～60℃。对 50℃时运动黏度大于 75mm^2/s 的石油产品，应预先在室温下与 50mL 汽油混合，然后加入 50mL 加热至 50～60℃的蒸馏水。

💥 **注意**

轻质石油产品，如汽油和溶剂油等均不加热。

将分液漏斗中的试验溶液，轻轻地摇动 5min，不允许乳化。澄清后放出下部的水层，经滤纸过滤后，滤入锥形烧瓶中。

（2）试验润滑脂、石蜡、地蜡和含蜡组分石油产品　取 50g 预先熔化好的试样（称准至 0.01g），将其置于瓷蒸发皿或锥形瓶中，然后注入 50mL 蒸馏水，并煮沸至完全熔化。冷却至室温后，小心地将下部水层倒入有滤纸的漏斗中，滤入锥形瓶。对已凝固的产品（如石蜡和地蜡等），则事先用玻璃棒刺破蜡层。

（3）试验有添加剂产品　向分液漏斗中注入 10mL 试样和 40mL 溶剂油，再加入 50mL 加热至 50～60℃的蒸馏水。将分液漏斗摇动 5min，澄清后分出下部水层，经有滤纸的漏斗，滤入锥形瓶中。

（4）产生乳化现象的处理　当石油产品用水混合，即用水抽提水溶性酸、碱产生乳化时，则用 50～60℃的 95％乙醇水溶液（1∶1）代替蒸馏水处理，后续操作步骤按上述（1）或（3）进行。

💥 **注意**

试验柴油、碱洗润滑油、含添加剂润滑油和粗制的残留石油产品时，遇到试样的水抽出液对酚酞呈现碱性反应（可能由于皂化物发生水解作用引起）时，也可按本步骤进行试验。

（5）用指示剂或酸度计测定水溶性酸、碱　向两个试管中分别放入 1～2mL 抽提物。在第一支试管中，加入 2 滴甲基橙溶液，并将它与装有相同体积蒸馏水和 2 滴甲基橙溶液的另一支试管相比较，如果抽提物呈玫瑰色，则表示所测石油产品中有水溶性酸存在；在第二支试管中加入 3 滴酚酞溶液，如果溶液呈玫瑰色或红色，则表示有水溶性碱存在。

当抽提物用甲基橙（或酚酞）为指示剂，没有呈现玫瑰色（或红色）时，则认为没有水溶性酸、碱。

向烧杯中注入 30～50mL 抽提物，电极浸入深度为 10～12mm，按酸度计使用要求测定 pH。根据表 7-1 所示内容，确定试样抽提物水溶液或乙醇水溶液中有无水溶性酸、碱。

⚡ 说明

当对石油产品质量评价出现不一致时，则水溶性酸、碱的仲裁试验按酸度计法进行。

6. 精密度

① 本标准精密度规定仅适用于酸度计法。

② 同一操作者所提出的两个结果，pH 之差不应超过 0.05。

7. 报告

取重复测定两个 pH 的算术平均值，作为试验结果。

二、汽油、煤油、柴油酸度的测定

1. 实训目的

（1）掌握油品酸度的测定 ［GB/T 258—1977(1988)］ 原理与试验方法。

（2）掌握油、水分离操作技术。

2. 仪器与试剂

（1）仪器　锥形瓶（250mL）；球形回流冷凝管（长约 300mm）；量筒（25mL、50mL、100mL）；微量滴定管（2mL，分度为 0.02mL；或 5mL，分度为 0.05mL）；电热板或水浴。

（2）试剂　95％乙醇（分析纯）；氢氧化钾（分析纯，配成 0.05mol/L 氢氧化钾乙醇溶液）；碱性蓝 6B（称取碱性蓝 1g，称准至 0.01g，然后将它加在 50mL 煮沸的 95％乙醇中，并在水浴中回流 1h，冷却后过滤。必要时将煮热的澄清滤液用 0.05mol/L 氢氧化钾乙醇溶液或 0.05mol/L 盐酸溶液中和，直至加入 1～2 滴碱溶液能使指示剂溶液从蓝色变成浅红色，而在冷却后又能恢复成为蓝色为止）；甲酚红（称取甲酚红 0.1g，称准至 0.001g，研细后溶入 100mL 95％乙醇中，并在水浴中煮沸回流 5min，趁热用 0.05mol/L 氢氧化钾乙醇溶液滴定至甲酚红溶液由橘红色变为深红色，而在冷却后又能恢复成橘红色为止）；酚酞（配成 1％乙醇溶液）。

⚡ 注意

碱性蓝指示剂适用于测定深色的石油产品；酚酞指示剂适用于测定无色的石油产品或在滴定混合物中容易看出浅玫瑰红色的石油产品。

3. 方法概要

本方法系用沸腾的乙醇抽提出试样中的有机酸，然后用氢氧化钾乙醇溶液进行滴定。

4. 试验步骤

（1）驱除二氧化碳　取 95％乙醇溶液 50mL 注入清洁无水的锥形瓶内，用软木塞将球形回流冷凝管与锥形瓶连接，塞住后，将 95％乙醇煮沸 5min。

（2）中和抽提溶剂 在煮沸过的 95％乙醇中加入 0.5mL 的碱性蓝 6B 溶液（或甲酚红溶液）后，在不断摇荡下趁热用 0.05mol/L 氢氧化钾乙醇溶液使 95％乙醇中和，直至锥形瓶中的混合物从蓝色变为浅红色（或从黄色变为紫红色）为止。在煮沸过的 95％乙醇中加入 1～2 滴酚酞溶液代替碱性蓝溶液（或甲酚红溶液）时，按同样方法中和至呈现玫瑰红色为止。

（3）取样 汽油或煤油取 50mL，柴油取 20mL（均在 20℃±3℃温度范围内量取），将试样注入中和过的热的 95％乙醇中。

（4）滴定操作 将球形回流冷凝管装到锥形瓶上之后，将锥形瓶中的混合物煮沸 5min；对已加有碱性蓝 6B 溶液或甲酚红溶液的混合物，此时应再加入 0.5mL 的碱性蓝 6B 溶液或甲酚红溶液，仍需在不断摇荡下趁热用 0.05mol/L 氢氧化钾乙醇溶液滴定，直至 95％乙醇层的碱性蓝 6B 溶液从蓝色变为浅红色（甲酚红溶液从黄色变为紫红色）为止；或对已加有酚酞溶液的混合物，此时应再加入 1～2 滴酚酞溶液，按上述操作直至 95％乙醇层的酚酞溶液呈现浅玫瑰红色为止。

👉 **注意**

在每次滴定过程中，自锥形瓶停止加热到滴定达到终点，所经过的时间不应超过 3min。

5. 计算

试样的酸度按式(7-1) 计算。

6. 精密度

平行测定两个结果间的差数，不应超过表 7-9 所示数值。

表 7-9　平行试验酸度测定重复性要求

试样名称	允许差/(mgKOH/100mL)
汽油、煤油	≤0.15
柴油	≤0.3

7. 报告

取平行测定两个结果的算术平均值，作为试样的酸度。

*三、馏分燃料中硫醇硫的测定（电位滴定法）

1. 实训目的

（1）掌握油品中硫醇硫的定量测定（GB/T 1792—1988）原理与试验方法。

（2）掌握电位滴定分析及其电极的制备技能。

2. 仪器与试剂

（1）仪器 酸度计或电位计；滴定池；滴定架；参比电极（玻璃电极）；指示电极（银-硫化银电极）；滴定管（10mL，分度为 0.05mL）；金相砂纸（磨料粒度为 W_{20}，即尺寸范围为 14～20μm），烧杯（200mL，2 个）；容量瓶（100mL，1 个）。

（2）试剂 硫酸（化学纯，配成 1∶5 的硫酸溶液）；硫酸镉（化学纯，在水中溶解 150g 的 $3CdSO_4 \cdot 8H_2O$，再加入 10mL 硫酸溶液，用水稀释至 1L）；碘化钾（分析纯）；异丙醇（分析纯）；硝酸银（分析纯）；硝酸（分析纯）；硫化钠（分析纯，在水中溶解 10g Na_2S 或 31g $Na_2S \cdot 9H_2O$，用水稀释至 1L，配成 1％的新鲜水溶液）；结晶乙酸钠或无水乙酸钠（分析纯）；冰醋酸（分析纯）；车用汽油或 3 号喷气燃料。

注意

异丙醇贮存期较久时，其中可能有过氧化物形成。此时，可通过活性氧化铝或硅胶吸附柱脱去。若经过试验（如取约 10mL 异丙醇于试管中，滴入 0.1mol/L 硝酸银异丙醇溶液，观察有无浑浊出现；若有浑浊沉淀，即有过氧化物存在）表明异丙醇中无过氧化物，则不必脱除。

3. 方法概要

本方法系将无硫化氢试样溶解在乙酸钠的异丙醇溶剂中，用硝酸银异丙醇标准溶液进行电位滴定，用玻璃参比电极和银-硫化银指示电极之间的电位突跃指示滴定终点。在滴定过程中，硫醇硫沉淀为硫醇银。

4. 准备工作

（1）0.1mol/L 碘化钾标准溶液的配制　在水中溶解约 17g（称准至 0.01g）碘化钾，并在容量瓶中用水稀释至 1L，计算其精确的物质的量浓度。

（2）0.1mol/L 硝酸银异丙醇标准（贮备）溶液的配制　在 100mL 水中溶解 17g 硝酸银，用异丙醇稀释至 1L，贮存在棕色瓶中，每周标定一次。具体的标定方法是：量取 100mL 水于 200mL 烧杯中，加入 6 滴硝酸，煮沸 5min，赶掉氮的氧化物。待冷却后准确量取 5mL 0.1mol/L 碘化钾标准溶液于同一烧杯中，用待标定的硝酸银异丙醇溶液进行电位滴定，以滴定曲线的转折点为终点，计算其精确的物质的量浓度。

（3）0.01mol/L 硝酸银异丙醇标准（使用）溶液的配制　吸取 10mL 0.1mol/L 硝酸银异丙醇标准（贮备）溶液于 100mL 棕色容量瓶中，用异丙醇稀释至刻线（有效期不超过 3 天，若出现浑浊沉淀，必须另行配制）。

注意

在有争议时，溶液需当天配制。

（4）稀释试样的酸性或碱性滴定溶剂　碱性滴定溶剂的配制：称取 2.7g 结晶乙酸钠或 1.6g 无水乙酸钠，溶解在 20mL 无氧水中，注入 975mL 异丙醇中。酸性滴定溶剂的配制：称取 2.7g 结晶乙酸钠或 1.6g 无水乙酸钠，溶解在 20mL 无氧水中，注入 975mL 异丙醇中，并加入 4.6mL 冰醋酸。

说明

通常汽油中含相对分子质量较低的硫醇，在酸性滴定溶剂中容易损失，应采用碱性滴定溶剂；喷气燃料、煤油和柴油中含相对分子质量较高的硫醇，用酸性滴定溶剂，则有利于在滴定过程中更快达到平衡。

注意

两种滴定溶剂，每天使用前，均应用快速氮气流净化 10min，以除去溶解氧。

（5）玻璃参比电极保护　每次滴定前后，用洁净的擦镜纸擦拭电极，并用水冲洗。隔一段时间后（连续使用时，每周至少一次），应将其下部置于冷铬酸洗液中，搅动几秒钟，清洗一次。不用时，保持下部浸泡在水中。

（6）银-硫化银指示电极的制备（涂渍硫化银电极表层）　用金相砂纸擦亮电极，直至显出清洁、光亮的银表面。把电极置于操作位置，银丝端浸在含有 8mL 1% 硫化钠溶液的

100mL酸性滴定溶剂中。在搅拌条件下，从滴定管中慢慢加入10mL 0.1mol/L硝酸银异丙醇标准溶液，电位滴定溶液中的硫离子（S^{2-}）10～15min。从溶液中取出电极，用水冲洗，再用擦镜纸擦拭，完成电极制备过程。

注意

①当硫化银电极表面层不完好或灵敏度低时，应重新涂渍；②两次滴定之间，将电极存放在含有0.5mL 0.1mol/L硝酸银异丙醇标准溶液的100mL酸性滴定溶剂中至少5min；不用时，与玻璃电极一起浸入水中。

5. 试验步骤

（1）硫化氢的脱除　量取5mL试样于试管中，加入5mL酸性硫酸镉溶液后摇动，定性检查硫化氢。若有黄色沉淀出现，则认为有硫化氢存在。具体脱除方法是：把3～4倍分析所需量的试样加到装有等于试样体积一半的酸性硫酸镉溶液的分液漏斗中，剧烈摇动、抽提。分离并放出含有黄色的水相，再用另一份酸性硫酸镉溶液如法抽提。再放出水相，并用三份30mL水洗涤试样，每次洗后将水排出。用快速滤纸过滤洗过的试样，再于试管中进一步检查洗过的试样中有无硫化氢。若还有沉淀出现，则再用酸性硫酸镉溶液抽提，直至硫化氢脱尽。

（2）试样的测定　吸取或称取（称准至0.01g）无硫化氢的试样20～50mL，置于装有100mL滴定溶剂的200mL烧杯中。调整电极位置，使下半部浸入溶剂中。将装有0.01mol/L硝酸银异丙醇标准溶液的滴定管固定好，使其尖嘴端伸至烧杯中液面下约25mm深。调节电磁搅拌器速度，使呈剧烈而无液体飞溅的搅拌。记录滴定管及电位计初始读数。加入适量的0.01mol/L硝酸银异丙醇标准溶液，当电位恒定（变化小于6mV/0.1mL）后，记录电压（mV）和体积（mL）。根据电位变化情况，决定每次加入0.01mol/L硝酸银异丙醇标准溶液的量。当电位变化小时，每次加入量可大至0.5mL；当电位变化大于6mV/0.1mL时，需逐次加入0.05mL。当接近终点时，经过5～10min才能达到恒定电位。继续滴定直至电位突跃过后又呈现相对恒定（电位变化小于6mV/0.1mL）为止。

注意

虽然等待电位恒定重要，但为了避免滴定期间硫化物被空气氧化，尽量缩短滴定时间也很重要。滴定不能中断。

（3）仪器整理　移去滴定管，升高电极夹，先后用醇、水洗净电极，用擦镜纸擦拭。用金相砂纸轻轻摩擦银-硫化银电极。在同一天连续滴定间歇，将两支电极浸在含有0.5mL硝酸银异丙醇标准滴定溶液的100mL滴定溶剂中或浸在上述100mL滴定溶剂中至少5min。

（4）数据处理　将所滴加的0.01mol/L硝酸银异丙醇标准溶液累计体积对相应电极电位作图，终点选在滴定曲线的折点最陡处的最大正值。

说明

使用的仪器不同，滴定曲线的形状可以不同。

6. 计算

用所加0.01mol/L硝酸银异丙醇标准溶液累计体积对相应电极电位作图，终点选在图7-10中滴定曲线的每个"折点"最陡处的最大值。关于终点说明如下。

（1）试样中仅有硫醇　若试样中只有硫醇，产生一条滴定曲线（见图7-10左侧曲线）。

（2）试样中含有硫醇和游离硫 若试样中同时含有硫醇和游离硫（或称元素硫）时，与单纯含有硫醇相比，初始电位应更负（相差150～300mV）。滴定过程中，由于可产生硫化银沉淀，其滴定曲线有如下两种情况：

① 当硫醇存在过量时。硫化银产生沉淀（电位突跃不明显）之后，接着是硫醇银沉淀，其滴定曲线见图7-10的中间曲线。因为全部硫化银来自等物质的量的硫醇，所以，硫醇硫含量必须用硫醇盐终点的总滴定量进行计算。

② 当游离硫存在过量时。硫化银的终点与硫醇银的位置相同（见图7-10的右侧曲线），并且按硫醇进行计算。

试样中硫醇硫的质量分数，按式（7-7）计算。

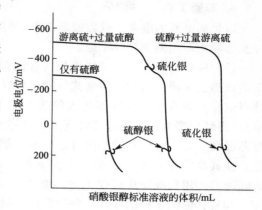

图7-10 说明性的电位滴定曲线

7. 精密度

用下述规定判断试验结果的可靠性（95％置信水平）。

（1）重复性 同一操作者，重复测定两个结果之差不应超过式（7-8）所示数值。

$$r = 0.00007 + 0.027w_1 \tag{7-8}$$

式中 w_1——重复测定的两次硫醇硫含量的平均值，％。

（2）再现性 两个实验室，所得两个结果之差不应超过式（7-9）中所示数值。

$$R = 0.00031 + 0.042w_2 \tag{7-9}$$

式中 w_2——两个实验室测定的硫醇硫含量的平均值，％。

8. 报告

取重复测定两个结果的算术平均值，作为试样的硫醇硫含量。

四、石油产品硫含量的测定（燃灯法）

1. 实训目的

（1）掌握燃灯法测定轻质油品中硫含量 ［GB/T 380—1977(1988)］的原理与试验方法。
（2）掌握容量分析的操作技术。

2. 仪器与试剂

（1）仪器 硫含量燃灯法测定器（见图7-2）；吸滤瓶（500mL或1000mL）；滴定管（25mL）；吸量管（2mL、5mL和10mL）；洗瓶；水流泵或真空泵；玻璃珠（直径5～6mm）；棉纱灯芯。

（2）试剂 碳酸钠（分析纯，配成3％碳酸钠水溶液）；盐酸（分析纯，配成0.05mol/L盐酸标准溶液）；95％乙醇（分析纯）；标准正庚烷；汽油（80～120℃，硫含量不超过0.005％）；石油醚（化学纯，60～90℃）；指示剂（预先配制0.2％溴甲酚绿乙醇溶液和0.2％甲基红乙醇溶液，使用时，用5份体积的溴甲酚绿乙醇溶液和1份体积的甲基红乙醇溶液混合而成，酸性显红色，碱性显绿色）；车用汽油。

3. 方法概要

将石油产品在灯中燃烧，用碳酸钠水溶液吸收生成的二氧化硫，并用化学容量分析法测定。

4. 准备工作

（1）测定器的准备　仪器安装之前，将吸收器、液滴收集器及烟道仔细用蒸馏水洗净。灯及灯芯用石油醚洗涤并干燥。

（2）取样与装样　按试样中硫含量的预测数据，取一定量的试样（硫含量在0.05％以下的低沸点试样，如航空活塞式发动机燃料注入量为4～5mL；硫含量在0.05％以上的较高沸点试样，如汽油、煤油等注入量为1.5～3mL）注入清洁、干燥的灯中（可不必预先称量）。将灯用穿着灯芯的灯芯管塞上。灯芯的下端沿着灯内底部的周围放置。当石油产品把灯芯浸润后，即将灯芯管外的灯芯剪断，使与灯芯管的上边缘齐平。然后将灯点燃，调整火焰，使其高度为5～6mm。随后把灯火熄灭，用灯罩将灯盖上，在分析天平上称量（称准至0.0004g）。用标准正庚烷或95％乙醇或汽油（不必称量）做空白试验。

（3）冒浓烟试样的处理　单独在灯中燃烧而产生浓烟的石油产品（如柴油、高温裂化产品或催化裂化产品等），则取1～2mL试样注入预先连同灯芯及灯罩一起称量过的洁净、干燥的灯中，并称量装入试样的质量（称准至0.0004g）。然后，往灯内注入标准正庚烷或95％乙醇或汽油，使成1:1或2:1的比例，必要时可使成3:1（体积比）的比例，使所组成的混合溶液在灯中燃烧的火焰不带烟。试样和注入标准正庚烷或95％乙醇或汽油所组成的混合溶液的总体积为4～5mL。用标准正庚烷或95％乙醇或汽油（不必称量）做空白试验。

（4）装入吸收溶液　向吸收器的大容器里装入用蒸馏水小心洗涤过的玻璃珠约达2/3高度。用吸量管准确地注入0.3％碳酸钠溶液10mL，再用量筒注入蒸馏水10mL。连接硫含量测定器的各有关部件。

5. 试验步骤

（1）通入空气并调整测定条件　测定器连接妥当后，开动水流泵，使空气自全部吸收器均匀而和缓地通过。取下灯罩，点燃燃灯，放在烟道下面，使灯芯管的边缘不高过烟道下边8mm处。点灯时须用不含硫的火苗，每个灯的火焰须调整为6～8mm（可用针挑拨里面的灯芯）。在所有的吸收器中，空气的流速要保持均匀，使火焰不带黑烟。

（2）稀释后试样的处理　如果是用标准正庚烷或95％乙醇或汽油稀释过的试样，当混合溶液完全燃尽以后，再向灯中注入1～2mL标准正庚烷或95％乙醇或汽油。试样或稀释过的试样燃烧完毕以后，将灯熄灭、盖上灯罩，再经过3～5min后，关闭水流泵。

👆 **说明**

再注入1～2mL标准正庚烷或95％乙醇或汽油（本身基本不含硫分），主要目的是为了将稀释过的试样燃烧彻底，不然将无法测得准确结果。

（3）试样的燃烧量　对未稀释的试样，当燃烧完毕以后，将灯放在分析天平上称量（称准至0.0004g），并计算盛有试样的灯在试验前的质量与该灯在燃烧后的质量间的差值，作为试样的燃烧量。对稀释过的试样，当燃烧再次完毕以后，计算盛有试样灯的质量与未装试样的清洁、干燥灯的质量间的差值，作为试样的燃烧量。

（4）吸收液的收集　拆开测定器并以洗瓶中的蒸馏水喷射洗涤液滴收集器、烟道和吸收器的上部。将洗涤的蒸馏水收集于吸收二氧化硫的0.3％碳酸钠溶液吸收器中。

👆 **说明**

在吸收器中加入1～2滴指示剂，如此时吸收瓶中的溶液呈红色，则认为此次试验无效，应重做试验（若注入 10mL 0.3％碳酸钠溶液的浓度和体积准确，则导致这种情形的两个可能因素是：一是试样含硫量比预计的高，应减少试样的燃烧量；二是空气中有含硫成分，应彻底通风后再行测定）；若溶液呈现绿色，则可正常进行后续试验操作步骤。

（5）滴定操作 在吸收器的玻璃管处接上橡皮管，并用橡皮球或泵对吸收溶液进行打气或抽气搅拌，以 0.05mol/L 盐酸标准溶液进行滴定。先将空白试样（标准正庚烷或 95％乙醇或汽油燃烧后生成物质的吸收溶液）滴定至呈现红色为止，作为空白试验。然后，滴定含有试样燃烧生成物的各吸收溶液，当待测溶液呈现与已滴定的空白试验所呈现的同样的红色时，即达到滴定终点。

注意

另用 0.3％碳酸钠溶液进行滴定，与空白试验进行比较。这两次滴定所消耗 0.05mol/L 盐酸标准溶液体积之差，如超过 0.05mL，即证明空气中已有硫分。在此种情况下，该试验作废，待实验室通风后，再另行测定。〔ST

6. 计算
试样的硫含量按式（7-5）计算。

7. 精密度
平行测定两个结果之差，不应超过表 7-10 所示的数值。

表 7-10 平行试验硫含量（质量分数）测定的重复性要求

硫含量/％	允许差/％
<0.1	≤0.006
≥0.1	≤最小测定值×0.06

8. 报告
取平行测定两个结果的算术平均值，作为试样的硫含量。

*五、深色石油产品硫含量的测定（管式炉法）

1. 实训目的
（1）掌握管式炉法测定深色油品中硫含量（GB/T 387—1990）的原理与试验方法。

（2）熟练掌握容量分析的操作技术。

2. 仪器与试剂
（1）仪器 管式电阻炉（水平型，其长度不小于 130mm，炉膛直径约为 22mm，附温度控制器，能保证加热到 900～950℃，并包括镍铬-镍硅或镍铬-镍铝热电偶装置，见图 7-3）；瓷舟（供装试样燃烧用，新瓷舟在使用前需在 900～950℃燃烧 30min，取出后在室温中冷却、备用）；石英管（带石英弯管）；流量计（测量空气的流速用，其测量范围 0～800mL/min）；洗气瓶（容量不少于 250mL，三个，净化空气用）；水流泵（或实验室用空气压缩机或用实验室装备的压缩空气管线）；量筒（250mL）；微量滴定管（10mL，分度为 0.05mL）；滴定管（25mL，分度为 0.1mL）；吸管（5mL，分度为 0.05mL；10mL，分度为 0.1mL）；细砂（或耐火黏土或石英砂，经 900～950℃煅烧脱硫，并在研钵中研细；经孔径为 0.25mm 的金属过滤器筛选，选取微粒尺寸大于 0.25mm 部分）；白油（或医用凡士林，硫含量小于 5μg/g）；医用脱脂棉。

（2）试剂　硫酸$\left[\text{分析纯，配成}\ c\left(\dfrac{1}{2}\text{H}_2\text{SO}_4\right)=0.02\text{mol/L 硫酸溶液}\right]$；氢氧化钠（分析纯，配成 40％氢氧化钠溶液）；30％过氧化氢（分析纯）；高锰酸钾$\left[\text{化学纯，配成}\ c\left(\dfrac{1}{5}\text{KMnO}_4\right)=0.1\text{mol/L 高锰酸钾溶液}\right]$；邻苯二甲酸氢钾（基准试剂）；95％乙醇（分析纯）；甲基红指示剂（配成 0.2％甲基红乙醇溶液）；亚甲基蓝指示剂（配成 0.1％亚甲基蓝乙醇溶液）；混合指示剂（将甲基红指示剂和亚甲基蓝指示剂溶液按 1∶1 体积比混合）；酚酞指示剂（配成 1％酚酞乙醇溶液）；汽油机油或柴油机油。

3. 方法概要

试样在空气流中燃烧，用过氧化氢和硫酸溶液将生成的亚硫酸酐吸收，生成的硫酸用氢氧化钠标准溶液进行滴定。

4. 准备工作

（1）$c(\text{NaOH})=0.02\text{mol/L}$ 氢氧化钠标准溶液的配制、标定及计算　氢氧化钠标准溶液的配制，可以采用以下方法：称取 3g 氢氧化钠（称准至 0.01g），将其溶解在 3L 蒸馏水中。将得到的溶液仔细地混合，并在暗处存放一昼夜，然后倾出上层清晰层待标定和供分析用。也可以在临用前，将浓度高的氢氧化钠溶液用煮沸并冷却后的蒸馏水稀释，必要时重新标定后供分析用。

氢氧化钠标准溶液的标定：称取于 110～115℃干燥至恒重的邻苯二甲酸氢钾 0.08g（称准至 0.0002g），将其溶于 35mL 新鲜的、重新充分煮沸的蒸馏水中，加入 3～4 滴酚酞乙醇溶液，尽快地用待标定的氢氧化钠标准溶液进行滴定，直至溶液呈淡粉红色，稳定 30s。

氢氧化钠标准溶液的物质的量浓度按式（7-10）计算。

$$c(\text{NaOH})=\frac{1000m_1}{204.2V_1} \tag{7-10}$$

式中　m_1——邻苯二甲酸氢钾的质量，g；

V_1——滴定时，消耗氢氧化钠标准溶液的体积，mL；

1000——单位换算，mL/L，1L＝1000mL；

204.2——邻苯二甲酸氢钾的摩尔质量，g/mol。

（2）测定仪器的准备　在试验前，将接收器、洗气瓶、石英弯管等用蒸馏水洗净，并干燥。

（3）空气净化装置装配　沿空气流入顺序，将高锰酸钾溶液、40％氢氧化钠溶液分别注入洗气瓶中，达到其容量的一半；将医用脱脂棉装入第三个洗气瓶中。然后用橡胶管依次将它们连接起来。

（4）装入吸收溶液并连通气路系统　用量筒量取 150mL 蒸馏水，用两支吸管分别量取 5mL 30％过氧化氢和 7mL 0.02mol/L 硫酸溶液，并注入接收器中。然后用橡胶塞将接收器塞住，该橡胶塞上带有石英弯管和一支连接水流泵的出口管。将石英弯管和石英管连接。将石英管水平地安装在管式电阻炉中，石英管的另一端用塞子塞住，并将侧支管与净化系统连接起来。

（5）检查试验装置的气密性　检查的方法是将接收器的支管连接到水流泵上，整个系统通入空气，然后将净化系统支管上的活塞关闭。此时在接收器和空气净化系统中都不应该有空气泡出现。如果遇到漏气时，则整个系统发生不密闭现象，可以将所有连接处涂上肥皂水，并排除漏气现象。

（6）预热　整个装置气密性检查合格后，打开管式电阻炉电源开关，调节温度控制器，慢慢地把石英管加热到 900～950℃。为了测量和调节管式电阻炉加热的温度，将热电偶插入管式电阻炉内，使热电偶的接合点位于管式电阻炉的中央，它的两端连接在温度控制器上。

注意

如实验室空气的硫含量经常有变化，则可以在洗气瓶前连接一支装有活性炭的 U 形管。

5. 试验步骤

（1）取样　按试样预计硫含量（质量分数不小于 2%，称取 0.1～0.2g；在 2%～5% 间；称 0.05～0.1g），在瓷舟中称入一定量的试样（称准至 0.0002g），使试样均匀地分布在瓷舟的底部。

如果试样的含硫质量分数大于 5%，则用白油（或医用凡士林）预先进行稀释，以使其含硫质量分数不大于 5%。

注意

分析高含硫样品（含硫质量分数大于 5%）时，准许在微量天平上称取少于 0.03g 试样（称准至 0.00003g）；分析石油焦时，可以在研钵中将其研碎。

（2）试样的燃烧　瓷舟中的试样须用预先筛选或煅烧过的细砂（或耐火黏土或石英砂）覆盖。将装有试样的瓷舟放入石英管（放在管式炉进口的前部）。然后很快地将塞子塞住石英管，连接水流泵或空气供给系统，并将空气通入整个系统。空气流速用流量计来测量，其流速约为 500mL/min。

说明

石油焦试样可以不必撒细砂。

试样的燃烧在 900～950℃下进行，燃烧时间为 30～40min；而对芳烃含量为 50% 或大于 50% 的石油产品，燃烧时间为 50～60min。管式电阻炉要逐渐地移到瓷舟的位置上去（或将石英管慢慢地移动，使瓷舟逐渐地置于管式电阻炉的加热部分），试样不准点火。在燃烧完毕以后，将装有瓷舟的石英管放在管式电阻炉中部最红的部分再焙烧 15min。

（3）滴定操作　试验结束时，将管式电阻炉（或石英管）逐渐地移回原来的位置，关闭水流泵，取下接收器。用 25mL 蒸馏水洗涤石英弯管，将洗涤液转入接收器中。向接收器的溶液中加入 8 滴混合指示剂溶液，用氢氧化钠标准溶液进行滴定，直至红紫色变成亮绿色为止。

注意

如果试样中含硫质量分数大于 2%，则滴定时用容量为 25mL 的滴定管。

（4）空白试验　按同样条件，在实测试验前进行。

6. 计算

试样的硫含量按式(7-6)计算。

7. 精密度

按下述规定判断试验结果的可靠性（置信水平为 95%）。

（1）重复性　同一操作者重复测定两次结果之差不应大于表 7-11 所示的数值。

（2）再现性　由两个实验室提出的两个结果之差不应大于表 7-11 所示的数值。

表 7-11 试样硫含量（质量分数）测定的重复性和再现性要求

硫含量/%	重复性/%	再现性/%	硫含量/%	重复性/%	再现性/%
≤1.0	0.05	0.20	>2.0～3.0	0.10	0.30
>1.0～2.0	0.05	0.25	>3.0～5.0	0.10	0.45

8. 报告

（1）取重复测定的两个结果的算术平均值，作为试样的硫含量测定结果。

（2）试验结果修正至 0.01%。

六、石油产品铜片腐蚀试验

1. 实训目的

（1）掌握铜片腐蚀试验的测定 [GB/T 5096—1985(1991)] 原理与试验方法。

（2）熟悉金属试片制备过程与技术。

2. 仪器与试剂

（1）仪器 试验弹（用不锈钢按图 7-11 所示尺寸制作，并能承受 689kPa 试验表压）；

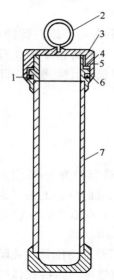

试管（长 150mm、外径 25mm、壁厚 1～2mm，在试管 30mL 处刻一环线）；水浴或其他液体浴（或铝块浴）[能维持在试验所需的温度 40℃±1℃、50℃±1℃ 或 100℃±1℃（或其他所需的温度）范围内，有合适的支架能支持试验弹保持在垂直的位置，并使整个试验弹能浸没在浴液中。有合适的支架能支持住试管在垂直位置，并浸没至浴液中约 100mm 深度]；磨片夹钳或夹具（供磨片时牢固地夹住铜片而不损坏边缘用，只要能夹紧铜片，并使要磨光的铜片表面能高出夹具表面的任何形式的夹具都可以使用）；观察试管（扁平形，在试验结束时，供检验用或在贮存期间供盛放腐蚀的铜片用）；温度计（全浸型，最小分度 1℃ 或小于 1℃，供指示所需的试验温度用，所测温度点的水银线伸出浴介质表面应不大于 25mm）。

☞ 注意

光线对试验结果有干扰，因此，试样在试管中进行试验时，浴器应该用不透明材料制成。

（2）试剂与材料 洗涤溶剂（只要在 50℃，试验 3h 不使铜片变色的任何易挥发、无硫烃类溶剂均可以使用，合适的溶剂有抗爆性试验用异辛烷，也可以选用分析纯的石油醚，90～120℃）；铜片（纯度大于 99.9% 的电解铜，宽为 12.5mm，厚为 1.5～3.0mm，长为 75mm。铜片可以重复使用，但当铜片表面出现有不能磨去的坑点或深道痕迹，或在处理过程中，表面发生变形时，就不能再用）；磨光材料[65μm(240 粒度）的碳化硅或氧化铝（刚玉）砂纸（或砂布）、105μm（150 目）的碳化硅或氧化铝（刚玉）砂粒以及药用脱脂棉]；车用汽油、车用柴油和喷气燃料。

图 7-11 铜片腐蚀试验弹
1—O 形密封圈；
2—提环；3—压力释放槽；4—滚花帽；
5—细牙螺纹；
6—密封圈保护槽；
7—无缝不锈钢管

☞ 注意

在有争议时，洗涤溶剂应该用分析纯异辛烷或标准异辛烷；磨光材料用碳化硅材质。

（3）腐蚀标准色板　本方法用的腐蚀标准色板是由全色加工复制而成的，它是在一块铝薄板上印刷四色加工而成的。腐蚀标准色板是由代表失去光泽表面和腐蚀增加程度的典型试验铜片组成（见表7-6）。为了保护起见，这些腐蚀标准色板嵌在塑料板中。在每块标准色板的反面给出了腐蚀标准色板的使用说明。

为了避免色板可能褪色，腐蚀标准色板应避光存放。试验用的腐蚀标准色板要用另一块在避光下仔细保护的（新的）腐蚀标准色板与它进行比较来检查其褪色情况。在散射的日光（或与散射的日光相当的光线）下，对色板进行观察：先从上方直接看，然后再从45°角看。如果观察到有任何褪色的迹象，特别是在腐蚀标准色板的最左边的色板有这种迹象，则废弃这块色板。

检查褪色的另一种方法是：当购进新色板时，把一条20mm宽的不透明片（遮光片）放在这块腐蚀标准色板带颜色部分的顶部。把不透明片经常拿开，以检查暴露部分是否有褪色的迹象。如果发现有任何褪色，则应该更换这块腐蚀标准色板。

如果塑料板表面显示出有过多的划痕，也应该更换这块腐蚀标准色板。

3. 方法概要

把一块已磨光好的铜片浸没在一定量的试样中，并按产品标准要求加热到指定的温度，保持一定的时间。待试验周期结束后，取出铜片，经洗涤后与腐蚀标准色板进行比较，确定腐蚀级别。

4. 准备工作

（1）试片的制备

① 表面准备。用碳化硅或氧化铝（刚玉）砂纸（或砂布）把铜片六个面上的瑕疵去掉。再用65μm（240粒度）的碳化硅或氧化铝（刚玉）砂纸（或砂布）处理，以除去在此以前用其他等级砂纸留下的打磨痕迹。用定量滤纸擦去铜片上的金属屑后，把铜片浸没在洗涤溶剂中。铜片从洗涤溶剂中取出后，可直接进行最后磨光，或贮存在洗涤溶剂中备用。

表面准备的操作步骤：把一张砂纸放在平坦的表面上，用煤油或洗涤溶剂润湿砂纸，以旋转动作将铜片对着砂纸摩擦，用无灰滤纸或夹钳夹持（见图7-12），以防止铜片与手指接触。另一种方法是用粒度合适的干砂纸（或砂布）装在马达上，通过驱动马达来加工铜片表面。

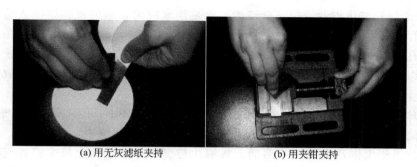

(a)用无灰滤纸夹持　　　(b)用夹钳夹持

图7-12　铜片试片的制备

② 磨光。从洗涤溶剂中取出铜片，用无灰滤纸保护手指来夹拿铜片。取一些105μm（150目）的碳化硅或氧化铝（刚玉）砂粒放在玻璃板上，用1滴洗涤溶剂润湿，并用一块脱脂棉沾取砂粒。用不锈钢镊子夹持铜片，千万不能接触手指。先摩擦铜片各端边，然后将铜片夹在夹钳上，用沾在脱脂棉上的碳化硅或氧化铝（刚玉）砂粒磨光主要表面。磨时要沿

铜片的长轴方向，在返回来磨以前，使动程越出铜片的末端。用一块干净的脱脂棉使劲地摩擦铜片，以除去所有金属屑，直到用一块新的脱脂棉擦拭时不再留下污斑为止。当铜片擦净后，马上浸入已准备好的试样中。

注意

为得到均匀的腐蚀色彩铜片，均匀地磨光铜片各个表面十分重要；如果边缘已出现磨损（表面呈椭圆形），则这些部位的腐蚀大多显得比中心厉害得多；使用夹钳会有助于铜片表面磨光。

(2) 取样 对会使铜片造成轻度变暗的各种试样，应该贮放在干净的深色玻璃瓶、塑料瓶或其他不致影响到试样腐蚀性的合适的容器中。

容器要尽可能装满试样，取样后立即盖上。取样时要小心，防止试样暴露于直接的阳光下，甚至散射的日光下。实验室收到试样后，在打开容器后尽快进行试验。

如果在试样中看到有悬浮水（浑浊），则用一张中速定性滤纸把足够体积的试样过滤到一个清洁、干燥的试管中。此操作尽可能在暗室或避光的屏风下进行。

注意

镀锡容器会影响试样的腐蚀程度，因此，不能使用镀锡铁皮容器来贮存试样；在整个试验进行前、试验中或试验结束后，铜片与水接触会引起变色，使铜片评定造成困难。

5. 试验步骤

(1) 试验条件 不同的产品采用不同的试验条件，下面叙述的温度和时间大多数是通常使用的条件，现分述如下。

① 喷气燃料。把完全清澈和无任何悬浮水或内含水的试样倒入清洁、干燥的试管中30mL 刻线处，并将经过最后磨光的干净的铜片在 1min 内浸入该试管的试样中。把该试管小心地滑入试验弹中，并把弹盖旋紧。把试验弹完全浸入已维持在 100℃±1℃ 的水浴中。在浴中放置 120min±5min 后，取出试验弹，并在自来水中冲几分钟。打开试验弹盖，取出试管，按下述步骤 (2) 检查铜片。

② 车用柴油、车用汽油。把完全清澈、无悬浮水或内含水的试样，倒入清洁、干燥的试管中 30mL 刻线处，并将经过最后磨光的干净的铜片在 1min 内浸入该试管的试样中。用一个有排气孔（打一个直径为 2～3mm 的小孔）的软木塞塞住试管。把该试管放到已维持在 50℃±1℃ 的浴中。在试验过程中，试管的内容物要防止强烈的光线。在浴中放置 180min±5min 后，按下述步骤 (2) 检查铜片。

(2) 铜片的检查 把试管的内容物倒入 150mL 高型烧杯中，倒时要让铜片轻轻地滑出，以避免碰破烧杯。用不锈钢镊子立即将铜片取出，浸入洗涤溶剂中，洗去试样。立即取出铜片，用定量滤纸吸干铜片上的洗涤溶剂。将铜片与腐蚀标准色板比较来检查变色或腐蚀迹象。比较时，将铜片和腐蚀标准色板对光线成 45°角折射的方式拿持，进行观察。

如果把铜片放在扁平试管中，能避免夹持的铜片在检查和比较过程中留下斑迹和弄脏。扁平试管要用脱脂棉塞住。

6. 结果的表示与判断

(1) 结果的表示 如表 7-6 所示，腐蚀分为 4 个等级。当铜片是介于两种相邻的标准色阶之间的腐蚀级别时，则按其变色严重的腐蚀级判断试样。当铜片出现有比标准色板中 1b

还深的橙色时，则认为铜片仍属 1 级；但是，如果观察到有红颜色时，则所观察的铜片判断为 2 级。

2 级中紫红色铜片可能被误认为黄铜色完全被洋红色的色彩所覆盖的 3 级。为了区别这两个级别，可以把铜片浸没在洗涤溶剂中，2 级会出现一个深橙色，而 3 级不变色。

为了区别 2 级和 3 级中多种颜色的铜片，把铜片放入试管中，并把这支试管平躺在 315～370℃ 的电热板上 4～6min。另外用一支试管，放入一支高温蒸馏用温度计，观察这支温度计的温度来调节电炉的温度。如果铜片呈现银色，然后再呈现为金黄色，则认为铜片属 2 级；如果铜片出现如 4 级所述透明的黑色及其他各色，则认为铜片属 3 级。

在加热浸提过程中，如果发现手指印或任何颗粒或水滴而弄脏了铜片，则需重新进行试验。

如果沿铜片平面的边缘棱角出现一个比铜片大部分表面腐蚀级还要高的腐蚀级别的话，则需重新进行试验。这种情况大多是在磨片时磨损了边缘而引起的。

（2）结果的判断　如果重复测定的两个结果不相同，则重新进行试验。当重新试验的两个结果仍不相同时，则按变色严重的腐蚀级来判断试样。

7. 报告

按表 7-6 级别中的一个腐蚀级报告试样的腐蚀性，并报告试验时间和试验温度。

测试题

1. 名词术语

（1）水溶性酸、碱　　　（2）酸度　　　（3）酸值　　　（4）硫含量

（5）博士试验法　　　（6）铜片腐蚀　　　（7）铜片腐蚀

2. 判断题（正确的画"√"，错误的画"×"）

（1）石油产品中的水溶性酸、碱多为油品精制工艺中加入的酸、碱残留物。　　　（　　）

（2）柴油机油酸值增值大于 2.0mgKOH/g 时，必须更换机油。　　　（　　）

（3）国产车用汽油（Ⅳ）质量指标中，规定硫含量不大于 0.015％。　　　（　　）

（4）电位滴定法定量测定油品中硫醇性硫时，每次滴定前后，都应保持玻璃参比电极下部浸泡在冷铬酸洗液中。　　　（　　）

（5）燃灯法测定油品硫含量时，规定不许用火柴等含硫引火器具点火。　　　（　　）

3. 填空题

（1）测定石油产品水溶性酸、碱时，对 50℃ 运动黏度大于 ____ mm²/s 的油品，应预先在室温下用 ____ mL 汽油稀释，然后加入 ____ mL 加热至 _____ 的蒸馏水抽提。

（2）含硫质量分数为 _____ 之间的称含硫原油。

（3）博士试验法主要用于定性检测 _____ 、 _____ 及 _____ 等轻质石油产品和芳烃中 _____ ，也可检测其中的 _____ 。

（4）博士试验法初步试验时，若在摇动期间溶液变成 _____ ，然后颜色 _____ ，则表示有 _____ 和 _____ 存在，则直接报告为 _____ 。

（5）燃灯法测定石油产品硫含量的基本原理是：将试样装入特定的灯中进行完全燃烧，使试样中的含硫化合物转化为 _____ ，并用 _____ 水溶液吸收，再用已知浓度盐酸溶液滴定，由滴定时消耗盐酸溶液 _____ ，计算出试样的 _____ 。

（6）测定石油产品中含硫化合物与硫含量常用试验方法有 _____ 、 _____ 、

_____ 、_____和_____。

4. 选择题

(1) 测定石油产品水溶性酸、碱时，当试样与蒸馏水混合易于形成难以分离的乳浊液时，须用 $50\sim60℃$ （　　）的 95% 乙醇水溶液作抽提溶剂来分离试样中的酸、碱。

A. $2:1$　　　　　　B. $1:1$　　　　　　C. $1:2$　　　　　　D. $3:1$

(2) 中和 100mL 石油产品所需氢氧化钾质量称为（　　），以 mgKOH/100mL 表示。

A. 酸值　　　　　　B. 碱值　　　　　　C. 酸度　　　　　　D. 中和值

(3) 博士试验法所用的博士试剂为（　　）溶液。

A. $(CH_3COO)_2Pb$　　B. CH_3COOH　　C. $NaOH$　　　　D. Na_2PbO_2

(4) 氨-硫酸铜法目前仅作为（　　）中硫醇性硫含量测定的方法。

A. 2 号喷气燃料　　B. 3 号喷气燃料　　C. 1 号喷气燃料　　D. 车用汽油

(5) 硫醇极易被氧化为二硫化物，从而由"活性硫"转变为"非活性硫"。因此，电位滴定法测定油品硫含量时，要求每天在测定前，都要用快速氮气流净化滴定溶剂（　　）min，以除去溶解氧，保持隔绝空气。

A. 5　　　　　　　　B. 10　　　　　　　C. 15　　　　　　　D. 20

5. 简答题

(1) 水溶性酸、碱的测定原理是什么，如何判断油品中有无水溶性酸、碱？

(2) 测定试样的酸含量时，为何采用 95% 乙醇水溶液（$1:1$）来抽提待测物，而不单独使用蒸馏水或乙醇溶剂？

(3) 博士试验法的最后试验所加试剂是什么？其目的是什么？

(4) 为什么银片腐蚀试验对试样中含有的悬浮水，需要用滤纸将其滤去？而铜片腐蚀试验通常不允许这样做？

(5) 在进行腐蚀试验操作过程中，有人为了节省时间或回避重复工作，或为了尽快获得多组平行试验数据，向同一盛有试样的试管内，同时放入多于标准试验方法规定的金属试片，这种做法是否妥当？请说明理由。

6. 计算题

用管式炉法测定某试样的含硫量时，取试样 0.1100g，所用氢氧化钠滴定溶液的物质的量浓度为 0.0220mol/L，滴定吸收溶液消耗氢氧化钠溶液 9.8mL，滴定空白溶液消耗氢氧化钠溶液 6.5mL，计算此样品中含硫的质量分数。

第八章
油品安定性的分析

 学习指南

  本章主要介绍汽油、柴油、喷气燃料和润滑油等油品的安定性评定方法,主要有实际胶质、诱导期、安定性及碘值和溴值等指标。导致油品不安定倾向的内因是不饱和烃类和非烃类组分,当然油品质量下降也与受热、空气氧化和金属催化等外因密切相关。鉴于不同油品的组成和应用环境区别较大,全章内容安排上是先从油品氧化变质的一般机理着手,再按油品类型介绍其安定性评定的标准试验方法。

  学习时应注重理解有关内容的基础知识与术语;掌握评价指标的实际意义;掌握分析方法原理、试验步骤的概要;了解影响测定结果的主要因素。

  石油产品在运输、贮存以及使用过程中,保持其质量不变的性能,称为油品的安定性。油品在运输、贮存以及使用过程中,常有颜色变深、胶质增加、酸度增大、生成沉渣的现象,这是由于油品在常温条件下氧化变质的缘故,属化学性质变化,称之为化学安定性或抗氧化安定性;油品在较高的使用温度下,产生的氧化变质倾向,属于热氧化安定性范畴,又称热安定性。通常讨论的油品安定性指的就是其化学安定性或热氧化安定性。

  由于不同油品的组成存在差异,且实际应用环境不尽相同,故评价各种油品安定性的试验方法也有区别,通常从以下两个方面考虑:一是测定油品中不饱和烃或非烃类物质的含量(如碘值、实际胶质等),以预测油品的变质倾向;二是人为施加于油品一个模拟加速氧化变质条件(如升高温度或供给氧气等),来预测特定使用环境下油品的不稳定倾向(如诱导期、氧化安定性等)。

第一节 汽油的安定性

一、评定汽油安定性的意义

  安定性差的汽油,在运输、贮存及使用过程中会发生氧化反应,易于生成酸性物质、黏稠的胶状物质及不溶沉渣,使油品颜色变深,导致辛烷值下降且腐蚀金属设备。汽油中生成的胶质较多,会使发动机工作时油路阻塞,供油不畅,混合气变稀,气门被黏着而关闭不严;还会使积炭增加,导致散热不良而引起爆震和早燃等;沉积于火花塞上的积炭,还可能造成点火不良，甚至不能产生电火花。以上原因都会引起发动机工作不正常。

评定汽油安定性的质量指标有实际胶质和诱导期，具体指标见附录一。

二、影响汽油安定性的因素

油品安定性首先取决于油品的化学组成，特别是不饱和烃类和非烃类物质含量；其次是运输、贮存和使用条件，如光照、受热、空气氧化以及金属催化等。油品中的不安定组分在阳光照射、基体受热、空气氧化以及金属催化的情况下，会发生氧化、聚合、缩合等反应，生成酸性物质、黏稠胶质等，严重时可从石油产品中析出，形成固态沉积，导致油品质量下降或恶化。油品安定性变差的明显特征是其颜色变深、酸度（值）上升、胶质增加。

一般而言，含硫原油、高硫原油的二次加工所得的汽油，含不饱和烃较多，含硫、氮、氧化合物也相应增多，安定性较差。油品中的硫、氧、氮等非烃化合物与不饱和烃的协同作用，可使形成胶质产生沉淀的可能性增大，这将严重影响油品的贮存安定性、热安定性和抗氧化安定性。研究表明，油品中含硫化合物对其安定性影响尤为显著，特别是有戊二烯、吡咯等同时存在的情况下，将会大大促进其他不安定组分形成沉淀。

油品形成胶状物质沉淀的原因十分复杂，但一般认为低温时沉淀的生成是自由基氧化反应的结果，高温时沉淀的生成主要是油品中不安定组分裂解和自由基引发氧化、聚合、缩合等反应造成的。在贮存过程中或使用条件下，只要具备光照、氧气、高温和金属催化条件，油品中的一些不安定组分就能分解出活泼的自由基，进而加速油品氧化变质进程。下面仅以共存的硫醇、烯烃为例，简要说明在环境因素的影响下，氧化变质的一般机理。

在贮存和使用过程中，当与金属接触并有氧气存在的情况下，油品中的硫醇会发生如下反应：

$$4RSH + 2Cu + O_2 \longrightarrow RSSR + 2CuSR + 2H_2O$$

生成的二硫化物，可进一步被氧化分解，形成活泼的自由基。

$$RSSR \longrightarrow 2RS\cdot$$

自由基（RS·）极不稳定，在油品氧化变质过程中起着引发剂作用，能够使烯烃转化为活性自由基。

$$RCH=CH_2 + RS\cdot \longrightarrow RSCH_2\overset{\cdot}{C}HR$$

该活性自由基进一步被氧化，可形成含硫过氧化物。

$$RSCH_2\overset{\cdot}{C}HR + O_2 \longrightarrow RSCH_2CHR \atop \qquad\qquad O-O\cdot$$

过氧化物进一步与硫醇发生反应，生成含硫酸性物质和新的自由基。

$$RSH + RSCH_2CHR \longrightarrow RSCH_2CHR + RS\cdot \atop \qquad\quad O-O\cdot \qquad\qquad\quad O-OH$$

上述氧化反应循环过程中，自由基是诱发油品中不饱和烃和非烃类物质不安定的"罪魁祸首"。自由基与烯烃的加成反应，使不饱和烃也转化为活性组分，这类活性组分易于被氧气进一步氧化，生成更不安定的过氧化物，过氧化物反过来又使硫醇转化成极不稳定的含硫酸性物质和更多的自由基。只要油品中存在不饱和烃类和非烃类物质（尤其是含硫化合物），这种通过自由基引发所诱导的氧化反应就会不断地持续下去，并最终导致酸性产物（$RSCH_2CH\overset{\cdot}{O}OHR$）转化成黏稠胶状沉渣。硫醚等不安定组分在光照、氧气、高温或金属催化条件下也能生成自由基。

$$Ar—S—CH_3 \xrightarrow{\text{光或热}} Ar—S\cdot + \cdot CH_3$$

当然，经自由基诱发促使油品中不饱和烃类和非烃类化合物最终形成胶质和沉淀的全部反应过程，还要经过许多复杂的反应历程，如聚合、缩合过程等。

其他油品的不安定倾向，基本上也是遵循上述自由基氧化反应机理。

三、评定汽油安定性的方法

评定汽油和航空活塞式发动机燃料安定性的指标及试验方法见表8-1。

表 8-1　汽油安定性的主要指标及试验方法

油　品	安定性指标		试 验 方 法
车用汽油 (GB 19147—2011)	溶剂洗胶质含量/(mg/100mL)	≤5	GB/T 8019—2008《燃料胶质含量的测定　喷射蒸发法》
	诱导期/min	≥480	GB/T 8018—1987《汽油氧化安定性测定法(诱导期法)》
车用乙醇汽油(E10) (GB 18351—2010)	溶剂洗胶质含量/(mg/100mL)	≤5	GB/T 8019—2008《燃料胶质含量的测定　喷射蒸发法》
	诱导期/min	≥480	GB/T 8018—1987《汽油氧化安定性测定法(诱导期法)》
航空活塞式发动机燃料 (GB/T 1787—2008)	实际胶质/(mg/100mL)	≤3	GB/T 8019—2008《燃料胶质含量的测定　喷射蒸发法》
	氧化安定性(5h 老化) 潜在胶质/(mg/100mL)	≤6	SH/T 0585—1994(2004)《航空燃料氧化安定性测定法(潜在残渣法)》

下面着重介绍汽油安定性的溶剂洗胶质含量和诱导期两个重要指标。

1. 溶剂洗胶质含量

汽油在贮存和使用过程中形成黏稠、不易挥发的褐色胶状物质称为**胶质**。根据溶解度的不同，胶质可分为不溶性胶质（或称沉渣，在汽油中形成沉淀，可用过滤方法分离出来）、可溶性胶质（以溶解状态存在于汽油中，通过蒸发的方法可使其作为不挥发物质残留下来）、黏附胶质（黏附于容器壁，不溶于有机溶剂）三种类型，合称为总胶质。溶剂洗胶质主要指第二类胶质，此外还包括测试过程中产生的胶质。

溶剂洗胶质含量是指在试验条件下测得车用汽油蒸发残留物中不溶于正庚烷的部分，以 mg/100mL 表示。实际胶质是指在试验条件下测得航空活塞式发动机燃料等油品的蒸发残留物，而未经正庚烷洗涤处理的部分，以 mg/100mL 表示。

溶剂洗胶质含量是表示发动机燃料抗氧化安定性的一项重要指标，用以评定燃料使用时在发动机中（进气管和进气阀上）生成胶质的倾向；也是发动机燃料贮存时控制的重要指标（见表 8-1），据此可判断其能否使用和继续贮存，因此应定期测定实际胶质。

溶剂洗胶质含量试验按 GB/T 8019—2008《燃料胶质含量的测定法　喷射蒸发法》进行。该标准适用于测定车用汽油、车用乙醇汽油、航空活塞式发动机燃料和喷气燃料的溶剂洗胶质含量和实际胶质。

如图 8-1 所示，其装置分为三部分：进气系统（空气或蒸汽，包括蒸汽过热器）、测量系统（包括气体流量计和温度计）和蒸发浴（金属块浴或电加热液体浴）。

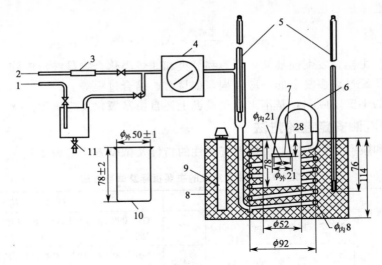

图 8-1　喷射蒸发法胶质含量测定仪（单位 mm）

1—蒸汽源；2—空气源；3—棉花或玻璃棉过滤器；4—流量计；5—温度计；

6—可拆卸锥形转换器；7—铜网；8—金属块浴；9—温度调节器；10—烧杯；11—汽阱

测定时，将 50mL 试样在控制温度（150～160℃）、空气流速（车用汽油要求使用空气流，流速为 1000mL/s）和蒸发时间（30min）的条件下蒸发，并分别称量正庚烷抽提前后的残渣质量，所得结果以 mg/100mL 报告，分别称为车用汽油的未洗胶质含量和溶剂洗胶质含量。

对车用汽油的试验目的是测定试样在试验以前和试验条件下形成的氧化物。由于车用汽油生产中常有意加入非挥发性油品或添加剂，因此，用正庚烷抽提使之从蒸发残渣中除去是必要的。

$$X_1 = (m_C - m_D + m_X - m_Z) \times 2000 \qquad (8\text{-}1)$$

$$X_2 = (m_B - m_D + m_X - m_Y) \times 2000 \qquad (8\text{-}2)$$

式中　X_1——车用汽油的溶剂洗胶质含量，mg/100mL；

　　　X_2——车用汽油的未洗胶质含量，mg/100mL；

　　　m_B——抽提前试样烧杯和残渣质量，g；

　　　m_C——抽提干燥后试样烧杯和残渣质量，g；

　　　m_D——空试样烧杯质量，g；

　　　m_X——实验最初记下的配衡烧杯质量，g；

　　　m_Y——抽提前配衡烧杯质量，g；

　　　m_Z——抽提干燥后配衡烧杯质量，g；

　　2000——以 mg/100mL 为单位表示胶质含量时，50mL 试样所对应的换算系数，mg/（100mL·g）。

测定实际胶质的试验方法还有 GB/T 509—1988《发动机燃料实际胶质测定法》。目前该方法仅用于喷气燃料实际胶质的测定。

2. 诱导期

（1）诱导期　诱导期是指在规定的加速氧化条件下，油品处于稳定状态所经历的时间，以 **min** 表示。

诱导期是国际普遍采用的评定汽油抗氧化安定性的重要指标，它表示汽油在长期贮存中氧化并生成胶质的倾向。诱导期越长，油品形成胶质的倾向越小，抗氧化安定性越好，油品越稳定，可以贮存的时间越长。但并不是所有的油品都是如此，当油品胶质形成的过程以缩（聚）合反应为主时，并不遵循这一规律。例如，有的石油产品在试验条件下并不是以吸收氧气后的氧化过程作为优势反应，虽然在测定过程中氧气的消耗量不多且实测诱导期又较长，但贮存过程中生成胶质的速率仍很快，安定性并不好。

通常情况下，经由热裂化、催化裂化炼制工艺所制得的汽油，由于油品中含有一定量的不饱和烃（尤其是二烯烃），其诱导期较短、极易被氧化，贮存时容易形成胶质；而经由直馏、催化重整及加氢精制所制得的汽油产品，其诱导期相对较长，有的可高达 1500min 以上，实际贮存时的效果也很好。一般汽油诱导期为 360min 时可贮存 6 个月；只有诱导期达到 480min 以上的汽油，才适宜于较长时间地贮存（见表 8-1）。

要提高汽油的安定性，除改进炼制工艺以外，还可采用往油品中加入抗氧防胶剂和金属钝化剂的措施，延缓其氧化速率。

（2）测定方法概述　GB/T 8018—1987《汽油氧化安定性测定法（诱导期法）》适用于测定在加速氧化条件下汽油的氧化安定性。

试验时，将盛有 50mL 试样的氧弹放入到 100℃ 水浴内加热，连续或每隔 15min 记录压力（以备绘制压力-时间曲线），直至转折点，则从氧弹放入水浴到转折点这段时间，即为诱导期。

氧弹放入沸水后，弹体内的气体先是受热膨胀，压力升高，然后在一定的时间内压力保持不变，这是由于氧化初期吸氧很慢，随着过氧化物的积累，氧化反应加速进行。当压力-时间曲线上第一个出现 15min 内压力降达到 13.8kPa，而继续 15min 压力降又不小于 13.8kPa 时的初始点，即称为转折点。

试验所用的玻璃样品瓶和氧弹见图 8-2 和图 8-3，试验具体步骤如下。

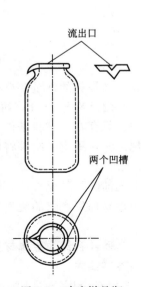

图 8-2　玻璃样品瓶

注：样品瓶口部 V 形凹槽中的一个必须
有足够的凹度作为倾倒口

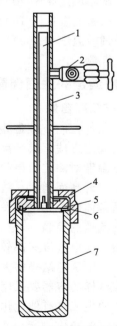

图 8-3　汽油氧化安定性试验用氧弹

1—填杆；2—角阀；3—弹杆；4—闭合圈；
5—密封圈；6—弹盖；7—弹体

(1) 排除氧弹内原有空气 在 15～25℃ 的温度下，将玻璃样品瓶放入弹内，加入 50mL 试样，盖上样品瓶，关紧氧弹，通氧气至表压 689～703kPa 为止，再匀速缓慢（不小于 15s）地放出气体，以冲出弹内原有空气。

(2) 试漏 通氧气至表压为 689～703kPa，观察压力降，对于开始时由于氧气在试样中的溶解作用而引起迅速变化的压力降（一般不大于 41.4kPa）不予考虑。如果在以后的 10min 内压力降不超过 6.89kPa，则视为无泄漏，可进行试验而不必重新升压。

(3) 测定诱导期 将盛有试样的氧弹放入剧烈沸腾的水浴中（避免摇动！），此时记录试验起始时间。维持水浴温度为 98～102℃ 之间。试验过程中，按时观察温度（读准至 0.1℃），计算平均温度（精确至 0.1℃），作为试验温度。连续记录氧弹内的压力，如果用一个指示压力表，则每隔 15min 或更短的时间记录一次压力读数。继续试验，直至转折点，记录从氧弹放入水浴直到转折点这段时间即为试验温度下的油品实测诱导期。试验时应注意：如果在试验开始的 30min 内，泄漏增加（用 15min 内稳定压力降大大超过 13.8kPa 来判断），则试验作废；如果试验地区的大气压一贯低于 101.3kPa，则允许往水里加入较高沸点的液体（如乙二醇），使水浴温度维持在 98～102℃ 之间。

(4) 拆卸清洗仪器 先冷却氧弹，然后慢慢放掉（每次不少于 15s）氧弹内的压力，清洗氧弹和样品瓶，为下次试验做准备。

(5) 计算 如果试验温度不等于 100℃，则需用式(8-3) 和式(8-4) 对实测诱导期进行修正。

$$t_1 = t_0(1 + 0.101\Delta t) \tag{8-3}$$

$$t_2 = \frac{t_0}{1 + 0.101\Delta t} \tag{8-4}$$

式中 t_0——试验温度下的实测诱导期，min；

t_1——试验温度高于 100℃ 时，修正后的诱导期，min；

t_2——试验温度低于 100℃ 时，修正后的诱导期，min；

Δt——试验温度和 100℃ 之间的代数差，℃；

0.101——常数。

四、影响测定的主要因素

1. 溶剂洗胶质含量

(1) 称量条件控制 准备盛放试样的烧杯及试验后含有残渣烧杯的称量要严格按操作规程进行。即按规定方法干燥结束后，要放进冷却容器中在天平附近冷至少 2h，再进行称量。

(2) 加热温度对测定结果的影响 一般来说，在空气中有氧存在的试验条件下，胶质生成速率随温度的升高而增大，故控制的水浴温度超过标准规定时，测定的结果将偏大；温度过低时，油品基体成分无法蒸发完全，测定的结果也偏大。

(3) 空气流速的控制 若初始阶段空气流速较大，会引起油滴飞溅至外面，则测定结果偏低；若自始至终空气流速都较小，由于施加于试样中的携带易挥发产物的流速低且氧气的供应量也不足，则测定结果偏大。

(4) 盛装试样的容器要采用玻璃质仪器 对同一试样，当盛样容器为金属材质时，由于其对试样胶质的生成具有催化作用，则所测结果通常比玻璃容器偏大。

(5) 空气流的净化程度 采用钢瓶供应空气效果较为理想；当用空气压缩机供应空气时，设备中润滑油容易夹带在供气流中，如果净化过程效果不佳，这类油污在测试温度下又难以蒸发，则使测定结果偏大；用工业风管作为空气流来源时，也要注意净化问题，以免把水分、油分、铁锈等杂质带入盛样烧杯中。

2. 诱导期

（1）氧气压力　在调试诱导期测定器的气路密闭性时，灌入的氧气量要符合标准规定，在较低或较高压力下通入氧气的目的，一方面在于吹出弹内的空气，另一方面是为了检查气路系统各部件在规定压力下能否正常工作。在 15～20℃ 温度下，应调整弹内的氧气压力为 686.5kPa±4.9kPa，并要保证不漏气。

（2）测定器安装状况　测定器安装状况对测定结果影响很大，若漏气，哪怕是难以发觉的渗漏，都会造成测定结果的不准确。为了确保供气系统严密不漏气，应正确使用测定器上的各丝扣部件，拧紧时必须对称，用劲要均匀，平时还应做好维护工作。

（3）水浴温度　温度是诱导期测定的主要条件之一，温度的高低直接影响测定结果的精密度。应用 GB/T 256—1964（1990）标准方法测定时，水浴温度必须控制在 100℃±1℃ 范围，而应用 GB/T 8018—1987 标准方法测定时，水浴温度允许控制在 100℃±2℃ 范围内。应注意根据当地气压的高低适当调整浴液，如大气压力低，当水被加热至沸腾状态仍达不到试验温度要求，可添加适量甘油或乙二醇，或直接采用油浴装置。

 石油产品分析仪器介绍

油品实际胶质测定器

图 8-4 为 MW4-PJ 型喷射蒸发式实际胶质仪。该仪器符合 GB/T 8019—2008 要求。该仪器具有自动控制、数字显示的特点，其操作方便，控制准确、可靠，配套齐全。

油品诱导期测定器

图 8-5 为 SYD-8018C 汽油氧化安定性测定器（诱导期法）。该仪器符合 GB/T 8018—1987 要求。该仪器主机采用 PC 机与下位机进行串行通讯实现对温度、压力的检测和控制，操作简便，界面美观，资料存储和处理方便、快捷，配备打印机可直接打印报告曲线资料。

图 8-4　MW4-PJ 型喷射蒸发式实际胶质仪

图 8-5　SYD-8018C 汽油氧化安定性
　　　　测定器（诱导期法）

第二节　柴油的安定性

一、评定柴油安定性的意义

与汽油相似，影响柴油安定性的主要因素是其化学组成，如不饱和烃（如烯烃、二烯烃）以及含硫、氮化合物等。特别是二烯烃，极易氧化生成胶质，长期贮存，会使柴油颜色变深，易在油罐或油箱底部、油库管线内生成沉渣。例如，柴油机在炎热的夏季使用过程中，油箱温度可达 60～80℃，由于剧烈振荡，溶解氧可达饱和程度，进入燃油系统后，由于温度继续升高及金属催化作用，不安定组分会急剧氧化生成胶质。这些胶质堵塞滤清器，会影响供油；沉积在喷嘴上，会影响雾化质量，导致不完全燃烧，甚至中断供油；沉积在燃烧室壁，会形成积炭，加剧设备磨损。

使用贮存安定性好的柴油，能保证柴油机正常工作。我国车用柴油（GB 19147—2013）和普通柴油（GB 252—2011）的安定性用总不溶物评定。并要求总不溶物含量不大于 2.5mg/100mL。

二、柴油安定性测定方法概述

SH/T 0175—2004《馏分燃料油氧化安定性测定法（加速法）》 适用于评定初馏点不低于 175℃、90％点温度不高于 370℃的中间馏分燃料油的固有安定性；但不适用于含渣油的燃料油以及主要组分是非石油成分的合成燃料油。

测定的基本原理是：在不存在水或活性金属表面以及污染物等环境因素的情况下，加温、通氧，以测定试样暴露于大气中的抗变化能力，这种能力称为固有安定性。

测定时，将已过滤的 350mL 试样注入氧化管，通入氧气，速度为 50mL/min。在95℃的温度条件下氧化 16h；然后将氧化后的试样冷却到室温，过滤，得到可过滤的不溶物；用三合剂（等体积混合的丙酮、甲醇和甲苯）把黏附性不溶物从氧化管上洗下来，蒸发除去三合剂，得到黏附性不溶物；**可过滤的不溶物与黏附性不溶物之和即为总不溶物量**，以 mg/100mL 表示。

黏附性不溶物是指在试验条件下，试样在氧化过程中产生并在试样放出后黏附在氧化管壁上的不溶于异辛烷的物质。而可过滤的不溶物，是指在试验条件下，试样在氧化过程中产生并通过过滤分离出来的物质，它包括两部分，一部分是氧化后在试样中悬浮的物质，另一部分是在管壁上易于用异辛烷洗下来的物质。

350mL 试样氧化后，可滤出不溶物的量按式（8-5）计算。

$$X_1 = \frac{m_2 - m_1}{350} \times 100 = \frac{m_2 - m_1}{3.5} \tag{8-5}$$

式中　X_1——试样氧化后，可滤出不溶物的量，mg/100mL；

　　　m_1——下层（空白样）滤膜的质量，mg；

　　　m_2——上层（试样）滤膜的质量，mg。

350mL 试样氧化后，黏附性不溶物的量按式（8-6）计算。

$$X_2 = \frac{(m_6 - m_4) - (m_5 - m_3)}{350} \times 100 = \frac{(m_6 - m_4) - (m_5 - m_3)}{3.5} \tag{8-6}$$

式中　X_2——试样氧化后，黏附性不溶物的量，mg/100mL；

　　　m_3——空白试验的烧杯质量，mg；

　　　m_4——试样试验的烧杯质量，mg；

m_5——空白试验后，烧杯及其内容物的总质量，mg；

m_6——试样试验后，烧杯及其内容物的总质量，mg。

350mL 试样氧化后，总不溶物的量按式(8-7) 计算。

$$X = X_1 + X_2 \tag{8-7}$$

式中　X——350mL 试样氧化后，总不溶物的量，mg/100mL；

　　　X_1——试样氧化后，可滤出不溶物的量，mg/100mL；

　　　X_2——试样氧化后，黏附性不溶物的量，mg/100mL。

三、影响测定的主要因素

（1）金属及金属离子的催化氧化作用　氧化是导致生成不溶物的主要原因，铜、铬等金属及其离子均对氧化反应有催化作用，会使生成不溶物的量增加。因此，在使用前要彻底清洗掉金属残渣，同时为防止铬离子的残留，不允许用铬酸洗液清洗所有玻璃仪器和氧化管。

（2）试剂纯度　如果在三合剂中使用了纯度不高的试剂，将会引起黏附性不溶物量的增加，因此在配制三合剂时必须使用分析试剂或纯度更高的试剂。

（3）光线照射　试样暴露于紫外光下，会引起总不溶物量的增加。因此，试验用的样品必须避免阳光（或荧光）；在试样的取样、测量、过滤和称量的全部操作过程应避免阳光直射；试样通氧前的保存、通氧操作、通氧后的降温应在暗处进行。

第三节　喷气燃料的安定性

一、评定喷气燃料安定性的意义

喷气燃料是喷气式飞机高空飞行的动力燃料。出于安全考虑，对喷气燃料的质量指标要求也比较苛刻，总共有 30 多项检测指标。喷气燃料通常是由直馏馏分或加氢精制所制得的产品，其不饱和烃与非烃化合物含量相对较少，贮存安定性也较高。容易做到长期贮存不氧化生胶及引起颜色变化，满足国防对军用喷气燃料保持一定储备量的需要。

喷气燃料在超音速飞机中工作时，由于空气动力加热，可使飞机表面温度上升。例如，当环境温度为 $-56℃$，飞机在 18km 高空以 2.2M（M 读作马赫，表示音速，1M 约为 1224km/h）速度飞行时，表面温度达到 150～200℃，油箱温度高达 85℃；若飞行速度为 3M，翼前部温度高达 260℃，油箱平均温度约为 110℃。在这样高的温度下，燃料中的不安定组分与溶解氧作用，易生成胶质沉渣。这些胶质沉渣黏附在热交换器器壁上，会降低冷却效率；沉积在燃料导管、过滤器和喷嘴上，会使其压力降升高，致使燃料喷射不均，燃烧不完全，甚至堵塞油路，造成供油中断，引发飞行事故。因此，还要求喷气燃料必须具有良好的热安定性。**热安定性是指油品抵抗发动机燃油系统较高温度和溶解氧作用而不生成沉渣的能力，又称为热氧化安定性。**

评定喷气燃料安定性的指标有碘值、烯烃含量（详见本章第五节）、实际胶质（见本章第六节）、过滤器压力降和管壁评级。例如，我国 GB 6537—2006《3 号喷气燃料》的热安定性用 260℃，2.5h 过滤器压力降和管壁评级评定。并要求压力降不大于 3.3kPa；管壁评级小于 3 级，且无孔雀蓝色或异常沉淀物。

二、喷气燃料安定性测定方法概述

GB/T 9169—2010《喷气燃料热氧化安定性的测定　JFTOT 法》属于动态模拟试验，即采用专门仪器模拟航空涡轮发动机燃油系统的工作状况，评定喷气燃料产生分解沉淀物的倾向。

测定原理是：采用动态模拟发动机燃料油供给系统实际工作状况，通过计量泵将试验油品以固定的体积流速送至加热管（260℃，2.5h），然后进入一个不锈钢网制件的多孔精密过滤器（孔径为 17μm）。该过滤器能够捕集试验过程中喷气燃料氧化变质后生成的分解产物。试样氧化变质后形成的沉积产物的程度，用试验仪器供油系统中过滤器前后压力降和预热管表面沉积物的颜色级别和经由过滤器压力降，来评定喷气燃料的热氧化安定性。

例如，GB 6537—2006《3 号喷气燃料》质量指标中规定，动态热氧化安定性（260℃，2.5h）压力降不大于 3.3kPa，管壁评级小于 3 级且无孔雀蓝色或异常沉淀物。

三、影响测定的主要因素

（1）取样与预处理　采样容器应为清洁、干燥的玻璃瓶、不锈钢桶或涂有环氧树脂衬里的桶。使用时将试样（600mL）用单层普通滤纸过滤，并用 1.5mL/min 的空气充气 6min 以保证试样无杂质及含有充足的溶解氧。

（2）加热管防护　试验过程中，不要碰到加热管中间的试验部位，否则会影响沉积物在管壁上的形成。如果触及了加热管中间的试验部分，则该加热管不能使用。

（3）燃料油品流速控制　必须使用恒速马达驱动，供油流速为 3.0mL/min。

（4）加热管的温度控制，按所用仪器说明书，预先设定。

第四节　润滑油的安定性

一、评定润滑油安定性的意义

润滑油是石油产品中品种、牌号最多的一大类产品。GB/T 7631.1—2008《润滑剂、工业用油和有关产品（L 类）的分类　第 4 部分：总分组》根据应用场合将润滑剂和相应产品分为 18 组（详见第一章　表1-2），其中，常见的四大类润滑油是：内燃机油（E 类）、齿轮油（C 类）、液压油（H 类）和电器用油（N 类）。润滑油主要作用是减少金属或塑料等相互间、机件表面相对运动所造成的摩擦及能量损耗。一些润滑油只能作为特殊应用场合的载体，如电器绝缘油、热传导液油等，之所以将它们归为润滑油范畴，是因为它们与大多数机械用润滑油的馏程范围接近，制造方法也有相同之处。润滑油除润滑作用以外，不同类型润滑油还具有绝缘、传热、密封、清洁、防锈等功能。

润滑油在贮存和使用过程中，因光照、受热及与空气中的氧气接触，会氧化变质，生成酸类、胶质和沉积物等。这些氧化产物聚集在油中，使油品理化性质发生变化，如颜色变暗、酸度增大、黏度改变等。生成的胶质和沉渣会使发动机润滑系统的过滤器及导油管堵塞，引起汽缸活塞环黏结，造成发动机功率降低；生成的酸性物质会腐蚀轴承或机件，缩短金属设备的使用周期。例如，电器绝缘油氧化后，酸性产物能使浸入油品中的纤维质绝缘材料变坏、污染油质，使介质损失增加和介电强度降低；沉积物覆盖在变压器线圈表面，会堵塞线圈冷却通路，易造成过热甚至烧坏设备。

因此，润滑油的使用寿命在很大程度上取决于油品的安定性，油品的安定性不好，贮存或使用过程中酸值（度）就容易增加，运动黏度也发生变化。我国汽油机油、柴油机油的换油指标就是由运动黏度变化、酸值增加值等项目来监控的。

润滑油在常温下运输和贮存是很稳定的，但在使用环境中，由于油品要与金属等材料表面接触，发生摩擦、受热、氧化以及金属催化等作用，将会产生不安定的倾向。润滑油氧化变质的主要影响因素如下。

（1）温度影响　当温度升高时，润滑油自身氧化倾向开始萌发，到 $50\sim60℃$ 时，氧化速率就可显现出来，温度再升高，油品氧化变质的速率也随之加快，最终可能导致酸性物质沉淀和漆状物的生成。润滑油的使用环境温度越高，这种现象越明显。

（2）接触空气　润滑油的使用环境与空气接触的机会越大，被氧化的可能性也就越大，生成的氧化产物的数量也就越多。与空气接触产生氧化变质的实质，在于环境可向油品应用场所不断供给氧气，润滑油应用环境中氧的分压与其被氧化的速率呈正相关的关系。

（3）金属催化　润滑油的使用环境经常要与不同金属密切接触，形成潜在的金属盐类，这些微量的金属及其盐类，具有加速润滑油氧化变质的作用，如铜、铁、镉、锡、锰等及其氧化物都可视为润滑油氧化变质的催化剂。

（4）成膜厚度　润滑油一般在使用过程中有两种氧化状况：一是薄层氧化，即以很薄的一层油膜（厚度小于 $200\mu m$）与空气接触，其工作环境温度也比较高（ $200℃$ 以上），且有金属及其氧化物存在；二是厚层氧化，即以很厚的油层或油介质的情况下与空气接触（也可能接触较少），其工作环境温度一般较低（ $100℃$ 以下）。后者氧化的速率比较缓慢，金属催化的功能也不强，如电器用油、部分液压油等即属此类。若为前者，当温度升高、接触空气、金属催化等几个外在因素都存在时，即使是润滑油的化学组成十分理想和稳定、抗氧化的能力很强，也需要加入适量的添加剂。

二、润滑油安定性评定方法概述

根据润滑油的种类及其使用环境条件的不同，润滑油安定性的评定可采用抗氧化、热氧化等标准试验方法，其中包括缓和（非强化）氧化、深度（强化）氧化等不同测定手段。深度（强化）氧化安定性测定，通常需要额外供给氧气；热氧化安定性测定，试验温度通常较高，一般只与空气接触、不额外供给氧气；抗氧化安定性测定，试验温度为 $100℃$ 左右或稍高，通常也需要额外供给氧气。标准试验方法中规定的试样温度、供气状态和维持时间，在于对待测试样应用环境的模拟程度，如变压器油（GB 2536—2011）的加热温度为 $120℃$ ，航空喷气机润滑油（GB 439—1990）的加热温度为 $175℃$ 。

无论采取哪种标准试验方法，一般都需要试样与作为催化剂（或将其理解为使用场合的接触材料）的金属片（球、丝圈、螺旋线或器皿甚至是设备等）相互接触，但测定结果的表达方式却不尽相同，可选用试样中沉淀或残留物数量的增加，酸、碱含量、黏度的变化，内置金属材料质量的改变，氧气压力降的程度等指标来表征。

由于润滑油的种类繁多，相应的使用环境也有所不同，故用于评定润滑油氧化安定性的方法和手段也较多，常见试验方法见表 8-2。

表 8-2　部分润滑油安定性标准试验方法

试验方法标准	试验条件	其他说明	适用范围
润滑油抗氧化安定性测定法 （SH/T 0196—1992）	加热温度：125℃ 持续时间：4h（缓和）	空气流速：50mL/min	多种润滑油
	加热温度：125℃ 持续时间：8h（深度）	氧气流速：200mL/min	
润滑油氧化安定性的测定　旋转氧弹法 （SH/T 0193—2008）	加热温度：150℃ 氧弹旋转速度：100r/min	氧气压力降：175kPa/min	多种润滑油
未使用过的烃类绝缘油氧化　安定性测定法 （NB/SH/T 0811—2010）	加热温度：120℃ 持续时间：164h	空气流速：2.5mL/min	变压器油

续表

试验方法标准	试 验 条 件	其 他 说 明	适用范围
润滑油热氧化安定性测定法 ［SH/T 0259—1992(2004)］	加热温度：250℃	空气	航空润滑油
发动机油高温氧化沉积物测定法 （热氧化模拟试验法）SH/T 0750—2005	加热温度：200～480℃ 持续时间：12 次 9min 30s 循环	一氧化二氮、湿空气	汽油机油

1. 抗氧化安定性的测定

润滑油在贮存与使用过程中，不可避免地要与空气中的氧气接触，在条件适宜的情况下，将生成一些新的氧化物（如酸类、胶质等），这一现象称为润滑油的氧化。润滑油在一定的外界条件下，抵抗氧化变质保持其自身性质不发生变化的能力，称为润滑油抗氧化安定性。抗氧化安定性是润滑油的一项重要质量指标。

测定润滑油的抗氧化安定性，按 SH/T 0196—1992《润滑油抗氧化安定性测定法》进行。主要仪器设备为抗氧化安定性测定装置（如图 8-6 所示）。

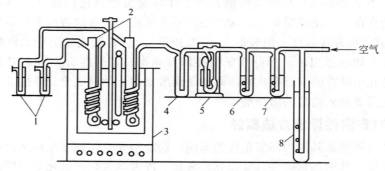

图 8-6 润滑油抗氧化安定性（缓和氧化）测定装置
1—吸收瓶；2—氧化管；3—油浴；4—安全瓶；5—流量计；6—硫酸洗气瓶；
7—氢氧化钠洗气瓶；8—气压调节器

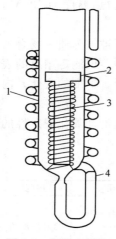

图 8-7 铜片和螺旋
线圈在氧化管中的
安装情况
1—氧化管；2—T 形铜片；
3—螺旋线圈；4—氧
化气流导入管

测定润滑油抗氧化安定性（缓和氧化）的基本原理是：称取试样 30g（称准至 0.1g），加到洁净、干燥的氧化管内，再向氧化管中放入钢球和铜球各一枚作催化剂，在 125℃±0.5℃ 的油浴中浸入装好试样和金属球的氧化管，将流速为 50mL/min 的空气连续通入试样中氧化 4h，收集氧化后生成的挥发性酸和测试样品中的水溶性酸，再用氢氧化钠溶液滴定，测定其水溶性酸含量。

测定润滑油抗氧化安定性（深度氧化）的基本原理，与上述缓和氧化测试方法大体相同，其不同的地方主要有三处：一是催化剂采用的是在钢质螺旋线圈中置入铜片（见图 8-7）；二是氧化气流不是空气而用氧气（流速为 200mL/min，采用氧气钢瓶供气，一般不需要洗气瓶）；三是持续氧化时间为 8h（比缓和氧化多出 4h）。试验结果用氧化后生成不溶于石油醚的沉淀物的质量分数和试样的酸值来表示。深度氧化试验装置与缓和氧化试验装置基本相同，但供气源为氧气钢瓶。

润滑油的种类与规格不同，其抗氧化安定性的允许值及要求也不同，通常氧化安定性项目用试验结果来报出即可，但有些石油产品质量指标中则有明确规定，如 SH/T 0017—1990(1998)《轴承油》中部分黏度等级油品规定氧化后生成沉淀不大于 0.02%，酸值增加不大于

0.2mgKOH/g。深度氧化试验，结果用酸值和沉淀物含量两个指标来表示。润滑油的抗氧化安定性越好，则氧化后所能得到的酸值、沉淀物含量就越低，使用时造成的潜在危害也越小。

采用缓和氧化、深度氧化方式来测定润滑油抗氧化安定性的主要试验步骤，分别介绍如下。

(1) 润滑油缓和氧化

① 不挥发水溶性酸的测定。称取冷却后测定装置氧化管内的试样 25g（称准至 0.1g）于 250mL 锥形瓶内，再向其中加入 25mL 蒸馏水，然后将该锥形瓶浸入水浴中加热至 70℃，再将锥形瓶中的混合液转移到分液漏斗中，振荡 5min，静置分层，从分液漏斗将分离出的水相转移至 50mL 锥形瓶中。如果试样中的酸未抽提彻底，则改用温度为 70℃ 的蒸馏水 25mL 继续进行上述抽提过程，直至分离出的水相呈中性为止（注意每次分离出的水相要转移至不同的 50mL 锥形瓶中，以便于检查水相的酸性）。最后，将上述所得的各呈酸性的水相和最终呈中性的水相集中在一起，混合均匀，再用移液管吸取该水相抽出液的混合物 20mL 于锥形瓶中，加入酚酞指示液 3 滴，用氢氧化钾溶液滴定至浅红色为止。同时取 60mL 蒸馏水进行空白试验（挥发水溶性酸的测定也使用此数据）。

氧化后不挥发水溶性酸的含量按式(8-8)计算。

$$X_1 = \frac{0.0561 \times 1.25(V - V_1/3)nc_1}{25} \tag{8-8}$$

式中　　X_1——氧化后不挥发水溶性酸的含量，mgKOH/g；

0.0561——与 1.0mL 氢氧化钾溶液$[c(KOH)=1.000mol/L]$相当的以 g 表示的酸的质量；

1.25——25mL 与 20mL 的比值；

V——滴定 20mL 水相抽出溶液的混合物时所消耗氢氧化钾溶液的体积，mL；

V_1——滴定 60mL 蒸馏水时所消耗氢氧化钾溶液的体积，mL；

3——60mL 与 20mL 的比值；

n——水抽出溶液的份数；

c_1——氢氧化钾溶液的物质的量浓度，mol/L；

25——氧化油的质量，g。

② 挥发水溶性酸的测定。将测定装置吸收瓶中的液体注入 25mL 容量瓶中，再用蒸馏水多次洗涤吸收瓶内壁并将洗涤液一并转入到容量瓶中，稀释至刻度，摇匀。用移液管吸取 20mL，加入酚酞指示液 3 滴，用氢氧化钾溶液滴定至浅红色为止。空白试验可直接使用不挥发水溶性酸测定的空白试验结果。

氧化后挥发水溶性酸的含量按式(8-9)计算。

$$X_2 = \frac{0.0561 \times 1.25(V_2 - V_1/3)c_1}{30} \tag{8-9}$$

式中　X_2——氧化后挥发水溶性酸的含量，mgKOH/g；

0.0561——与 1.0mL 氢氧化钾溶液 $[c(KOH)=1.000mol/L]$ 相当的以 g 表示的酸的质量；

1.25——25mL 与 20mL 的比值；

V_2——滴定 20mL 试验溶液所消耗氢氧化钾溶液的体积，mL；

V_1——滴定 60mL 蒸馏水所消耗氢氧化钾溶液的体积，mL；

3——60mL 与 20mL 的比值；

c_1——氢氧化钾溶液的物质的量浓度，mol/L；

30——试样的质量，g。

（2）润滑油深度氧化　称取冷却后测定装置氧化管内的试样 20～25g（称准至 0.1g）注入 100mL 量筒中，再用 3 倍于所取氧化油体积的精制汽油稀释，移到暗处静置 12h。然后采取以下步骤分别测定沉淀物含量和酸值。

① 沉淀物含量的测定。用滤纸将静置 12h 的混合液过滤到 250mL 量筒中，再用精制汽油洗涤滤纸上的沉淀物至滤液无色为止（洗涤的汽油也滤入 250mL 量筒中并稀释至刻度，该混合液供测定酸值用），然后用温热的乙醇-苯混合溶液溶解滤纸上的沉淀物，使滤液流入已知质量的 50mL 锥形瓶中，再把锥形瓶中的乙醇-苯混合溶液通过水浴蒸发驱除，最后将锥形瓶及沉淀物放入 105℃±3℃ 的烘箱中干燥，冷却后称量，直至连续两次称量之差不超过 0.0004g 为止。

氧化后沉淀物的质量分数按式(8-10) 计算。

$$w = \frac{m_1}{m} \times 100\% \tag{8-10}$$

式中　w——氧化后沉淀物的含量，%；

m_1——沉淀的质量，g；

m——氧化油的质量，g。

② 酸值的测定。移取用精制汽油稀释至 250mL 量筒内的混合液 25mL 于 250mL 锥形瓶中，加入 20～25mL 乙醇-苯混合溶液（呈中性）及碱性蓝 6B 乙醇指示液 1～2 滴，用氢氧化钾乙醇溶液滴定至混合液蓝色褪尽或呈浅红色为止。

氧化后的酸值按式(8-11) 计算。

$$X_3 = \frac{0.0561 \times (V_3 - V_0) c_2 n_1}{m} \tag{8-11}$$

式中　X_3——氧化后的酸值，mgKOH/g；

0.0561——与 1.0mL 氢氧化钾乙醇溶液 $[c(KOH) = 1.000 mol/L]$ 相当的以 g 表示的酸的质量；

V_3——滴定时所消耗氢氧化钾乙醇溶液的体积，mL；

V_0——空白滴定时所消耗氢氧化钾乙醇溶液的体积，mL；

c_2——氢氧化钾乙醇溶液的物质的量浓度，mol/L；

n_1——全部汽油溶液与滴定用溶液的体积比；

m——氧化油的质量，g。

2. 热氧化安定性的测定

润滑油热氧化安定性是指油品抵抗氧和热的共同作用，而保持其性质不发生永久变化的能力。内燃机润滑油经常在高温条件下工作，因此要求其不仅在一般条件下具有良好的氧化安定性，还要求其在高温条件下也具有良好的热氧化安定性。润滑油在高温条件下氧化过程非常剧烈，工作条件最苛刻的部位是活塞组的活塞环区。在高温下，零件表面的薄层润滑油中一部分轻馏分被蒸发，另一部分在金属催化下深度氧化，最后生成氧化缩聚物（树脂状物质）沉积在零件表面，形成涂膜。曲轴箱中油温虽然低一些，但由于润滑油受到强烈的搅动和飞溅，它们与氧接触面积很大，所以氧化作用也相当强烈，使油品中可溶和不可溶的氧化物增多，如树脂状物质、悬浮的固体氧化物和杂质增加。上述物质也能沉积在活塞环槽内，加上吸附燃气中的碳化物，进一步焦化，形成涂膜。涂膜有很大的危害，因其导热性很差，从而使活塞升温，严重时造成粘环，破坏汽缸的密封性，汽缸壁磨损剧增，以致严重擦伤。所以，发动机润滑油要求有良好的热氧化安定性。特别是现代高性能发动机的热负荷很高，如有的增压柴油机需向活塞内腔喷射润滑油来降低其温度，这就对润滑油的热氧化安定性提出了更高的要求。在测定热氧化安定性的特定条件下，若润滑油覆盖于金属表面的薄层抵抗漆状物生成的时间越长，则表明润滑油的热氧化安定性越好。

测定润滑油热氧化安定性按 SH/T 0259—1992（2004）进行。主要仪器设备为漆状物形成器、空气压缩机、钢饼、钢质蒸发皿等。

润滑油热氧化安定性的测定过程是，使用差减法称取 0.04g（称准至 0.0002g）试样滴入温度恒定为 250℃±1℃的钢质蒸发皿（直径为 2cm 左右）内，使油品薄层在有空气存在的情况下受热，进而在金属表面氧化裂解，生成低沸点的气态产物和相对分子质量较大的漆状物。随着试验持续时间的增加，这些覆盖有试样薄层的蒸发皿在漆状物形成器中受热时，由于发生氧化裂解而使一部分油品基体成分分解，生成气态产物跑掉了，另一部分重质油品成分则生成叠合产物——漆状物。也就是说，试验中在不断地发生工作馏分逐渐减少、漆状物不断增加的现象。当工作馏分组成和漆状物组成的质量分数均达到 50％时，所需的试验时间即为润滑油热氧化安定性的试验结果，以 min 表示。GB/T 440—1977(1988)《20 号航空润滑油》质量指标中规定，热氧化安定性不小于 25min。

由于润滑油的氧化裂解过程是逐渐发生的，所以试验需在 4～6 个蒸发皿内同时进行，当蒸发皿中的试样被氧化至油膜颜色变化时，再每隔一定时间后取出一个蒸发皿，分别测出工作馏分组成和漆状物组成的质量分数。

采用标准正庚烷作溶剂，对带有漆状物及残油的各个蒸发皿进行索氏抽提。正庚烷抽提出的是润滑油的剩余液体部分，作为润滑油的工作馏分；而沉积在蒸发皿上、通常呈黑色的硬化物层为漆状物。

试验生成的漆状物组成的质量分数按式(8-12)计算。

$$w = \frac{m_2 - m_1}{m} \times 100\% \tag{8-12}$$

式中　w——生成的漆状物含量，％；

　　　m_2——金属蒸发皿与漆状残留物的质量，g；

　　　m_1——金属蒸发皿的质量，g；

　　　m——在金属蒸发皿中加入润滑油试样的质量，g。

试验结果通常采用作图法获得，即在 50％工作馏分质量分数和 50％漆状物质量分数对应的工作曲线交点处得到。若工作馏分组成的质量分数或漆状物组成的质量分数，一方所测的数据恰好为 50％，则不必采用作图法即可获得试验结果。

3. 高温氧化沉积物的测定

汽油机油在较高温度环境循环使用，不断与空气中的氧气接触，并受金属催化作用，因此其氧化速度比其他润滑油要快，容易变成酸性物质而腐蚀金属，或生成油泥等，影响正常使用，缩短换油期。同时，生成酸类、胶质和沉积物在发动机高温烘烤下，最终将转变成缩聚物（树脂状物质），沉积在零件表面，形成漆膜，致使内燃机油导热性变差，造成活塞升温，甚至活塞环黏结，破坏汽缸的密封性，加剧汽缸壁磨损。因而内燃机油应具有较强热稳定性和抗氧化性，即在使用中能抑制有机酸、胶质和沉渣的生成，黏度无明显增大。我国GB 11121—2006《汽油机油》中规定 SJ 类汽油机油高温沉淀物不大于 60mg。

汽油机油高温氧化沉积物的测定按 SH/T 0750—2005《发动机油高温氧化沉积物测定

法（热氧化模拟试验法）》进行。

测定高温氧化沉积物的过程是，将含有环烷酸铁的发动机油试样加热到100℃，与一氧化二氮（N₂O）、湿空气接触，并在一定泵速下通过称重过的沉积棒。沉积棒温度在200～480℃之间进行周期性变化，整个实验要通过12次循环，每次循环时间为9min 30s。当12次循环结束后，沉积棒经清洗、干燥即可得到沉积物质量。系统中放出的试样从称量过的过滤器中流过，棒沉积物和过滤器沉积物质量之和即为总沉积物质量。

总沉积物质量按式(8-13)计算。

$$m = m_1 + m_2 \tag{8-13}$$

式中　m—— 总沉积物质量，mg；

　　　m_1—— 棒沉积物质量，mg；

　　　m_2—— 过滤器沉积物质量，mg。

三、影响测定的主要因素

1. 抗氧化安定性的测定

（1）温度　温度对润滑油氧化过程的速率影响很大。通常，试验温度规定为125℃±0.5℃（不同油品，还可以改变试验温度），高于此温度氧化速率将加快，低于此温度氧化速率则变慢。

（2）气流速度　气体通入的流速对测定结果也有影响，增加氧气的通入量，能加快氧化反应速率；反之，通入的氧气量低于标准规定要求，则会减慢氧化反应速率。

（3）金属催化剂形状　试验中所加入的金属部件的尺寸大小以及处理情况等都会对测定结果产生影响，因为这些金属是试样氧化作用的催化剂，尺寸和表面处理情况将影响油品与催化剂的有效接触面积，从而制约试样的氧化变质过程。

（4）仪器设备清洁程度　氧化管等仪器必须洗净、干燥，内部不残存任何污物及水分，否则有可能使测定结果偏高。因为洗涤液、有机酸等都可能加速油品的氧化；水分存在能加速金属腐蚀形成有机酸盐，从而在油品的氧化中起着催化作用。

2. 热氧化安定性的测定

（1）加热温度　加热温度会影响漆状物生成量及生成速率，在整个试验过程中，温度应控制在250℃±1℃，蒸发皿的加热应保持这一温度，否则会影响测定结果。

（2）试样量及其均匀性　滴入蒸发皿中的试样量均匀性对结果影响很大。所用加样吸液管除事先需要校正尖端大小外，还要保证每份加样量为4滴，在滴加试样时不应连续4滴一次加入一个蒸发皿内，应分别滴在不同的蒸发皿上，这样操作的误差最小。否则，因温度及最初和最后所加入试样的表面张力、黏度的不同，将影响到各个蒸发皿内试样的油层厚度。

（3）盛样器皿　蒸发皿和钢饼表面的磨光和洁净程度对结果有一定的影响，因为表面光滑与洁净与否影响着油层分布及受热均匀性。

（4）抽提溶剂　对抽提溶剂正庚烷有明确的要求，所用的正庚烷不应含有芳烃组分，否则将影响测定结果。

3. 高温氧化沉积物的测定

（1）热电偶深度　通过热电偶可将温度信息传递给温度控制仪，其安装深度（从热电偶顶部到固定圈下沿的距离）应每天检查。热电偶位置过深或过浅沉淀棒最热部分均会高于设置温度，导致沉淀物水平过高。

（2）棒沉积物质量称量　按规程洗涤、干燥及正确称量试验前后沉积棒质量，避免手指接触及防止溶剂吸附于棒沉积物裂缝中，以减少棒沉积物质量误差。

（3）过滤器沉积物质量 用 50mL 正己烷分 10 次清洗过滤器，以除去可溶物，开启真空泵过滤干燥 15min，称量过滤前过滤器质量直至恒重。再按规程干燥、恒重及称量过滤后过滤器质量，以减少过滤器沉积物质量误差。

石油产品分析仪器介绍

润滑油氧化安定性测定器

图 8-8 为 BSY-128 型润滑油氧化安定性测定器。该仪器符合 SH/T 0193—1992 要求。它适用于评定具有相同组成（基础油和添加剂）的未使用和使用中汽轮机油的氧化安定性，也可以用来评定含 2,6-二叔丁基对甲酚的新矿物绝缘油，作为其氧化安定性的一种快速评定方法。试验结果用来检验含 2,6-二叔丁基对甲酚或 2,6-二叔丁基酚，或含这两者的新矿物绝缘油，对每批油可作性能的连续控制。

图 8-9 为 BSY-134 型润滑油抗氧化安定性测定仪。该仪器按照 SH/T 0196—1992 要求，适用于在规定条件下进行缓和氧化及深度氧化试验。其特点是由数字控温器、计时器、空气流量计、氧气流量计、调节阀、六孔恒温槽组成，造型美观，结构紧凑，使用方便。

图 8-8 BSY-128 型润滑油氧化安定性 测定器（旋转氧弹法）　　图 8-9 BSY-134 型润滑油抗氧化 安定性测定仪

第五节 油品的碘值、溴值及溴指数

一、测定油品碘值、溴值及溴指数的意义

1. 碘值、溴值及溴指数

碘值是指在规定的条件下，100g 试样所能吸收碘（I_2）的质量，以 gI/100g 表示。

溴值（又称溴价）是指在规定的条件下，100g 试样所能吸收溴（Br_2）的质量，以 gBr/100g 表示。

溴指数是指在规定的条件下，与 100g 油品起反应时所消耗溴（Br_2）的质量，以 mgBr/100g 表示。

2. 测定意义

不饱和烃类在石油产品中的含量是原油炼制过程中工艺控制技术依据之一，也是衡量油品质量好坏的重要质量指标。通常，石油产品不希望有过多的不饱和烃组分存在，轻质油品中的不饱和烃是除非烃类化合物以外的另一类不稳定组分，它极易被空气中的氧气所氧化，尤其是在较高温度的条件下，其本身能产生自由基，进而引发其他分子或非烃类化合物发生聚（缩）合反应，形成胶状黏稠物沉渣，从而降低油品的安定性。

油品中的不饱和烃含量及其对油品安定性的影响，可用碘值、溴值和溴指数指标来间接表示。油品中不饱和烃含量越高，碘（溴）值和溴指数越大，油品的安定性就越差。为了确保飞机的飞行安全，航空活塞式发动机燃料、喷气燃料对此类指标有严格的控制（见附录一、附录四），车用汽油和喷气燃料等石油产品还要测定烯烃含量。一般而言，直馏馏分烯烃等不饱和烃含量少，所以安定性也好，但直馏馏分的产率低，通常需要调入催化裂化等二次加工馏分进行调和。二次加工馏分中含有较多的烯烃等不饱和烃，使油品安定性变差，故在加氢精制、催化重整等工艺过程及其产品调和时，都要测定其不饱和烃的含量。

目前油品中烯烃含量的多少常用碘值来表示，但溴与不饱和烃的反应比碘更活泼，故溴值或溴指数特别适用于溶剂油、烃类等更轻的油品中不饱和烃的测定。由于碘（I_2）和溴（Br_2）的相对分子质量分别为 253.8 和 159.8，故有

$$碘值 = \frac{253.8 \times 溴值}{159.8} \approx 1.588 \times 溴值 = 1588 \times 溴指数$$

二、油品碘值、溴值及溴指数测定方法概述

1. 碘值的测定（碘-乙醇法）

测定轻质油品的碘值和不饱和烃的含量，按 SH/T 0234—1992(2004)《轻质石油产品碘值和不饱和烃含量测定法（碘-乙醇法）》进行，该标准适用于测定航空活塞式发动机燃料、喷气燃料、航空洗涤汽油和其他轻质燃料。

碘-乙醇法的测定原理是用过量的碘-乙醇溶液与试样中的不饱和烃发生定量反应，生成烃的含碘化合物，剩余的碘用硫代硫酸钠溶液返滴定，根据滴定过程消耗碘-乙醇溶液的体积，即可计算出试样的碘值。

把试样溶于乙醇中，加入过量的碘-乙醇溶液，并补加一定量的蒸馏水，碘与水发生歧化反应。

$$I_2 + H_2O \Longleftrightarrow HIO + HI$$

该反应进行得很慢，生成的次碘酸再与试样中的不饱和烃发生加成反应。

$$RCH = CH_2 + HIO \longrightarrow \underset{\underset{OH}{|}}{RCHCH_2I}$$

该反应迅速，摇动 5min，再静置 5min 便得到乳状液，表示反应已经完全。过量的碘，可用已知浓度的硫代硫酸钠溶液滴定。

$$2Na_2S_2O_3 + I_2 \longrightarrow Na_2S_4O_6 + 2NaI$$

试样的碘值按式(8-14)计算。

$$X_1 = \frac{0.1269(V - V_1)c}{m} \times 100 \tag{8-14}$$

式中　X_1——试样的碘值，gI/100g；

　0.1269——与 1.0mL 硫代硫酸钠溶液 $[c(Na_2S_2O_3) = 1.000mol/L]$ 相当的以 g 表示的碘（I_2）的质量；

　　　V——滴定空白试验时所消耗硫代硫酸钠溶液的体积，mL；

　　V_1——滴定试样时所消耗硫代硫酸钠溶液的体积，mL；

　　　c——硫代硫酸钠溶液的物质的量浓度，mol/L；

m——试样的质量，g。

值得注意的是，次碘酸是一种较强的氧化剂，能将硫代硫酸根氧化成硫酸根，即

$$8HIO + S_2O_3^{2-} \rightleftharpoons 2SO_4^{2-} + 4I_2 + 3H_2O + 2H^+$$

为防止上述反应发生，在滴定前要加入过量的碘化钾，防止碘的继续歧化，并形成三碘离子（I_3^-）。

$$S_2O_3^{2-} + 4I_2 + 5H_2O \rightleftharpoons 2SO_4^{2-} + 10H^+ + 8I^-$$

$$I^- + I_2 \rightleftharpoons I_3^-$$

由于三碘离子的生成，减少了碘（I_2）的挥发性，避免了因挥发而引起的测定误差。在滴定时，随着硫代硫酸钠溶液的加入，碘不断被消耗，三碘离子会逐渐解离，溶在水溶液中的碘化钾不影响测定结果。

2. 溴值与溴指数的测定

油品溴值的测定，按 SH/T 0236—1992(2004)《石油产品溴值测定法》进行，该方法适用于测定各种石油产品。

溴值测定的原理与碘值基本相同，只是该分析过程采用直接滴定法。溴与不饱和烃反应更灵敏，但由于其易于挥发，标准溶液不易直接配制。试验时的滴定溶液用 $KBrO_3$-KBr 酸性溶液来代替。

测定过程是先移取一定量试样，注入事先已经将不饱和烃和其他还原性物质处置好的酸性滴定溶剂中（此溶剂主要起溶解和稀释试样的作用），再加入 1 滴甲基橙指示剂，使混合溶液呈现红色，用溴酸钾-溴化钾溶液进行滴定，直至混合溶液的红色消失为止（当溴稍微过量时便可将甲基橙氧化，破坏其结构，褪去颜色），根据消耗溴酸钾-溴化钾溶液的体积，即可计算出试样的溴值。其主要反应如下：

在酸性溶液中

$$KBrO_3 + 5KBr + 6HCl \longrightarrow 6Br_2 + 6KCl + 3H_2O$$

生成的溴再与烯烃反应

$$RCH = CH_2 + Br_2 \longrightarrow RCHBrCH_2Br$$

试样的溴值按式(8-15)计算。

$$X = \frac{0.0799 \times V_2 c\left(\frac{1}{6}KBrO_3\right)}{V_3 \rho} \times 100 \tag{8-15}$$

式中　　　X——试样的溴值，gBr/100g；

0.0799——与 1.00mL 溴酸钾-溴化钾溶液 $\left[c\left(\frac{1}{6}KBrO_3\right) = 1.000mol/L\right]$ 相当的以 g 表示的溴（Br_2）的质量；

V_2——滴定时消耗溴酸钾-溴化钾溶液的体积，mL；

$c\left(\frac{1}{6}KBrO_3\right)$——溴酸钾-溴化钾溶液的物质的量浓度，mol/L；

V_3——试样的体积，mL；

ρ——试样的密度，g/mL。

测量某些油品的溴值或溴指数，可按 GB/T 11135—1989《石油馏分和工业脂肪族烯烃溴值测定法（电位滴定法）》、GB/T 11136—1989《石油烃类溴指数测定法（电位滴定法）》进行。

上述电位滴定法的基本原理是将已知量的试样溶解在规定的溶剂中，用溴酸钾-溴化钾溶液进行电位分析。当试样中能与溴作用的物质反应完毕，溶液中有游离溴出现时，溶液的电位突然变化。终点以"死停点"电位滴定仪指示或以电位滴定曲线（E-V）的电位突跃来

判断，根据滴定过程所消耗溴酸钾-溴化钾溶液的体积，即可计算出试样的溴值或溴指数。

此外，石油产品的溴价、溴指数的测定，还可采用 SH/T 0630—1996（2004）《石油产品溴价、溴指数测定法（电量法）》进行。

SH/T 0630—1996（2004）是将试样注入一定量溴的特殊电解液中，使样品中的烯烃与溴发生加成反应，消耗的溴由库仑仪阳极电解来补充，测量补充溴所消耗的电量，根据法拉第电解定律，即可计算出试样的溴价或溴指数。

三、影响测定的主要因素

（1）试剂的损失　碘值、溴值与溴指数的测定，多属于氧化还原化学滴定分析或电位滴定分析，应按氧化还原滴定法基本操作要求严格进行，尤其要防止滴定溶液有效浓度的分解和损失，滴定用贮备液应放在棕色瓶中，于暗处存放。

（2）器皿选用　针对碘或溴容易挥发的特点，测定时应使用碘量瓶，其磨口要严密，以防止滴定溶液中有效成分的逸出。

（3）防止氧化　空气中的氧能够将碘离子氧化为单质碘，为了减少与空气的接触，无论是反应过程还是滴定操作，均不能过度振荡且应当迅速进行有关操作；在溴值测定过程中，对反应生成的游离溴应当避免光的照射，否则会对测定结果产生误差。

（4）反应时间　反应时间对测定结果有影响，时间不足和过于延长均会引起测定误差，故在用硫代硫酸钠标定或滴定时，应严格执行摇动 5min、静置 5min 的规定，使反应完全。

（5）终点的判断　碘值测定，必须在接近化学计量点时再加入淀粉指示剂，以利于淀粉与碘能够形成配位化合物，便于终点的观察；溴值测定，加入的甲基橙指示剂为不可逆指示剂，本身参与氧化还原反应，只需 1 滴，不能多加，否则试验结果将偏高。

石油产品分析仪器介绍

石油产品溴价、溴指数测定仪

图 8-10 是 BR-1 型溴价、溴指数测定仪。该测定仪是根据微库仑原理，采用微型电子计算机控制测量和电解，并进行数据处理的智能仪器。仪器符合 SH/T 0630—1996（2004）要求。

图 8-10　BR-1 型溴价、溴指数测定仪

微机对电解整个过程的电流进行时间积分，求出电解生成 Br_2 所消耗的电量，根据法拉第电解定律，计算出试样的溴价、溴指数。该仪器广泛应用于汽油、煤油、柴油、润滑油及轻芳烃等石油化工产品的溴价或溴指数的测定。

第六节　实　　训

一、发动机燃料实际胶质的测定

1. 实训目的

（1）熟悉油品实际胶质的测定（GB/T 509—1988）原理和方法。

（2）掌握油品实际胶质测定的操作技能。

2. 仪器与试剂

（1）**仪器**　油浴（见图 8-11，为一椭圆形的钢制容器，高度约 200mm，长轴的长度约 250mm，短轴的长度约 150mm。设有可以卸下的铁制浴盖，盖下设置有安放烧杯用的两个凹槽及铜制或黄铜制的旋管，其全长约 4.5m，内径 6～8mm。旋管的一端，要在盖面的旁边通出，用来导入空气；另一端在盖的中心点通出，并接有可以卸下的磨口三通管，利用空气导管向杯中供给空气。空气导管的内径约 6mm，每端要对着凹槽的中心点，而且要与槽底相距 50mm±5mm。浴盖上还有两个孔口，供插温度计和接触温度计用。油浴外表面用石棉层绝热。油浴带有电热装置，能将浴中的油加热到 150℃、180℃ 和 250℃，并能在试验期内保持温度恒定）；无嘴高型玻璃烧杯（1 个，100mL，外径 47～48mm，高度 85mm±2mm）；量筒（1 个，25mL）；吸管（1 个，25mL）；流量计（1 个，有量出每分钟达到 60L 空气流速的刻度）；空气过滤器（1 个，内装棉花和玻璃珠）；温度计（1 支，0～360℃）；鼓风机、空气压缩机或空气供应总管（要求能够供给试验时所需的空气流速）；电热板（带自耦变压器）；镀铬坩埚钳；矿物油（开口闪点不低于 310℃）。

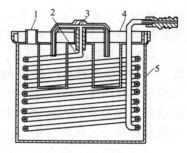

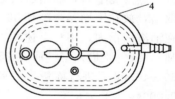

图 8-11　实际胶质测定用油浴

1—浴盖上孔；2—旋管；3—磨口三通管；4—油浴盖；5—油浴

（2）**试剂**　苯（化学纯）；丙酮（化学纯）；乙醇-苯混合液［用 95% 乙醇（化学纯）与苯（化学纯）按体积比 1：1 配成］；硫酸钠（化学纯）；喷气燃料。

3. 方法概要

将 25mL 试样在规定的仪器、温度和空气流的条件下蒸发，再把所得残渣称量，并以 100mL 试样中所含实际胶质质量（mg/100mL）表示。

4. 准备工作

（1）**试样中明显水迹的处理**　试样中明显含有水迹时，应先在试样内加入适量新煅烧的硫酸钠，摇动 10～15min 后，用滤纸过滤试样。

（2）**油浴注油**　向油浴内注入适量的矿物油，要求在盖上浴盖后加热到试验的温度时能将油浴装满。

（3）**安装温度计**　用软木塞将温度计插在浴盖上的孔口中，使水银球距离盖面 40～50mm。在需要时，将接触温度计插入浴盖上的另一个孔口中。

测定汽油的实际胶质时，预先将此温度计调到 150℃，测定煤油时调到 180℃，测定柴油时调到 250℃。

测定汽油的实际胶质时，预先将浴中矿物油加热到 150℃±3℃，测定煤油时加热到 180℃±3℃，测定柴油时加热到 250℃±5℃。

（4）测定实际胶质所用烧杯的准备　在试验前必须用溶剂（苯、丙酮或乙醇-苯混合液）仔细洗涤。然后在预先加热到规定温度的油浴上，将烧杯放在凹槽中经过 15min，再将烧杯放在干燥器中冷却 30～40min。然后，称量烧杯的质量（称准至 0.0002g）。将烧杯重复进行干燥、称量，直至连续称量结果之差不超过 0.0004g 为止。

（5）连通气路系统　在油浴上，旋管导入空气的一端，要通过流速计和装有棉花的空气过滤器与空气供应装置连接。

5. 试验步骤

（1）取样　用量筒或吸管量取 25mL 试样两份，分别注入上述 4.（4）准备好的烧杯中，然后将烧杯放在已加热到规定温度的油浴凹槽内。此后，在浴盖中央的旋管一端，安放三通管，要求导气管下端距离试样液面 30mm±5mm。

（2）气流控制与蒸发操作　向两个烧杯通入空气时，流速计指示的最初速度应为 20L/min±2L/min。试验汽油时的最初 8min 内，或试验煤油或柴油时的最初 20min 内，都要求供给空气的速度逐渐增到 55L/min±5L/min，同时注意勿使试样溅出。上述的供气速度应保持到使试样蒸发完毕。当油气停止冒出而且烧杯底和烧杯壁呈现干燥的残留物或出现不再减小的油状残留物时，则认为蒸发完毕。

蒸发完毕后，继续通入空气 15～20min（汽油及煤油）或 30min（柴油），然后将烧杯取出，放在干燥器中冷却 30～40min 后进行称量（称准至 0.0002g）。称量后将烧杯重新放在油浴凹槽内，用与上述相同的空气速度和规定温度，再通入空气 15～20min（汽油及煤油），或停止输入空气而在 250℃下烘 30min（柴油）。此后，将烧杯再放在干燥器中冷却 30～40min 后进行称量。如此重复处理带有胶质的烧杯，直至连续称量结果之差不超过 0.0004g 为止。

注意

在每次操作后，应立即用乙醇-苯混合液洗涤烧杯，以清除杯内的残留物。

6. 实际胶质的计算

100mL 试样中所含的实际胶质按式（8-16）计算。

$$X = \frac{m_2 - m_1}{25} \times 100 \tag{8-16}$$

式中　X—— 试样的实际胶质含量，mg/100mL；

m_2—— 胶质和烧杯的质量，mg；

m_1—— 烧杯的质量，mg；

25—— 试样的体积，mL。

7. 精密度

同一操作者重复测定两个结果之差不应大于表 8-3 中的数值。

表 8-3　平行试验实际胶质测定的重复性要求

试　样　名　称	实际胶质含量/(mg/100mL)	重复性/(mg/100mL)
喷气燃料	<15	2
	15～<40	3
	40～<100	较小结果的 8%
	≥100	较小结果的 15%

8. 报告

① 取重复测定两个结果的算术平均值，作为试样的实际胶质含量。测定的结果应取整数表示。

② 实际胶质含量小于 2mg/100mL 时，认为样品中无胶质存在。

二、轻质石油产品碘值和不饱和烃含量的测定（碘-乙醇法）

1. 实训目的

（1）熟悉轻质油品不饱和烃含量的测定 ［SH/T 0234—1992(2004)］ 原理和方法。

（2）掌握氧化还原反应在油品分析中的具体应用。

2. 仪器与试剂

（1）仪器 滴瓶（带磨口滴管，容积约 20mL）或玻璃安瓿（容积为 0.5～1mL，其末端应拉成毛细管）；碘量瓶（500mL）；量筒（25mL、250mL）；滴定管（25mL 或 50mL）；吸量管（2mL、25mL）；定性滤纸。

（2）试剂 95％乙醇或无水乙醇（分析纯）；碘（分析纯，配成碘的乙醇溶液，配制时将碘 20g±0.5g 溶解于 1L 95％乙醇中）；碘化钾（化学纯，配成 200g/L 水溶液）；硫代硫酸钠（分析纯，配成 0.1mol/L $Na_2S_2O_3$ 标准滴定溶液）；淀粉（新配制的 5g/L 指示液）；汽油；3 号喷气燃料。

3. 方法概要

将碘的乙醇溶液与试样作用后，再用硫代硫酸钠标准滴定溶液滴定剩余的碘，以 100g 试样所能吸收碘的质量表示碘值，用 gI/100g 表示。

油品中不饱和烃的含量，可由试样的碘值及其平均相对分子质量计算得到。

4. 试验步骤

（1）取样 将试样经定性滤纸过滤，称取 0.3～0.4g。

为取得准确量的汽油，可使用安瓿。先称出安瓿的质量，然后将安瓿的球形部分在煤气灯或酒精灯的小火焰上加热，迅速将热安瓿的毛细管末端插入试样内，使安瓿吸入的试样能够达到 0.3～0.4g，或者根据试样的大约密度，用注射器向安瓿注入一定量体积试样，使其能达到 0.3～0.4g，然后小心地将毛细管末端焊闭，再称其质量。安瓿的两次称量都必须称准至 0.0004g。将装有试样的安瓿放入已注有 5mL 95％乙醇的碘量瓶中，用玻璃棒将它和毛细管部分在 95％乙醇中打碎，玻璃棒和瓶壁所沾着的试样，用 10mL 95％乙醇冲洗。

为取得准确量的喷气燃料，可使用滴瓶。将试样注入滴瓶中称量，从滴瓶中吸取试样约 0.5mL，滴入已注有 15mL 95％乙醇的碘量瓶中。将滴瓶称量，两次称量都必须称准至 0.0004g，按差值计算所取试样量。

（2）滴定操作 用吸量管把 25mL 碘-乙醇溶液注入碘量瓶中，用预先经碘化钾溶液湿润的塞子紧闭塞好瓶口，小心摇动碘量瓶，然后加入 150mL 蒸馏水，用塞子将瓶口塞紧。再摇动 5min（采用旋转式摇动），速度为 120～150r/min，静置 5min，摇动和静置时室温应在 20℃±5℃，如低于或高于此温度，可加入预先加热或冷却至 20℃±5℃的蒸馏水。然后加入 25mL 200g/L 的碘化钾溶液，随即用蒸馏水冲洗瓶塞与瓶颈，用 0.1mol/L 硫代硫酸钠标准滴定溶液滴定。当碘量瓶中混合物呈现浅黄色时，加入 5g/L 淀粉溶液 1～2mL，继续用硫代硫酸钠标准滴定溶液滴定，直至混合物的蓝紫色消失为止。

（3）按上述步骤（1）、（2）进行空白试验。

5. 碘值的计算

试样的碘值按式(8-14)进行计算。

6. 精密度

按表 8-4 规定判断结果的可靠性（置信水平为 95％）。

（1）重复性　同一操作者重复测定的两个结果之差不应大于表 8-4 中的数值。

（2）再现性　两个实验室各自提出的两个结果之差不应大于表 8-4 中的数值。

表 8-4　试样碘值测定的重复性和再现性要求

碘值/(gI/100g)	重　复　性	再　现　性
≤2	0.22	0.65
>2	平均值的 10％	平均值的 24％

7. 不饱和烃含量的计算

试样的不饱和烃含量按式(8-17) 计算。

$$w = \frac{X_1 M_r}{254} \tag{8-17}$$

式中　w——试样的不饱和烃含量，％；

$\quad X_1$——试样的碘值，gI/100g；

$\quad M_r$——试样中不饱和烃的平均相对分子质量，可由表 8-5 查得（可用内插法计算）；

$\quad 254$——单质碘（I_2）的相对分子质量。

表 8-5　试样 50％回收温度与其不饱和烃相对分子质量间的关系

试样的 50％回收温度/℃ (GB/T 255 或 GB/T 6536)	M_r	试样的 50％回收温度/℃ (GB/T 255 或 GB/T 6536)	M_r
50	77	175	144
75	87	200	161
100	99	225	180
125	113	250	200
150	128		

*三、石油产品溴值的测定

1. 实训目的

（1）熟悉油品溴值的测定［SH/T 0236—1992(2004)］原理和方法。

（2）进一步掌握氧化还原反应在油品分析中的具体应用。

2. 仪器与试剂

（1）仪器　锥形瓶（50mL、100mL、150mL）；吸量管（2mL、5mL、10mL）；微量滴定管（2mL、5mL，分度为 0.02mL）；量筒（50mL）；碘量瓶（250mL）；容量瓶（1L）。

（2）试剂　溴酸钾（分析纯）；溴化钾（分析纯）；硫代硫酸钠［分析纯，配成 $c(\text{Na}_2\text{S}_2\text{O}_3)$ 为 0.1mol/L 和 0.5mol/L 的标准滴定溶液］；冰醋酸（分析纯）；硫酸（分析纯，配成 26％溶液）；盐酸（分析纯，配成 19％溶液）；甲醇（分析纯）；95％乙醇（分析纯）；四氯化碳（分析纯）；四氯化汞（分析纯，配成 100g/L 乙醇溶液）；甲基橙指示剂（配成 1g/L 指示液）；淀粉（配制新的 5g/L 指示液）。

3. 方法概要

将试样溶解于滴定溶剂中，以甲基橙为指示剂，用溴酸钾-溴化钾标准滴定溶液滴定至红色消失为止。

4. 准备工作

（1）滴定溶剂的配制　用冰醋酸、硫酸溶液（26％）、甲醇、四氯化碳、四氯化汞乙醇溶液（100g/L）按体积比 73：3：7：15：2 混合均匀。

（2）溴酸钾-溴化钾标准滴定溶液的配制和标定

① 配制 $c\left(\frac{1}{6}KBrO_3\right)=0.1mol/L$ 的溴酸钾-溴化钾标准滴定溶液。称取 3g 固体溴酸钾和 25g 溴化钾，均放入 1L 容量瓶中，用经煮沸后冷却的蒸馏水稀释至刻度。充分地振荡，待全部溶解后，过滤于棕色瓶中，摇匀。

用吸量管取上述配制的溶液 10mL 于碘量瓶中，加入 2g 碘化钾和 5mL 盐酸溶液（19%），摇匀、盖好塞子，并用水封闭，然后加入 25mL 水稀释。用 $c\left(Na_2S_2O_3\right)=0.1mol/L$ 的硫代硫酸钠标准滴定溶液滴定至浅黄色时，加入 1mL 淀粉指示液（5g/L），继续滴定到溶液无色为止。同时做空白试验。

② 配制 $c\left(\frac{1}{6}KBrO_3\right)=0.5mol/L$ 的溴酸钾-溴化钾标准滴定溶液。称取 15g 固体溴酸钾和 50g 溴化钾，均放入 1L 容量瓶中，用经煮沸后冷却的蒸馏水稀释至刻度。充分地振荡，待全部溶解后，过滤于棕色瓶中，摇匀。

用吸量管取上述配制的溶液 5mL 于碘量瓶中，加入 2g 碘化钾和 5mL 盐酸溶液（19%），摇匀、盖好塞子，并用水封闭，然后加入 25mL 水稀释。用 $c\left(Na_2S_2O_3\right)=0.5mol/L$ 的硫代硫酸钠标准滴定溶液滴定至浅黄色时，加入 1mL 淀粉指示液（5g/L），继续滴定到溶液无色为止。同时做空白试验。

🖑 说明

溴值小于 0.5gBr/100g 时，用 $c\left(\frac{1}{6}KBrO_3\right)=0.1mol/L$ 溴酸钾-溴化钾标准滴定溶液；溴值大于或等于 0.5gBr/100g 时，用 $c\left(\frac{1}{6}KBrO_3\right)=0.5mol/L$ 溴酸钾-溴化钾标准滴定溶液。

5. 试验步骤

（1）量取溶剂　根据试样溴值的大小按表 8-6 规定，用 50mL 量筒量取一定量滴定溶剂注入 50mL（或 100mL，或 150mL）锥形瓶中，加入 1 滴甲基橙指示液（1g/L），用 0.1mol/L 或 0.5mol/L 溴酸钾-溴化钾标准滴定溶液滴定至红色消失为止。

表 8-6　试样溴值与溶剂加入量的关系

试样溴值/(gBr/100g)	溶剂加入量/mL	试样溴值/(gBr/100g)	溶剂加入量/mL
0~2	10~15	31~60	56~85
3~10	16~35	61~80	86~100
11~30	36~55	>80	110

（2）取样　根据试样溴值的大小，用吸量管量取 0.5~5mL 试样，注入上述（1）已经装有溶剂的锥形瓶中，再加入 1 滴甲基橙指示液（1g/L），充分振荡至均匀，选用 0.1mol/L 或 0.5mol/L 的溴酸钾-溴化钾标准滴定溶液进行滴定，直到混合液红色消失为止。

🖑 注意

滴定速度要缓慢，同时要不断振荡。

6. 计算

试样的溴值按式（8-15）进行计算。

7. 精密度

重复性：同一操作者重复测定的两个结果之差不应超过表 8-7 中的数值。

表 8-7　平行试验溴值测定重复性要求

溴值/(gBr/100g)	重复性/(gBr/100g)	溴值/(gBr/100g)	重复性/(gBr/100g)
<0.5	0.02	>5.0～10	0.4
0.5～1.0	0.05	>10～50	0.6
>1.0～5.0	0.2	>50	0.8

8. 报告

取重复测定两个结果的算术平均值，作为试样的溴值。

测试题

1. 名词术语

(1) 油品安定性　　(2) 诱导期　　(3) 溶剂洗胶质含量　　(4) 黏附性不溶物

(5) 可过滤不溶物　(6) 热安定性　(7) 高温氧化沉积物　(8) 碘值

(9) 溴值　　　　　(10) 溴指数

2. 判断题（正确的画"√"，错误的画"×"）

(1) 车用汽油诱导期要求不大于 480min。　　　　　　　　　　　　　　(　　)

(2) GB/T 509 仅用于喷气燃料实际胶质的测定。　　　　　　　　　　　(　　)

(3) 测定溶剂洗胶质含量时，水浴温度超过偏离规定时，测定结果将偏大。 (　　)

(4) 测定诱导期时，在 15～20℃温度下，应调整弹内氧气压力为 686.5kPa±4.9kPa，并要保证不漏气。　　　　　　　　　　　　　　　　　　　　　　　　(　　)

(5) 称量棒沉积物质量时，要避免手指接触及防止溶剂吸附于棒沉积物裂缝中，以减少棒沉积物质量误差。　　　　　　　　　　　　　　　　　　　　　　(　　)

3. 填空题

(1) 石油产品在_____、_____及_____过程中，保持其_____性能，称为油品的安定性。

(2) 评定车用汽油安定性的指标有_____、_____。

(3) GB/T 509 测定喷气燃料实际胶质时，加热温度为_____，空气流速为_____。

(4) GB/T 8018 规定试验时，将盛有_____ mL 试样的氧弹放入到_____℃水浴内加热，连续或每隔_____min 记录压力，直至转折点，则从氧弹放入水浴到转折点这段时间，即为_____。

(5) 黏附性不溶物是指在试验条件下，试样在_____中产生并在试样放出后黏附在_____上的不溶于异辛烷的物质。

(6) 评定喷气燃料安定性的指标有_____、_____、_____、_____和_____。

4. 选择题

(1) 下列各项中，属于评定航空活塞式发动机燃料安定性指标的是 (　　)。

A. 诱导期　　　　B. 溶剂洗胶质含量　　　C. 实际胶质　　　　D. 净热值

(2) GB/T 8019 测定车用汽油溶剂洗胶质时，试样加热温度为 (　　)。

A. 160～165℃ 　　B. 150～160℃ 　　C. 145～150℃ 　　D. 150～155℃

(3) 测定诱导期时，测定时水浴温度必须控制在 (　　)℃。

A. 100±1 　　B. 80±1 　　C. 90±1 　　D. 50±1

(4) 将碘的乙醇溶液与试样作用后，再用 (　　) 硫代硫酸钠标准滴定溶液滴定剩余的碘，以 100g 试样所能吸收碘的质量表示碘值。

A. Na_2SO_4 　　B. Na_2SO_3 　　C. $Na_2S_2O_3$ 　　D. $Na_2S_4O_6$

(5) SH/T 0236 测定油品溴值时，以 (　　) 为指示剂。

A. 溴酚蓝 　　B. 甲基橙 　　C. 酚酞 　　D. 百里酚蓝

5. 简答题

(1) 简述空气流速对溶剂洗胶质含量测定的影响。

(2) 润滑油抗氧化安定性测定的影响因素有哪些？

(3) 测定油品中不饱和烃含量通常使用哪些质量指标？各自的测定原理是什么？

(4) 碘值、溴值及溴指数之间存在何种关系？

(5) 碘-乙醇法测定油品中碘值的基本原理是什么？测定过程中的主要影响因素有哪些？

6. 计算题

已知某汽油在 110℃时，测得的诱导期为 260min，试计算修正后的诱导期。

第九章
油品电性能的分析

 学习指南

    本章主要介绍电气绝缘油的电性能分析。油品的电性能是指电气绝缘油在交变电场的作用下，能够维持自身安定性、减少额外电能损失、确保使用仪器设备绝缘和换热效果的能力。电气绝缘油的两个重要电学性能指标是介质损失和击穿电压。

    学习时应注重理解和掌握有关内容的基础知识与术语；掌握评价指标的实际意义；熟悉分析方法的原理；掌握试验步骤的概要；了解影响测定结果的主要因素。

    油品电性能测定主要针对电气用绝缘油，其中包括变压器、电容器、整流器、互感器、开关设备和电缆中所使用的不同种类绝缘油。电气用油既可单独应用又可与其他固体绝缘材料一起，作为电气设备的绝缘介质或导热载体，抑或两者兼而有之。介质损失和击穿电压是评定电气用油电性能以及使用过程中油品变质程度或受污染情况和保证安全运行的重要指标。如果运行中的油品变质、电性能下降，则需要及时更换新油或对使用过的油品进行再生处理。

第一节　介质损失角的测定

一、测定介质损失角的意义

1. 介质损失的产生

    电气用油在外电场的作用下，会产生电导损耗和极化损耗。**电导损耗是指由于油品自身存在的微弱导电能力而损耗的部分电能**；而极化损耗则是由于油品中含有微量的水、有机酸等极性分子，在交变电场的作用下，使极性分子产生极化运动所消耗的电能。这两种能量损失，都是由电气用油（电介质）本身组成中的不良组分引起的，故称为介质损失。

2. 介质损失的表示方法

    测定电气用油介质损失时，可将试样看成是电容器的介质。在交流电场的作用下，通过油品的电流可分为两部分，一部分是无电能损失的无功电流 I_c，另一部分是有电能损失的有功电流 I_R，二者的合成电流为 I。它们的等效电路和向量图如图 9-1 所示。

通常 $I_c \gg I_R$，且 δ 角很小，则介质损失可用任意电路中的一般功率公式计算。

$$P = UI_R = UI_c \tan\delta \qquad (9\text{-}1)$$

根据电学知识，$I_c = \dfrac{U}{x_c}$，$x_c = \dfrac{1}{\omega C}$，$C = \varepsilon \dfrac{S}{d}$，则

$$P = \frac{U^2 \omega S \varepsilon}{d} \tan\delta \qquad (9\text{-}2)$$

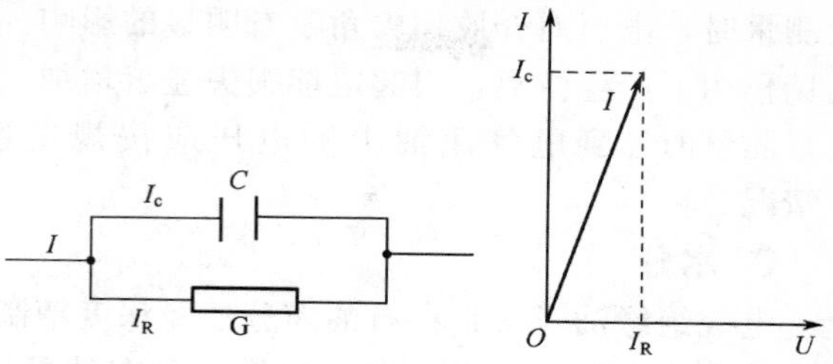

图 9-1　等效电路和向量图

式中　P——介质损失功率，W；

$\quad U$——外部施加电压，V；

$\quad \omega$——交流电源角频率，s^{-1}；

$\quad \tan\delta$——介质损失角正切值；

$\quad x_c$——容抗，Ω；

$\quad S$——电容器平板电极的面积，cm^2；

$\quad d$——电容器两平板电极间的距离，cm；

$\quad \varepsilon$——介电常数，F/cm^2。

对于固定的电容器，在外加电压和频率一定的情况下，U、ω、S、d 均为常数，所以式(9-2)可简化为

$$P = K' \varepsilon \tan\delta \qquad (9\text{-}3)$$

对于一般的电气用油，在保证一定纯度的情况下，ε 的变化范围很小，可视为常数，则式(9-3)还可简化为

$$P = K \tan\delta \qquad (9\text{-}4)$$

由式(9-4)可知，电气绝缘油的损失功率与介质损失角正切值成正比，即电气用油绝缘性的好坏由介质损失角正切值所决定。因此，电气用油的介质损失一般不用介质损失功率（P）表示，而用介质损失角正切值（$\tan\delta$）来表示。

介质损失角正切值简称介质损失角正切，有时简称为介质损失或介质损耗因数，实际上它还等于有功电流（I_R）与无功电流（I_c）之比值。

3. 测定介质损失角的意义

介质损失角是评定电气用油电性能的指标之一。介质损失角小的油品，绝缘强度高，工作电压下不易发热，不易被击穿。通过该指标主要用来检验电气用油的干燥、精制及老化程度。各种成品新油的介质损失角正切通常要求不大于 0.1～0.001，当油品因氧化、过热生成极性物质（如胶质、酸类等）、油泥或受潮及混入其他杂质时，介质损耗会明显地增加。使用中的油品，其介质损失角若变得过大，则应考虑更换新油。

二、介质损失角测定方法概述

测定电气用油介质损失角正切，按 SH/T 0268—1992（2004）《电气用油介质损失角正切测定法》进行，该方法主要适用于测定电气用油的介质损失。

测定时用高压交流电桥，在工频交变电场作用下，测定电气用油的介质损失，用介质损失角正切值表示。

三、影响测定的主要因素

1. 试验电压

电气用油的介质损失在很大程度上与电压有关。一般在电压较低的情况下进行介质损失

角测量时，电压对介质损失角没有明显的影响。当试验电压提高时，因介质中的空气孔隙在电场作用下产生游离，引起电能损失显著增加。所以，介质损失角随电压的升高而增加。为此，测量时加到电气用油上的电压应按规定选择，以便接近油品的工作电压，符合实际情况。

2. 水分

电气绝缘油通常是由石油馏分油经深度精制后所得的产品，其本身化学组成对绝缘性能的影响不大。但有水进入时，微量水分在油品中因电场作用而定向排列，从而增强导电功能，使介质损失增加。例如，当油品含水超过 60mg/kg 时，对介质损失角的测定将产生明显影响。因此，测量时应在规定允许的相对湿度环境下进行，同时，在油品的贮存和使用过程中都要注意防止水分浸入。

3. 温度

油品的极性很弱，其介质损耗主要是电导损耗，当温度升高时，其电导电流增大，因此其介质损失角正切值也随之增大。换言之，在较高温度下测定介质损失角正切值比在较低温度时测定更为灵敏。为此，介质损失角的测量应在规定温度下进行，通常，测试温度控制在 90℃。

4. 试样处理

待测试样在测试前，还应摇匀、过滤，并防止有气泡生成，使注入油杯内的试样不存有气泡及其他杂质。

5. 环境的影响

应防止电磁场干扰和机械震动的影响，注意不要随意搬动仪器。

一些电气用油如变压器油（GB 2536—2011）的介质损耗因数按 GB/T 5654—2007《液体绝缘材料相对电容率、介质损耗因数和直流电阻率的测量》进行。

第二节 击穿电压的测定

一、测定击穿电压的意义

1. 击穿电压和介电强度

当清洁、干燥的电气绝缘油处于电场内时，对其施加一个逐渐升高的外部电压，该油品中就会有电流通过，并伴随外压的提升而不断增大，使油介质具有逐步递增的导电能力，在电压的负极端会发射电子，当这些电子拥有足够的能量时，可导致油品组成中的一些分子微量解离，解离程度随外部施加电压的升高而不断加强。当外部施加电压达到某一极限程度时，油介质内瞬间就能产生极大的传导电流，使电气绝缘油丧失绝缘能力而转变为导电体，并在极板间形成强烈的电弧，这种现象称为油品的"击穿"。**试样击穿时外部施加的最高电压称为击穿电压；此时的电场强度，称为介电强度。**

击穿电压表示的是油介质在交变电场中所能承受的最高电压。均匀电场中介电强度与击穿电压的关系如下：

$$E = \frac{U_b}{d} \tag{9-5}$$

式中 E——电气绝缘油的介电强度，kV/cm；

U_b——电气绝缘油的击穿电压，kV；

d——平板电极间的距离，cm。

当平板电极间的距离一定时，电气绝缘油的击穿电压越大，其介电强度越高。虽然两者的物理意义不同，但都可以相对表示电气用油的绝缘性能。

若电气绝缘油中有少量水或固体悬浮物等杂质存在，其击穿电压将会降低，这是由于水和固体的导电性一般均比油品要大的缘故。

2. 测定意义

击穿电压是评定电气用油电性能的重要质量指标，该测定项目可用于检验油品被水分或其他悬浮物质污染的程度，以决定电气用油在使用前是否进行干燥和过滤处理，以保证其绝缘性能，使电气设备能安全运行。电气用油的击穿电压、介电强度越高，其电绝缘性能越好。

工业脱水装置可使电气绝缘油的含水量降到 10mg/kg 以下，而在油品的使用过程中，由于设备密闭性等原因，油品中芳香烃成分及某些极性分子可能吸收、溶解空气或外界中的水分，有时甚至使油品含水质量分数最高可达 0.1% 左右。一般而言，油品中所含水分及其他杂质量越高，其击穿电压越低。通常，成品新绝缘油的击穿电压要求不小于 30～50kV；经过处理后，注入设备前绝缘油的击穿电压可达 50kV 以上。

二、击穿电压测定方法概述

测定电气绝缘油击穿电压（或介电强度），按 GB/T 507—2002《绝缘油击穿电压测定法》进行，该标准等适用于测定 40℃ 时运动黏度不大于 350mm²/s 的各种绝缘油，包括未使用过的绝缘油的交接试验和设备监测以及保养时对样品状况的评定。

测定时，向置于规定设备中的被测试样上施加按一定速率连续升压的交变电场，直至试样被击穿，计算 6 次测定结果的平均值，作为击穿电压的报告值。

三、影响测定的主要因素

1. 电极形状和电极间的距离

测定电气用油击穿电压用的电极是一对平板电极，必须使电极的边缘呈圆形，因为尖锐的边缘会引起尖端放电效应，将不规范的电极置入油中进行试验，容易使试样炭化而导致击穿，影响测定结果。

电极距离过小容易击穿，测定结果偏小；反之，测定结果偏大。

2. 温度

纯净、干燥的油品，当温度在 80℃ 以下时，其击穿电压与温度几乎无关。当油品中有水分存在时，在较低温度的应用环境中，因为水分易于形成冰的结晶，所以温度对击穿电压影响很大；在 60～70℃ 时，温度对击穿电压的影响也不大；超过 80℃ 时，因水分开始部分汽化，则温度对击穿电压的影响逐渐增大。

3. 水分及其他杂质

一般水分对击穿电压的影响很大，但却不是正相关的关系。若油品中含有微量的水分，其击穿电压便急剧下降；而当油品含水质量分数超过 0.06% 时，其击穿电压基本稳定，这是因为油品对水的溶解量有一定的限度，过多的水分将沉于容器的底部而离开高压电场区，所以对击穿电压影响不大。若油品中含有灰尘和其他杂质，由于杂质能够吸收潮湿空气中的水分，击穿电压也将会降低。有关数据表明，当油品中含水质量分数达 0.01% 时，击穿电压可维持在 15kV 左右；当含水质量分数增加到 0.03% 时，击穿电压则降到 6kV 左右。

石油产品分析仪器介绍

绝缘油击穿电压测定器

图 9-2 为 JY-Ⅱ型绝缘油介电强度自动测试仪，符合 GB/T 507—2002 要求。该仪器采用中文菜单式大屏幕液晶显示器及一体式结构设计，运用最新微机控制技术，抗干扰能力强，测试时只需一次设定实验参数，微电脑自动完成全部测量过程，并自动打印出测量参数及平均值，同时伴有警示信号。该仪器操作简单，测量安全、准确。

图 9-2 JY-Ⅱ型绝缘油介电强度自动测试仪

第三节 实 训

* 一、电气用油介质损失角正切值的测定

1. 实训目的

（1）掌握电气用油介质损失的测定 ［SH/T 0268—1992(2004)］ 原理与试验方法。

（2）了解有关电工电子仪器的使用方法。

2. 仪器与试剂

（1）仪器　高压交流电桥成套装置（测定范围：tanδ 在 0.0001～1 之间）；测量用的电极（用黄铜或不锈钢制成，其工作表面必须镀镍或镀铬，所镀的金属应完全均匀一致、光滑；测量电极与保护电极间的绝缘垫用石英或硬玻璃或聚四氟乙烯制成，测量电极与高压电极间的距离以及测量电极与保护电极间的距离，都是 2.0mm±0.1mm，电极的构造尺寸如表9-1所示）；试验容器（电极杯与电极安装如图 9-3 和图9-4所示）；恒温鼓风烘箱（应具备高压接线绝缘套管或绝缘瓷瓶的装置，最高温度不低于 150℃，灵敏度为±1℃）；温度计(0～120℃，分度为 1℃)；湿度计；油浴装置。

 注意

在设计电极的构造时，加热至110℃时应不影响电极的排列情况；构造必须比较稳定，以免在注油后影响电极的排列情况。

（2）试剂及材料　石油醚（分析纯，60～90℃）；苯（化学纯）；四氯化碳（化学纯）；麂皮或不脱纤维的绸和绢；变压器油。

表 9-1　测量用的电极尺寸

电 极 名 称	电 极 尺 寸/mm	
	筒 状	平 板
高压电极内径	50	≥146
测量电极外径	46	120
测量电极长	90	
保护电极宽	≤6	≥6
保护电极高	—	比测量电极和高压电极的高度高 5mm 以上

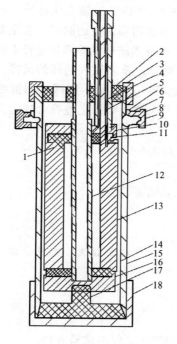

图 9-3　三端子电极杯

1—固定位螺丝；2—上绝缘支撑块；3—外电极上盖；
4—引线柱屏蔽；5—引线柱；6—引线绝缘；
7—垫圈；8—接线螺帽；9—螺栓；10—上屏蔽电极；
11—上绝缘垫块；12—中心杆；13—内电极（测量电极）；
14—下绝缘垫块；15—外电极（高压电极）；
16—下屏蔽电极；17—下绝缘支撑块；18—外电极底

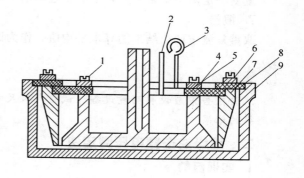

图 9-4　电极安装图

1—固定螺母；2—低压接线柱；3—吊环；4—测量电极；
5—测量电极支持块；6—护环支持块；7—护环；
8—绝缘垫块；9—高压电极

3.　方法概要

用高压交流电桥，在工频交变电场作用下，测定电气用油的损耗，以介质损失角的正切值表示。

4.　准备工作

（1）连接线路　按电桥使用说明书连接好线路，对电桥进行平衡。

（2）处理电极　将电极依次用石油醚、苯和四氯化碳充分洗涤干净并烘干。

👆 **注意**

洗过的电极不应用手去摸。

（3）耐压试验　将处理过的电极连接好线路，先在空杯的情况下用 1.5～2 倍的工作电压进行 1min 的耐压试验，以防止测定过程中发生击穿现象。空电极耐压试验通过后，可先进行一次空测，检查电极本身有无损失。在 20℃时电极本身损失（$\tan\delta$）应不大于 0.01％。

（4）试样预处理　试样在测定前应先充分振荡均匀，然后过滤。取样时不应留有气泡。用试样冲洗电极两三次后，将试样沿壁装入电极中，防止气泡发生。然后将温度计插入中间孔中。把装好试样的电极放入恒温烘箱中，接好线路并检查接地是否良好。当试样达到所需温度时才进行测定。

5. 试验步骤

（1）试样测定　试样达到预定温度后经过 5min 即可进行测定。测定过程按具体使用的设备所规定的操作方法进行。测量电压是按电极间隙每毫米施加 1kV 工频电压计算。若要求在两个不同温度下进行测定，则在低温度测定后，可继续升温进行高温度的测定。在全部测定过程中要注意放电氖灯，当发现灯亮时，应立即切断电源，检查线路连接等部分是否正确。

（2）重复测定　第一次测量完毕，将电极中的试样倒掉，重新注入同样的试样。待新装入的试样达到与第一次相同的温度时，经过 5min 后再进行一次测量。如两次测量结果的差值大于下述精密度的规定，应重新进行测定，直到连续两次测量结果之差符合规定为止。

6. 精密度

重复测定两个结果之差，不应超过算术平均值的±（10％＋0.0001）。

7. 报告

取重复测定两个结果的算术平均值，作为试样的试验结果。

注意

试验报告中应说明测量设备、试验电极尺寸及间隙、空电极的损失、电压、温度、湿度和测得的结果。

*二、绝缘油击穿电压测定法

1. 实训目的

（1）掌握电气用油击穿电压的测定（GB/T 507—2002）原理与试验方法。

（2）了解有关电工电子仪器的使用方法。

2. 仪器与试剂

（1）仪器

① 电气设备。电气设备由以下部分组成：调压器、步进变压器、限流电阻、切换系统，上述两个或多个设备可在系统中以集成方式使用。

a. 调压器。通常采用自动控制系统，可由自耦变压器、电子调节器、发电机励磁调节、感应调节器、电阻型分压器之一实现。

b. 步进变压器。试验电压是由交流电源（48～62Hz）供电的步进变压器得到的，对低压电源的控制要满足试验电压平缓均匀，有变化且无过冲或瞬变，电压增长值（如由自耦变压器产生的）不能超过预期击穿电压的 2％。加在绝缘油电池电极上的电压是一个近似正弦的波形，峰值因数在 $\sqrt{2}\pm7\%$ 范围内，变压器次级线圈中心点应接地。

c. 限流电阻。为保护设备和防止绝缘油在击穿瞬间的过度分解，需在试样杯的线路中串接一个电阻，以限制击穿电流。对于电压大于 15kV 的情况，变压器及相关电路的短路电流应在 10～25mA 内，可通过电阻与高压变压器的初级线圈、次级线圈之一或同时相连得以实现。

　　d. 切换系统。达到恒定电弧时，电路即自动断开；达到试样击穿电流时，步进变压器的初级线圈应与断路器连接，并在 10ms 内断开电压。如果在电极间产生瞬时火花（可闻或可见时），则手动断开电路。

说明

　　对硅油的特别要求。发生电弧放电时，硅油可能产生固体分解物，导致试验结果的误差。因此，应采取措施使在击穿放电中所消耗的能量为最小。按上述要求限定电流，在 10ms 内与步进变压器初级线圈相连，只适用于烃类测定。为了使硅油获得更为满意的测定结果，可使用低阻抗变压器的初级线圈短路设备或能检测在几微秒内击穿的低压设备。使用此种设备，在击穿检测 1ms 内步进变压器的输出电压应减至零，并按试验顺序在进行下一步试验前电压不得增大。

　　② 测量仪器。本标准对试验电压值定义为电压峰值除以 $\sqrt{2}$。该电压的测量可通过将峰值电压表或其他类型的电压表与测试变压器的输入端或输出端相连，或者用上述提供的专用线圈相连来测量。使用时按标准校正，该标准应达到所需测量的全刻度。校正方法采用变换标准法，即将一辅助测量设备置于连在高压电极间的试样杯的位置，使其具有与装有试样的试样杯相同的阻抗，辅助测量设备可按原级标准独立校正。

　　③ 其他试验组件。试样杯（容积在 350～600mL 之间，由透明绝缘材料制成，且对绝缘油及所用清洗剂具有化学惰性，其杯盖的设计要考虑到在清洗和保养时能容易取出电极）；电极（由磨光的铜、黄铜或不锈钢材料制成，形状为球形、球盖形，见图 9-5 和图 9-6；电极轴心应水平，电极浸入试样的深度应至少为 40mm，电极任一部分离杯壁或搅拌器不小于 12mm，电极间距为 2.50mm±0.05mm）；搅拌器（由双叶转子叶片构成，有效直径为 20～25mm，浸入深度为 5～10mm，并以 250～300r/min 的速率转动，搅拌时不应带入空气泡，并使绝缘油以垂直向下的方向流动，另外设计时要考虑到清洗方便）；磁性棒（长 20～25mm，直径 5～10mm）。

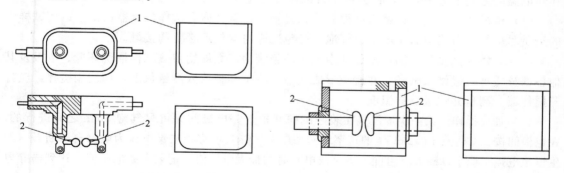

图 9-5　试样杯和球形电极
1—油杯；2—电极

图 9-6　试样杯和球盖形电极
1—油杯；2—电极

注意

　　电极若有损坏或凹痕，应立即维修或更换。搅拌可根据试验需要而定，是否搅拌对试验结果并无明显差别；对于自动化仪器来说，有搅拌器比较方便。

　　（2）试剂　丙酮（分析纯）；石油醚（分析纯，60～90℃）；电容器油。

3. 方法概要

向置于规定设备中的被测试样上施加按一定速率连续升压的交变电场，直至试样被击穿。

4. 准备工作

（1）电极制备　新电极、有凹痕的电极或未按正确方式存放较长一段时间的电极，使用前按下述方法清洗：用适当挥发性溶剂清洗电极各表面且晾干。用细磨粒、砂纸或细砂布来磨光。磨光后，先用丙酮、再用石油醚清洗。将电极安装在试样杯中，装满清洁未用过的待测试样，升高电极电压至试样被击穿24次。

（2）试验组件的准备　建议每一种绝缘油用一支特定试样杯。试样杯不用时，应保存在干燥的地方并加盖，杯内装满经常用的干燥绝缘油。在试验时若需改变样品，用一种适当的溶剂将以前的试样残液除去，再用干燥待测试样清洗装置，排出待测试样后再将样杯注满。

（3）盛样容器及其清洗　样品体积约为试样杯容量的3倍。样品容器最好使用棕色玻璃瓶。若用透明玻璃瓶应在试验前避光贮藏，也可用不与绝缘油作用的塑料容器，但不能重复使用。为了密封应使用带聚乙烯或聚四氟乙烯材质垫片的螺纹塞。应先用适当的溶剂清洗容器和塞子，以除去上次残液，再用丙酮清洗，最后用热空气吹干。清洗后，立即盖好盖子，以备后用。

（4）取样　新油或用过的绝缘油应依照GB/T 4756—1998《石油液体手工取样法》要求取样。取样时，应留出3%的容器空间。击穿电压的测试对试样中微量的水或其他杂质相当敏感，需用专门采样器采样，以防止试样的污染。除非另有要求，此项工作需经培训或有经验的人员来完成。取绝缘油最易带来杂质的地方，一般为容器底部。

5. 试验步骤

进行试验时，除非另有规定，试样一般不进行干燥或排气。整个试验过程中，试样温度和环境温度之差不大于5℃，仲裁试验时试样温度应为20℃±5℃。

（1）试样准备　试样在倒入试样杯前，轻轻摇动翻转盛有试样的容器数次，以使试样中的杂质尽可能分布均匀而又不形成气泡，避免试样与空气不必要的接触。

（2）装样　试验前应倒掉试样杯中原来的绝缘油，立即用待测试样清洗杯壁、电极及其他各部分，再缓慢倒入试样，并避免形成气泡。将试样杯放入测量仪上，如使用搅拌，应打开搅拌器。测量并记录试样温度。

（3）加压操作　第一次加压是在装好试样并检查完电极间无可见气泡5min之后进行的，在电极间按2.0kV/s±0.2kV/s的速率缓慢加压至试样被击穿，击穿电压为电路自动断开（产生恒定电弧）或手动断开（可闻或可见放电）时的最大电压值。记录击穿电压值。达到击穿电压至少暂停2min后，再进行加压。重复6次。计算6次击穿电压的平均值。

☞ 注意

电极间不要有气泡，若使用搅拌，在整个试验过程中应一直保持。

6. 报告

报告击穿电压的平均值作为试验结果，以千伏（kV）表示。

报告还应包括样品名称、每次击穿值、电极类型、电压频率、油温及所用搅拌器（若选用）型号等。

测试题

1. 名词术语

（1）介质损失　（2）电导损耗　（3）极化损耗　（4）击穿电压　（5）介电强度

2. 判断题（正确的画"√"，错误的画"×"）

（1）电气用油在外电场的作用下，会产生电导损耗和极化损耗。　　　　　（　　）

（2）电气用油介质损失一般不用介质损失功率表示，而用介质损失角正切值表示。

　　　　　　　　　　　　　　　　　　　　　　　　　　　　　　　　　（　　）

（3）测定电气用油介质损失角正切，按 SH/T 0268—1992（2004）《电气用油介质损失角正切测定法》进行。　　　　　　　　　　　　　　　　　　　　　　　　　（　　）

（4）电气绝缘油含有微量水分对其绝缘性能影响不大。　　　　　　　　　（　　）

（5）电极距离过小容易击穿，击穿电压测定结果偏小。　　　　　　　　　（　　）

3. 填空题

（1）极化损耗则是由于油品中含有微量的_____、_____等极性分子，在_____的作用下，使极性分子产生_____运动所消耗的电能。

（2）介质损失角小的油品，绝缘强度_____，工作电压下不易_____，不易被_____。

（3）击穿电压表示的是油介质在_____电场中所能承受的_____电压。

（4）电气用油的_____、_____越高，其电绝缘性能越好。

（5）电气用油击穿电压进行试验时，除非另有规定，试样一般不进行_____或_____。整个试验过程中，试样温度和环境温度之差不大于_____℃，仲裁试验时试样温度应为_____。

4. 选择题

（1）通常，成品新绝缘油的击穿电压要求不小于（　　）。

A. 40～60kV　　B. 30～50kV　　C. 20～50kV　　D. 10～30kV

（2）GB/T 507—2002《绝缘油击穿电压测定法》主要适用于测定 40℃黏度不大于（　　）的各种绝缘油。

A. 350mm^2/s　　B. 250mm^2/s　　C. 150mm^2/s　　D. 450mm^2/s

（3）当温度在（　　）以下时，纯净、干燥的油品的击穿电压与温度几乎无关。

A. 90℃　　　　B. 120℃　　　　C. 150℃　　　　D. 80℃

（4）当油品中含水质量分数达 0.01％时，击穿电压可维持在（　　）左右。

A. 20kV　　　　B. 6kV　　　　C. 9kV　　　　D. 15kV

（5）测定电气用油击穿电压取样时，应留出（　　）的容器空间。

A. 5％　　　　B. 3％　　　　C. 10％　　　　D. 15％

5. 简答题

（1）举例说常见电气用油，其主要功能是什么？

（2）影响测定击穿电压或介电强度的因素有哪些？

第十章
油品中杂质的分析

 学习指南

本章主要介绍油品中水分、灰分及机械杂质的分析。通过学习要了解油品中杂质分析的意义及杂质的危害性，理解分析的原理及方法，掌握操作技能，提高测定结果的准确性。

油品中的杂质主要指的是油品中的水分、灰分及机械杂质等。杂质对油品使用性能有很大影响，是评定油品质量的重要指标。根据油品的用途不同，油品中各种杂质含量指标也有差异；根据油品中杂质含量的多少，测定方法也不相同。本章就燃料油及润滑油中的水分、灰分及机械杂质的测定原理及方法进行了讨论。

第一节 水 分

一、测定油品水分的意义

1. 石油产品中水分的来源

（1）在贮运及使用中混入的水分　石油产品在贮存、运输、加注和使用过程中，由于种种原因而混入的水分。如容器不干燥残留有水分，贮油容器密封不严或在加注过程中雨雪冰霜落入，以及水蒸气的凝结等均可使石油产品中含有一些水分。

（2）溶解空气中的水分　由于石油产品尤其是轻质燃料油具有一定程度的溶水性。随着温度升高、空气中湿度增大和芳香烃含量增加，轻质燃料油的溶水性也逐渐增大。汽油、煤油几乎不与水混合，但仍可溶有不超过 0.01% 的水。

2. 水在油品中的存在形式

（1）悬浮水　水以细小液滴状悬浮于油品中，构成浑浊的乳化液或乳胶体。此种现象多发生于黏度较大的重质油中，其保护膜可由环烷酸、胶状物质、黏土等形成。在此情况下的水很难沉淀分离，必须采用特殊脱水法。例如，含水润滑油常采用空气流搅拌热油或用真空干燥法脱水。其中，使用真空干燥法可避免空气的氧化作用。

（2）溶解水　水以分子状态均匀分散在烃类分子中，这种状态的水叫做溶解水。水在油品中的溶解量取决于油品的化学组成和温度。通常烷烃、环烷烃及烯烃溶解水的能力较弱，芳香烃能溶解较多的水分。温度越高，水在油品中的溶解量越多。一般而言，汽油、煤油、柴油和某些轻润滑油溶解水的数量很少，用 GB/T 260—1977（1988）《石油产品水分测定法》不能检出，可忽略不计。

（3）游离水　析出的微小水粒聚集成较大水滴从油中沉降下来，呈油水分离状态存在。通常油品分析中所说的无水，是指没有游离水和悬浮水，溶解水是很难除去的。

3. 石油产品含水的危害

（1）破坏油品的低温流动性能　航空燃料中若含有水分，会使其冰点升高，引起过滤器或输油管堵塞，甚至中断供油，酿成事故。车用汽油、车用柴油中若含有水分，冬季易结冰，堵塞燃料油系统。

此外，燃料油中含水会把无机盐带入汽缸内，使机件腐蚀、积炭增加、磨损加剧。锅炉燃料含水则降低燃烧效率，增强腐蚀性。

（2）降低油品的抗氧化性能　石油产品含水会溶解新加入的抗氧化剂，加速油品（如裂化汽油和其他含有不饱和烃的燃料）的生胶过程。水分对贮存中燃料油的安定性影响更为显著，见表10-1。

表 10-1　水分对汽油生成胶质的影响

贮存条件	贮存中汽油的溶剂洗胶质含量/(mg/100mL)			
	开始	1个月后	2个月后	6个月后
无水时	4	4	6	8
有水时	4	6	11	22

从表 10-1 可以看出，汽油在贮存中如有水分存在，胶质生成的速率要比无水时大得多。

（3）降低油的溶解能力　溶剂油中若含水，会降低油的溶解能力和使用效率。

（4）降低润滑性能　润滑油中若含水则在冬季冻结成冰粒，堵塞输油管道和过滤网，同时在发动机的某些部分冻结后还会增加机件的磨损。水分存在还会增加润滑油的腐蚀性和乳化性。

（5）降低油品的介电性能　电器用油中若含水，会降低其介电性能，严重时还会引起短路，甚至烧毁设备。

4. 测定油品水分的意义

水含量是评价石油产品质量的重要指标之一。测定油品水分具有如下意义。

（1）计量容器内油品的数量　由容器内油品的总量减去含水量，可计算出容器内油品的实际数量。

（2）为设计脱水工艺提供依据　根据油品的水分含量，确定脱水方法。

（3）评定油品质量　水分是各种石油产品标准中必不可少的规格之一，也作为油品生产进出装置物料的主要控制指标（见表10-2）。除为了节能和保护环境需要经过特殊处理的加水燃料外，在石油产品中一般是不允许有水分存在的。

表 10-2　各种油品含水量指标

常减压装置原料	铂铼重整装置原料	车用汽油	煤油	车用柴油	3号喷气燃料
小于 0.1%～0.2%	小于 15mg/kg	无	无	痕迹	无

二、水分测定方法概述

通常，测定水分的方法按其含量不同分为常量法和微量法两种。

1. 蒸馏法

蒸馏法按 GB/T 260—1977（1988）《石油产品水分测定法》进行。该方法属于常量分析法，测定装置由蒸馏烧瓶、带刻度的接收器及冷凝管组成，见图10-1。

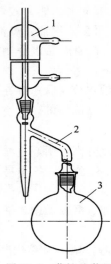

图 10-1 蒸馏法装置
1—冷凝管；2—接收器；3—圆底烧瓶

(1) 蒸馏法的测定原理　将已称量的试油和一定体积的无水溶剂注入蒸馏烧瓶中，加热至沸腾，溶剂汽化并将油品中的水分携带出去，通过接收器支管进入冷凝器中，冷凝后回流入带刻度的接收器内。由于水与溶剂互不相溶，且水较溶剂的密度大，在接收器里油水分层，水分沉入接收器底部，而溶剂则连续不断地经接收器支管返回蒸馏烧瓶中，在不断加热的情况下，反复汽化、冷凝，直至试油中水分几乎完全蒸出。根据接收器中水量及所取油品量，即可测出油品中水分的含量。

(2) 测定方法　测定时，在洗净并烘干的圆底烧瓶中称入摇匀的试样 100g，称准至 0.1g。注入无水溶剂 100mL，将混合物摇匀后，投入无釉瓷片、沸石或毛细管。按规定条件安装好仪器，加热煮沸混合物并控制回流速度，使冷凝管的斜口每秒滴下 2～4 滴液体。溶剂和水分一同蒸馏出来，冷凝后水分收集在接收器中。

蒸馏将近完毕时，如果冷凝管内壁沾有水滴，应使圆底烧瓶中的混合物在短时间内进行剧烈沸腾，利用冷凝的溶剂将水滴尽量洗入接收器中。直至接收器中水的体积不再增加时，停止加热。回流时间不应超过 1h。仪器冷却后，读出接收器中所收集到的水的体积。当接收器中的溶剂呈现浑浊，而且管底收集的水不超过 0.3mL 时，将接收器放入热水中浸 20～30min，使溶剂澄清，再将接收器冷却到室温，才读出管底收集水的体积。

① 试样含水的质量分数按式(10-1) 计算。

$$w = \frac{V\rho}{m} \times 100\% \tag{10-1}$$

式中　w——试样含水的质量分数，%；

　　　V——接收器中收集水的体积，mL；

　　　ρ——水的密度，g/mL，在室温下水的密度视为 1g/mL；

　　　m——试样的质量，g。

② 试样含水的体积分数按式(10-2) 计算。

$$\varphi = \frac{V\rho}{m} \times 100\% \tag{10-2}$$

式中　φ——试样含水的体积分数，%；

　　　V——接收器中水的体积，mL；

　　　m——试样的质量，g；

　　　ρ——油品试样的密度，g/mL。

🖐 **说明**

GB/T 260 规定，量取 100mL 试样时，在接收器中收集水的体积，可作为试样含水体积分数测定结果。

(3) 无水溶剂的作用

① 降低试样黏度，避免含水试样沸腾时引起冲击和起泡现象，便于水分蒸出。

② 溶剂蒸出后不断冷凝回流到烧瓶内，可使水、溶剂、试样混合物的沸点不升高或升高极少，防止过热现象，便于将水全部携带出来。

③ 测定润滑脂时，溶剂还起溶解润滑脂的作用。所以要求溶剂不溶于水，密度小于

1g/mL，溶剂的馏分要适当，GB/T 260—1977（1988）通常采用的溶剂是 80～120℃的工业溶剂油或直馏汽油馏分。

由于蒸馏法是一种常量测定法，因此只能测定含水量在 0.03％以上的油品。当含水量少于 0.03％时，认为是痕迹，如接收器中没有水，则认为试样无水。在石油化工生产和科研中，常常要测定痕量水，如铂重整装置一般要求原料油中的含水量小于 60mg/kg；双金属及多金属重整装置要求原料油中含水量小于 15mg/kg。因此，痕量水的测定将是不可缺少的。

2. 卡尔·费休法

按 GB/T 11133—1989《液体石油产品水含量测定法（卡尔·费休法）》进行。该法是应用卡尔·费休试剂进行容量滴定来测定液体石油产品水含量的方法。该法适用于测定水含量为 50～1000mg/kg 的液体石油产品，结果准确，是当今最为广泛应用的测定水含量方法之一。

（1）测定原理　利用碘被二氧化硫还原时，需要定量的水，其反应如下：

$$I_2 + SO_2 + 2H_2O \Longrightarrow 2HI + H_2SO_4$$

但上述反应是可逆的，要使反应向右进行，需要加入适当的碱性物质以中和反应后生成的酸。采用吡啶可以满足要求，其反应为

$$H_2O + I_2 + SO_2 + 3C_5H_5N \longrightarrow 2C_5H_5N \cdot HI + C_5H_5N \cdot SO_3$$

生成的硫酸吡啶很不稳定，能与水发生副反应，消耗一部分水，因而干扰测定，其反应是

$$C_5H_5N \cdot SO_3 + H_2O \longrightarrow C_5H_5NH \cdot SO_4H$$

当有甲醇存在时，可以防止上述副反应。

$$C_5H_5N \cdot SO_3 + CH_3OH \longrightarrow C_5H_5NH \cdot SO_4CH_3$$

由上述讨论可知，滴定时的标准溶液是含有 I_2、SO_2、C_5H_5N 及 CH_3OH 的混合溶液，**此溶液称为卡尔·费休试剂，亦称卡氏试剂**，其中甲醇 670mL、二氧化硫 65g、吡啶 270mL、碘 85g（使用前需进行标定）。

（2）终点判断　早期用目视法，卡氏试剂滴定时出现过量碘，由浅黄色变为棕红色为终点。但对于微量分析，由于滴定剂浓度低，终点不易辨别，现已用永停点滴定法和库仑法所代替。

① 永停点滴定法。永停点滴定装置见图 10-2。

测定时，滴定瓶内装入溶剂（体积比为 1∶3 的甲醇-氯仿混合液）和待测试样，插入两根铂丝作指示电极，外加一个低电动势（10～15mV）。当试样所含的水分与滴加的卡氏试剂作用时（终点以前），指示电极间无电流通过，微安表仍指示在零位上。若滴定到达终点后，继续滴加卡氏试剂，碘过量，则指示电极间发生了电极反应。

$$I_2 \longrightarrow 2I^- - 2e$$

两极间就有电流通过，微安表指针偏转。根据卡氏试剂的滴定度和滴定时消耗卡氏试剂的体积，可计算试样中水的质量分数。

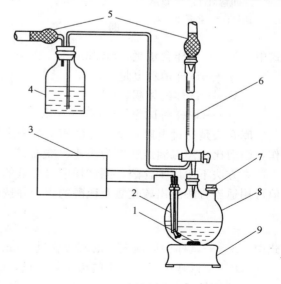

图 10-2　永停点滴定装置

1—搅拌子；2—指示电极；3—终点显示器；4—贮液瓶；
5—干燥器；6—滴定管；7—进样口；8—滴定瓶；9—搅拌器

$$X=\frac{V_1 T}{m_1}\times 10^3 \tag{10-3}$$

$$T=\frac{m_0}{V_0} \tag{10-4}$$

式中　X——试样中的水含量，mg/kg；

　　　V_1——滴定试样所消耗卡氏试剂的体积，mL；

　　　T——卡氏试剂滴定度，mg/mL；

　　　m_1——试样质量，g；

　　　m_0——加入纯水质量，mg；

　　　V_0——滴定水所消耗卡氏试剂的体积，mL。

　　② 库仑法。测定水分用的库仑滴定池结构见图10-3。其中指示电极对为铂片，电解电极由铂丝构成。本方法是以三氯甲烷、甲醇和卡氏试剂（卡尔·费休试剂）为电解液，用2～5mL试样可定量地检出 3mg/kg 的水。

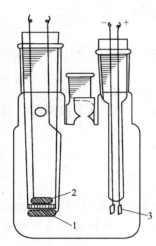

图 10-3　滴定池结构
1—电解阳极；2—电解
阴极；3—指示电极对

　　库仑法测定微量水的原理是基于在含恒定碘的电解液中通过电解过程，使溶液中的碘离子在阳极氧化为碘：

$$2I^- -2e \Longrightarrow I_2$$

生成的碘又与试样中的水反应：

$$H_2O+I_2+SO_2+3C_5H_5N \longrightarrow 2C_5H_5N\cdot HI+C_5H_5N\cdot SO_3$$

生成的硫酸吡啶又进一步和甲醇反应：

$$C_5H_5N\cdot SO_3+CH_3OH \longrightarrow C_5H_5NH\cdot SO_4CH_3$$

　　反应终点通过一对铂电极来指示，当电解液中的碘浓度恢复到原定浓度时，电解即自行停止。根据法拉第电解定律即可求出试样中相应的水含量。

即

$$X=\frac{\frac{18}{2}q\times 10^3}{96500V\rho}$$

$$X=\frac{1000q}{10722V\rho} \tag{10-5}$$

式中　X——试样含水量，mg/kg；

　　　q——试样消耗电量，mC；

　　　V——试样的体积，mL；

　　　ρ——取样时试样的密度，g/mL。

　　库仑法是通过电解自动产生的滴定剂来进行滴定，测定的是电量，省去了试剂的标定操作，因而比永停点滴定法更为快速、准确。

　　本方法不适用于含醛、酮试样中水含量的测定。试样中含有硫醇、硫化氢时也有干扰，但可用适当方法测出硫化氢及硫醇的含量并按式(10-6) 计算含水量。

$$X=\frac{1000q}{10722V\rho}-\frac{9S}{6}-\frac{9R}{32} \tag{10-6}$$

式中　S——试样中以硫表示的硫醇含量，mg/kg；

　　　R——试样中以硫表示的硫化氢含量，mg/kg。

　　其他符号意义同式(10-5)。

　　另外，GB 18351—2004《车用乙醇汽油》中的水分测定，采用 SH/T 0246—1992 (2004)《轻质石油产品中水含量测定法（电量法）》，其测定原理及方法与上述方法基本相同。

3. 润滑脂水分测定

按 GB/T 512—1965（1990）《润滑脂水分测定法》标准方法进行。该方法与 GB/T 260—1977（1988）使用的仪器相同，测定方法基本相同，只是在量取试样上有所不同，润滑脂测定水分时，称取 20～25g 试样，加 150mL 溶剂，而石油产品测定水分时，称取 100g 试油，加 100mL 溶剂。

三、影响测定的主要因素

① 所用溶剂必须严格脱水，以免因溶剂带水而影响测定结果的准确性。所用仪器必须清洁干燥（需在 105～110℃ 的温度下干燥）。

② 测定时，蒸馏瓶中应加入沸石或素瓷片，以形成沸腾中心，使稀释剂能更好地将水分携带出来。同时在冷凝管的上端要用干净棉花塞住，防止空气中的水分被冷凝，使测定结果偏高。

③ 应严格控制蒸馏速度，使从冷凝管的斜口每秒钟滴下 2～4 滴蒸馏液。回流时间不应超过 1h，如果过慢不仅使测定时间延长，还会因溶剂汽化量少，从而降低了对油中水分汽化的携带能力，使测定结果降低；过快易引起暴沸，可将试油、溶剂油和水一同带出，影响水与稀释剂在接收器中的分层。

④ 当试样水分超过 10％ 时，可酌情减少试样的称出量，要求蒸出的水分不超过 10mL。但试样称出量也不能过少，否则会降低试样的代表性，影响测定结果的准确性。

 石油产品分析仪器介绍

石油产品水分测定仪

图 10-4 为 BSY-111 型水分测定仪。该仪器符合 GB/T 260—1977（1988）要求，适用于测定石油产品水分。

其加热方式为 600W 电热套；固态调压器调节加热温度；500mL 烧瓶。

图 10-5 为 HGSC2000A 型微量水分测定仪。该仪器符合 GB/T 11133—1989 要求，采用卡尔·费休库仑滴定法来测定不同性质的液体、气体、固体中微量水分的含量。仪器采用微机控制，具有运算功能齐全、检测灵敏度高等特点。

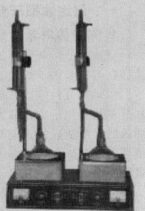

图 10-4 BSY-111 型
水分测定仪

其主要技能参数为：自检功能，仪器故障自诊断；适用环境，温度 5～35℃，相对湿度不大于 85％；电源，AC 220V±22V、50Hz±2.5Hz；机内蓄电池，充足电后可连续使用两个月；电量滴定方式（库仑分析法）；电解电流自动控制（最大 300mA）；5.7 英寸 LED 液晶显示；测定范围 $5\mu g$～$200mg$ H_2O；滴定速度 $2mg/min$；灵敏度 $0.1\mu g$ H_2O；自动日期，年、月、日、小时、分钟、秒；计算功能，含量计算（8 条公式），统计计算（平均值、标准偏差、变化率），四则运算；精密度，含水 $5\mu g$～$1mg$ 时，为 $\pm3\mu g$，含水大于 $1mg$ 时，RSD＜0.3％（不含进样误差）；外形尺寸 286mm×230mm×140mm；功率 85V·A；20 个字符热敏打印机，纸宽 58mm。

图 10-6 为 SC-3 型微量水分测定仪。该仪器具有测定精度高、分析速度快、使用范

图 10-5 HGSC2000A 型微量水分测定仪   图 10-6 SC-3 型微量水分测定仪

围广、稳定可靠、操作简单等优点，并具有故障自检、打印操作时间等功能。

　　SC-3 型微量水分测定仪根据卡尔·费休滴定原理，采用先进的微机电路，测定性质不同的液体、固体、气体中微量水分的含量。对于不溶于试剂的固体，以及与试剂起化学反应或容易污染电极的物质，可配用相应的固体、液体进样器，进行间接测定。其主要技能参数为：电量滴定方式（库仑分析法）；电解电流自动控制（最大 400mA）；频率 50Hz±5Hz；LED 数字显示；测定范围 $10\mu g \sim 100mg$ H_2O（典型值 $10\mu g \sim 10mg$）；滴定速度 0.6mg/min（最大值）；灵敏度 $0.1\mu g$ H_2O；适用环境温度 5～40℃；电源 AC 220V ±22V。

第二节 灰 分

一、测定油品灰分的意义

1. 灰分的来源

　　（1）灰分　灰分指的是在规定条件下，油品被炭化后的残留物经煅烧所得的无机物。即油品在规定条件下灼烧后所剩的不燃物质，用质量分数表示。

　　（2）灰分的来源　灰分的组成和含量随原油的种类、性质和加工方法不同而异。原油的灰分主要是由于少量的无机盐和金属的有机化合物（环烷酸的钙盐、镁盐、钠盐）以及一些混入的杂质造成的。重油中金属氧化物的含量占灰分总量的 20%～30%。灰分组成中除上述环烷酸盐外，还有 S、Si、Fe、Pb、Mn、K、V 等元素的化合物。通常，油品的灰分含量很小，为万分之几或十万分之几。

　　油品中可形成灰分的物质不能蒸馏出来，大部分留在残油中。胶质及酸性组分含量高的油品含灰分较多。灰分大的油品在使用中会增加机件的磨损、腐蚀和结垢积炭，因而灰分是油品严格控制的质量指标之一。按现行实验方法测得的灰分结果，有可能包括机械杂质在内。在润滑油中加入某些高灰分添加剂后，油品的灰分含量也会增大。

　　一般煤和页岩干馏焦油制得的石油产品的灰分较大，而天然原油制品的灰分较小，合成制得的石油产品灰分最小。

　　灰分组成对燃料、燃气轮机等十分重要。灰分的来源主要可归纳为如下几个方面。

　　① 利用蒸馏方法不能除去的可溶性矿物盐；含水原油中所溶解的无机盐，蒸馏后，仍以结晶状或油包水的乳化状态存在于油品中。

② 石油馏分精炼过程中，特别是酸碱洗涤时，腐蚀设备生成的金属氧化物，或白土精制时未滤净的白土等。

③ 商品润滑油内加入的添加剂如防锈剂、缓蚀剂等，有的添加剂灰分高达 20％以上。

④ 油品生产、贮存、运输和使用过程中产生的灰分等。

（3）灰分的组成　组成灰分的主要组分为下列诸元素的化合物，即 S、Si、Ca、Mg、Fe、Na、Al、Mn 等，有些原油还发现有 V、P、Cu、Ni 等。

油品灰分的颜色由组成灰分的化合物所决定，通常为白色、淡黄色或赤红色。

2. 测定灰分的意义

（1）灰分可作为油品洗涤与精制是否正常的指标　在酸碱精制中，如果脱渣不完全，则残剩的盐类和皂类物质会使灰分增大。润滑油精制过程中带入的白土也会使灰分增大。

（2）评定重质燃料油使用性能的重要指标　重质燃料油含灰分太大，沉积在管壁、蒸汽过热器、节油器和空气预热器上，不仅使传热器效率降低，还会引起这些设备提前损坏。

（3）评定柴油使用性能的重要指标　由于油品中的灰分是不能燃烧的矿物质，呈粒状，非常坚硬，柴油中的灰分能在摩擦过程中起磨料的作用，并具有侵蚀金属的作用，是造成汽缸壁与活塞环磨损的重要原因之一。

（4）评定润滑油使用性能的重要指标　润滑油中的灰分，在一定程度上，可评定润滑油在发动机零件上形成积炭的情况和了解添加剂的含量。灰分少的润滑油产生的积炭是松软的，易从零件上脱落；灰分多的油品，其积炭的紧密程度较大，较坚硬，也会使机件磨损增大。但是这种结论只对不含添加剂的润滑油才是可靠的。若润滑油灰分是由于某些抗氧、抗腐、清净分散等添加剂所造成，则难以从灰分的多少判断其形成积炭的情况。

我国部分石油产品灰分的质量指标见表 10-3。

表 10-3　某些油品灰分质量指标

油品名称	灰分（质量分数）/％　不大于	油品名称	灰分（质量分数）/％　不大于
车用柴油 （GB/T 19147—2013）	0.01	航空喷气机润滑油 （GB 439—1990）	0.005
燃料油 （SH/T 0356—1996）	0.05～0.15	1 号喷气燃料 ［GB 438—1977(1988)］	0.005

二、油品灰分测定方法概述

1. 石油产品灰分测定法

（1）测定原理　现通用的 GB/T 508—1985（1991）《石油产品灰分测定》广泛用于测定燃料油和润滑油的灰分。其基本原理是将试油加热燃烧，最后强热灼烧，使其中的金属盐类分解或氧化为金属氧化物（灰渣），然后冷却并称量，以质量分数表示。

该法使用干无灰滤纸作引火芯来燃烧试样，并将固体残渣燃烧至恒重，以测定石油产品的灰分。

（2）测定方法　在已恒重的坩埚中称入 25g 试样，称准至 0.0001g，将一张定量滤纸卷成圆锥体形的引火芯放入坩埚内，引火芯须将大部分试样盖住，以避免在试样燃烧时固体微粒随气流带走，引火芯浸透试样后点火燃烧，烧至获得干性炭化残渣为止，然后将坩埚移入高温炉中在 775℃±25℃的温度下灼烧 1.5～2h，直至残渣完全成为灰烬。若残渣难烧成灰时，则向冷却的坩埚中滴几滴硝酸铵溶液，蒸发并继续煅烧至质量恒定。试样的灰分（用质量分数表示）按式(10-7)计算。

$$w = \frac{m_2 - m_1}{m} \times 100\% \tag{10-7}$$

式中　w——试样的灰分，%；

　　　m_2——试样和滤纸灰分的质量，g；

　　　m_1——滤纸灰分的质量，g；

　　　m——试样的质量，g。

2. 添加剂和含添加剂润滑油硫酸盐灰分测定法

（1）测定原理　按 GB/T 2433—2001《添加剂和含添加剂润滑油硫酸盐灰分测定法》进行。其测定原理是将试样用无灰滤纸点燃和燃烧直到仅剩下灰分和微量碳。冷却后，残渣用浓硫酸处理，并在 775℃±25℃ 加热直到碳完全氧化。灰分冷却后，再用稀硫酸处理，并在 775℃±25℃ 加热至恒重，试验结果以质量分数表示。

该方法适用于测定添加剂和含添加剂润滑油硫酸盐灰分。测定含硫酸盐灰分的下限量为0.005%，不适用于硫酸盐灰分小于 0.02% 的含有无灰添加剂的润滑油及含有铅的、使用过的发动机油。

（2）测定方法　按预计生成的硫酸盐灰分计算应称取的试样质量。

$$m = \frac{10}{w} \tag{10-8}$$

式中　m——应称取的试样质量，g；

　　　w——预计生成的硫酸盐灰分，%。

若预计生成的硫酸盐灰分大于 2% 时，在坩埚内需用约 10 倍质量的低灰分矿物油稀释称量的试样。但取样数量不能超过 80g，并使其混合均匀。如测得的硫酸盐灰分质量分数与预计的质量分数相差两倍以上，则应重新称取适量的试样进行分析。

将试样称入已恒重的坩埚内，用一张定量滤纸叠两折，卷成圆锥体，用剪刀把距尖端5～10mm 的顶端部分剪去并放入坩埚内，把卷成圆锥体的滤纸（引火芯）立放入坩埚内，并将大部分试样表面盖住。引火芯浸透试样后，在规定的条件下，点火燃烧并加热至不再冒烟，将盛有残渣的坩埚冷却至室温，滴加浓硫酸使残渣完全浸湿，在电炉上加热直至不再冒烟为止。然后将坩埚移入 775℃±25℃ 高温炉中，加热到碳氧化完全或近乎完全为止。取出坩埚冷却至室温，加 3 滴蒸馏水及 10 滴稀硫酸（1∶1）浸湿残渣，加热蒸发至不冒烟，再将坩埚移入 775℃±25℃ 高温炉中重复进行煅烧、冷却及称量至恒重。用同样的方法做空白试验。

试样的硫酸盐灰分按式(10-9)计算。

$$w = \frac{m_2 - m_1}{m} \times 100\% \tag{10-9}$$

式中　w——试样的硫酸盐灰分，%；

　　　m_2——硫酸盐灰分的质量，g；

　　　m_1——空白试验测得的硫酸盐灰分的质量，g；

　　　m——试样的质量，g。

3. 润滑脂灰分测定法

按 SH/T 0327—1992(2004)《润滑脂灰分测定法》标准方法进行。该方法与 GB/T 508—1985(1991) 方法相类似。但 SH/T 0327—1992(2004) 方法中取样只有 2～5g，灼烧空坩埚温度为 800℃±20℃，而灼烧炭化残渣坩埚的温度为 600℃±20℃。试验步骤、计算方法均与 GB/T 508—1985(1991) 方法相同。

三、影响测定的主要因素

① 含有添加剂的油品在分析前应将样品充分摇匀。对黏稠或含蜡的试样需预先加热到 50~60℃，再行摇匀，以防由于某些添加剂的油溶及稳定性较差而影响结果的准确性。

② 坩埚放入高温炉之前应细致观察挥发成分是否全部挥发完毕（无烟），不能认为熄火就可以放入高温炉中，否则在坩埚放入炉内时未挥发干净的物质会急剧燃烧，将坩埚中灰分带出。

③ 用燃烧法测含有添加剂的石油产品，必须严格掌握其燃烧速度，维持火焰高度至 10cm左右，以免火焰高旺而将某些金属盐类的灰分微粒携带出去。

④ 从高温炉内取出的坩埚，在外面放置时应注意防止空气的流动及风吹，若放入干燥器则最好是真空干燥器，平衡气压时启开旋塞应轻开，以免使外部空气急骤进入而冲飞坩埚内的灰分。

⑤ 滤纸的折法和摆放问题，要求滤纸能紧贴坩埚内壁，使油分全部浸湿滤纸，以便能在滤纸燃烧时起到一个灯芯作用，以免油尚未烧完滤纸早已烧光。

⑥ 煅烧时必须燃烧完全，否则会使测定结果偏高。若有残渣难烧成灰时，滴入几滴硝酸铵溶液，可起助燃作用。因为硝酸铵加热分解可逸出氧气，促进难燃物质的氧化，分解反应式如下：

$$NH_4NO_3 \longrightarrow N_2O \uparrow + 2H_2O \uparrow$$

$$N_2O \longrightarrow N_2 \uparrow + \frac{1}{2}O_2 \uparrow$$

同时，产生的气体能使残渣疏松，从而更易于燃烧。

⑦ 煅烧及恒重的操作应严格遵守规程中的有关规定。

 石油产品分析仪器介绍

石油产品灰分测定器

图 10-7 为 JSR4301 型石油产品灰分测定器。该仪器符合 GB/T 508—1985 (1991) 要求。其技术指标如下：工作方式，数显温控、电加热；炉膛尺寸，120mm×80mm× 220mm；工作温度，常温到 800℃；控温精度，±15℃；工作电源，AC 220V± 22V，50Hz。

图 10-7　JSR4301 型石油产品灰分测定器

第三节 机 械 杂 质

一、测定油品机械杂质的意义

1. 机械杂质的来源

石油产品中的机械杂质是指存在于油品中所有不溶于特定溶剂的沉淀状物质或悬浮状物质。对于润滑脂中的机械杂质也可以用显微镜观察，通过颗粒直径的大小和数量的多少来表示。

油品中的机械杂质多数是由外界混入的，这些杂质主要有砂子、尘土、纤维、铁锈、铁屑等。例如，用白土精制的油品，大部分的机械杂质是白土的微粒，用其他方法精制的油品中可能含有矿物盐及金属微粒等机械杂质；油品在加工、贮存、运输及加注过程中，容器及管线生成的铁锈；油品在加工、贮存、运输及加注过程中，由于罐、桶清洗不净或容器不严从外界混入尘土等。此外，燃料油中的不饱和烃和少量的硫、氮、氧化合物，在长期贮存中因氧化而形成部分不溶的黏稠物及重油中的炭青质❶等也被当作机械杂质；润滑油中含有添加剂时，可发现 0.025% 以下的机械杂质，但不一定是外来杂质，而是添加剂组成中的物质。

2. 油品中机械杂质的危害

（1）燃料类油品含机械杂质的危害　燃料类油品含有机械杂质会降低装置的效率，使零件磨损，甚至使装置无法正常运行。例如，如果汽油中混有机械杂质，就会堵塞过滤器，减少供油量，甚至使供油中断。在柴油机的供油系统中，喷油泵的柱塞和柱塞套的间隙只有 0.0015～0.0025mm，喷油器的喷针和喷阀座的配合精度也很高，如果柴油中存在机械杂质，除了引起油路堵塞外，还可能加剧喷油泵和喷油器精密零件的磨损，使柴油的雾化质量降低，而且会使供油量减少，同时，机械杂质还可能造成喷油泵柱塞和喷油器的喷针卡死，使出油阀门关闭不严和堵死喷孔。喷气燃料中如果存在机械杂质，杂质进入发动机的工作喷嘴，不仅堵塞油路，降低喷油量，还会使发动机涡轮叶片根部产生裂纹，甚至折断叶片，因为当某一喷嘴堵塞后，该喷嘴后面响应的燃气压力大大下降，涡轮在这种压力极不均匀的燃气流中工作，叶片受到的动荷应力比正常情况下要大两倍。

（2）润滑油中含机械杂质的危害　润滑油中的机械杂质会增加机械的摩擦和磨损，还容易堵塞滤清器的油路，造成供油不正常，因此一般要求润滑油不含机械杂质。至于不溶于溶剂的沥青质，对机械磨损的影响不大。此外，润滑油中含有添加剂时，可发现 0.025% 以下的机械杂质。这些杂质是添加剂中的物质，所以有的润滑油允许含微量机械杂质，或允许在加添加剂后含微量机械杂质。

使用中的润滑油除含有尘埃、砂土等杂质外，还含有炭渣、金属屑等。这些杂质在润滑油中积聚的多少，随发动机的使用情况而不同，对机件的磨损程度也不同。因此机械杂质不能单独作为报废或换油的指标。

（3）润滑脂中含机械杂质的危害　润滑脂中的机械杂质同样能增加机械的摩擦和磨损，破坏润滑作用。而且，润滑脂中的机械杂质不能用沉降、过滤等方法除去，所以说润滑脂含有机械杂质比润滑油含机械杂质危害性更大。

---

❶　炭青质是油品中的大分子有机物，它溶于二硫化碳，但不溶于四氯化碳、苯及低分子烷烃。

（4）原油中含机械杂质的危害　原油中含有机械杂质会增加原油的运输费用，给原油的预处理造成困难，增加处理负荷，影响加工质量，造成生产管线结焦、结垢，堵塞管道和塔盘，降低生产能力。

另外，黏度小的轻质油品，杂质容易沉降分离，通常不含或只含很少量的机械杂质；而黏度大的重质油品，若含有杂质并且未经过滤的话，在测定残炭、灰分、黏度等项目时，结果会偏大。某些油品中的机械杂质规格标准见表 10-4。

表 10-4　某些油品中的机械杂质规格标准

油品名称	杂质（质量分数）/%不大于	油品名称	杂质（质量分数）/%不大于
车用汽油（GB 17930—2011）	无	液压油（GB 11118.1—2011）	无
煤油（GB 253—2008）	无	空气压缩机油（GB 12691—1990）	0.01
2 号喷气燃料［GB 1788—1979(1988)］	无	普通车辆齿轮油［SH/T 0350—1992(1998)］	0.02,0.05

3. 测定机械杂质的意义

油品中机械杂质的含量是油品重要的质量指标之一。通过测定其含量，判断油品的合格性，防止油品在使用过程中对机械造成危害。

此外，通过对用过及使用中的润滑油沉淀物含量的测定［GB/T 6531—1986(1991)《原油和燃料油中沉淀物测定法（抽提法）》］，也可以了解润滑油中机械杂质的变化情况，对润滑油的使用有着重大的意义。润滑油在使用过程中，由于油品本身的老化、机械运动产生的铁屑及外界杂质的混入，都会使沉淀物增多，沉淀物增多会增大黏度、堵塞滤油器并增大机械的磨损，从而减少机械寿命。

二、机械杂质测定方法概述

目前，测定石油产品机械杂质的方法分为定性法和定量法。

1. 石油产品机械杂质定性实验法

对于航空活塞式发动机燃料、车用汽油、喷气燃料和煤油等轻质燃料中的机械杂质可采用目测定性法。测定时，将试样摇匀，注入 100mL 玻璃量筒中，于室温下观察，应透明、无悬浮和沉降的机械杂质。用目测法如有争议时，按 GB/T 511—2010 方法进行定量测定。

2. 石油产品机械杂质定量测定法

（1）GB/T 511—2010《石油和石油产品及添加剂机械杂质测定法》。该方法适用于测定石油产品和添加剂中的机械杂质含量。其测定原理是：称取一定量的试样，溶于所用的溶剂中，用已恒重的滤纸或微孔玻璃过滤器过滤，烘干后称量，其测定结果以质量分数表示。

测定时，从混合好的石油产品中根据油品的不同性质，称取不同质量的试样。向盛有试样的烧杯中加入一定比例的温热溶剂。趁热将稀释后的试样用经恒重的滤纸或微孔玻璃过滤器过滤，并用热的溶剂将残留在烧杯中的残留物冲洗后倒入滤纸或微孔玻璃过滤器上。在测定难于过滤的试样时，试样溶液的过滤和冲洗，允许用减压吸滤和保温漏斗，或使用红外线灯泡保温等措施。过滤结束后，用热溶剂冲洗滤纸或微孔玻璃过滤器。直至滤出溶剂透明无色和滤纸或微孔玻璃过滤器上无试样痕迹。冲洗完毕后将带有沉淀的滤纸放入已恒重的称量瓶中，放入 150℃±2℃ 恒温干燥箱中干燥不少于 45min，并在干燥器中冷却 30min 后称量，称准至 0.0002g。重复干燥及称量操作，直至两次连续称量之差不大于 0.0004g。试样中机械杂质的质量分数按式（10-10）计算。

$$w = \frac{(m_2 - m_1) - (m_4 - m_3)}{m} \times 100\%$$

（10-10）

式中　w——试样中机械杂质的质量分数，％；

　　　m_1——滤纸和称量瓶（或装有沉淀物的微孔玻璃过滤器）的质量，g；

　　　m_2——带有机械杂质的滤纸和称量瓶（或无沉淀物的微孔玻璃过滤器）的质量，g；

　　　m_3——空白试验过滤前滤纸和称量瓶（或微孔玻璃过滤器）的质量，g；

　　　m_4——空白试验过滤后滤纸和称量瓶（或微孔玻璃过滤器）的质量，g；

　　　m——试样的质量，g。

（2）GB/T 513—1977(1988)《润滑脂机械杂质测定法（酸分解法）》。该方法适用于测定润滑脂中不溶于盐酸、石油醚、溶剂汽油、苯、乙醇-苯混合液及蒸馏水的机械杂质含量，也适用于测定特别加入润滑脂中而不溶于上述试剂的填充物含量。其测定原理是称取一定量的试样，加入 10％盐酸、石油醚，加热回流使试样溶解，用已恒重的微孔玻璃坩埚过滤、烘干和恒重，其测定结果以质量分数表示。

测定时，首先用刮刀把试样表面刮去，在不靠近器壁的地方至少三处取出试样并调和均匀。用锥形瓶称取出试样 20～25g，称准至 0.0002g。加入 10％盐酸 50mL 及石油醚50mL，装上回流冷凝管，加热回流至试样全部溶解为止。将溶解物经微孔玻璃坩埚过滤，用乙醇-苯混合液洗涤，再经乙醇及热蒸馏水洗涤沉淀物至中性。将带沉淀的微孔玻璃坩埚在 105～110℃恒温干燥箱中干燥至质量恒定。

试样中机械杂质的质量分数 w 按式(10-11) 计算。

$$w = \frac{m_2 - m_1}{m} \times 100\% \qquad (10\text{-}11)$$

式中　m_2——装有沉淀物的微孔玻璃坩埚的质量，g；

　　　m_1——无沉淀物的微孔玻璃坩埚的质量，g；

　　　m——试样的质量，g。

用古氏坩埚测定机械杂质含量时，应进行空白试验补正。

三、测定中所用溶剂的作用

测定石油产品机械杂质所用的溶剂主要是用以溶解油类等有机成分，以便通过滤器使油类和机械杂质分离。

（1）溶剂油　能溶解煤油、柴油、润滑油、石蜡等油品和中性胶质，但不能溶解沥青质、沥青质酸及酸酐，也不溶于水。因此测定精制过的和含胶状物质较少的石油产品以及烃基润滑脂中的机械杂质时，可以用溶剂油作为溶剂。

（2）甲苯　不但能溶解汽油、煤油、润滑油、石蜡等油品和中性胶质，也能溶解沥青质、沥青质酸及含硫、硅、磷的物质（主要是添加剂），但不能溶解炭青质，油品中的炭青质会混在机械杂质里。故测定深色未精制的石油产品、酸碱洗的润滑油、含添加剂的润滑油或添加剂中的机械杂质时，可用甲苯作为溶剂。

（3）乙醇　能溶于水并可与水以任何比例相混合，也可溶解沥青质酸及酸酐，乙醚可溶于乙醇且容易挥发。测定时遇到试样含水多难过滤时，加入乙醇-乙醚混合液，可以除去水分加快过滤。测定添加剂和含添加剂润滑油中的机械杂质时，也可以用乙醇-乙醚混合液冲洗残渣。

（4）10％盐酸溶液　与润滑脂中的皂类（高级脂肪酸盐）作用，使脂肪酸游离出来。这种高级脂肪酸可溶于石油醚，使皂类变成滤液而除去，以达到和机械杂质分离的目的，其反应如下：

$$RCOOM + HCl \longrightarrow RCOOH + MCl$$

10%盐酸溶液还和润滑脂中某些金属微粒（如铁屑）作用，生成可溶于水层的金属氯化物而被除去，其反应如下：

$$Fe + 2HCl \longrightarrow FeCl_2 + H_2 \uparrow$$

（5）水　主要用来作洗涤液，将残存于滤器上的酸类及盐类洗去。

（6）石油醚　可溶解润滑脂中的润滑油组分和高级脂肪酸。

（7）1∶4乙醇-甲苯溶液　可溶解油分、沥青质等有机成分。

四、影响测定的主要因素

① 称取试样前，须先将试样混合均匀，石蜡基和黏稠的石油产品应预先加热到40～80℃，润滑油添加剂加热到70～80℃仔细搅拌5min，试样不均匀会影响测定结果的准确性。

② 要根据试样的性质选择适当的溶剂，否则测定的结果之间无法进行比较。

③ 溶剂在使用前要过滤，溶剂中的机械杂质会对测定结果有较大的影响。

④ 空滤纸不要和带沉淀的滤纸在同一烘箱中干燥，以免空滤纸吸附溶剂及油类的蒸气，影响恒重。

⑤ 到规定冷却时间后，应立即称量，以免时间拖长，因滤纸的吸湿作用而影响恒重，过滤及恒重操作应严格遵守质量分析的有关规定进行。

⑥ 测定双曲线齿轮油、饱和汽缸油等润滑油的机械杂质时，要观察滤纸上有无沙子及其他摩擦物。如有这类物质，则认为机械杂质不合格。

在用酸分解法测定润滑脂中机械杂质时还须注意：润滑脂的表面及靠近器壁处易受外界因素的影响，如灰尘及铁锈等混入，使测定结果偏高，故取样时应将表面刮去并在不靠器壁的至少三处取样，调和均匀。微孔玻璃坩埚要洗涤干净，直至滤板洁白，否则，残存的污物会影响测定结果。

 石油产品分析仪器介绍

石油产品和添加剂机械杂质试验器

图10-8为BSY-123型石油产品和添加剂机械杂质试验器（重量法）。本仪器符合GB/T 511—2010要求，适用于测定石油产品中的各类轻、重质油，润滑油以及添加剂机械杂质含量。

图10-8　BSY-123型石油产品和添加剂机械杂质试验器（重量法）

本仪器主要由玻璃器皿、电热板、真空泵和电子控温箱组成，具有体积小、质量轻、安装方便、使用灵活、质量可靠、升温快等优点。

第四节 实 训

一、石油产品水分的测定

1. 实训目的

(1) 掌握蒸馏法测定油品中水分含量［GB/T 260—1977(1988)］的操作技能、方法、步骤、注意事项。

(2) 掌握水分含量的计算和表示方法。

2. 仪器与试剂

(1) 仪器 水分测定器［见图 10-1，包括圆底烧瓶（容量为 500mL）、水分接收器（见图 10-9）、直管式冷凝管（长度为 250～300mm）］。

👆 说明

水分测定器的各部分连接处，可以用磨口塞或软木塞连接（仲裁试验时必须用磨口塞连接）；接收器的刻度在 0.3mL 以下设有 10 等分的刻线，0.3～1.0mL 之间设有七等分的刻线，1.0～10mL 之间每分度为 0.2mL。

(2) 试剂与材料 溶剂（采用工业溶剂油或 80℃ 以上的馏分，溶剂在使用前必须脱水和过滤）；无釉瓷片（素瓷片）、沸石或一端封闭的玻璃毛细管（使用前必须经过干燥）；试油（车用柴油、普通柴油、汽油机油或柴油机油）。

3. 方法概要

将 100g 试样与 100mL 无水溶剂油混合，

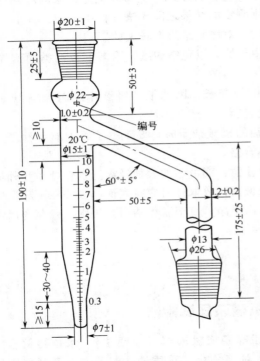

图 10-9 水分接收器（单位：mm）

进行蒸馏，测定其水分含量并以质量分数表示。

4. 试验步骤

(1) 预热试样 将试样预热到 40～50℃，摇动 5min 混合均匀。

(2) 称量试样 向洗净并烘干的圆底烧瓶中加入试样 100g，称准至 0.1g。

(3) 加入溶剂油、沸石 用量筒量取 100mL 溶剂油，注入圆底烧瓶中，将其与试样混合均匀，并投放 3～4 片无釉瓷片（素瓷片）或沸石等。

👆 注意

①黏度小的试样可以先用量筒量取 100mL，注入圆底烧瓶中，再用这只未经洗涤的量筒量出 100mL 的溶剂，圆底烧瓶中的试样质量，等于试样的密度乘 100mL 所得之积；②当水分超过 10% 时，试样的质量应酌量减少，要求蒸出水不超过 10mL。

（4）安装装置　将洗净、干燥的接收器通过支管紧密地安装在圆底烧瓶上，使支管的斜口进入烧瓶颈部 15~20mm。然后在接收器上连接直管式冷凝管。冷凝管的内壁要预先用棉花擦干。用胶管连接好冷凝管上、下水出入口。

✋ **注意**

安装时，冷凝管与接收器的轴心线要重合，冷凝管下端的斜口切面要与接收器的支管管口相对；为避免蒸气逸出，应在塞子缝隙上口用脱脂棉塞住或外接一个干燥管，以免空气中的水蒸气进入冷凝管凝结。

（5）加热　用电炉或酒精灯加热圆底烧瓶，并控制回流速度，使冷凝管斜口每秒滴下 2~4 滴液体。

（6）剧烈沸腾　蒸馏将近完毕时，如果冷凝管内壁有水滴，应使烧瓶中的混合物在短时间内进行剧烈沸腾，利用冷凝的溶剂将水滴尽量洗入接收器中。

（7）停止加热　当接收器中收集的水体积不再增加而且溶剂的上层完全透明时，应停止加热。回流的时间不应超过 1h。

✋ **注意**

停止加热后，如果冷凝管内壁仍沾有水滴，可用无水溶剂油冲洗，或用金属丝带有橡皮或塑料头的一端小心地将水滴推刮进接收器中。

（8）读数　圆底烧瓶冷却后，将仪器拆卸，读出接收器中收集的水的体积。

✋ **说明**

当接收器中的溶剂呈现浑浊，而且管底收集的水不超过 0.3mL 时，将接收器放入热水中浸 20~30min，使溶剂澄清，再将接收器冷却至室温后，读出水的体积。

5. 计算

试样含水的质量分数按式(10-1) 计算

6. 精密度

在两次测定中，收集水的体积之差，不应超过接收器的一个刻度，见表 10-5。

表 10-5　同一实验者连续两次测定结果的允许误差

水分 V/mL	体积差/mL	水分 V/mL	体积差/mL
0.3 以下	≤0.03	1.0~10	≤0.2
0.3~1.0	≤0.1		

7. 报告

① 取两次测定结果的算术平均值，作为试样水分的含量。

② 试样的水分小于 0.03%，认为是痕迹；在仪器拆卸后，接收器中没有水存在，认为试样无水。

二、石油产品灰分的测定

1. 实训目的

（1）了解灰分测定仪器的使用性能，熟悉灰分测定 [GB/T 508—1985(1991)] 原理。

（2）掌握灰分测定的操作步骤及计算方法。

2. 仪器与试剂

（1）仪器　瓷坩埚或瓷蒸发皿（50mL）；电热板或电炉；高温炉（能加热到恒定于775℃±25℃的温控系统）；干燥器（不装干燥剂）；定量滤纸（直径9cm）。

（2）试剂　柴油或润滑油；盐酸（化学纯，配成1∶4的水溶液）；硝酸铵（分析纯，配成10％的水溶液）。

3. 方法概要

用无灰滤纸引火芯，放入试样中点燃，燃烧到只剩下灰分和炭质残留物，再在775℃±25℃高温炉中加热转化成灰分，冷却后称量。

4. 准备工作

（1）瓷坩埚的准备　将稀盐酸（1∶4）注入瓷坩埚（或瓷蒸发皿）内，煮沸几分钟，用蒸馏水洗涤。烘干后再放入高温炉中，在775℃±25℃温度下煅烧至少10min，取出在空气中至少冷却3min，移入干燥器中。冷却至室温（一般30～40min）后，称量，准确至0.0001g。

✋ **说明**

重复煅烧、冷却及称量，直至连续两次称量之差不大于0.0005g为止。每次放入干燥器中冷却的时间应相同。

（2）试样的准备　将瓶中柴油试样（其量不得多于该瓶容积的3/4）剧烈摇动均匀。对黏稠的润滑油试样可预先加热至50～60℃，并在进行摇匀后取样。

5. 试验步骤

（1）准确称量坩埚、试样　将已恒重的坩埚称准至0.01g，并以同样的准确度称取试样25g，装入50mL坩埚内。

（2）安放引火芯　用一张定量滤纸叠两折，卷成圆锥形，从尖端剪去5～10mm后平稳地插放在坩埚内油中，作为引火芯，要将大部分试油表面盖住。

（3）加热含水试样　测定含水的试样时，将装有试样和引火芯的坩埚放置在电热板上，开始缓慢加热，使其不溅出，让水慢慢蒸发，直到浸透试样的滤纸可以燃着为止。

（4）引火芯浸透试样后，点火燃烧　试样的燃烧应进行到获得干性炭化残渣时为止，燃烧时，火焰高度维持在10cm左右。

✋ **注意**

对黏稠或含蜡的试样，一边燃烧一边在电炉上加热。燃烧开始时，调整加热强度，使试样不溅出也不从坩埚边缘溢出。

（5）高温炉煅烧　试样燃烧后，将盛残渣的坩埚移入已预先加热到775℃±25℃的高温炉中，在此温度下保持1.5～2h，直到残渣完全成为灰烬。

✋ **注意**

如果残渣难烧成灰，则在坩埚冷却后滴入几滴硝酸铵溶液，浸湿残渣，然后仔细将它蒸发并继续煅烧。

（6）重复煅烧　残渣成灰后，将坩埚在空气中冷却3min，然后在干燥器内冷却约30min，进行称量，称准至0.0001g，再移入高温炉中煅烧20～30min。重复进行煅烧、冷却及称量，直至连续两次称量之差不大于0.0005g。

注意

滤纸灰分质量须做空白试验校正。

6. 计算

试样的灰分按式（10-7）计算。

7. 精密度

用表 10-6 的数值来判断结果的可靠性（95％置信水平）。

表 10-6　相同试样灰分测定的精密度要求

灰分（质量分数）/％	重复性	再现性	灰分（质量分数）/％	重复性	再现性
＜0.001	0.002	未定	0.080～0.180	0.007	0.024
0.001～0.079	0.003	0.005	＞0.180	0.01	未定

8. 报告

取重复测定两次结果的算术平均值，作为试样的灰分。

三、内燃机油机械杂质的测定

1. 实训目的

（1）掌握测定油品机械杂质（GB/T 511—2010）的操作方法、步骤和注意的事项。

（2）掌握恒重称量的操作技能及分析结果计算。

2. 仪器与试剂

（1）仪器　烧杯或宽颈的锥形烧杯（2个）；称量瓶（2个）；玻璃漏斗（2支）；保温漏斗（1个）；干燥器（1个）；水浴或电热板（1个）；定量滤纸（中速，滤速31～60s，直径11cm）。

（2）试剂及材料　试油（汽油机油或柴油机油）；甲苯（化学纯）；乙醇-甲苯混合液（用95％乙醚和苯按体积比1：4配成）；蒸馏水。

注意

所用试剂在使用前均应用试验时所采用的相同型号的滤纸或微孔玻璃过滤器过滤，然后作溶剂用。

3. 方法概要

称取一定量的试样，溶于所用的溶剂中，用已恒重的滤纸或微孔玻璃过滤器过滤，被留在滤纸或微孔玻璃过滤器上的杂质即为机械杂质。

注意

本实验应特别注意防火，应在通风条件良好的实验室中进行，滤纸及洗涤液应倒入指定的容器中，并加以回收。

4. 准备工作

（1）试样的准备　将盛在玻璃瓶中的试样（不超过瓶体积的3/4）摇动5min，使之混合均匀。

（2）滤纸的准备　将定量滤纸放在敞盖的称量瓶中，在105℃±2℃的烘箱中干燥不少于45min。然后盖上盖子放在干燥器中冷却30min后，进行称量，称准至0.0002g。重复干燥（第二次干燥只需30min）及称量，直至连续两次称量之差不超过0.0004g。

5. 试验步骤

（1）称量试样　称取摇匀并搅拌过的试样100g，准确至0.05g。

（2）溶解试样　往盛有试样的烧杯中，加入80℃甲苯200~400g，并用玻璃棒小心搅拌至试样完全溶解，再放到水浴上预热。在预热时不要使溶剂沸腾。

（3）过滤　将恒重好的滤纸放在固定于漏斗架上的玻璃漏斗中（或将已恒重的微孔玻璃过滤器用支架固定），趁热过滤试样溶液，并用80℃甲苯将烧杯中的沉淀物冲洗到滤纸（或微孔玻璃过滤器）上。

注意

过滤时溶液高度不得超过漏斗中滤纸（或微孔玻璃过滤器）的3/4。

注意

在测定难于过滤的试样时，试样溶液的过滤和冲洗滤纸，允许用减压吸滤和保温漏斗或红外线灯泡保温等措施。

减压过滤时，可用滤纸或微孔玻璃过滤器安装在吸滤瓶上，然后将吸滤瓶与抽气泵连接。定量滤纸用溶剂润湿，放在漏斗中，使它完全与漏斗紧贴。抽滤速度应控制在使滤液成滴状，不允许形成线状。

微孔玻璃过滤器的干燥和恒重与定量滤纸处理过程相同，热过滤时不要使所过滤的溶液沸腾。当试验中采用微孔玻璃过滤器与滤纸所测结果发生争议时，以用滤纸过滤的测定结果为准。

（4）洗涤　过滤结束时，将带有沉淀的滤纸（或微孔玻璃过滤器）用80℃的甲苯冲洗至滤纸上没有残留试样的痕迹，且滤出的溶剂完全透明和无色为止。若滤纸或微孔玻璃过滤器中有不溶于甲苯的残渣，可采用加热到60℃的乙醇-甲苯混合溶剂补充冲洗。

说明

允许用热蒸馏水冲洗残渣。

（5）蒸馏水冲洗　对带有沉淀物的滤纸（或微孔玻璃过滤器）用溶剂冲洗后，在空气中干燥10~15min，然后用200~300mL加热到80℃的蒸馏水冲洗。

将敞口的称量瓶（或微孔玻璃过滤器）置于105℃±2℃45min，然后放在干燥器中（称量瓶要盖上盖子）

（6）烘干　冲洗完毕，将带有机械杂质的滤纸放入已恒重的称量瓶中，敞开盖子，放在105~110℃烘箱中不少于1h，然后盖上盖子，放在干燥器中冷却30min后进行称量，称准至0.0002g。重复操作，直至连续两次称量之差不大于0.0004g为止。

注意

①如果机械杂质的含量没超过石油产品或添加剂的技术标准的要求范围，第二次干燥及称量处理可以省略；②使用滤纸时，必须进行溶剂的空白试验补正。

（7）空白补正　试验时，要同时进行溶剂空白补正。

6. 计算

试样的机械杂质的质量分数按式(10-10)计算。

7. 精密度

重复测定连续两次结果之差，不应超过表 10-7 中所列数值。

表 10-7　重复性与再现性

机械杂质(质量分数)/%	重复性(质量分数)/%	再现性(质量分数)/%
≤0.01	0.0025	0.005
>0.01～0.1	0.005	0.01
>0.1～1.0	0.01	0.02
>1.0	0.10	0.20

8. 报告

① 取重复测定两个结果的算术平均值作为实验结果。

② 机械杂质≤0.005%时，认为该油无机械杂质。

*四、润滑脂中机械杂质的测定（酸分解法）

1. 实训目的

（1）掌握测定润滑脂中机械杂质〔GB/T 513—1977(1988)〕的操作方法、步骤和各种仪器的使用。

（2）熟练掌握恒重称量的操作技能及分析结果计算。

2. 仪器与试剂

（1）仪器　烧杯（250～400mL）；锥形瓶（250mL）；洗瓶；吸滤瓶；刮刀；微孔玻璃坩埚（孔径 4.5～15μm）；真空泵；加热器。

（2）试剂　盐酸（化学纯，配成 10%盐酸溶液，配制时，将 235mL 盐酸与 760mL 蒸馏水混合）；乙醇-苯混合液（用 95%乙醇与苯按体积比 1∶4 配成）；石油醚（60～90℃的馏分）或溶剂油（80～120℃的馏分）。

> 🖐 **注意**
>
> 所用试剂在使用前均应过滤，否则会对测定结果产生较大的影响。

3. 方法概要

用锥形瓶（或烧杯）称取试样，加入 10%盐酸及石油醚（溶剂油或苯）。将锥形瓶装上回流冷凝管，在水浴或电炉上加热至试样全部溶解。然后倒入已知质量的微孔玻璃坩埚过滤，再用乙醇-苯混合液洗涤，最后用热蒸馏水洗涤至沉淀物呈中性，烘干至恒重。

4. 试验步骤

（1）取样　用刮刀将试样表面刮去，在不靠近器壁的至少三处取出试样，收集在烧杯中，调和均匀。

（2）微孔玻璃坩埚的准备　将微孔玻璃坩埚在 105～110℃恒温箱内至少干燥 1.5h，然后移入干燥器内冷却 30min，进行称量，准确至 0.0002g。重复干燥 30min，冷却 30min，再称量，直至两次连续称量之差不大于 0.0004g 为止。

> 🖐 **注意**
>
> 微孔玻璃坩埚要洗涤干净，直至滤板洁白，否则，残存的污物会影响测定结果。

（3）称量、溶解试样　用烧杯称取试样 20～25g，准确至 0.1g。然后加入 10%盐酸 50mL。将烧杯缓缓加热，但不要沸腾，搅拌至全部皂块消失及上层澄清为止。冷却到 35～

40℃后，加入石油醚（溶剂油）50mL，再混合均匀。

（4）过滤、洗涤　将烧杯中的溶解物缓缓倒入质量恒定的微孔玻璃坩埚上，再将有沉淀物的微孔玻璃坩埚用乙醇-苯混合液洗涤，直至滤液滴在滤纸上蒸发后不再留有油迹为止；并用少量95％乙醇冲洗，最后用热蒸馏水洗涤沉淀物呈中性（用甲基橙检查）。再用95％乙醇洗涤1～2次。

（5）烘干、恒重　洗完后，将带有沉淀的微孔玻璃坩埚在105～110℃恒温箱中至少干燥1.5h，然后移入干燥器内冷却30min，进行称量，准确至0.0002g。重复干燥30min、冷却30min及称量，直至两次连续称量之差不超过0.0004g为止。

5. 计算

试样机械杂质的质量分数按式(10-11)计算。

6. 精密度

重复测定，两次结果之差不应超过0.025％。

7. 报告

取重复测定两次结果的算术平均值作为测定结果，若测定结果小于0.025％时，即认为无机械杂质。

测试题

1. 名词术语

（1）悬浮水　　　（2）溶解水　　　（3）游离水　　　（4）灰分　　　（5）机械杂质

2. 判断题（正确的画"√"，错误的画"×"）

（1）通常油品分析中所说的无水，是指没有游离水。　　　　　　　　　（　　）

（2）蒸馏法测定油品中水分时，蒸馏烧瓶中应投放3～4片无釉瓷片或沸石。（　　）

（3）卡尔·费休法适用于测定水含量为50～1000mg/kg的液体石油产品。（　　）

（4）测定石油产品灰分时，灼烧必须燃烧完全，否则会使测定结果偏高。（　　）

（5）干燥定量滤纸时，空滤纸不要和带沉淀的滤纸在同一烘箱干燥，以免空滤纸吸附溶剂及油类的蒸汽，影响恒重。　　　　　　　　　　　　　　　　　　　　　（　　）

3. 填空题

（1）水在油品中的存在形式有_____、_____和_____三种。

（2）蒸馏法测定油品中水分时，要将_____g试样与_____mL无水溶剂油混合，进行蒸馏，测定其水分含量并以_____表示。

（3）GB/T 508测定石油产品灰分时，在已恒重的坩埚中称入_____g试样，称准至_____g，将一张_____卷成圆锥体形的引火芯放入坩埚内，将大部分试样盖住，引火芯浸透试样后点火燃烧，直至获得干性炭化残渣为止，然后将坩埚移入高温炉中在_____的温度下灼烧_____，直至残渣完全成为灰烬，试样灰分用_____表示。

（4）GB/T 511测定原理是，称取一定量的试样，溶于所用溶剂中，用已恒重的_____或_____过滤，烘干后称量，其测定结果即为_____，以_____表示。

（5）GB/T 511测定时，当试验时采用微孔玻璃过滤器与滤纸所测结果发生争议时，以用_____的测定结果为准。

4. 选择题

（1）蒸馏法测定油品中水分时，要使从冷凝管的斜口每秒钟滴下（　　）滴蒸馏液。回流时间不应超过 1h。

　　A. 2～4　　　　　B. 1～2　　　　　　C. 1～3　　　　D. 3～5

　　(2) 蒸馏法测定油品中水分时，若试样的水分小于 (　　)，则认为是痕迹。

　　A. 0.3%　　　　B. 0.03%　　　　　C. 0.05%　　　　D. 0.1%

　　(3) GB/T 19147—2013《车用柴油（Ⅳ）》要求灰分质量分数不大于 (　　)。

　　A. 0.15%　　　B. 0.05～0.15%　　C. 0.01%　　　D. 0.005%

　　(4) GB/T 511 重复干燥及称量滤纸时，要求直至连续两次称量之差不超过 (　　) 为止。

　　A. 0.0001g　　　B. 0.0002g　　　　C. 0.0005g　　D. 0.0004g

　　(5) GB/T 511 溶解试样的甲苯溶剂，需加热到 (　　)。

　　A. 80℃　　　　B. 60℃　　　　　　C. 30℃　　　　D. 20℃

5. 简答题

　　(1) 简述蒸馏法测定石油产品水分时，无水溶剂的作用。

　　(2) 蒸馏法测定油品中水分时，为什么要严格控制蒸馏速度和回流时间？

　　(3) 灰分的来源有哪几方面？

　　(4) 测定石油产品灰分时，遇有残渣难以煅烧成灰时，滴入的硝酸铵溶液起何作用？

　　(5) 测定机械杂质的实际意义是什么？

第十一章
其他石油产品性能的分析

 学习指南

石油产品除了燃料和润滑油以外，还有石油蜡、润滑脂、石油沥青、石油焦、溶剂和石油化工原料等几大类，它们都有各自的产品规格及使用要求。这些石油产品的分析关系到石油这一宝贵资源的综合利用，有利于拓展石油产品的应用。此外，"西气东输"又提供了大量清洁燃料，大大降低了空气污染。

学习中要求了解天然气、石油蜡、润滑脂和沥青等常见石油产品的质量指标；掌握这些质量指标的分析检测方法。

第一节 天 然 气

一、天然气的种类及应用

天然气是蕴藏在地层内的可燃性气体。按来源不同分为四种：①气田气（从气井开采出来的天然气，又称纯天然气），通常含90％以上甲烷，还有少量乙烷、丙烷、丁烷、二氧化碳、氮气、硫化氢等；②油田伴生气（伴随石油一起开采出来的石油气），主要成分是甲烷，还有少量乙烷、丙烷、丁烷及戊烷组分；③凝析气田气（从气井开采出来经凝析后的可燃气体），以甲烷、乙烷为主，还含有一定的石油轻质馏分；④矿井气（从井下煤层抽出的可燃气体，俗称瓦斯），其主要成分是甲烷。

天然气主要可用于发电，以天然气为燃料的燃气轮机电厂的废物排放水平大大低于燃煤与燃油电厂，而且发电效率高，建设成本低，建设速度快；另外，燃气轮机启停速度快，调峰能力强，耗水量少，占地省。天然气也可用作化工原料，以天然气为原料的一次加工产品主要有合成氨、甲醇、炭黑等近20个品种，经二次或三次加工后的重要化工产品则包括甲醛、醋酸、碳酸二甲酯等50个品种以上。以天然气为原料的化工生产装置投资省、能耗低、占地少、人员少、环保性好、运营成本低。天然气广泛用于民用及商业燃气灶具、热水器、采暖及制冷，也用于造纸、冶金、采石、陶瓷、玻璃等行业，还可用于废料焚烧及干燥脱水处理。天然气作为汽车燃料，不仅不产生积炭，不发生磨损，运营费用很低，而且其一氧化碳、氮氧化物与碳氢化合物排放水平都大大低于汽油、柴油发动机汽车，因此是一种环保型的清洁能源。

天然气一般通过管道输送，目前压缩天然气和液化天然气已经得到广泛应用。压缩天然气（简称 CNG）是将天然气加压（超过 2.48×10^7 Pa），并以气态贮存在容器中，广泛用作城市交通等轻型车辆的清洁燃料。液化天然气（简称 LNG）是将气田开采出来的天然气，经过脱水、脱酸性气体、脱重烃类等处理过程后，再压缩、膨胀、液化而成的低温液体。

LNG 为 -160℃ 以下的超低温液体，其体积是液化前的 1/600，其质量仅为同体积水的 45% 左右，有利于天然气远距离运输、边远天然气的回收、降低天然气贮存成本等。由于天然气在液化前进行了净化处理，所以它比管道输送的天然气更为洁净。

我国天然气现行国家标准有 GB 17820—2012《天然气》和 GB 18047—2000《车用压缩天然气》，其技术指标见表 11-1。两个标准的技术指标和分析方法基本相同，只是车用压缩天然气标准对氧气含量有专门要求。

表 11-1 天然气和车用压缩天然气的技术指标

项 目	天然气（GB 17820—2012）			车用压缩天然气 （GB 18047—2000）	试验方法
	一类	二类	三类		
高位发热量[①]/(MJ/m³)	≥36.0	≥31.4	≥31.4	>31.4	GB/T 11062
总硫（以 S 计）[①]/(mg/m³)	≤60	≤200	≤350	≤200	GB/T 11060.4
硫化氢[①]/(mg/m³)	≤6	≤20	≤350	≤15	GB/T 11060.1
二氧化碳（摩尔分数）/%	≤2.0	≤3.0	—	≤3.0	GB/T 13610
氧气（摩尔分数）/%		—		≤0.5	GB/T 13610
水露点[②③]/℃	在交接点压力，水露点应比输送条件下最低环境温度低 5℃			在汽车驾驶的特定地理区域内，在最高操作压力下，水露点不应高于 -13℃；当最低气温低于 -8℃ 时，水露点应比最低气温低 5℃	GB/T 17283

① 标准中气体体积的标准参比条件是 101.325kPa，20℃。

② 在输送条件下，当管道管顶埋地温度为 0℃ 时，水露点应不高于 -5℃。

③ 进入输气管道的天然气，水露点的压力应是最高输气压力。

二、天然气几种质量指标的测定方法概述

（一）天然气组成测定

天然气组成就是指天然气中所含各组分及其含量。天然气的组成影响其排放特性。通常分析天然气中甲烷、乙烷等烃类组分和氮气、二氧化碳等常见非烃组分的含量，一般杂质如硫化物、水分等若无特殊要求，可不作检测。

天然气分析分为常规分析和延伸分析两类。常规分析测定天然气中的氮气、二氧化碳、甲烷至戊烷的含量，有时还包括六碳以上的烃类（C_{6+}）、氦气、氢气等组分。对伴生气或油田气，有时需要测定摩尔质量大于己烷的各种烃类的含量，如分析到十二烷、十六烷甚至更高碳数的组分，通常将这种分析称为延伸分析。

目前，天然气组成分析的国家标准有 GB/T 13610—2003《天然气的组成分析（气相色谱法）》和 GB/T 17281—1998《天然气中丁烷至十六烷烃类的测定（气相色谱法）》两个。前者规定了测定天然气中氦、氮、氧、氢、二氧化碳、甲烷、乙烷、丙烷、异丁烷、正丁烷、新戊烷、异戊烷、正戊烷、己烷和更重组分以及硫化氢的方法；后者等适用于丁烷至十六烷烃类的定量分析。两者一起使用时，甲烷至戊烷可用 GB/T 13610 中描述的方法测得，己烷至十六烷用 GB/T 17281 中所述方法测得。

1. GB/T 13610—2003《天然气的组成分析（气相色谱法）》

该方法采用外标法定量，即在同样操作条件下，分别将气样和等体积含有待测组分的标准气体混合物（简称标准气）进样，得到色谱图，然后比较气样与标准气中相应组分的峰值，用标准气的组成数据计算气样相应组分的含量。天然气外标法定量具有较高的准确性，

数据可比性和可信度强,其困难在于必须使用标准气,易受现场条件的限制;要求仪器的操作条件稳定,进样必须能够重复等。

对色谱柱(吸附柱、分配柱)总的要求是,柱材料必须对气样中的组分呈惰性和无吸附性,应优先选用不锈钢管,柱内填充物应能对被检测组分达到满意的分离效果。具体要求是:吸附柱能完全分离氧气、氮气和甲烷即分离度 $R \geqslant 1.5$;分配柱能完全分离二氧化碳、乙烷到戊烷之间的各组分,对丙烷及之后的组分必须完全分离,对于丙烷之前的组分,峰返回到基线的程度应在满量程的 2% 以内,要求二氧化碳即分离度 $R \geqslant 1.5$。目前分离氦气、氢气和分离氧气、氮气和甲烷大多采用 13X 和 5A 分子筛,有时还增加一段活性炭柱。分离乙烷至碳六以上各烃类组分时多选用非极性或弱极性的固定液,可供选择的柱子较多,有填充柱、毛细管柱等,可以根据需要制备或采购。

(1)单柱分析过程 如果天然气试样中氧气、氮气含量很小或不需要测定,分析时用氢气或氮气作载气,使用热导检测器,用一根分配色谱柱可以分离其中的烃类和二氧化碳。如用柱长为 7m 的 25% BMEE〔双-2-(2-甲氧基乙氧基)乙基醚〕/Chromosorb P 色谱柱分析,进样 0.25mL,待正戊烷出峰后,再反吹出己烷及更重的组分,得到的谱图如图 11-1 所示。

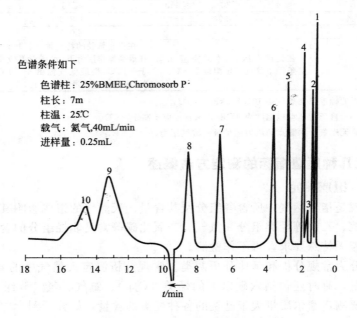

色谱条件如下

色谱柱:25%BMEE,Chromosorb P
柱长:7m
柱温:25℃
载气:氢气,40mL/min
进样量:0.25mL

图 11-1   天然气的典型色谱图
1—甲烷和空气;2—乙烷;3—二氧化碳;4—丙烷;5—异丁烷;
6—正丁烷;7—异戊烷;8—正戊烷;9—庚烷和更重组分;10—己烷

在同样条件下进标准气样,将两张谱图中的同组分的峰高或峰面积进行比较,正戊烷以前的组分含量按式(11-1)分别计算含量。

$$y_i = y_{s,i} \times \frac{h_i}{h_{s,i}} \tag{11-1}$$

式中 y_i,$y_{s,i}$——样品中 i 组分和标准气中 i 组分的摩尔分数,%;

h_i,$h_{s,i}$——气样中和标准气中 i 组分的峰高(或峰面积),mm(或 mm^2)。

正戊烷以后的组分用载气反吹色谱柱得到图 11-1 中的峰 9 和峰 10,分别是庚烷及更重组分(分离不完全)、己烷的色谱峰。这些组分的定量采用以戊烷为标准对照修正的方法,即在色谱图上测量己烷、庚烷及更重组分的峰面积，并在同一张谱图上测量正戊烷和异戊烷的峰面积，将所有测量的峰面积换算到同一衰减，按式(11-2)、式(11-3)分别计算出己烷、庚烷及更重组分峰的修正峰面积，然后按式(11-4)、式(11-5)计算出己烷、庚烷及更重组分的含量。

己烷的修正峰面积按下式计算：

$$A_c(C_6) = \frac{M(C_5)}{M(C_6)} \times A_m(C_6) = \frac{72}{86} \times A_m(C_6) \tag{11-2}$$

庚烷及更重组分的修正面积按下式计算：

$$A_c(C_{7+}) = \frac{M(C_5)}{M(C_{7+})} \times A_m(C_{7+}) = \frac{72}{M(C_{7+})} \times A_m(C_{7+}) \tag{11-3}$$

式中　A_m——测量的峰面积，A_c 与 A_m 用相同单位表示；

C_6——己烷；

C_{7+}——庚烷及更重组分；

M——相对分子质量。

己烷的摩尔分数 $y(C_6)$ 用下式计算：

$$y(C_6) = \frac{Y(i\text{-}C_5 + n\text{-}C_5) \times A_c(C_6)}{A(i\text{-}C_5 + n\text{-}C_5)} \tag{11-4}$$

庚烷及更重组分的摩尔分数 $y(C_{7+})$ 用下式计算：

$$y(C_{7+}) = \frac{y(i\text{-}C_5 + n\text{-}C_5) \times A_c(C_{7+})}{A(i\text{-}C_5 + n\text{-}C_5)} \tag{11-5}$$

式中　$y(i\text{-}C_5 + n\text{-}C_5)$——气样中异戊烷和正戊烷的摩尔分数之和，%；

$A(i\text{-}C_5 + n\text{-}C_5)$——气样中异戊烷和正戊烷的峰面积之和。

由于采用标准对照法分别计算，得到各组分摩尔分数之和不等于100，因此需对计算结果进行归一化处理。将每个组分的原始含量值乘以100，再除以所有组分原始含量值的总和，即为每个组分归一化后的摩尔分数，所有组分的摩尔分数总和与100.0%的差值不应该超过1.0%。

（2）多柱组合分析过程　将不同性质的色谱柱组合在一起，通过阀的切换，完成相应的分析过程。如图11-2所示，在这种组合方式中，用一根吸附柱和两根分配柱，通过选择四通阀的转动，能方便快速地切换色谱柱的排列方式。一长一短的两根分配柱，既可单独使用，也可串联使用，具有一定的灵活性。还有报道用两根填充柱和毛细管柱组合在一台仪器上完成天然气的分析。如

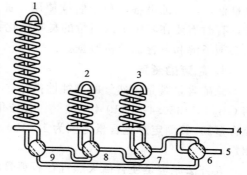

图 11-2　天然气分析三根色谱柱
联用的连接示意图

1—长分配柱；2—短分配柱；3—吸附柱；4—载气
入口；5—载气出口；6～9—四通阀

用13X柱分离氮气和氧气，用PN柱分离二氧化碳，用热导检测器（TCD）检测；烃类组分采用毛细管柱分离，使用氢火焰离子化检测器（FID）检测。

2. GB/T 17281—1998《天然气中丁烷至十六烷烃类的测定（气相色谱法）》

该方法适于测定伴生气或油田气等天然气中摩尔质量大于己烷的各种烃类的含量。分析采用硅油类填充色谱柱，用程序升温的方式进行分离，以氢火焰离子化检测器（FID）检测。定量方法与GB/T 13610—2003相同，采用外标法。丁烷至十六烷的定量测定结果可用

含有丁烷的标准气体混合物进行标定，并由此计算所有烃类的响应，或者用 GB/T 13610—2003 所测得的戊烷含量进行计算。表示分析结果时，各组分组成用摩尔分数表示，丁烷和戊烷组分单独列出，更高碳数的烃类按碳数归类。表 11-2 列出了天然气所含组分的摩尔分数范围和测定方法。

表 11-2　天然气组分的摩尔分数范围和测定方法

组分	$y/\%$	测定方法	
氦	0.01～0.5	GB/T 13610	
氢	0.01～0.5	GB/T 13610	
氧	0.1～0.5	GB/T 13610	
氮	0.1～40	GB/T 13610	
二氧化碳	0.1～30	GB/T 13610	
甲烷	50～100	GB/T 13610	
乙烷	0.1～15	GB/T 13610	
丙烷	0.001～5	GB/T 13610	
丁烷	0.001～0.5	GB/T 13610	GB/T 17281
戊烷	0.001～0.5	GB/T 13610	GB/T 17281
己烷、苯	0.001～0.5	GB/T 13610	GB/T 17281
庚烷、甲苯	0.001～0.5	—	GB/T 17281
C_8	0.0001～0.1	—	GB/T 17281
$C_9 \sim C_{16}$（每个）	0.0001～0.05		GB/T 17281

（二）硫化物的测定

天然气中的硫化物包括硫化氢、臭味硫化物和其他有机硫化物等。从安全、环保和管线、设备腐蚀的角度出发，硫化物的含量是特别注意和考虑的技术要求，天然气要求硫化物含量低，不腐蚀设备，利于后续使用、加工及安全生产。对天然气产品，为了操作使用安全，有时需要在其中加入适量的臭味硫化物作为添加剂，臭味硫化物的含量是天然气增臭工艺必须了解和掌握的分析数据。

1. 总硫的测定

总硫含量既是天然气的腐蚀性指标，又是天然气分类的重要依据。天然气总硫的测定采用 GB/T 11060.4—2010《天然气　含硫化合物的测定　第 4 部分：用氧化微库仑法测定总硫含量》，其测定总硫含量范围为 $1\sim1000\mathrm{mg/m^3}$ 的天然气，而高于此范围的可经稀释后再测定。

其方法原理是使含硫天然气在石英管转化中与氧气混合燃烧，使硫转化为二氧化硫，并随氮气进入滴定池与电解液中的 I_3^- 反应。微库仑计能够检测电解池中 I_3^- 浓度的减少，并自动（或手动）控制电解电流，补充消耗的 I_3^-，使之恢复到原浓度。根据法拉第电解定律，由电解所消耗的电量可计算样品中的硫含量，并用标准样进行校正。

滴定池中发生的化学反应为

$$I_3^- + SO_2 + H_2O \longrightarrow SO_3 + 3I^- + 2H^+$$

电解产生 I_3^- 的电极反应为

$$3I^- \longrightarrow I_3^- + 2e$$

测量仪器如图 11-3、图 11-4 所示。

测定时，先配制含硫标准试样，待仪器稳定后进样，记录库仑仪的响应值 W_0，由式（11-6）计算硫的转化率 F。如果转化率低于 75%，应查明原因。

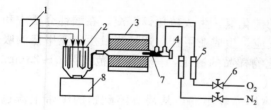

图 11-3　氧化微库仑法测定硫仪器示意图

1—微库仑计；2—滴定池；3—转化炉；4—进样口；
5—流量计；6—针形阀；7—石英转化管；8—电磁搅拌器

图 11-4　KWKLS-200 型微库仑硫测定仪

使用标准：GB/T 11061—1997；
技术参数：测量范围 0.1～10000mg/L；
控温范围室温～1000℃；测量精度±1%

$$F=\frac{m_0}{\rho_0 V_1}\times 100\% \tag{11-6}$$

式中　F——硫的转化率，%；

　　　m_0——库仑计测定读数显示的含硫质量，ng；

　　　ρ_0——标准样中硫含量，mg/m^3（气）或 mg/L（液）；

　　　V_1——进样体积（气体标准试样的校正体积），mL（气）或 μL（液，$1\mu L=10^{-6}L$）。

在同样试验条件下，进待测试样，记录仪器读数 m，按式(11-7)计算硫含量。

$$\rho=\frac{m}{V_n F} \tag{11-7}$$

式中　ρ——气样中总硫含量，mg/m^3；

　　　m——库仑计显示的硫含量，ng；

　　　F——硫的转化率，%；

　　　V_n——气样的计算体积（经过对大气压力和温度校正后气样的体积），mL。

配制气体标准样时，用安瓿球称适量的正丙硫醇或甲硫醚（称准至 0.1mg），将其置于已知容积的干燥配气瓶中，用真空泵将配气瓶抽至 3kPa 以下，用力摇动气瓶，使安瓿球破裂，用氮气将气瓶充至表压 40kPa 左右，根据配气瓶的容积、标样的纯度和称样量、配气时的大气压力和表压计算出气体标样中的硫含量。液体标样配制时，在容量瓶中先加入适量的无水乙醇，用微量注射器准确注入适量二甲基二硫化物或噻吩，再用无水乙醇稀释至刻度，摇匀。根据容量瓶的体积、标样的体积、纯度、相对分子质量等计算出标样中的硫含量。

2. 硫化氢含量的测定

硫化氢含量也是天然气的腐蚀性指标。含硫化氢的天然气不仅易对设备、管道等造成腐蚀，影响安全使用，而且燃烧后排放的硫化物还会加重环境污染，因此，要经常检验，严格控制。目前用于天然气中硫化氢含量测定的国家标准有三项：GB/T 11060.1—2010《天然气　含硫化合物的测定　第 1 部分：用碘量法测定硫化氢含量》、GB/T 11060.2—2008《天然气　含硫化合物的测定　第 2 部分：用亚甲蓝法测定硫化氢含量》、GB/T 11060.3—2010《天然气　含硫化合物的测定　第 3 部分：用乙酸铅反应速率双光路检测法测定硫化氢含量》，结果以 $H_2S\,mg/m^3$ 为单位。仲裁试验以 GB/T 11060.1—2010 为准。

（1）碘量法　测定时，以过量的醋酸锌溶液吸收气样中的硫化氢，生成硫化锌沉淀，然后加入过量碘溶液氧化生成的硫化锌，剩余的碘用硫代硫酸钠标准溶液滴定。该方法是经典的化学分析法，准确可靠，测量范围广（可检测低至 $1mg/m^3$、高至 100% 的硫化氢），不需要贵重的仪器。不足之处是对低含量（mg/m^3 数量级）硫化氢取样时间较长，且手工操作，不利于分析结果的数据化采集与传输。

（2）亚甲蓝法　用醋酸锌溶液吸收气样中的硫化氢，生成硫化锌沉淀，在酸性介质中和 Fe^{3+} 存在下，硫化锌同 N,N-二甲基对苯二胺反应，生成亚甲蓝。通过测量生成亚甲蓝的吸光度可得到硫化氢含量。该法适用于低含量硫化物样品的测定，一般测定范围为 $0\sim23mg/m^3$，适合于测定硫化氢浓度较稳定的净化天然气。

（3）醋酸铅反应速率法　当恒定流量的气体样品经湿润后从浸有醋酸铅的纸带上流过时，硫化氢与醋酸铅反应生成硫化铅，纸带上出现棕色色斑。反应速率及产生的颜色变化与样品中硫化氢含量成正比。由仪器的光电系统检测色斑强度，通过将已知浓度硫化氢标样和未知样在仪器上的读数比较得出样品中硫化氢含量。该方法适用于天然气中硫化氢在线分析和实验室分析，空气无干扰，测定范围为 $0.1\sim22mg/m^3$。该方法同样适合于液化石油气、天然气代用品和燃料油气混合物中硫化氢含量的测定。

（三）水露点的测定

水露点是评价天然气水含量的质量指标。**水露点是在恒定压力下，天然气中水蒸气达到饱和时的温度。**水蒸气含量越多，水发生凝聚的温度（即水露点）越高，因此水露点直接反映天然气中水蒸气发生凝结的可能性，可以预测是否会有霜冻出现；凝结水的存在，还会使管线、设备和仪表发生腐蚀，直接影响天然气计量的准确度，给安全生产和使用造成危害。一般经处理的管输天然气水露点范围一般为 $-25\sim5℃$，在相应气体压力下，水含量范围为 $50\times10^{-6}\sim200\times10^{-6}$（体积分数）。在特殊情况下，水露点范围可能更宽。

天然气水露点按 GB/T 17283—1998《天然气水露点的测定　冷却镜面凝析湿度计法》测定。测定时，采用专用湿度计，该湿度计通常带有一个镜面（一般为金属），镜面温度可人为降低及准确测量。当天然气样品气流经过该镜面时，降低镜面温度至有凝析物产生时，可观察到镜面上开始结露。当低于此温度时，凝析物会随时间延长而逐渐增加；高于此温度时，凝析物则减少直至消失，该温度即为通过仪器的被测气体的水露点。

第二节　石　油　蜡

蜡广泛存在于自然界，在常温下大多为固体，按其来源可分为动物蜡、植物蜡和从石油或煤中得到的矿物蜡。在化学组成上，石油蜡和动物蜡、植物蜡有很大的区别，前者是烃类，而后二者则是高级脂肪酸的酯类。

一、石油蜡的种类及应用

石油蜡是由含蜡馏分油或渣油经加工精制而得到的一类石油产品。石油蜡包括液体石蜡、石蜡、凡士林、微晶蜡和特种蜡五个产品系列。

液体石蜡一般是指 $C_9\sim C_{16}$ 的正构烷烃。其中，轻质液体石蜡（简称轻蜡）为 $C_9\sim C_{13}$，重质液体石蜡（简称重蜡）为 $C_{14}\sim C_{16}$。液体石蜡在常温下呈液态，液蜡用以生产合成洗涤剂、农药乳化剂、塑料增塑剂等化工产品。凡士林又称石油脂，通常以残渣润滑油料脱蜡所得蜡膏为原料，按照不同稠度要求掺入不同量的润滑油，并经过精制后制成一系列产品，广泛应用于工业、电器、医药、化妆、食品等行业，如普通凡士林、工业凡士林、电容器凡士林、医用凡士林、化妆用凡士林、食用凡士林、绝缘用凡士林等。特种蜡是以石蜡和微晶蜡为基本原料，通过特殊加工或添加调和组分而制出的适应特种性能和特定使用部位要求的石油蜡，如电绝缘用蜡、橡胶防护用蜡、硬质合金成型蜡、汽车防护蜡、家禽拔毛蜡、乳化炸药复合蜡等。下面重点介绍石蜡和微晶蜡的技术要求。

1. 石蜡

石蜡又称晶形蜡，它是从石油减压馏分中经精制、脱蜡和脱油而得到的固态烃类。

（1）石蜡的组成　石蜡主要以 $C_{16} \sim C_{45}$ 的正构烷烃为主，此外，还含有少量的异构烷烃、环烷烃和微量的芳香烃。商品石蜡的碳原子数一般为 $22 \sim 38$，沸点范围为 $300 \sim 500℃$，相对分子质量为 $300 \sim 500$。

（2）品种及应用　石蜡产品按其加工深度和熔点的不同分为全精炼石蜡（GB 446—2010）、半精炼石蜡（GB/T 254—2010）、食品级石蜡（GB 7189—2010）、粗石蜡（GB/T 1202—1987）和皂用蜡［SH/T 0014—1990（1998）］五大系列 46 个品种。

① 半精炼石蜡是石蜡产品中产量最大、应用最广的品种。该系列产品是以油蜡为原料，经发汗或溶剂脱油，再经白土或加氢精制所得到的产品。按熔点不同分为 50 号、52 号、54 号、56 号、58 号、60 号、62 号、64 号、66 号、68 号和 70 号 11 个牌号。半精炼石蜡适用于蜡烛、蜡笔、蜡纸、一般电信器材及轻工、化工原料。表 11-3 为我国半精炼石蜡的技术要求。

表 11-3　半精炼石蜡技术要求

项目		质量指标 （GB/T 254—2010）											试验方法
		50 号	52 号	54 号	56 号	58 号	60 号	62 号	64 号	66 号	68 号	70 号	
熔点/℃	不低于	50	52	54	56	68	60	62	64	66	78	70	GB/T 2539
	低于	52	54	56	58	60	62	64	66	68	70	72	
含油量(质量分数)/%	不大于	2.0											GB/T 3554
颜色(波塞特颜色号)	不低于	+18											GB/T 3555
光安定性/号	不大于	6			7								SH/T 0404
针入度/	(25℃,100g)	不大于	23										GB/T 4985
(1/10mm)	(35℃,100g)	报告											
运动黏度(100℃)/(mm²/s)		报告											GB/T 265
嗅味/号	不大于	2											SH/T 0414
水溶性酸或碱		无											SH/T 0407
机械杂质及水		无											目测①

① 将约 10g 蜡放入容积为 $100 \sim 250mL$ 的锥形瓶内，加入 50mL 初馏点不低于 70℃ 的无水直馏汽油馏分，并在振荡下于 70℃ 的水浴内加热，直到石蜡熔解为止，将该溶液在 70℃ 的水浴内放置 15min 后，溶液中不应呈现眼睛可以看见的浑浊、沉淀或水，允许溶液有轻微乳光。

② 全精炼石蜡系列产品主要是以含油蜡为原料，经深度脱油精制所得到的产品。按熔点的不同分为 52 号、54 号、56 号、58 号、60 号、62 号、64 号、66 号、68 号、70 号 10 个牌号。全精炼石蜡主要应用于高频瓷、复写纸、铁笔蜡纸、精密铸造、冷霜等产品。

③ 食品级石蜡是以含油蜡为原料精制所得到的产品。按精制深度分为食品石蜡和食品包装石蜡两个等级，并按其熔点不同各分为 52 号、54 号、56 号、58 号、60 号、62 号、64 号、66 号 8 个牌号共 16 个牌号。该类产品适用于食品和药物组分以及热载体、脱模、压片、打光等直接接触食品或药物的用蜡。食品包装石蜡质量标准低于食品石蜡，主要用于与食品间接接触的容器、包装材料、浸渍用蜡以及药物封口和涂敷用蜡。表 11-4 列出了我国食品用石蜡的技术要求。

④ 粗石蜡系列产品是以含油蜡为原料，经发汗或溶剂脱油，不经精制脱色所得到的产品，按熔点分为 50 号、52 号、54 号、56 号、58 号、60 号 6 个牌号，主要用于橡胶制品、篷帆布、火柴及其他工业原材料。

表 11-4　食品级石蜡技术要求

项目		质量指标（GB 7189—2010）																试验方法
		食品石蜡								食品包装石蜡								
		52号	54号	56号	58号	60号	62号	64号	66号	52号	54号	56号	58号	60号	62号	64号	66号	GB/T 2539
熔点/℃	不低于	52	54	56	58	60	62	54	66	52	54	56	58	60	62	54	66	GB/T 2539
	低于	54	56	58	60	62	64	66	68	54	56	58	60	62	64	66	68	
含油量/%	不大于	0.5								1.2								GB/T 3554
颜色（赛波特颜色号）		+28								+26								GB/T 3555
光安定性/号	不大于	4								5								SH/T 0404
针入度（25℃）/（1/10mm）	不大于	18				16				20				18				GB/T 4985
运动黏度（100℃）/（mm²/s）		报告								报告								GB/T 265
嗅味/号	不大于	0								1								SH/T 0414
水溶性酸或碱		无								无								GB/T 259
机械杂质及水		无								无								目测①
易碳化物		通过								—								GB/T 7364
稠环芳烃　紫外吸光度　280～289nm	不大于	0.15																GB/T 7363
290～299nm	不大于	0.12																
300～359nm	不大于	0.08																
360～400nm	不大于	0.02																

① 将约 10g 石蜡放入容积为 100～250mL 的锥形瓶内，加入 50mL 初馏点不低于 70℃的无水直馏汽油馏分，并在振荡下于 70℃的水浴内加热，直到石蜡熔解为止，将该溶液在 70℃的水浴内放置 15min 后，溶液中不应呈现眼睛可以看出的浑浊、沉淀或水分，允许溶液有轻微乳光。

⑤ 皂用蜡是由天然原油生产的含油蜡经溶剂脱油或发汗脱油而制得的石油产品。皂用蜡为淡黄色固体，按质量分为优级品、一级品和合格品三个等级，每个等级各有一个品种。皂用蜡主要用于催化氧化制取高级脂肪酸。

2. 微晶蜡

微晶蜡（又称地蜡）是石油减压渣油经丙烷脱沥青后进一步精制脱蜡得到的产品。微晶蜡除正构烷烃外，还含有大量的异构烷烃和带长侧链的环烷烃及极少量的带长侧链的芳烃。其碳原子数为 35～80，多数商品微晶蜡碳原子数为 36～60，平均相对分子质量为 500～800，是具有较高滴熔点的细微针状结晶。

微晶蜡具有较好的延性、韧性和黏附性，其密度、黏度与折射率均明显高于石蜡，而化学安定性较石蜡差。由于其耐水防潮绝缘性能好，因而广泛用于绝缘材料、密封材料和高级凡士林生产等。

我国微晶蜡滴熔点划分为 70 号、75 号、80 号、85 号、90 号 5 个牌号。微晶蜡的技术要求见表 11-5。

二、石油蜡几种质量指标的测定方法概述

1. 熔点与滴熔点

（1）石蜡的熔点　由于石蜡是烃类的混合物，因此它并不像纯化合物那样具有严格的熔点。石蜡的熔点是指在规定的条件下，冷却已熔化的石蜡试样时，冷却曲线上第一次出现停滞期的温度。

表 11-5 微晶蜡技术要求

项 目		质量指标(SH/T 0013—2008)					试验方法
牌 号		70 号	75 号	80 号	85 号	90 号	
滴熔点/℃	不低于	67	72	77	82	87	GB/T 8026
	低于	72	77	82	87	92	
针入度/(1/10mm)	(35℃,100g)	报告					GB/T 4985
	(25℃,100g) 不大于	30	30	20	18	14	
油含量(质量分数)/%	不大于	3.0					GB/T 0638
颜色/号	不小于	3.0					GB/T 6540
运动黏度(100℃)/(mm²/s)	不小于	6.0	10				GB/T 265
水溶性酸碱		无					SH/T 0407

石蜡熔点按 GB/T 2539—2008《石蜡熔点的测定 冷却曲线法》。该方法适用于石蜡熔点的测定,不适用于微晶蜡和石油脂的测定。

石蜡熔点测定装置见图 11-5、图 11-6。测定时,将蜡样加热到熔化后再升温 10℃(不可用明火或电热板直接加热),然后装到预热的试管中,加到 50mm 刻线处,插入带温度计的软木塞,使温度计水银球低于刻线 10mm。在保证试样温度比估计的熔点至少高 8℃的情况下,将试管垂直装入空气浴中,整个试验过程中控制空气浴外水温在 16～28℃之间。在上述温度条件下,每隔 15s 记录一次温度,当第一次出现 5 个连续读数之总差不超过 0.1℃时,即试样冷却曲线出现平稳段(或称停滞期)时,停止试验,取该 5 个连续读数的平均值作为所测试样的熔点。

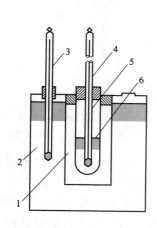

图 11-5 石蜡熔点(冷却曲线)测定仪示意图
1—空气浴;2—水浴;3—水浴温度计;
4—熔点温度计;5—玻璃试管;6—装样标线

图 11-6 61MST2531F 石蜡熔点测定仪
适用标准:GB/T 2539—2008
技术指标:电源 220V±22V,50Hz;整机功率 800W;
控温范围:10～30℃;控温精度:±0.1℃

(2) 微晶蜡的滴熔点 在规定的条件下,将已冷却的温度计垂直浸入试样中,使试样黏附在温度计球上,然后将附有试样的温度计置于试管中,水浴加热至试样熔化,当试样从温度计球部滴落第一滴时温度计的读数即为试样的滴熔点。

微晶蜡的滴熔点按 GB/T 8026—1987《石油蜡和石油脂滴熔点测定法》进行。适用于测定石油蜡和石油脂的滴熔点。测定时取具有代表性的试样，在洁净的烧杯中缓慢熔化，直至温度达到93℃或达到比预计滴熔点高11℃左右。将试样放入平底耐热容器中，使试样厚度达到12mm±1mm，用一般实验室的温度计测量试样的温度，调节其温度至高出预期滴熔点6～11℃，再用一支试验用的温度计垂直插入蜡样中，直至碰到容器的底部（浸没12mm），然后立即提取温度计，垂直握住，让空气冷却至温度计球表面浑浊。在试管底部放入一张圆形白纸，用软木塞把准备好的温度计固定于试管中，使温度计及管身成垂直状态并使温度计的球顶端距试管底白纸15mm，将试管浸入温度为16℃的水浴中，通过水浴加热使蜡样熔化，直到第一滴试样脱离温度计为止，记录此时温度。取平行测定两次结果的算术平均值，作为蜡样的滴熔点。

2. 石油蜡的针入度

针入度就是在规定条件下，标准针垂直穿入固体或半固体石油产品的深度，以1/10mm表示。

石油蜡针入度按GB/T 4985—2010《石油蜡针入度测定法》。测定仪器为针入度计（见图11-7）。

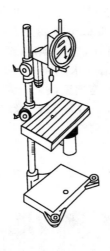

图11-7　针入度计

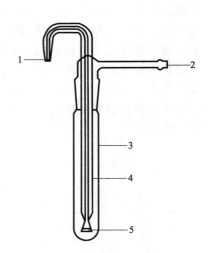

图11-8　过滤器

1—排液口；2—空气入口；3—试管；

4—管式浸液过滤器；5—烧结多孔玻璃过滤管滤片

测定时，将蜡样加热至其冻凝点［指试样停止流动的温度，它是判断石油蜡熔化温度的一个临界值，按SH/T 0132—1992（2004）《石油蜡冻凝点测定法》测定］或凝点（按GB/T 2539—2008测定）以上至少17℃，倒入恒温至23.9℃±2.2℃的成型器内，置于23.9℃±2.2℃的空气中冷却1h，然后用水浴将试样控制在试验温度，用针入度计测量其针入度，将针入度计的标准针在100g负荷下刺入试样5s。取4次测定的算术平均值作为蜡样针入度，并精确到一个单位（1/10mm）。

3. 石油蜡的含油量

石油蜡的含油量系指在一定的试验条件下，能用丙酮-苯（或丁酮）分离出蜡中以液态存在的环烷烃、异构烷烃、芳烃等组分的含量。石油蜡含油量是评定生产中油蜡分离程度的指标。含油量过高，会影响石蜡的色度和贮存的安定性，还会降低石蜡的硬度、熔点。因此石蜡含油量常作为石蜡生产过程中控制精制深度的指标。

石油蜡含油量的测定按 GB/T 3554—2008《石油蜡含油量测定法》进行。测定时先将蜡样熔化，定量移入洁净干燥且已准确称量的试管中，加丁酮水浴加热溶解蜡样，然后在搅拌下冷却至−31.7℃±0.3℃，析出蜡结晶后，用管式浸液过滤器过滤（见图 11-8）。然后称取定量滤液，将其中的丁酮蒸出，残留油恒重。石油蜡含油量以质量分数表示，按式(11-8)计算。

$$w = \frac{m_1 m_3}{m_2 m_4} \times 100\% - 0.15\%$$ (11-8)

式中　w——石油蜡含油量，%；

m_1——残留油分质量，g；

m_2——蜡样质量，g；

m_3——溶剂丁酮质量，g；

m_4——蒸发溶剂质量，g；

0.15%——在−31.7℃时，蜡在溶剂中溶解度的平均校正值。

4. 稠环芳烃含量

由于稠环芳烃中含有强致癌性物质，食品用石油蜡中的稠环芳烃影响到人体健康，因此要求限制稠环芳烃的含量。我国使用的食品级石油蜡中的稠环芳烃，试验控制紫外吸光度不超过规定的指标（见表 11-4）。

石蜡中稠环芳烃含量的测定按 GB/T 7363—1987《石蜡中稠环芳烃试验法》进行。该标准适用于检验食品级石蜡的稠环芳烃含量。

测定时，取蜡样 25g±0.2g，用二甲基亚砜为溶剂，抽出蜡样中的芳烃，再用异辛烷反抽提出溶于二甲基亚砜中的芳烃。抽提液在氮气流下吹蒸异辛烷，浓缩至每毫升异辛烷中相当于含 1g 试样的浓度（使总体积为 25mL）。然后在 280～400nm 的波长范围内，以异辛烷作参比测定紫外吸光度，同时进行空白试验。空白试验和补正后蜡样的紫外吸光度若符合表11-6 中的规定值，则判定第一段分离蜡样合格，报告通过。

表 11-6　稠环芳烃含量测定指标

样　品		每厘米光程最大紫外吸光度			
		280～289nm	290～299nm	300～359nm	360～400nm
第一段分离	空白	0.04	0.04	0.04	0.04
	试样	0.15	0.12	0.08	0.02
第二段分离	空白	0.07	0.07	0.04	0.04
	试样	0.15	0.12	0.08	0.02

如果第一段分离未通过，考虑到蜡样中可能有大分子的羰基化合物和低分子的芳烃，它们的存在虽没有致癌作用，但却能产生背景吸收的干扰，使蜡样的紫外吸收值增加。为此当补正后每厘米光程紫外吸光度值不大于 0.5 时，可继续作第二段分离，把羰基化合物和低分子芳烃分离除去，只测定稠环芳烃的紫外吸收值。方法是将第一段测定后的蜡样用甲醇-硼氢化钠处理，使其中的羰基化合物选择性加氢，再经过氧化镁-硅藻土色谱柱，使萘、蒽等无致癌性芳烃与稠环芳烃分离。得到的稠环芳烃配制成总体积为 25mL 的异辛烷溶液，再以异辛烷作参比，在 280～400nm 的波长范围内测定紫外吸光度，合格试样需符合表 11-6 规定的界限值。

5. 光安定性

光安定性是表示石蜡精制深度和安定性的重要指标。光安定性是石油产品抵抗光照作用而保持其性质不发生永久变化的能力。它是指石蜡在光的作用下逐渐变色的性质。由于石蜡中含有在精制过程中未能完全脱除的微量硫、氮、不稳定的芳烃和烯烃组分，因此当石蜡置于日光或散射光下时，颜色逐渐变暗或发黄，光安定性较差。石蜡精制的深度愈深，光安定性愈好。

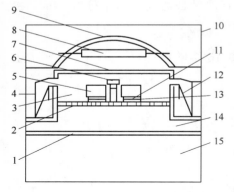

图 11-9　ZM 375A 型石蜡
光安定性测定仪结构

1—隔热板；2—通风底板；3—恒温室；
4—轴流风机；5—试样皿；6—传感器；
7—石英玻璃板；8—紫外光源；9—反射
抛物面镜；10—外壳；11—接蜡盘；
12—风量调节板；13—试样皿架；
14—通风室；15—电器室

光安定性测定按 SH/T 0404—2008《石蜡光安定性测定法》进行。该标准适用于食品级石蜡、全精炼石蜡以及半精炼石蜡。测定装置原理见图 11-9。

测定时用一支 375W 的高压水银灯，在温度为 $90.0℃ \pm 1.0℃$，照度稳定在 $12.0mW/cm^2 \pm 0.3mW/cm^2$ 的条件下照射 45min 后，用色板比色仪进行液体比色（标准色板共分 10 个色号），熔化后石蜡的颜色与标准色板哪一号颜色相同，即可定为石蜡光安定性号。

石油蜡的其他评定指标还有色度（GB/T 3555—1992）、机械杂质、水分、嗅味（SH/T 0414—2004）、水溶性酸和碱（GB/T 259—1988）和易碳化物（GB/T 7364—2006）等。

石油产品分析仪器介绍

石油蜡含量测定仪

图 11-10 为 SYD-3554 型石油蜡含油量试验器。该仪器符合 GB/T 3554—2008《石油蜡含油量测定法》要求，适用于测定蜡的冷凝点在 30℃以上，含油量不大于 15％的石油蜡的含油量。其主要技术特点是：−35℃冷浴独立设计，共有 4 个冷槽，可分组对 2 个试样进行试验；化蜡水浴和蒸发器为一整体，下半部分为室温～95℃的化蜡水浴，温度可调控；上半部分为空气浴蒸发装置，控制温度为 35℃；数显温控仪，温度调节与控制准确；玻璃转子流量计检测吹气量；吹气时间在 60min 内随意设定。

图 11-10　SYD-3554 型石油蜡含油量试验器

第三节　润　滑　脂

润滑脂是一种在常温下呈油膏状（半固体）的塑性润滑剂，由基础油、稠化剂、稳定剂和添加剂组成。其主要性质决定于稠化剂和基础油。基础油是液体润滑剂，常用的是矿物油，也有的用合成油。稠化剂是一些有稠化作用的固体物质，通常可分为皂基稠化剂和非皂基稠化剂。

一、润滑脂的特性

润滑脂在常温低负荷下，类似固体，能保持自己的形状而不流动，能黏附于机械摩擦部件的表面，起到良好的润滑作用，而又不致使润滑脂滴落或流失；同时还能起到保护和密封作用，减少设备因与其他杂质的接触而受到的腐蚀作用。在较高的温度或受到超过一定限度的外力时或当机械部件运动摩擦而升温时，润滑脂开始塑性变形，像流体一样能流动，类似黏性流体而润滑机械部件，从而减少运动部件表面间的摩擦和磨损。当运动停止后润滑脂又能恢复一定的稠度而不流失。正因为润滑脂有这样的特殊性能，因此才被广泛地应用于航空、汽车、纺织、食品等工业的机械和轴承的润滑上。

二、润滑脂的种类及用途

1. 润滑脂的分类

润滑脂种类复杂，牌号繁多。为了正确使用润滑脂，对其使用性能进行正确评价分析，必须了解其分类及使用特点。目前，润滑脂按分类依据不同，有如下三种分类方法。

（1）按稠化剂类型分类　润滑脂的性能特点主要决定于稠化剂的类型，用稠化剂命名可以体现润滑脂的主要特性。该法将润滑脂分为皂基脂和非皂基脂两大类，见表 11-7。

表 11-7　润滑脂按稠化剂分类

润滑脂	稠　化　剂	实　　例
皂基润滑脂	单皂基脂(脂肪酸金属)	锂基脂、钙基脂等
	复合皂基脂(不同脂肪酸金属皂混合)	锂钙基脂、钙钠基脂等
	混合皂基脂(脂肪酸与其他有机酸或无机酸皂的复合物)	复合锂基脂、复合铝基脂等
非皂基润滑脂	烃基润滑脂(石蜡和地蜡)	工业凡士林、表面脂等
	有机稠化润滑脂(有机化合物)	聚脲基脂、酞菁铜脂等
	无机稠化剂润滑脂(无机化合物)	膨润土脂、硅胶脂等

（2）按使用性能和应用范围分类　按被润滑机械元件不同可分为轴承脂、齿轮脂、链条脂等；按使用温度不同可分为低温脂、普通脂和高温脂等；按应用范围不同分为多效脂、专用脂和通用脂；按基础油不同分为矿物油脂和合成油脂；按承载性能不同可分为极压脂和普通脂等。

（3）国家标准分类　上述分类法局限性较大，使用同一种稠化剂可以制造出多种具有不同性能的润滑脂，即使不同类型稠化剂制造的润滑脂，其性能也往往难以区别。为此制定了国家标准 GB/T 7631.8—1990《润滑剂和有关产品（L 类）的分类　第 8 部分：X 组（润滑脂）》，该标准适用于润滑各种设备、机械部件、车辆等所有类型润滑脂分类，但不适于特殊用途润滑脂（如接触食品、高真空、抗辐射等）的分类。

GB/T 7631.8—1990 根据润滑脂应用时的操作条件、环境条件及需要润滑脂具备的各种使用性能作为基础进行分类。每种润滑脂用字母 L 和其余一组（5 个）大写字母及一些数字组成的代号表示。其中，字母 L 表示润滑剂和有关产品的类别代号，字母 X 表示润滑脂组别，其余 4 个大写字母表示润滑脂的使用性能水平，依次为最低操作温度、最高操作温度、润滑脂在水污染的操作条件下的抗水性能和防锈水平、润滑脂在高负荷或低负荷场合下的润滑性，数字表示稠度等级。其标记顺序和意义见表 11-8，分类方法见表 11-9，其中水污染情况的确定见表 11-10，润滑脂稠度等级见表 11-11。

表 11-8　润滑脂代号的字母标记顺序

L	X(字母 1)	字母 2	字母 3	字母 4	字母 5	黏度等级
润滑剂类	润滑脂组别	最低操作温度	最高操作温度	水污染(抗水性、防锈性)	润滑性	稠度号

表 11-9　润滑脂分类

字母代号(字母 1)	总的用途	操作温度范围				水污染	字母 4	负荷 EP	字母 5	稠度	标记
		最低温度①/℃	字母 2	最高温度②/℃	字母 3						
X	用润滑脂的场合	0 −20 −30 −40 <−40	A B C D E	60 90 120 140 160 180 >180	A B C D E F G	在水污染的条件下润滑脂的润滑性、抗水性和防锈性	A B C D E F G H I	在高负荷、低负荷下表示润滑脂的润滑性和极压性,A 表示非极压型脂,B 表示极压型脂		选用以下稠度号 000 00 0 1 2 3 4 5 6	一种润滑脂的标记代号是由字母 X 和其他 4 个字母及稠度等级号联系在一起来标记的

① 设备启动或运转时，或泵送润滑脂时，所经历的最低温度。
② 使用时，被润滑部件的最高温度。

表 11-10　水污染（字母 4）情况的确定方法

环境条件①	防锈性②	字母 4	环境条件①	防锈性②	字母 4
L	L	A	M	H	F
L	M	B	H	L	G
L	H	C	H	M	H
M	L	D	H	H	I
M	M	E			

① L 表示干燥环境；M 表示静态潮湿环境；H 表示水洗。
② L 表示不防锈；M 表示淡水存在下的防锈性；H 表示盐水存在下的防锈性。

表 11-11　润滑脂稠度等级划分方法

NLGI 级①	000	00	0	1	2	3	4	5	6
锥入度/0.1mm	445~475	400~430	355~385	310~340	265~295	220~250	175~205	130~160	85~115

① NLGI 级为美国润滑脂协会的稠度编号。

例如，某种润滑脂在下述操作条件下使用：

最低操作温度/℃	最高操作温度/℃	环境条件	防锈性	负荷条件	稠度等级
−20	160	经受水洗	不需要防锈	高负荷	00

则按表 11-8、表 11-9、表 11-10、表 11-11，可写出这种润滑脂的标记代号为

L－XBEGB00

按 GB/T 7631.8—1990 分类，使润滑脂的品种命名简化，较为科学、合理，因为按这种分类很容易根据实际需要选出合适的润滑脂，不同稠化剂制成的润滑脂只要符合操作条件

均在可选之列。但习惯上，目前仍在使用按稠化剂类型分类的方法。

2. 几种润滑脂的质量指标及其用途

（1）钙基润滑脂 钙基润滑脂俗称"黄油"，它是以动植物油所含脂肪酸钙皂为稠化剂，稠化中等黏度的润滑油而制成的润滑脂。合成钙基润滑脂则是用合成脂肪酸钙皂稠化中等黏度的润滑油而制成。

钙基润滑脂按锥入度标准可分为 1 号、2 号、3 号和 4 号。号数越大，脂越硬，滴点也越高。其技术要求见表 11-12。

表 11-12 钙基润滑脂的技术要求

项　　目		质 量 指 标 （GB/T 491—2008）				试验方法
		1 号	2 号	3 号	4 号	
外观		淡黄色至暗褐色均匀油膏				目测
工作锥入度/0.1mm		310～340	265～295	220～250	175～205	GB/T 269
滴点/℃	不低于	80	85	90	95	GB/T 4929
腐蚀（T_2 铜片,室温,24h）		铜片上没有绿色或黑色变化				GB/T 7326 乙法
水分（质量分数）/%	不大于	1.5	2.0	2.5	3.0	GB/T 512
灰分（质量分数）/%	不大于	3.0	3.5	4.0	4.5	SH/T 0327
钢网分油量（60℃,24h）/%	不大于	—	12	8	6	NB/SH/T 0324
延长工作锥入度（1 万次）与工作锥入度差值/（0.1mm）	不大于	—	30	35	40	GB/T 269
水淋流失量（38℃,1h）（质量分数）/%	不大于	—	10	10	10	SH/T 0109①

① 水淋后，轴承烘干条件为 77℃，16h。

钙基润滑脂是使用面最广的一种老品种润滑脂，应用于中小型电机、水泵、拖拉机、汽车、冶金、纺织机械等中等转速、中等负荷滑动轴承的润滑，使用温度范围为 −10～60℃。

（2）钠基润滑脂 钠基润滑脂是以中等黏度润滑油或合成润滑油与天然脂肪酸钠皂稠化而成。

钠基润滑脂分为 2 号、3 号。其技术要求见表 11-13。

表 11-13 钠基润滑脂的技术要求

项　　目		质 量 指 标 （GB/T 492—1989）		试验方法
		2 号	3 号	
滴点/℃	不低于	160	160	GB/T 4929
锥入度/0.1mm 工作		265～295	220～250	GB/T 269
延长工作（10 万次）	不大于	375	375	
腐蚀试验（T_2 铜片,室温,24h）		铜片无绿色或黑色变化		GB/T 7326 乙法
蒸发量（99℃,22h）（质量分数）/%	不大于	2.0	2.0	GB/T 7325

钠基润滑脂可在 −10～100℃ 的温度范围内使用，适用于各种中等负荷机械设备的润滑，但不适用于与水相接触的润滑部位。

（3）锂基润滑脂 锂基润滑脂是以天然脂肪酸锂皂稠化中等黏度的润滑油或合成润滑油，并添加抗氧剂、防锈剂和极压剂而制成的多效长寿命的通用润滑脂。通用锂基润滑脂和极压锂基润滑脂的技术要求见表 11-14 和表 11-15。

表 11-14　通用锂基润滑脂的技术要求

项　目		质量指标(GB/T 7324—2010)			试验方法
		1 号	2 号	3 号	
外观		浅黄至褐色光滑油膏			目测
工作锥入度/0.1mm		310～340	265～295	220～250	GB/T 269
滴点/℃	不低于	170	175	180	GB/T 4929
腐蚀(T_2 铜片,100℃,24h)		铜片无绿色或黑色变化			GB/T 7326 乙法
钢网分油(100℃,24h)(质量分数)/%	不大于	10	5		NB/SH/T 0324
蒸发量(99℃,22h)(质量分数)/%	不大于	2.0			GB/T 7325
杂质(显微镜法)/(个/cm³)					SH/T 0336
10μm 以上	不大于	2000			
25μm 以上	不大于	1000			
75μm 以上	不大于	200			
125μm 以上	不大于	0			
氧化安定性(99℃,100h,0.760MPa)压力降/MPa	不大于	0.070			SH/T 0325
相似黏度($-15℃,10s^{-1}$)/Pa·s	不大于	800	1000	1300	SH/T 0048
延长工作锥入度(10 万次)/0.1mm	不大于	380	350	320	GB/T 269
水淋流失量(38℃,1h)(质量分数)/%	不大于	8			SH/T 0109
防腐蚀性(52℃,48h)/级		合格			GB/T 5018

表 11-15　极压锂基润滑脂的技术要求

项　目		质量指标 (GB/T 7323—2008)				试验方法
		00 号	0 号	1 号	2 号	
工作锥入度/0.1mm		400～430	355～385	310～340	265～295	GB/T 269
滴点/℃	不低于	165	170	175	175	GB/T 4929
腐蚀(T_2 铜片,100℃,24h)		铜片无绿色或黑色变化				GB/T 7326 乙法
钢网分油(100℃,24h)(质量分数)/%	不大于	—	—	10	5	NB/SH/T 0324
蒸发量(99℃,22h)(质量分数)/%	不大于	2.0				GB/T 7325
杂质(显微镜法)/(个/cm³)						SH/T 0336
25μm 以上	不大于	3000				
75μm 以上	不大于	500				
125μm 以上	不大于	0				
相似黏度($-10℃,10s^{-1}$)/Pa·s	不大于	100	150	250	500	SH/T 0048
延长工作锥入度(10 万次)/0.1mm	不大于	450	420	380	350	GB/T 269
水淋流失量(38℃,1h)(质量分数)/%	不大于	—	—	10	10	SH/T 0109
防腐蚀性(52℃,48h)/级		合格				GB/T 5018
极压性能(梯姆肯法)OK 值/N	不小于	133	156			SH/T 0203
(四球机法)P_B 值/N	不小于	588				SH/T 0202

通用锂基润滑脂具有良好的抗水性、机械安定性、防腐蚀性和氧化安定性，适用于工作温度在－20～120℃范围内各种机械设备的滚动轴承及其他摩擦部位的润滑。

极压锂基润滑脂的使用温度范围也为－20～120℃，用于高负荷机械设备轴承及齿轮的润滑，也可用于集中润滑系统。

（4）铝基润滑脂　铝基润滑脂是由脂肪酸铝皂稠化矿物油而制得的。其技术要求见表11-16。

表 11-16　铝基润滑脂技术要求

项　　　目		质量指标（SH/T 0371—1992）	试　验　方　法
外观		淡黄色到暗褐色的光滑透明油膏	目测
滴点/℃	不低于	75	GB/T 4929
工作锥入度/0.1mm		230～280	GB/T 269
防护性能		合格	SH/T 0333
水分		无	GB/T 512
机械杂质（酸分解法）		无	GB/T 513
皂含量（质量分数）/%	不低于	14	SH/T 0319

铝基润滑脂具有高度耐水性，用于航运机器摩擦部分的润滑及金属表面的防腐，其使用温度为低于50℃。

（5）钡基润滑脂　钡基润滑脂是由脂肪酸钡皂稠化精制中等黏度的矿物润滑油而制成的。表11-17列出了钡基润滑脂的技术要求。

表 11-17　钡基润滑脂的技术要求

项　　　目		质量指标[SH/T 0379—1992（2003）]	试　验　方　法
外观		黄色到暗褐色均匀软膏	目测
滴点/℃	不低于	135	GB/T 4929
工作锥入度/0.1mm		200～260	GB/T 269
腐蚀[①]（钢片、铜片，100℃，3h）		合格	SH/T 0331[①]
机械杂质（酸分解法）（质量分数）/%	不大于	0.2	GB/T 513
水分（质量分数）/%	不大于	痕迹	GB/T 512
矿物油运动黏度（40℃）/（mm²/s）		41.4～74.8	GB/T 265

① 腐蚀试验用 T_3 铜片及含碳 0.4%～0.5% 的钢片进行。

钡基润滑脂具有黏着性好、滴点高、几乎不溶于汽油与醇类等有机溶剂的特点，因此适用于汽车与醇类有机溶剂接触的部位，水泵、油泵和船舶推进器等摩擦部位的润滑；但其胶体的安定性差，不宜长期存放。

（6）复合钙基润滑脂　复合钙基润滑脂是由脂肪酸和低分子酸（如乙酸）调配的复合钙皂稠化高、中黏度润滑油并加有抗氧添加剂而制成的。复合钙基润滑脂的技术要求见表11-18。

表 11-18　复合钙基润滑脂的技术要求

项　　　目		质　量　指　标　[SH/T 0370—1995（2005）]			试验方法
		1号	2号	3号	
工作锥入度/0.1mm		310～340	265～295	220～250	GB/T 269
滴点/℃	不低于	200	210	230	GB/T 4929
钢网分油（100℃，24h）（质量分数）/%　不大于		6	5	4	NB/SH/T 0324
腐蚀（T_2 铜片，100℃，24h）		铜片无绿色或黑色变化			GB/T 7326 乙法

续表

项　目	质量指标 ［SH/T 0370—1995(2005)］			试验方法
	1号	2号	3号	
蒸发量(99℃,22h)(质量分数)/%　不大于	2.0			GB/T 7325
水淋流失量(38℃,1h)(质量分数)/%　　　　　　　　　　　　　不大于	5			SH/T 0109
延长工作锥入度(10万次)变化率/%　　　　　　　　　　　　　不大于	25		30	GB/T 269
氧化安定性(99℃,100h,0.760MPa)压力降/MPa	报告			SH/T 0325
表面硬化试验(50℃,24h)不工作 1/4 锥入度差/0.1mm　　　　　　不大于	35	30	25	附录 A

　　复合钙基润滑脂中引入了低分子酸调配成的复合钙皂,改善了润滑脂的耐高温性能,滴点不低于 200℃,使用温度为 -10～150℃,同时该类润滑脂的极压性较高,因此适用于高温、高负荷、高潮湿环境下摩擦部位的润滑。

　　(7) 复合铝基润滑脂　复合铝基润滑脂是由硬脂酸、另一种有机酸或合成脂肪酸及低分子有机酸的复合铝皂稠化中等黏度的润滑油而制成的。复合铝基润滑脂的技术要求见表 11-19。

表 11-19　复合铝基润滑脂的技术要求

项　　目		质量指标［SH/T 0378—1992(2003)］			试验方法
		0号	1号	3号	
滴点/℃	不低于	235			GB/T 3498
工作锥入度/(0.1mm)		355～385	310～340	265～295	GB/T 269
腐蚀(T_2 铜片,100℃,24h)		铜片无绿色或黑色变化			GB/T 7326 乙法
钢网分油(100℃,24h)(质量分数)/%	不大于	—	10	7.0	NB/SH/T 0324
蒸发量(99℃,22h)/%	不大于	1.0			GB/T 7325
氧化安定性(99℃,100h,0.770MPa)压力降/MPa	不大于	0.070			SH/T 0325
水淋流失量(38℃,1h)(质量分数)/%	不大于	—	10	10	SH/T 0109
延长工作锥入度(10万次)/(0.1mm)	不大于	420	390	360	GB/T 269
杂质/(个/cm³)					SH/T 0336
25μm 以上	不大于	3000			
75μm 以上	不大于	500			
125μm 以上	不大于	0			
相似黏度($-10℃,10s^{-1}$)/Pa·s	不大于	250	300	550	SH/T 0048
防腐蚀性/级	不大于	2			GB/T 5018

　　复合铝基润滑脂的滴点较高,具有热可逆性,使用时稠化度变化较小,加热不硬化,流动性能好,还具有良好的抗水性和胶体安定性。因此适用于 -20～160℃ 温度范围的各种机械设备的高温、高速、高湿条件下的滚动轴承上。

　　(8) 膨润土润滑脂　膨润土润滑脂是用经过表面活性剂处理后的有机膨润土稠化中、高黏度的矿物油,加入各种添加剂而制成的。普通膨润土润滑脂的技术要求列于表 11-20。

表 11-20 膨润土润滑脂的技术要求

项 目		质 量 指 标 ［SH/T 0536—1993(2003)］			试验方法
		1 号	2 号	3 号	
工作锥入度/0.1mm		310～340	265～295	220～250	GB/T 269
滴点/℃	不低于	270	270	270	GB/T 3498
钢网分油(100℃,30h)(质量分数)/%	不大于	5	5	5	NB/SH/T 0324
腐蚀(T_2铜片,100℃,24h)		铜片无绿色或黑色			GB/T 7326 乙法
蒸发量(99℃,22h)(质量分数)/%	不大于	1.5	1.5	1.5	GB/T 7325
水淋流失量(38℃,1h)(质量分数)/%	不大于	10	10	10	SH/T 0109
延长工作锥入度(10万次)变化率/%	不大于	15	20	25	GB/T 269
氧化安定性[①](99℃,100h,0.770MPa)					
压力降/MPa	不大于	0.070	0.070	0.070	SH/T 0325
相似黏度(0℃,10s^{-1})/Pa·s		报告			SH/T 0048

① 为保证项目,每半年测定1次。如原料、工艺变动时,必须进行测定。

该类润滑脂适用于汽车底盘、驾驶舱、万用节、水泵、轮毂等轴承的低速机械设备的润滑,其使用温度可达160℃。

三、润滑脂几种质量指标的测定方法概述

润滑脂的主要质量指标有滴点、锥入度、析油量、水分、机械杂质和灰分等。

1. 滴点

滴点是润滑脂在规定条件下加热时,从标准仪器的脂杯中滴下第一滴液体(或流出液柱长 **25mm**)时的温度。它反映出该温度下润滑脂已由半固态转变为液态。滴点是润滑脂规格中的重要指标,用它可以大致区别不同类型的润滑脂、粗略估计其最高使用温度以及检验润滑脂的质量。

通常皂基润滑脂的使用温度要比其滴点低 10～30℃。滴点的高低主要取决于皂或高分子烃等稠化剂的性质。

润滑脂滴点的测定多数按 GB/T 4929—1985 (1991)《润滑脂滴点测定法》进行,测定用仪器如图 11-11 所示。

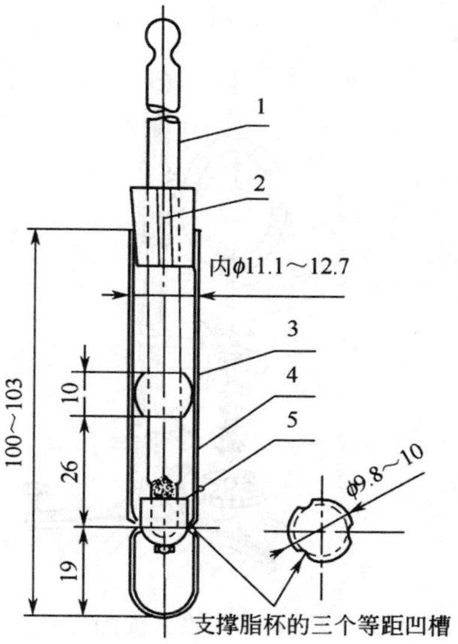

测定时,按规定将脂样装入脂杯内,并将脂杯和温度计一起插入试管中,然后把试管放入油浴内,按规定的速度加热,脂样受热软化,逐渐从脂杯孔露出。当其滴出第一滴流体时的温度,即为该脂样的滴点。

图 11-11 润滑脂滴点测定仪
1—温度计;2—软木塞上的透气槽口;
3—软木导环(环与试管之间的总间隙为 1.5mm);4—试管;5—脂杯

对宽温度范围的润滑脂滴点的测定可采用 GB/T 3498—2008《润滑脂宽温度范围滴点测定法》。GB/T 3498 与 GB/T 4929 类似,采用加热设备使用温度可以调节并能维持的铝块炉。滴点用式(11-9)计算,结果精确到1℃。

$$t = t_0 + \frac{t_1 - t_0}{3} \tag{11-9}$$

式中:t——试样的滴点,℃;

t_0——从脂杯中滴落第 1 滴试样时温度计的读数；

t_1——炉温，℃。

2. 锥入度

锥入度是指在规定的温度（25℃±0.5℃）、负荷（150g±0.2g）和时间（5s）的条件下，锥体刺入润滑脂的深度，以 0.1mm 表示。

锥入度是润滑脂常用的控制工作稠度及润滑脂进入摩擦点性能的指标。润滑脂的商品牌号通常是以锥入度的大小来划分的。润滑脂的锥入度范围一般在 150～400 之间。锥入度测定计见图 11-12。

润油脂锥入度的测定按 GB/T 269—1991《润滑脂和石油脂锥入度测定法》进行。锥入度按测定指标不同，分为工作锥入度、不工作锥入度、延长工作锥入度和块锥入度。

（1）工作锥入度　工作锥入度是指润滑脂在其工作器（捣脂器）中经过 60 次全程往复工作后，在规定的温度下立即测定的锥入度，并从指示盘中读出其数值。

捣脂器（图 11-13）是装有一片带孔金属板的脂杯，孔大小位置和数目都有规定。多孔板在脂杯内上下运动时，润滑脂通过小孔受到剪切作用，用于检测润滑脂经机械作用后的触变性能。

（2）不工作锥入度　不工作锥入度是指试样不经捣动直接测定的锥入度值。

（3）延长工作锥入度　指试样在工作器中经多于 60 次往复工作后测定的锥入度。

（4）块锥入度　指试样在没有容器的情况下，具有保持其形状的足够硬度时测定的锥入度。

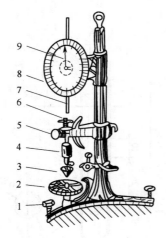

图 11-12　锥入度测定计

1—调节螺丝；2—旋转工作台；3—圆锥体；
4—筒状砝码；5—按钮；6—枢轴；
7—齿杆；8—刻度盘；9—指针

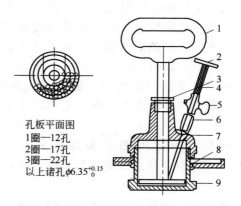

孔板平面图
1圈—12孔
2圈—17孔
3圈—22孔
以上诸孔 $\phi 6.35^{+0.15}_{0}$

图 11-13　润滑脂捣脂器

1—把手；2—温度计；3—密封螺帽；
4—温度计衬套；5—排气阀；6—接头；
7—盖；8—切开的橡皮管；9—孔板

3. 析油量

润滑脂析油量是评价润滑脂胶体安定性的指标。析油量越大，胶体安定性越差。析油量测定方法有以下几种。

（1）GB/T 392—1977(1990)《润滑脂压力分油测定法》　该法是利用规定的加压分油器在规定的温度（15～25℃）和一定的荷重（1000g±10g）下，30min 内从润滑脂内压出油的质量，以质量分数表示。

（2）NB/SH/T 0324—2010《润滑脂钢网分油测定法（静态法）》　该标准适用于测定润滑脂在提高温度下的分油倾向。该法测定时将约10g试样装在一金属丝钢网中，在标准试验条件为100℃±0.5℃下恒温30h±0.2h，测定经过钢网流出油的质量分数。

润滑脂其他质量指标还有：抗磨性［SH/T 0204—1992（2004）《润滑脂抗磨性能测定法（四球机法）》］；贮存安定性［SH/T 0452—1992（2004）《润滑脂贮存安定性试验法》］；极压性［SH/T 0203—1992（2004）《润滑脂极压性能测定法（梯姆肯试验机法）》］；抗水淋性（SH/T 0109—2004《润滑脂抗水淋性能测定法》）；高温性（SH/T 0428—2008《高温下润滑脂在抗磨轴承中工作性能测定法》）等。

石油产品分析仪器介绍

润滑脂滴点测定器与锥入度测定器

图11-14为BSY-161型润滑脂滴点测定器。该仪器符合GB/T 4929—1985（1991）要求，适用于测定各种润滑脂的滴点。仪器由搅拌部分、浴槽部分、控制部分等三个部分组成，并具有以下特点：结构紧凑，造型美观，操作方便；功率调节由电压表指示；电炉采用平行式结构，加温面积大、均匀。

图11-14　BSY-161型润滑脂滴点测定器

图11-15　BSY-161A型润滑脂宽温度范围滴点试验器

图11-15为BSY-161A型润滑脂宽温度范围滴点试验器。该仪器符合GB/T 3498—2008标准试验方法要求，适用于测定润滑脂宽温度范围滴点。该仪器主要由金属浴、电控制箱两部分组成，并具有以下特点：结构紧凑，造型美观，操作方便；浴槽由铝质材料制作，导热性能良好；采用数字式温控仪，拨盘式温度设定，数字显示。

图11-16为JC21-SYP4100-Ⅰ型润滑脂和石油脂锥入度试验器。该仪器符合GB/T 269—1991《润滑脂和石油脂锥入度测定法》要求。适用测定润滑脂和石油脂锥入度。其技术性能为释放时间：

图11-16　JC21-SYP4100-Ⅰ型润滑脂和石油脂锥入度试验器

0～60s；时间控制：自动；测量范围：620 锥入度；标准锥：102.5g±0.05g；1/4 锥体和锥杆：37.5g±0.05g；标准针：2.5g±0.05g。

第四节 石油沥青

一、石油沥青的来源与组成

1. 来源

石油沥青按来源不同可分为天然沥青、矿沥青和原油生产的直馏沥青及氧化沥青四种。前两种是由天然矿物直接生产的沥青，后两种是石油经炼制加工生产的。原油分馏工艺中的减压蒸馏塔底抽出的重质渣油，即为直馏石油沥青。直馏石油沥青在 270～300℃ 的温度下，吹入空气氧化可制成氧化石油沥青。

2. 组成

石油沥青主要由重质油分、胶质、沥青质三种物质组成，其组成大致比例见表11-21。

表 11-21　石油沥青的组成

名　　称	重质油分/％	胶　　质/％	沥青质/％
直馏石油沥青	35～50	40～50	20～30
氧化石油沥青	5～15	40～60	30～40

二、石油沥青的种类及用途

石油沥青约占石油产品总量的 3％，目前我国石油沥青按品种牌号有近百种，已基本形成一个适合国内生产实际和用户要求的产品系列，此系列主要有三组，见表 11-22。

表 11-22　我国石油沥青产品系列主要分组与品种举例

石油沥青产品系列主要分组	主要品种举例
道路沥青	中、轻道路石油沥青、重交通道路沥青
建筑沥青	建筑石油沥青、防水防潮沥青、水工沥青
专用沥青	管道防腐沥青、油漆沥青、电池封口剂、电缆沥青、绝缘沥青、橡胶填充沥青、光学抛光沥青等

石油沥青主要用于道路铺设和建筑工程上，也广泛用于水利水电工程、管道防腐、电器绝缘、化工原料和油漆涂料等方面。近年来，可由石油沥青采用一定的加工工艺，制得碳素纤维、碳分子筛、活性炭、针状焦及具有特殊性能的黏结剂等材料。

三、石油沥青的产品规格

石油沥青产品中产量最高的主要是道路石油沥青和建筑石油沥青。

1. 道路石油沥青

我国道路石油沥青按针入度分为 200 号、180 号、140 号、100 号、60 号 5 个牌号，其技术要求见表 11-23。

表 11-23　道路石油沥青技术要求

项　　目		质量指标(SH/T 0522—2010)					试验方法
		200 号	180 号	140 号	100 号	60 号	
针入度(25℃,100g,5s)/0.1mm		200～300	150～200	110～150	80～110	50～80	GB/T 4509
延度①(25℃)/cm	不小于	20	100	100	90	70	GB/T 4508

续表

项 目		质量指标(SH/T 0522—2010)					试验方法
		200 号	180 号	140 号	100 号	60 号	
软化点(环球法)/℃		30～48	35～48	38～51	42～55	45～58	GB/T 4507
溶解度/%	不小于			99.0			GB/T 11148
闪点(开口)/℃	不低于	180	200		230		GB/T 267
密度(25℃)/(g/cm³)				报告			GB/T 8928
蜡含量/%	不大于			4.5			SH/T 0425
薄膜烘箱试验(163℃,5h)							
质量变化/%	不大于	1.3	1.3	1.3	1.2	1.0	GB/T 5304
针入度比/%				报告			GB/T 4509
延度(25℃)/cm				报告			GB/T 4508

① 当25℃延度达不到，而15℃延度达到时，也认为是合格的，指标与25℃要求一致。

目前还有一种适用于修筑高等级道路的石油沥青，称为重交通道路石油沥青，其技术要求见表11-24。

表 11-24　重交通道路石油沥青技术要求

项 目		质量指标(GB/T 15180—2000)						试验方法
		AH-130	AH-110	AH-90	AH-70	AH-50	AH-30	
针入度(25℃,100g,5s)/0.1mm		120～140	100～120	80～100	60～80	40～60	20～40	GB/T 4509
延度(15℃)/cm	不小于	100	100	100	100	80	报告①	GB/T 4508
软化点/℃		38～51	40～53	42～55	44～57	45～58	50～65	GB/T 4507
溶解度/%	不小于	99.0	99.0	99.0	99.0	99.0	99.0	GB/T 11148
闪点/℃	不低于			230			260	GB/T 267
密度(25℃)/(g/cm³)				报告				GB/T 8928
蜡含量/%	不大于	3.0	3.0	3.0	3.0	3.0	3.0	SH/T 0425
薄膜烘箱试验(163℃,5h)								GB/T 5304
质量变化/%	不大于	1.3	1.2	1.0	0.8	0.6	0.5	GB/T 5304
针入度比/%	不小于	45	48	50	55	58	60	GB/T 4509
延度(15℃)	不小于	100	50	40	30	报告①	报告①	GB/T 4508

① 报告应为实测值。

2. 建筑石油沥青

我国建筑石油沥青按针入度分为 10 号、30 号和 40 号三个牌号，其技术要求见表11-25。

表 11-25　建筑石油沥青技术要求

项 目		质量指标(GB/T 494—2010)			试验方法
		10 号	30 号	40 号	
针入度(25℃,100g,5s)/0.1mm		10～25	26～35	36～50	
针入度(46℃,100g,5s)/0.1mm			报告①		GB/T 4509
针入度(0℃,200g,5s)/0.1mm		3	6	6	
延度(25℃,5cm/min)/cm	不小于	1.5	2.5	3.5	GB/T 4508
软化点(环球法)/℃	不低于	95	75	60	GB/T 4507
溶解度(三氯乙烯)/%	不小于		99.0		GB/T 11148
蒸发后质量变化(163℃,5h)/%	不大于		1		GB/T 11964
蒸发后25℃针入度比②/%	不小于		65		GB/T 4509
闪点(开口)/℃	不低于		260		GB/T 267

① 报告应为实测值。

② 测定25℃时，蒸发损失后与蒸发前样品针入度之比，以百分数表示。

四、石油沥青几种质量指标测定方法概述

石油沥青的质量指标有软化点、延度、针入度、溶解度、蒸发损失、蒸发后针入度比、闪点和脆点等，其中前三项指标为石油沥青的主要质量指标。

1. 软化点

沥青软化点是表示沥青耐热性能的指标，也能间接评定沥青的使用温度范围。软化点低表明沥青对温度敏感性大，延性和黏结性较好，但易变形。随着温度升高，沥青逐渐变软，黏度降低。在规定试验条件下，沥青达到特定软化程度时的温度称为软化点。

软化点的测定按 GB/T 4507—1999《沥青软化点测定法（环球法）》进行，该标准方法适用于测定软化点范围在 30～157℃ 的石油沥青和煤焦油沥青。测定仪器见图 11-17。

图 11-17 SYD-2806E 型全自动
沥青软化点测定器
适用标准：GB/T 4507；
技术参数：钢球直径 9.5mm；
钢球质量 3.50g±0.05g；
容器规格 1000mL；
升温速度 5.0℃/min±0.5℃/min；
测温精度 0.1℃；
测温范围 5～90℃（E 型）；
32～150℃（F 型）

测定时将规定温度的试样熔融并注入规定尺寸的两个铜环内，各上置直径为 9.5mm、质量为 3.50g±0.05g 的钢球。于水或甘油浴中，以每分钟 5.0℃±0.5℃ 的升温速度加热，沥青受热软化到使两个放在沥青上的钢球下落 25mm 距离时的温度平均值，即为沥青的软化点，以 ℃ 表示。

2. 延度

延度是表示沥青在一定温度下断裂前扩展或伸长能力的指标。延度的大小表明沥青的黏性、流动性、开裂后的自愈能力以及受机械应力作用后变形而不被破坏的能力。

延度的测定按 GB/T 4508—2010《沥青延度测定法》进行，该标准适用于测定石油沥青和煤焦油沥青的延度。测定时将熔化的试样注入专用模具中，在一定的温度下，以一定的速度拉伸试样，直至拉断沥青为止，测量其距离即为沥青的延度，以 cm 为单位。

3. 针入度

针入度是用于表明沥青黏稠程度或软硬程度的指标。沥青的针入度越大，说明沥青的黏稠度越小，沥青也就越软。针入度是划分沥青牌号的依据。对于道路沥青来说，根据针入度的大小可以判断沥青和石料混合搅拌的难易。

沥青针入度的测定按 GB/T 4509—1998《沥青针入度测定法》进行，本标准适用于测定针入度小于 350 的固体和半固体沥青材料，也适用于测定针入度为 350～500 的沥青材料。

测定时按规定加热试样并将试样倒入试样皿中，在 25.0℃±0.1℃ 和 5s 的时间内，荷重 100.00g±0.05g 的标准针垂直穿入沥青试样的深度，以 0.1mm 表示。

五、影响测定的主要因素

1. 软化点

（1）仪器的检查 钢球的质量、支撑架与下支撑板之间的距离是否符合规定值，各环的平面是否处于水平状态，温度计是否经过校正、选择是否符合规定等。

（2）加热介质的选择 标准中规定软化点在 30～80℃ 范围内时，加热介质用蒸馏水；软化点在 80～157℃ 范围内时，加热介质用甘油，以免因加热介质不同引起测定结果的变化。

（3）加热温度、时间的控制 沥青试样熔化时，不得超过标准中规定的温度和时间，即

石油沥青样品加热至倾倒温度的时间不超过 2h，其加热温度不超过沥青预计软化点 110℃；煤焦油沥青样品加热至倾倒温度的时间不超过 30min，其加热温度不超过煤焦油预计软化点 55℃。加热温度过高，将使沥青中的油分蒸发并激烈进行氧化作用，使组分发生变化而改变沥青的性质，导致试样的软化点改变。

(4) 升温速度的控制 升温速度过快，会使测定结果偏高，过慢会使测定结果偏低，因此要按规定的标准控制升温的速度。

(5) 试样成型的状况 黄铜环内沥青试样成型的状况对测定的结果也有影响。为此要求试样不应含水及气泡；试样注入环中时，若估计软化点在 120℃ 以上，应将铜环与金属板预热至 80～100℃ 方可注入试样；黄铜环内表面不应涂隔离剂，以防试样滑落；试样达到空冷时间和温度后，用热刀片刮去高出环面的试样，使与环面平齐，不许用火烧平环面。

2. 延度

(1) 仪器的检查 滑板移动速度是否符合要求，标尺刻度是否正确，电机转动时不应造成整台仪器震动等。

(2) 加热温度、时间的控制 沥青熔化温度过高及长时间的加热作用会导致测定结果偏低。故熔化石油沥青试样时，应注意使加热温度不得高于试样估计软化点 110℃，加热至倾倒温度的时间不得超过 2h；煤焦油沥青试样加热至倾倒温度的时间不超过 30min，其加热温度不超过煤焦油沥青预计软化点 55℃。

(3) 试样成型的状况 试样在模具内成型的状况对测定结果也有影响。因此要求试样不含水及气泡；过滤后的试样应由模具的一端到另一端往返注入，同时应保持均匀，无死角并使沥青高出模具。

(4) 测定温度 试样应在冷却至 25℃±0.5℃ 的条件下进行延伸试验。若冷却温度低于规定值，则测定结果偏低，反之则偏高。因此试样应在恒温水槽中按规定的温度保持足够的时间。

(5) 试样拉伸形状 试样拉成细线后是否呈直线延伸，对结果也会产生影响。当沥青细线浮于水面或沉入槽底，不能呈直线延伸时，应向水槽中加入乙醇或氯化钠来调整水的密度，使沥青材料既不浮出水面，又不沉入槽底。

3. 针入度

(1) 仪器的检查 针入度计的状况应保证完好，因此试验前必须进行检查。测深机构是否灵活、正确，应调整到使测深齿条能在无外力作用下不自行下滑，而在使其下滑时又需所加外力为最小的状态。针入度计的水平调整螺丝应能自由调节，使针连杆保持垂直状态。刻度盘指针导轨中有无异物等。针连杆与砝码的质量应符合标准规定的指标等。

(2) 加热温度、时间的控制 试样熔化时应防止过热和受热时间过长，否则会影响测定结果。要求加热焦油沥青，加热温度不超过软化点的 60℃，石油沥青不超过软化点的 90℃。在保证试样流性的基础上，加热时间应尽量减少。加热搅拌时避免试样中进入气泡。

(3) 试样的冷却时间和温度的控制 试样的冷却时间和温度是影响测定结果的主要因素之一。试样的冷却温度过低，测得的针入度偏小，反之偏大，因此试验时应严格按照标准中的规定要求控制空冷的温度和时间。

(4) 制动按钮与启动秒表或计时装置的协调性 测定时手压制动按钮和启动秒表或计时装置应同步进行，否则影响测定的结果。

(5) 操作的规范程度 针尖与试样表面是否恰好接触，每次穿入点的距离是否合乎规定，也影响到测定的结果。

(6) 试样中的气泡 倒入盛样皿中的试样若有气泡也会影响测定的结果。

石油产品分析仪器介绍

石油沥青针入度试验器

图 11-18 为 BSY-167A 型针入度试验器。该仪器是一种多用途、通用型的试验仪器，具有自动定时、采用位移传感器、用数码管来显示针入深度的特点，大大提高了测量的精度，克服了人为的误差，是度盘式仪器的更新换代产品。

该仪器可以配合使用各种专用的标准针入件（或锥入件），分别进行各种润滑脂的锥入度试验以及石油沥青和石蜡的针入度试验，也可用于固体细粒粉剂、胶体等物质的试验以及乳酪、糖胶、牛油、奶油、发酵体等食品原料的检验。

图 11-18　BSY-167A 型针入度试验器

第五节　实　训

*一、天然气的组成分析（气相色谱法）

1. 实训目的

(1) 掌握气相色谱法（GB/T 13610—2003）测定天然气组成的原理和方法。

(2) 掌握天然气组成分析中数据处理及结果表示的方法。

2. 仪器与试剂

(1) 仪器　气相色谱仪［配备热导检测器、记录仪或电子积分仪、微处理机、六通阀、色谱柱（吸附柱、分配柱）等］；干燥器（用于脱除气样中的水分而不影响待测组分）；阀（用于切换和试样反吹）；压力计；真空泵。

(2) 试剂　载气（氦气或氢气，体积分数不低于 99.99%；氮气或氩气，体积分数不低于 99.99%）；标准气（可按 GB 5274《气体分析-校准用混合气体的制备　称量法》配制或从国家认证的生产单位购买）。

3. 方法概要

具有代表性的气样组分和已知组成的标准混合气（简称标准气），在同样的操作条件下，用气相色谱法进行分离。将二者相应的各组分进行比较，用标准气组成数据计算气样相应的组成。采用峰高或峰面积作为定量依据，通过计算获得样品的相应组成。

4. 准备工作

（1）仪器的准备　按照分析要求，安装好色谱柱，调整操作条件，使仪器稳定。

（2）仪器重复性检查　当仪器稳定后，两次或两次以上连续进标准气检查，每个组分响应值相差必须在1%以内。在操作条件不变的前提下，无论是连续两次进样，还是最后一次与以前某一次进样，只要它们的每个组分相差在1%以内，都可作为随后气样分析的标准。应每天进行校正操作。

（3）气样的准备　按照GB/T 13609《天然气取样导则》采取天然气试样。

如需要脱除硫化氢，可选择下述方法之一：若试样硫化氢含量大于300mg/kg，取样时在取样瓶前连接一根装有氢氧化钠吸收剂（碱石棉）的吸收管脱除硫化氢，此过程会将二氧化碳也脱除，这样获得的是无酸气基的结果；也可将一根浸渍了硫酸铜的浮石管连接在色谱仪和干燥管的上游，脱除硫化氢，此过程适用于硫化氢含量少的气样，对二氧化碳影响极小。

✳ 说明

在实验室，样品必须在比取样时气源温度高10～25℃的温度下达到平衡。温度越高，平衡所需时间就越短（300mL或更小的样品容器，约需2h）。本标准方法假定，在现场取样时已经脱除了夹带在气体中的液体；如果气源温度高于实验室温度，那么气样在进入色谱仪之前需预先加热，如果已知气样的烃露点（烃露点是指在给定压力下，烃类蒸气开始凝析时的温度）低于环境最低温度，就不需加热。

5. 试验步骤

（1）进样　将样品瓶和仪器进样口之间用不锈钢管或聚四氟乙烯管连接，打开样品瓶的出口阀，用气样吹扫包括定量管在内的进样系统，定量管的进样压力应接近大气压力。关闭样品瓶阀，使定量管中的气样压力稳定，然后立即切换六通阀，将气样导入色谱仪，以避免渗入污染物。

若用真空法进样，仪器连接如图11-19所示。将进样系统抽真空，使绝对压力低于100Pa，将与真空系统连接的阀关闭，然后

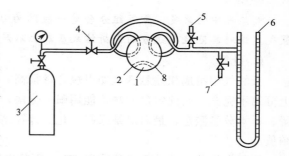

图11-19　用于导入负压气体的管线排列
1—气相色谱法进样阀；2—载气；3—试样瓶；4—针阀；5—到真空泵；6—到汞收集瓶；7—出口；8—到色谱柱

仔细地将气样从样品瓶充入定量管至所要求的压力，随后切换将气样导入色谱仪。

✳ 说明

为了获得检测器对各组分，尤其是对甲烷的线性响应，进样量不应超过0.5mL。除了微量组分，使用这样的进样量，都能获得足够的精密度。测定摩尔分数不高于5%的组分时，进样量允许增加到5mL。

（2）分离乙烷和更重组分、二氧化碳的分配柱操作　使用氦气或氢气作载气，进样，并在适当的时候反吹重组分，得到谱图。按同样的方法获得标准气的响应，按式(11-1)计算待测组分的浓度。如果甲烷与氮、氧分离完全，则甲烷的含量也可同时求得，但进样量不得超过0.5mL。

（3）分离氧、氮和甲烷的吸附柱操作　使用氦气或氢气作载气，对于甲烷的测定，进样

量不得超过 0.5mL。进样获得气样中氧、氮、甲烷的响应，按同样方法获得氮和甲烷标准气的响应，按式（11-1）计算。

说明

氧含量约为 1% 的混合物可按以下方法制备，将一个常压干空气气瓶用氦气充压到 2MPa，此压力不需精确测量。因为此混合物中的氮必须通过和标准气中的氮比较来确定。此混合物氮的摩尔分数乘以 0.268，就是氧的摩尔分数，或者乘以 0.280 就是氧加氮的摩尔分数，几天前制备的氧标准气是不可靠的。由于氧的响应因子相对稳定，对于氧允许使用响应因子。

（4）分离氮和氢的操作　使用氮气或氩气作载气，分别进样 1～5mL，获得样品和标准气中氮、氢的响应值，计算含量。

（5）分析丙烷和更重组分　使用一根长 5m 的 BMEE 色谱柱（柱温 30℃）或合适长度的其他分配柱，进样 1～5mL，用 5min 分离丙烷到正戊烷之间的各组分，在正戊烷分离后反吹。按同样方法获得标准气相应的响应，计算同上。

（6）分析己烷和更重组分　可用一根短的分配柱单独分离己烷和更重组分，以获得反吹组分更详细的组成分类资料，然后按式（11-2）、式（11-3）、式（11-4）、式（11-5）计算这些组分的浓度。

说明

天然气中的氦气、氢气组分含量一般约为 0.05%，若无特殊需要，可不必分析氦气和氢气，这对其他烃类组分的分析结果基本上不产生影响。

6. 计算

天然气中组成相差悬殊（如甲烷含量很高，而重组分含量较小），组分在同一根色谱柱上分离不完全，因此定量方法不能用归一化法，而是采用样品气与标准气响应对照的方法定量。通常分类测定，最后对结果归一化。计算结果时必须将所有谱图的衰减换算为同一个衰减值。

将每个组分的原始含量值乘以 100，再除以所有组分原始含量值的总和，即为每个组分归一化后的摩尔分数。所有组分值的原始含量总和与 100.0% 的差值不应该超过 1.0%。

每个组分浓度的有效数字应按量器的精度和标准气的有效数字取舍，气样中任何组分浓度的有效数字位数，不应多于标准气中相应组分浓度的有效数字位数。

7. 精密度

（1）重复性　由同一操作人员使用同一仪器，对同一试样重复分析获得的结果，如果差值超过表 11-26 规定的数值，应视为可疑。

（2）再现性　对同一气样有两个实验室提供分析结果，如果差值超过了表 11-26 规定值，每个实验室的结果都应视为可疑。

表 11-26　天然气组成分析结果的精密度要求

组分含量范围（摩尔分数）/%	重复性	再现性	组分含量范围（摩尔分数）/%	重复性	再现性
0～0.1	0.01	0.02	5.0～10	0.08	0.20
0.1～1.0	0.04	0.07	>10	0.20	0.30
1.0～5.0	0.07	0.10			

二、石蜡熔点的测定

1. 实训目的

（1）了解用冷却曲线法测定石蜡熔点（GB/T 2539—2008）的原理。

（2）掌握冷却曲线法测定石蜡熔点的方法及操作技能。

2. 仪器与试剂

（1）仪器　试管（用钠-钙玻璃制作。外径 25mm，壁厚 2～3mm，长 100mm，管底为半球形，在距试管底 50mm 高处刻一环状标线，在距试管底 10mm 处刻一温度计定位线）；空气浴（内径 51mm、深 113mm 的圆筒）；水浴（内径 130mm，深 150mm，空气浴置于水浴中，要求空气浴四周与水浴壁以及底部保持 38mm 水层。水浴测温孔要使温度计离水浴壁 20mm）；熔点温度计（范围 38～82℃，最小分度值为 0.1℃，1 支，其他符合 GB/T 2539—2008 表 1 技术要求）；水浴温度计（半浸式，要求在使用范围内能准确到 1℃，2支）；烘箱或水浴（温度控制能达到 93℃）。

（2）试剂　石蜡（200g）。

3. 方法概要

在规定的条件下冷却已熔化的石蜡试样，在石蜡冷却过程中，每 15s 记录 1 次温度，当第一次出现 5 个连续读数之总差不超过 0.1℃时，即冷却曲线上出现停滞期时。以 5 个连续读数的平均值进行温度计校正值修正的结果作为所测试样的熔点。

> **说明**
>
> 本方法仅适用于石蜡熔点的测定，不适用于微晶蜡和油脂状石蜡产品的测定。

4. 试验步骤

（1）仪器的安装　将温度计、试管、空气浴、水浴按图 11-5 的要求进行安装。试管配以合适的软木塞，中间开孔固定熔点温度计，温度计 79mm 浸没段要插在软木塞下面。温度计插入试管，距管底 10mm。

（2）准备工作　将 16～28℃的水注入水浴中，使水面与顶部距离小于 15mm。在整个实验过程中，水温保持在 16～28℃。将试样放入洁净的烧杯中，在烘箱或水浴中加热到高于估计熔点 8℃以上，或加热到试样熔化后再升高 10℃。控制加热温度不超过 93℃。

> **注意**
>
> 不可用明火或电热板直接加热试样；试样处于熔化状态不超过 1h。

（3）操作　将熔化的试样装到预热的试管至 50mm 刻线处，插入带温度计的软木塞，使温度计距试管底 10mm。在保证蜡温比估计熔点至少高 8℃的情况下，将试管垂直装在空气浴中。

（4）测定　每隔 15s 记录 1 次温度，估计到 0.05℃。当第一次出现 5 个连续读数之总差不超过 0.1℃时，在试样冷却曲线上出现平稳段，即为停滞期，此时可停止试验。

5. 计算

计算第一次出现 5 个连续读数之总差不超过 0.1℃的 5 个数的平均值，取准至 0.05℃。并以此平均值进行温度计校正值修正。

6. 精密度

（1）重复性　同一操作者，用同一台仪器，对同一试样，按本方法正常且正确操作，获得的两个连续测定结果，最大差值不得超过 0.1℃。

（2）再现性　不同操作者，在不同实验室，对同一试样，按本方法正常且正确操作，获得的两个连续测定结果，最大差值不得超过 0.5℃。

7. 报告

报告试验结果至最接近的 0.05℃ 作为熔点，并注明参考本标准。

三、润滑脂滴点的测定

1. 实训目的

（1）了解润滑脂滴点测定 ［GB/T 4929—1985(1991)］ 的基本原理。

（2）掌握滴点测定的方法及操作技能。

2. 仪器与试剂

（1）仪器　脂杯（镀铬黄铜杯）；试管（带边耐热硅酸硼玻璃试管，在圆周上有用来支撑脂杯的三个凹槽，其位置和尺寸如图 11-11 所示）；温度计（分浸，符合如下规格要求：范围，−5～300℃；浸入深度，76mm；分度值，1℃；长线刻度，5℃；大格刻度，10℃；刻度误差不超过 1℃；总长度，390mm±5mm；棒径，6.5mm±0.5mm；水银球长，10～15mm；球直径，5.5mm±0.5mm；球底部到 0℃ 刻线距离，100～110mm；球底部到 300℃ 刻线距离，329～358mm）；油浴（由一只 600mL 烧杯和合适的油组成）；抛光金属棒（直径为 1.2～1.6mm，长度为 150mm）；加热器（一个由控制电压调节的浸入式电阻加热器）；搅拌器；环形支架和环（用来支撑油浴）；温度计夹；软木塞。

（2）试剂　润滑脂。

3. 方法概要

将润滑脂装入滴点计的脂杯中，在规定的标准条件下加热，测定润滑脂在试验过程中达到一定流动性的最低温度。

4. 试验步骤

（1）仪器的安装　如图 11-11 所示，将两个软木塞套在温度计上，调节上面软木塞的位置，使温度计球的顶端离脂杯底约 3mm。在油浴中吊挂第二支温度计，使其球部与试管中温度计的球部大致处于同一水平面上。

✴ **注意**

在试管里的温度计球部顶端的位置不是关键的，只要不堵塞脂杯的小孔即可；由于脂杯内表面涂有脂膜，温度计球不能和试样相接触。

（2）装试样　取下脂杯，并从脂杯大口压入试样，直到脂杯装满试样为止。用刮刀除去多余的试样。在底部小孔垂直位置拿着脂杯，轻轻按住杯，向下穿抛光金属棒，直到棒伸出约 25mm。使棒以接触杯的上下圆周边的方式压向脂杯。保持这样的接触，用食指旋转棒上脂杯，使它螺旋状向下运动。以除去棒上附着呈圆锥形的试样，当脂杯最后滑出棒的末端时，在脂杯内侧应留下一厚度可重复的光滑脂膜。

（3）固定脂杯　将脂杯和温度计放入试管中，把试管挂在油浴里，使油面距试管边缘不超过 6mm。应适当地选择试管中固定温度计的软木塞，使温度计上的 76mm 浸入标记与软木塞的下边缘一致。把组合件浸入到这一点。

（4）油浴加热　搅拌油浴，按 4～7℃/min 的速度升温，直到油浴温度达到比预期滴点约低 17℃ 的温度。然后，降低加热速度，使在油浴温度再升高 2.5℃ 以前，试管中的温度与油浴温度的差值在 2℃ 或低于 2℃ 范围内。继续加热，以 1～1.5℃/min 的速度加热油浴，使试管中温度和油浴中温度之间的差值维持在 1～2℃ 之间。

（5）测定 当温度继续升高时，试样逐渐从脂杯孔露出。从脂杯孔滴出第 1 滴液体时，立即记录两个温度计上的温度。

注意

某些脂（如一些铝基脂），在熔融时滴出的流体不发生断裂，总是呈线状，遇到这种情况时以线状顶端到达试管的底部时的温度定为脂的滴点。

5. 精密度

用以下规定来判断结果的可靠性（置信水平为 95%）。

（1）重复性 同一操作者在同一台仪器上对同一试样重复测定，两次结果间的差值不应超过 7℃。

（2）再现性 不同操作者在不同实验室对同一试样进行测定，各自提出的结果之差不应超过 13℃。

6. 报告

以油浴温度计与试管中温度计的温度读数的平均值作为试样的滴点。

四、沥青软化点的测定

1. 实训目的

（1）掌握石油沥青软化点测定（GB/T 4507—1999）的操作方法。

（2）明确软化点与石油沥青质量间的关系。

2. 仪器与试剂

（1）仪器 沥青软化点测定器［包括：环，两只黄铜肩环或锥环，其形状及尺寸见图 11-20(a)；支撑板，扁平光滑的黄铜板，其尺寸约为 50mm×75mm；钢球，两只，直径为 9.5mm，每只质量为 3.50g±0.05g；钢球定位器，用于使钢球定位于试样中央，其形状及尺寸见图 11-20(b)；环支撑架和支架，一只铜支撑架用于支撑两个水平位置的环，支撑架上的环的底部距离下支撑板的上表面为 25mm，下支撑板的下面距离浴槽底部为 16mm±3mm，见图 11-20(c)；温度计，应符合 GB/T 514 中的技术要求；浴槽，可以加热的玻璃容器，其内径不小于 85mm，离加热底部的深度不小于 120mm］；电炉或其他加热器；加热介质［新煮沸过的蒸馏水（适于测定软化点为 30～80℃ 的沥青）或甘油（适于测定软化点为 80～157℃ 的沥青）］；隔离剂（以质量计，两份甘油和一份滑石粉调制而成）；刀（切沥青用）；筛（筛孔为 0.3～0.5mm 的金属网）。

（2）试剂 道路沥青或建筑沥青。

3. 方法概要

将规定质量的两个钢球分别置于放在盛有规定尺寸金属环的两个试样盘上，在加热介质中以恒定的速度加热，当试样软化到足以使两个放在沥青上的钢球下落 25mm 距离时的温度的平均值即为试样的软化点。

4. 试验步骤

（1）准备工作 将试样环置于涂有一层隔离剂的金属板或玻璃板上。

（2）试样预处理 将预先脱水的试样加热熔化，不断搅拌，以防止局部过热，加热温度不得高于试样估计软化点 110℃，加热时间不超过 30min，用筛过滤，从加热到倾倒温度的

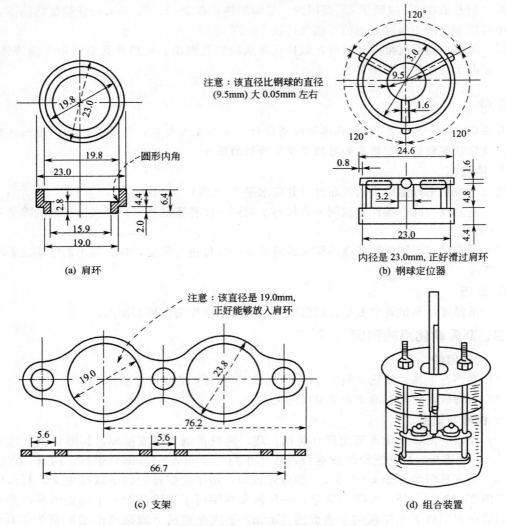

图 11-20　环、钢球定位器、支架、组合装置（单位：mm）

时间不超过 2h。

（3）取样　将试样注入黄铜环内至略高环面为止。试样在室温下至少冷却 30min，然后用热刀刮去高出环面的试样，使圆片饱满，并与环面齐平。

（4）选择及准备加热介质　新煮过的蒸馏水适于软化点为 30～80℃的沥青试样，起始加热介质温度应为 5℃±1℃；甘油适于软化点为 80～157℃的试样，起始加热介质温度应为 30℃±1℃。

（5）安装装置　在通风橱内，按图 11-20(d) 安装好两个试样环、钢球定位器、温度计，浴槽装满加热介质，用镊子将钢球置于浴槽底部，使其与支架的其他部位达到相同的起始温度，然后再用镊子从浴槽底部将钢球夹住并置于定位器中。必要时，可用冰水冷却或小心加热，维持起始浴温达 15min。

🖐 说明

温度计应由支撑板中心孔垂直插入，水银球底部与铜环底部齐平，不能接触环或支架。

（6）加热升温　从浴槽底部以恒定 5℃/min 的速度加热，在 3min 后，升温速度应达到 5℃/min±0.5℃/min。

注意

若温度上升速度超出此范围，则试验失败。

（7）软化点测定　当两个试环的球刚触及下支撑板时，分别记录温度计所显示的温度。取两个温度的平均值作为沥青的软化点。如果两个温度的差值超过 1℃，应重新试验。

说明

不需对温度计的浸没部分进行校正；所有石油沥青试样的准备和测试必须在 6h 内完成。

5. 计算

（1）水浴中的软化点转变为甘油浴中的软化点　当水浴中软化点略高于 80℃时，应转变为甘油浴软化点，石油沥青的校正值为＋4.5℃；煤焦油沥青为＋2.0℃。该校正只能粗略表示软化点的高低，欲得准确值应在甘油中重复试验。

说明

在任何情况下，如果水浴中两次测定温度平均值为 85.5℃或更高，则应在甘油浴中重复试验。

（2）甘油浴的软化点转变为水浴中的软化点　当甘油浴中的石油沥青软化点低于 84.5℃；煤焦油沥青软化点低于 82℃时，应转变为水浴中的软化点，并在报告中注明。其中石油沥青的校正值为－4.5℃；煤焦油沥青为－2.0℃。

说明

在任何情况下，如果甘油浴中所测得的石油沥青软化点平均值为 80.0℃或更低，煤焦油沥青软化点平均值为 77.5℃或更低，则应在水浴中重复试验。

6. 精密度（置信水平为 95％）

（1）重复性　重复测定两次结果的差值不得大于 1.2℃。

（2）再现性　同一试样由两个实验室各自提供的试验结果之差不应超过 2.0℃。

7. 报告

① 取两个结果的平均值作为报告值。

② 报告试验结果时，同时报告浴槽中所使用加热介质的种类。

五、沥青延度的测定

1. 实训目的

（1）掌握石油沥青延度测定（GB/T 4508—2010）的操作方法。

（2）明确延度与石油沥青质量间的关系。

2. 仪器与试剂

（1）仪器　模具（试件模具由黄铜制造，由两个弧形端模和两个侧模组成，组装模具如图 11-21 所示）；水浴（水浴能保持试验温度变化不大于 0.1℃，容量至少为 10L，试件浸入水中深度不得小于 10cm，水浴中设置带孔搁架以支撑试件，搁架距浴底部不得小于 5cm）；延度仪（要求仪器在启动时应无明显的振动）；温度计（0～50℃，分度为 0.1℃ 和 0.5℃ 各一支）；金属网（筛孔为 0.3～0.5mm）；隔离剂［由两份甘油和一份滑石粉（以质量计）调制而成］；支撑板（黄铜板或玻璃板，一面必须磨光至表面粗糙度为 0.63）。

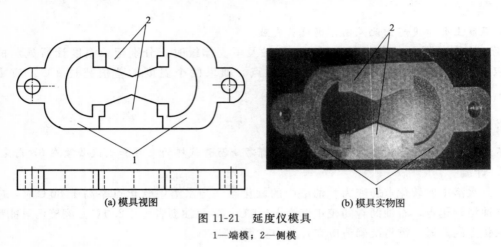

(a) 模具视图   (b) 模具实物图

图 11-21　延度仪模具

1—端模；2—侧模

（2）试剂　建筑沥青。

3. 方法概要

将熔化的试样注入专用模具中，先在室温冷却，然后放入保持在试验温度下的水浴中冷却，用热刀削去高出模具的试样，把模具重新放回水浴，再经一定时间，移到延度仪中。沥青试件在一定温度下以一定速度拉伸至断裂时的长度，即为沥青试样的延度。

4. 试验步骤

（1）模具的处理　将模具组装在支撑板上，将隔离剂涂于支撑板表面及侧模的内表面，以防沥青粘在模具上。板上的模具要水平放好，以使模具的底部能够充分与板接触。

（2）装试样　小心加热试样，以防局部过热，直到试样容易倾倒为止。把熔化的试样，在充分搅拌后倒入模具中，在组装模具时要小心，不要弄乱配件。在倒样时使试样呈细流状，自模的一端至另一端往返倒入，使试样略高出模具，将试件在空气中冷却 30～40min，然后放在规定温度的水浴中保持 30min 取出，用热的直刀或铲将高出模具的沥青刮出，使试样与模具齐平。

> **注意**
>
> 石油沥青试样加热温度不超过预计沥青软化点 90℃。

（3）试样恒温　将支撑板、模具和试件一起放入水浴中，并在 25.0℃±0.5℃ 的试验温度下保持 85～95min，然后从板上取下试件，拆掉侧模，立即进行拉伸试验。

（4）试样拉伸　将模具两端的孔分别套在实验仪器的柱上，然后以 5.00cm/min±0.25cm/min 的速度拉伸，直到试件拉伸断裂为止。

> **注意**
>
> 试验时，试件距水面和水底的距离不小于 2.5cm。如果沥青浮于水面或沉入槽底，则试验不正常。应使用乙醇或氯化钠调整水的密度，使沥青材料既不浮于水面，又不

沉入槽底。

（5）测定　正常的试验应将试样拉成锥形，直至在断裂时实际横断面面积接近于零或一均匀断面。测量试件从拉伸到断裂所经过的距离，以 cm 表示。如果三次试验得不到正常结果，则报告在该条件下延度无法测定。

5. 精密度

按下述规定判断试验结果的可靠性（置信水平为 95%）

（1）重复性　同一操作者，在同一实验室，用同一台仪器，对同一试样测定两次结果的差值不超过平均值的 10%。

（2）再现性　不同操作者，在不同实验室，用相同类型仪器，对同一试样测定两次结果的差值不超过平均值的 20%。

6. 报告

若三个试件测定值在其平均值的 5% 内，取平行测定三个结果的平均值作为测定结果。若三个试件测定值不在其平均值的 5% 以内，但其中两个较高值在平均值的 5% 之内，则弃去最低测定值，取两个较高值的平均值作为测定结果，否则重新测定。

六、沥青针入度的测定

1. 实训目的

（1）了解石油沥青针入度的测定意义。

（2）掌握石油沥青针入度测定（GB/T 4509—2010）的操作技能。

2. 仪器与试剂

（1）仪器　针入度计（凡能使针连杆在无明显摩擦下垂直运动，并能指示穿入深度精确到 0.1mm 的仪器均可使用。针连杆质量应为 47.50g±0.05g，针和针连杆组合件总质量为 50.00g±0.05g。针入度计附带 50.00g±0.05g 和 100.00g±0.05g 砝码各一个。仪器设有放置平底玻璃皿的平台，并有可调水平的机构，针连杆应与平台垂直。仪器设有针连杆制动按钮，紧压按钮针连杆可以自由下落。针连杆要易于拆卸，以便定期检查其质量）；标准针（标准针应由硬化回火的不锈钢制成，洛氏硬度为 54～60。尺寸要求如图 11-22 所示。针应牢固地装在金属箍上，针尖及针的任何部分均不得偏离箍轴 1mm 以上。针箍及其附件总质量为

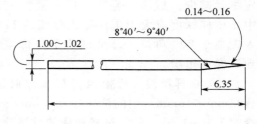

图 11-22　沥青针入度试验用针尺寸（单位：mm）

2.50g±0.05g。每个针箍上打印单独的标志号码。为了保证试验用针的统一性，国家计量部门对每根针都应附有国家计量部门的检验单）；试样皿（金属或玻璃的圆柱形平底皿，尺寸见表 11-27）；恒温水浴〔容量不少于 10L，能保持温度在试验温度下控制在 0.1℃ 范围内。距水浴底部 50mm 处有一个带孔的支架。这一支架离水面至少有 100mm。在低温（≤0℃）下测定针入度时，水浴中装入盐水〕；平底玻璃皿（平底玻璃皿的容量不小于 350mL，深度要没过最大的试样皿。内设一个不锈钢三角支架，以保证试样皿稳定）；计时器（刻度为 0.1s 或小于 0.1s、60s 内的准确度达到 ±0.1s 的秒表或计时装置）；温度计（液体玻璃温度计，刻度范围为 0～50℃，分度值为 0.1℃。温度计应定期按液体玻璃温度计检验方法进行校正）；筛（筛孔为 0.3～0.5mm 的金属网）；可控制温度的密闭电炉；熔化试样用的金属或瓷柄皿。

表 11-27　金属或玻璃圆柱形平底皿的尺寸

针入度范围/(0.1mm)	直径/mm	深度/mm
<40	33～55	8～16
<200	55	35
200～350	55～75	45～70
350～500	55	70

（2）试剂　道路沥青或建筑沥青。

3. 方法概要

石油沥青的针入度以标准针在一定的载荷、时间及温度条件下垂直穿入沥青试样的深度来表示，单位为 0.1mm。除非另行规定，标准针、针连杆与附加砝码的总质量为 100.00g±0.05g，温度为 25.0℃±0.1℃，时间为 5s。

说明

在特定试验下，还可采用表 11-28 所示的条件，并需在报告中注明实验条件。

表 11-28　特定试验下，测定沥青针入度的温度、载荷及时间条件

温度/℃	载荷/g	时间/s
0	200	60
4	200	60
46	100	5

4. 试验步骤

（1）试样的预处理　小心加热试样，不断搅拌以防局部过热，加热到使试样能够流动。加热时石油沥青不超过软化点的 90℃，在保证试样充分流动的基础上，加热时间应尽量减少。加热、搅拌过程中避免试样中进入气泡。将试样倒入预先选好的试样皿中，试样深度应大于预计穿入深度的 120%，如果试样皿的直径小于 65mm，而预期针入度高于 200 单位，每个试验条件都应倒 3 个试样，如果试样足够，浇注的试样要达到试样皿边缘。

（2）试样恒温　松松地盖住试样皿以防灰尘落入。在 15～30℃的室温下小试样皿（φ33mm×16mm）中的试样冷却 45min～1.5h，中等试样皿（φ55mm×35mm）中的试样冷却 1.0～1.5h，较大试样皿中的试样冷却 1.5～2.0h。然后将两个试样皿和平底玻璃皿一起放入 25℃±0.1℃恒温水浴中，水面应没过试样表面 10mm 以上。在规定的温度下恒温，小试样皿恒温 45min～1.5h，中等试样皿恒温 1.0～1.5h，较大试样皿恒温 1.5～2.0h。

（3）调试仪器　调节针入度计水平，检查针连杆和导轨，确保上面没有水和其他物质。先用合适的溶剂将针擦干净，再用干净的布擦干，然后将针插入针连杆中固定，按试验条件放好砝码。

说明

如果预测针入度超过 350 单位，应选择长针，否则用标准针。

（4）测定操作　测试时，如果针入度仪在水浴中，则直接将试样皿放在水中的支架上，使试样完全浸在水中；若针入度仪不在水浴中，则将已恒温到试验温度的试样皿放在平底玻璃皿中的三角支架上，用与水浴相同温度的水完全覆盖试样，将平底玻璃皿放置在针入度仪的平台上。慢慢放下针连杆，使针尖刚刚接触到试样的表面，必要时用放置在合适位置的光源反射来观察。拉下活杆，使其与针连杆顶端相接触，调节针入度计上的表盘读数指零（或归零）。用手紧压按钮，同时启动秒表（或计时装置），使标准针自由下落穿入沥青试样，到规定的时间停压按钮，使标准针停止移动。拉下活杆，再使其与针连杆顶端相接触，此时表盘指针的读数（或自动方式停止锥入，通过数据显示设备直接读出锥入深度数值）即为试样的针入度，用 1/10mm 表示。

✋ **说明**

同一试样至少重复测定 3 次。每一试验点的距离和试验点与试样皿边缘的距离都不得小于 10mm。每次试验前都应将试样和平底玻璃皿放入恒温水浴中，每次测定都要用干净的针（针入度小于 200 单位时，可将针取下，用合适的溶剂擦净后继续使用）。当针入度超过 200 单位时，每个试样皿中扎 1 针，3 个试样皿得 3 个数据，或者每个试样皿至少用 3 根针，每次试验用的针留在试样中，直到 3 根针扎完时再将针从试样中取出。

5. 精密度

（1）重复性　同一操作者，在同一实验室，用同一台仪器对同一试样测得两次结果的差值不超过平均值的 4%。

（2）再现性　不同操作者，在不同实验室，用同一类型仪器对同一试样测得两次结果的差值不超过平均值的 11%。

6. 报告

取 3 次测定针入度的平均值作为实验结果（取至整数）。3 次测定的针入度值相差不应大于表 11-29 中的数值。

表 11-29　针入度测定值的允许差值

针入度/0.1mm	最大允许差值/0.1mm	针入度/0.1mm	最大允许差值/0.1mm
0～49	2	250～350	8
50～149	4	350～500	20
150～249	6		

✋ **说明**

如果误差超过表 11-29 中的数值，可用第二个试样皿中的试样重复试验；若再次超过允许值，则取消所有试验结果，重新试验。

⇄ 测试题

1. 名词术语

（1）天然气　　　（2）水露点　　　（3）石油蜡　　　（4）石蜡

（5）微晶蜡　　　（6）滴熔点　　　（7）针入度　　　（8）含油量

（9）光安定性　　（10）钙基润滑脂　（11）滴点　　　（12）锥入度

（13）工作锥入度　（14）析油量　　　（15）软化点　　　（16）延度

2. 判断题（正确的画"√"，错误的画"×"）

（1）压缩天然气简称 CNG，是将天然气加压，并以气态贮存在容器中的天然气。

（　　）

（2）水露点是在恒定压力下，天然气中水蒸气达到饱和时的温度。　（　　）

（3）石蜡熔点是指在规定条件下，冷却已熔化的石蜡试样时，冷却曲线上第一次出现停滞期的温度。　（　　）

（4）石蜡精制深度愈深，光安定性愈差。　（　　）

（5）按稠化剂类型将润滑脂分为皂基脂和非皂基脂两大类。　（　　）

（6）非工作锥入度是指试样不经捣动直接测定的锥入度值。　（　　）

（7）升温速度过快，会使软化点测定结果偏高。　（　　）

（8）测定软化点时，黄铜环内表面应涂隔离剂。　（　　）

3. 填空题

（1）天然气按来源不同分为＿＿＿＿＿、＿＿＿＿＿、＿＿＿＿＿和＿＿＿＿＿4 种。

（2）天然气常规分析测定天然气中的＿＿＿＿＿、＿＿＿＿＿、＿＿＿＿＿至＿＿＿＿含量，有时还包括六碳以上的烃类、氦气、氢气等组分。

（3）GB/T 13610—2003《天然气的组成分析 气相色谱法》对色谱柱具体要求是吸附柱能完全分离＿＿＿＿＿、＿＿＿＿＿＿＿，即分离度 R＿＿＿1.5；分配柱能完全分离＿＿＿＿＿＿＿＿、＿＿＿＿＿到＿＿＿＿＿之间的各组分。

（4）石油蜡包括＿＿＿＿＿＿＿＿、＿＿＿＿＿＿＿＿、＿＿＿＿＿＿＿＿、＿＿＿＿＿＿＿＿和＿＿＿＿＿＿＿＿。

（5）润滑脂由＿＿＿＿＿＿＿＿、＿＿＿＿＿＿＿＿、＿＿＿＿＿＿＿＿和＿＿＿＿＿＿＿＿等组成，其主要性质决定于＿＿＿＿＿＿＿＿和＿＿＿＿＿＿＿＿。

（6）测定针入度时，按规定加热试样并将试样倒入试样皿中，在＿＿＿＿＿±0.5℃和＿s的时间内，荷重＿＿＿＿＿±0.05g 的标准针垂直穿入沥青试样的深度，以＿＿＿＿＿表示。

4. 选择题

（1）目前用于天然气中硫化氢含量测定的国家标准有三项，不正确的标准号是（　　）。

A. GB/T 11060.1—2010　　　　　　B. GB/T 11060.2—2008

C. GB/T 11060.3—2010　　　　　　D. GB/T 11060.4—2010

（2）稠环芳烃含量测定时，抽出蜡样中选用的芳烃溶剂是（　　）。

A. 二甲基亚砜　　　B. 异辛烷　　　C. 溶剂油　　　D. 丁酮

（3）目前，我国石油沥青已基本形成一个适合国内生产实际和用户要求的产品系列，此系列主要有三组，不正确的选项为（　　）。

A. 道路沥青　　　B. 电缆沥青　　　C. 建筑沥青　　　D. 专用沥青

（4）石油沥青的主要质量指标有三项，不正确的选项为（　　）。

A. 软化点　　　B. 延度　　　C. 滴点　　　D. 针入度

（5）测定延度时，应注意使加热温度不得高于试样估计软化点（　　），加热时间不超过 30min。

A. 90℃　　　B. 120℃　　　C. 100℃　　　D. 110℃

（6）测定沥青针入度时，同一试样至少重复测定 3 次。每一试验点的距离和试验点与试样皿边缘的距离都不得小于（　　）。

A. 10mm　　　B. 8mm　　　C. 12mm　　　D. 5mm

5. 简答题

(1) 简述天然气组成分析的外标法定量方法。

(2) 天然气组成分析时，在什么情况下采用单柱分析？

(3) 石蜡产品按其加工深度和熔点不同，分为哪五大系列？

(4) 简述冷却曲线法测定石蜡熔点的方法概要。

(5) 简述测定针入度的意义？影响测定石油针入度的因素及注意事项有哪些？

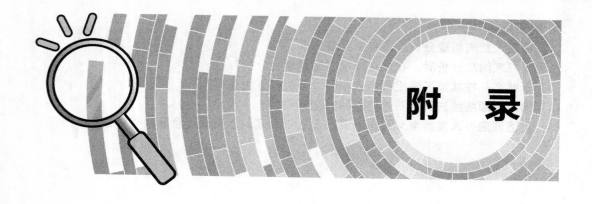

附录一　航空活塞式发动机燃料和车用汽油（Ⅲ）技术要求

项　目		航空活塞式发动机燃料 GB/T 1787—2008			车用汽油（Ⅲ） GB 17930—2011			试验方法
		75号	95号	100号	90号	93号	95号	
抗爆性								
马达法辛烷值（MON）	不小于	75	95	99.5	—	—	—	GB/T 503
研究法辛烷值（RON）	不小于	—	—	—	90	93	95	GB/T 5487
抗爆指数（MON+RON）/2	不小于	—	—	—	85	88	90	GB/T 503、GB/T 5487
品度	不小于	—	130	130				SH/T 0506
四乙基铅/（g/kg）	不小于	无	3.2	2.4	—	—	—	GB/T 2432
铅含量①/（g/L）	不大于				0.005	0.005	0.005	GB/T 8020
净热值/（MJ/kg）	不小于		43.5	43.5				GB/T 2429
密度（20℃）/（kg/m³）		报告			—			GB/T 1884、GB/T 1885
馏程								
初馏点/℃	不低于	40	报告		—			
10%蒸发温度/℃	不高于	80	75		70			
40%蒸发温度/℃	不低于	—	75					
50%蒸发温度/℃	不高于	105	105		120			
90%蒸发温度/℃	不高于	145	145		190			GB/T 6536
终馏点℃	不高于	180	170		205			
10%与50%蒸发温度之和/℃	不低于		135					
残留量（体积分数）/%	不大于	1.5	1.5		2			
损失量（体积分数）/%	不大于	1.5	1.5					
蒸气压/kPa		27~48	38~49					
从11月1日至次年4月30日	不大于	—			88			GB/T 8017
从5月1日至10月31日	不大于	—			72			
实际胶质/（mg/100mL）	不大于	3						GB/T 8019
溶剂洗胶质含量/（mg/100mL）	不大于				5			GB/T 8019
氧化安定性（5h老化）								
潜在胶质/（mg/100mL）	不大于	6			—			SH/T 0585
显见铅沉淀/（mg/100mL）	不大于	—	3		—			
诱导期/min	不小于	—			480			GB/T 8018
硫含量②（质量分数）/%	不大于	0.05			0.015			GB/T 380，SH/T 0689
硫醇（需要满足下列要求之一）								
博士试验					通过			SH/T 0174
硫醇硫含量（质量分数）/%	不大于				0.001			GB/T 1792

续表

项　目		航空活塞式发动机燃料 GB/T 1787—2008			车用汽油（Ⅲ） GB 17930—2011			试验方法
		75 号	95 号	100 号	90 号	93 号	95 号	
冰点③/℃	不高于		−58			—		GB/T 2430
酸度/(mgKOH/100mL)	不大于		1.0			—		GB/T 258
碘值/(g/100g)	不大于		12			—		SH/T 0234
铜片腐蚀								GB/T 5096
（50℃，3h）/级	不大于		—			1		
（50℃，2h）/级	不大于		1			—		
水溶性酸或碱			无			无		GB/T 259
机械杂质及水分			无			无		目测④
苯含量⑤（体积分数）/%	不大于		—			1.0		SH/T 0713
芳烃含量⑥（体积分数）/%	不大于	30	35			40		GB/T 11132
烯烃含量⑥（体积分数）/%	不大于		—			30		GB/T 11132
氧含量（质量分数）/%	不大于		—			2.7		SH/T 0663
甲醇含量①（质量分数）/%	不大于		—			0.3		SH/T 0663
锰含量⑦/(g/L)	不大于		—			0.016		SH/T 0711
铁含量①/(g/L)	不大于		—			0.01		SH/T 0712
水反应								GB/T 1793
体积变化/mL	不大于		±2			—		
颜色		无色	橘黄色			—		目测

① 车用汽油中，不得人为加入甲醇以及含铅或含铁的添加剂。

② 允许用 GB/T 380、GB/T 11140、SH/T 0253 等方法测定。有异议时，航空活塞式发动机燃料以 GB/T 380 方法测定为准；车用汽油则以 SH/T 0689 方法测定为准。

③ 当冷却至−58℃时，还没有结晶出现，可以报告冰点小于−58℃。允许用 SH/T 0770 测定，在有异议时，以 GB/T 2430 为仲裁方法。

④ 将试样注入 100mL 玻璃量筒中观察，应当透明，没有悬浮和沉降的机械杂质和水分。在有异议时，车用汽油以 GB/T 511 和 GB/T 260 方法测定结果为准。

⑤ 允许采用 SH/T 0693。在有异议时，以 SH/T 0713 方法测定结果为准。

⑥ 对 97 号车用汽油，在烯烃、芳烃总含量控制不变的前提下，可允许芳烃含量的最大值为 42%（体积分数）。车用汽油允许采用 SH/T 0741，在有异议时，以 GB/T 11132 方法测定结果为准。

⑦ 锰含量是指车用汽油中以甲基环戊二烯三羰基锰形式存在的总锰含量，不得加入其他类型的含锰添加剂。

注：1. GB 17930—2011《车用汽油》列出了车用汽油（Ⅲ）和车用汽油（Ⅳ）两种技术要求，两者所采用的试验方法均相同，只是蒸气压、硫含量、烯烃含量及锰含量 4 个项目的技术要求不同，后者要求更为苛刻。

2. 航空活塞式发动机燃料的实际胶质、碘值、酸度和芳烃含量应在燃料添加抗爆添加剂乙基液之前测定。

附录二　车用乙醇汽油（E10）技术要求

项　目		质量指标（GB 18351—2010）			试验方法
		90 号	93 号	97 号	
抗爆性					
马达法辛烷值（MON）	不小于	90	93	97	GB/T 5487
抗爆指数（MON+RON）/2	不小于	85	88	报告	GB/T 503、GB/T 5487
铅含量①/(g/L)	不大于		0.005		GB/T 8020
馏程					
10%蒸发温度/℃	不高于		70		GB/T 6536
50%蒸发温度/℃	不高于		120		
90%蒸发温度/℃	不高于		190		
终馏点/℃	不高于		205		
残留量（体积分数）/%	不大于		2		

续表

项　目		质量指标(GB 18351—2010)			试验方法
		90 号	93 号	97 号	
蒸气压/kPa					
从 11 月 1 日至次年 4 月 30 日	不大于		88		GB/T 8017
从 5 月 1 日至 10 月 31 日	不大于		72		
诱导期/min	不小于		480		GB/T 8018
溶剂洗胶质含量/(mg/100mL)	不大于		5		GB/T 8019
硫含量(质量分数)②/%	不大于		0.015		SH/T 0689
硫醇(需要满足下列要求之一)					
博士试验			通过		SH/T 0174
硫醇硫含量(质量分数)/%	不大于		0.001		GB/T 1792
铜片腐蚀(50℃,3h)/级	不大于		1		GB/T 5096
水溶性酸或碱			无		GB/T 259
机械杂质			无		目测③
水分(质量分数)/%	不大于		0.20		SH/T 0246
其他有机含氧化合物①(质量分数)/%	不大于		0.5		SH/T 0663
苯含量(体积分数)④/%	不大于		2.5		SH/T 0693
芳烃含量(体积分数)⑤/%	不大于		40		GB/T 11132
烯烃含量(体积分数)⑤/%	不大于		30		GB/T 11132
锰含量⑥/(g/L)	不大于		0.016		SH/T 0711
铁含量①/(g/L)	不大于		0.010		SH/T 0712

　① 车用乙醇汽油(E10)中,不得人为加入其他有机含氧化合物以及含铅含铁添加剂。

　② 允许用 GB/T 380、GB/T 11140、SH/T 0253、SH/T 0742 进行测定,在有异议时,以 SH/T 0689 方法测定结果为准。

　③ 将试样注入 100mL 玻璃量筒中观察,应当透明,没有悬浮和沉降的机械杂质及分层。在有异议时,以 GB/T 511 方法测定结果为准。

　④ 允许用 SH/T 0713 测定,在有异议时,以 SH/T 0693 方法测定结果为准。

　⑤ 允许用 SH/T 0741 测定,在有异议时,以 GB/T 11132 方法测定结果为准。对于 97 号车用乙醇汽油(E10),在烯烃、芳烃总含量控制不变的前提下,可允许芳烃含量的最大值为 42%(体积分数)。

　⑥ 锰含量是指车用乙醇汽油(E10)中以甲基环戊二烯三羰基锰形式存在的总锰含量,不得加入其他类型的含锰添加剂。

附录三　车用柴油（Ⅳ）技术要求

项　目		质量指标(GB 19147—2013)						试验方法
		5 号	0 号	−10 号	−20 号	−35 号	−50 号	
氧化安定性(以总不溶物计)/(mg/100mL)	不大于			2.5				SH/T 0175
硫含量①/(mg/kg)	不大于			50				SH/T 0689
酸度(以 KOH 计)/(mg/100mL)	不大于			7				GB/T 258
10%蒸余物残炭②(质量分数)/%	不大于			0.3				GB/T 268
灰分(质量分数)/%	不大于			0.01				GB/T 508
铜片腐蚀(50℃,3h)/级	不大于			1				GB/T 5096
水分③(体积分数)/%				痕迹				GB/T 260
机械杂质④				无				GB/T 511

续表

项 目		质量指标(GB 19147—2013)						试验方法
		5号	0号	−10号	−20号	−35号	−50号	
润滑性 磨痕直径(60℃)④/μm	不大于	460						SH/T 0765
多环芳烃含量⑤(质量分数)/%	不大于	11						SH/T 0606
运动黏度(20℃)/(mm²/s)		3.0～8.0		2.5～8.0		1.8～7.0		GB/T 265
凝点/℃	不高于	5	0	−10	−20	−35	−50	GB/T 510
冷滤点/℃	不高于	8	4	−5	−14	−29	−44	SH/T 0248
闪点(闭口)/℃	不低于	55		50		45		GB/T 261
十六烷值	不小于	49		46		45		GB/T 386
十六烷指数⑥	不小于	46		46		43		SH/T 0694
馏程 50%回收温度/℃	不高于	300						GB/T 6536
90%回收温度/℃	不高于	355						
95%回收温度/℃	不高于	365						
密度⑦(20℃)/(kg/m³)		810～850		790～840				GB/T 1884 GB/T 1885
脂肪酸甲酯⑧(体积分数)/%	不大于	1.0						GB/T 23801

① 可采用 GB/T 11140 和 ASTM D7039 进行测定,结果有异议时,以 SH/T 0689 方法为准。

② 也可采用 GB/T 17144 进行测定,结果有异议时,以 GB/T 268 方法为准。若车用柴油中含有硝酸酯型十六烷值改进剂,10%蒸余物残炭的测定,应用不加硝酸酯的基础燃料进行。

③ 可用目测法,即将试样注入 100mL 玻璃量筒中,在室温(20±5)℃下观察,应当透明,没有悬浮和沉降的水分。结果有异议时,以 GB/T 260 测定。

④ 可用目测法,即将试样注入 100mL 玻璃量筒中,在室温(20±5)℃下观察,应当透明,没有悬浮和沉降的水分。结果有异议时,以 GB/T 511 测定。

⑤ 也可采用 SH/T 0806 进行测定,结果有异议时,以 SH/T 0606 方法为准。

⑥ 也可采用 GB/T11139 进行计算,结果有异议时,以 SH/T 0694 方法为准。

⑦ 也可采用 SH/T 0604−2000《原油和石油产品密度测定法(U 形振动管法)》进行测定,结果有异议时,以 GB/T 1884 和 GB/T 1885 方法为准。

⑧ 脂肪酸甲酯应满足 GB/T 20828−2007《柴油机燃料调合用生物柴油(BD100)》要求。

注:GB 19147−2013《车用柴油(Ⅳ)》中,执行技术要求有车用柴油(Ⅲ)和车用柴油(Ⅳ)两个,前者要求硫含量不大于 350 mg/kg,其余技术要求和试验方法与车用柴油(Ⅳ)均相同。

附录四　喷气燃料技术要求

项 目		1号 GB 438—1977(1988)	2号 GB 1788—1978(1988)	3号 GB 6537—2006	试验方法
密度(20℃)/(kg/m)	不大于	775	775	775～830	GB/T 1884,GB/T 1885
组成 总酸值/(mg KOH/g)	不大于	—	—	0.015	GB/T 12574
酸度/(mg KOH/100mL)	不大于	1.0	1.0	—	GB/T 258
碘值/[gI/(100g)]	不大于	3.5	4.2	—	SH/T 0234
芳烃含量(体积分数)/%	不大于	20	20	20.0①	SH/T 0177,GB/T 11132
烯烃含量(体积分数)/%	不大于	—	—	5.0	GB/T 11132
总硫含量(质量分数)/%	不大于	0.20	0.2	0.20	GB/T 380②
硫醇性硫(质量分数)/%	不大于	0.005	0.002	0.0020	GB/T505,GB/T 1792
或博士试验③		—	—	通过	SH/T 0174
直馏组分(体积分数)/%		—	—	报告	
加氢组分(体积分数)/%		—	—	报告	
加氢裂化组分(体积分数)/%		—	—	报告	

项　目		1 号 GB 438—1977(1988)	2 号 GB 1788—1978(1988)	3 号 GB 6537—2006	试验方法
挥发性					
馏程					GB/T 255,GB/T 6536④
初馏点/℃	不高于	150	150	报告	
10％回收温度/℃	不高于	165	165	205	
20％回收温度/℃		—	—	报告	
50％回收温度/℃	不高于	195	195	232	
90％回收温度/℃	不高于	230	230	报告	
98％回收温度/℃	不高于	250	250	—	
终馏点℃	不高于	—	—	300	
残留量(体积分数)/％	不大于	—	—	1.5	
损失量(体积分数)/％	不大于	—	—	1.5	
残留量及损失量(体积分数)/％	不大于	2.0	2.0	—	GB/T 261
闪点(闭口)/℃	不低于	28	28	38	
流动性					
冰点/℃	不高于	—	—	−47	GB/T 2430⑤,SH/T 0770
结晶点/℃	不高于	−60	−50	—	SH/T 0179
运动黏度/(mm²/s)					GB/T 265
20℃	不小于	1.25	1.25	1.25⑥	
−20℃	不大于	—	—	8.0	
−40℃	不大于	8.0	8.0	—	
燃烧性					
净热值/(MJ/kg)	不小于	42.9	42.9	42.8	GB/T 384⑦,GB/T 2429
烟点/mm	不小于	25.0	25.0	25.0	GB/T 382
或烟点最小值为 20mm 时,					
萘系芳烃含量(体积分数)/％	不大于	3	3	3.0	SH/T 0181
或辉光值	不小于	45	45	45	GB/T 11128
腐蚀性					
铜片腐蚀(100℃,2h)/ 级	不大于	1	1	1	GB/T 5096
银片腐蚀(50℃,4h)/ 级	不大于	1	1	1⑧	SH/T 0023
安定性				3.3	GB/T 9169
热安定性(260℃,2.5h)		—	—	小于 3 级,	
过滤器压力降/kPa	不大于			且无孔雀	
管壁评级				蓝色或异	
				常沉淀物	
洁净性					
实际胶质/(mg /100 mL)	不大于	5	5.0	7	GB/T 509,GB/T 8019⑨
水反应					GB/T 1793
体积变化/mL	不大于	1	1	—	
界面情况/级	不大于	1b	1b	1b	
分离程度/级	不大于	实测	实测	2⑩	
固体颗粒污染物含量/(mg/L)	不大于	—	—	1.0	SH/T 0093
机械杂质及水分⑪		无	无	—	GB/T 511,GB/T 260
导电性					
电导率(20℃)/(pS/m)		—	—	50～450⑫	GB/T 6539

续表

项　　目		1 号 GB 438—1977(1988)	2 号 GB 1788—1978(1988)	3 号 GB 6537—2006	试验方法
外观		—	—	室温下清澈透明，目视无不溶解水及固体物质	目测
颜色	不小于	—	—	+25⑬	GB/T 3555
润滑性 磨痕直径 WSD/mm	不大于	—	—	≤0.65⑭	SH/T 0687
灰分(质量分数)/%		≤0.005	≤0.005	—	GB 508

① 对于民用航空燃料的芳香烃含量(体积分数)规定为不大于 25.0%。

② 可采用 GB/T11140、GB/T17040。在有争议时，以 GB/T 380 测定结果为准。

③ 硫醇性硫和博士试验可任做一项，当两者出现争议时，以硫醇性硫为准。

④ 允许用 GB/T 255 测定馏程，如有争议则以 GB/T 6536 测定结果为准。

⑤ 如有争议，以 GB/T 2430 测定结果为准。

⑥ 对于民用航空燃料，此项指标不作要求。

⑦ 如有争议，以 GB/T 384 测定结果为准。

⑧ 对于民用航空燃料，此项指标不作要求。

⑨ 1 号、2 号喷气燃料按 GB/T 509 进行；3 号喷气燃料可按 GB/T 509 进行，如有争议，以 GB/T 8019 测定结果为准。

⑩ 对于民用航空燃料，不要求报告分离程度。

⑪ 将试样注入 100mL 玻璃量筒中，在 15～20℃下观察，如有争议，以 GB/T 511 和 GB/T 260 方法为准。

⑫ 如燃料不要求加抗静电剂，对此项指标不作要求，燃料离厂时一般要求电导率大于 150pS/m。

⑬ 对于民用航空燃料，从炼油厂输送到客户，输送过程中的颜色变化不允许超出以下要求：初始波赛特颜色大于 +25，变化不大于 8；初始波赛特颜色在 +25～+15 之间，变化不大于 5；初始波赛特颜色小于 +15，变化不大于 3。

⑭ 民用航空燃料要求 WSD 不大于 0.85mm。

注：经过铜精制工艺加工的 3 号喷气燃料，试样应按 SH/T 0182 方法测定铜离子含量，要求不大于 150μg/kg。

附录五　汽油机油质量标准

附表 5-1-1　汽油机油黏温性能要求（GB 11121—2006）

项　　目		低温动力黏度/mPa·s 不大于	边界泵送温度/℃ 不大于	运动黏度(100℃)/(mm²/s)	黏度指数 不小于	倾点/℃ 不高于
试验方法		GB/T 6538	GB/T 9171	GB/T 265	GB/T 1995、GB/T 2541	GB/T 3535
质量等级	黏度等级	—	—	—	—	—
SE、SF	0W-20	3250(−30℃)	−35	5.6～<9.3	—	−40
	0W-30	3250(−30℃)	−35	9.3～<12.5	—	
	5W-20	3500(−25℃)	−30	5.6～<9.3	—	−35
	5W-30	3500(−25℃)	−30	9.3～<12.5	—	
	5W-40	3500(−25℃)	−30	12.5～<16.3	—	
	5W-50	3500(−25℃)	−30	16.3～<21.9	—	
	10W-30	3500(−20℃)	−25	9.3～<12.5	—	−30
	10W-40	3500(−20℃)	−25	12.5～<16.3	—	
	10W-50	3500(−20℃)	−25	16.3～<21.9	—	

续表

项　目		低温动力黏度/mPa·s 不大于	边界泵送温度/℃ 不大于	运动黏度(100℃)/(mm²/s)	黏度指数 不小于	倾点/℃ 不高于
SE、SF	15W-30	3500(-15℃)	-20	9.3～<12.5	—	-23
	15W-40	3500(-15℃)	-20	12.5～<16.3	—	
	15W-50	3500(-15℃)	-20	16.3～<21.9	—	
	20W-40	4500(-10℃)	-15	12.5～<16.3	—	-18
	20W-50	4500(-10℃)	-15	16.3～<21.9	—	
	30	—	—	9.3～<12.5	75	-15
	40	—	—	12.5～<16.3	80	-10
	50	—	—	16.3～<21.9	80	-5

附表 5-1-2　汽油机油黏温性能要求（GB 11121—2006）

项　目		低温动力黏度/mPa·s 不大于	低温泵送黏度/mPa·s 在无屈服应力时,不大于	运动黏度(100℃)/(mm²/s)	高温高剪切黏度(150℃,10⁶s⁻¹)/mPa·s 不小于	黏度指数 不小于	倾点/℃ 不高于
试验方法		GB/T 6538、ASTM D 5293③	SH/T 0562	GB/T 265	SH/T 0618④、SH/T 0703、SH/T 0751	GB/T 1995、GB/T 2541	GB/T 3535
质量等级	黏度等级	—	—	—	—	—	—
SG、SH、GF-1①、SJ、GF-2②、SL、GF-3	0W-20	6200(-35℃)	60000(-40℃)	5.6～<9.3	2.6		-40
	0W-30	6200(-35℃)	60000(-40℃)	9.3～<12.5	2.9		
	5W-20	6600(-30℃)	60000(-35℃)	5.6～<9.2	2.6		-35
	5W-30	6600(-30℃)	60000(-35℃)	9.3～<12.5	2.9		
	5W-40	6600(-30℃)	60000(-35℃)	12.5～<16.3	2.9		
	5W-50	6600(-30℃)	60000(-35℃)	16.3～<21.9	3.7		
	10W-30	7000(-25℃)	60000(-30℃)	9.3～<12.5	2.9		-30
	10W-40	7000(-25℃)	60000(-30℃)	12.5～<16.3	2.9		
	10W-50	7000(-25℃)	60000(-30℃)	16.3～<21.9	3.7		
	15W-30	7000(-20℃)	60000(-25℃)	9.3～<12.5	2.9		-25
	15W-40	7000(-20℃)	60000(-25℃)	12.5～<16.3	3.7		
	15W-50	7000(-20℃)	60000(-25℃)	16.3～<21.9	3.7		
	20W-40	9500(-15℃)	60000(-20℃)	12.5～<16.3	3.7		-20
	20W-50	9500(-15℃)	60000(-20℃)	16.3～<21.9	3.7		
	30	—	—	9.3～<12.5	—	75	-15
	40	—	—	12.5～<16.3	—	80	-10
	50	—	—	16.3～<21.9	—	80	-5

① 10W 黏度等级低温动力黏度和低温泵送黏度的试验温度均升高 5℃,指标分别为:不大于 3500mPa·s 和 30000mPa·s。

② 10W 黏度等级低温动力黏度的试验温度升高 5℃,指标为:不大于 3500mPa·s。

③ GB/T 6538—2000 正在修订中,在新标准正式发布前 0W 油使用 ASTM D 5293—2004 方法测定。

④ 为仲裁方法。

附表 5-2-1　汽油机油模拟性能和理化性能要求 (GB 11121—2006)

项目		SE	SF	SG	SH	GF-1	SJ	GF-2	SL,GF-3	试验方法
						质量指标				
水分(体积分数)/%	不大于				痕迹					GB/T 260
泡沫性(泡沫倾向/泡沫稳定性)/(mL/mL)										
24℃	不大于	25/0	25/0	25/0	25/0	10/0	10/0	10/0	10/0	GB/T 12579①
93.5℃	不大于	150/0	150/0	150/0	150/0	50/0	50/0	50/0	50/0	
后24℃	不大于	25/0	25/0	25/0	25/0	10/0	10/0	10/0	10/0	
150℃	不大于	—	—	—	—	报告	200/50	200/50	100/0	SH/T 0722②
蒸发损失③(质量分数)/%	不大于		5W-30	10W-30	15W-40	0W和5W/所有其他多级油	0W-20,5W-20,5W-30,10W-30/所有其他多级油			
诺亚克法(250℃,1h)			25	20	18	25 / 20	22 / 20	22	15	SH/T 0059
或										
气相色谱法(371℃馏出量)										
方法1			20	17	15	20	—	—		SH/T 0558
方法2				17	15	17	15	17		SH/T 0695
方法3				17	15	17	15	17	10	ASTM D 6417
过滤性/%	不大于			5W-30,15W-40,10W-30　无要求						
EOFT流量减少						50	50	50	50	ASTM D 6795
EOWTT流量减少										ASTM D 6794
用0.6% H₂O						—	报告	—	50	
用1.0% H₂O						—	报告	—	50	
用2.0% H₂O						—	报告	—	50	
用3.0% H₂O						—	报告	—	50	
均匀性和混合性				不大于		与SAE参比油混合均匀				ASTM D 6922
高温沉积物/mg										
TEOST	不大于						60	60	—	SH/T 0750
TEOST MHT	不大于								45	ASTM D 7097
凝胶指数	不大于					12	无要求	12④	12④	SH/T 0732
机械杂质(质量分数)/%	不大于					0.01				GB/T 511
闪点(开口)/℃(黏度等级)	不低于			200(0W,5W 多级油);205(10W 多级油);215(15W,20W 多级油);220(30);225(40);230(50)				无要求		GB/T 3536
磷(质量分数)/%	不大于	见附表 5-2-2		0.12⑤		0.12	0.10⑥	0.10	0.10⑦	GB/T 17476⑧,SH/T 0296,SH/T 0631,SH/T 0749

① 对于 SG、SH、GF-1、SJ、GF-2、SL 和 GF-3。

② 为 1min 后测定稳定体积，对于 SL 和 GF-3 可根据需要确定是否首先进行步骤 A 试验。

③ 对于 SF、SG 和 SH，除规定了指标的 5W-30、10W-30 和 15W-40 之外的所有其他多级油均为"报告"。

④ 仅适用于 GF-2 和 GF-3，凝胶指数试验定义从 −5℃ 开始降温试验直到降温温度达到 40000mPa·s(40000cP) 时的温度或降温或温度达到 −40℃ 时的温度，任何一个结果先出现即视为试验结束。

⑤ 仅适用于 5W-20、5W-30 和 10W-30 黏度等级。

⑥ 仅适用于 0W-20、5W-20、5W-30 和 10W-30 黏度等级。

⑦ 仅适用于 0W-20、5W-20、0W-30、5W-30 和 10W-30 黏度等级。

⑧ 仲裁方法。

附表 5-2-2　汽油机油理化性能要求（GB 11121—2006）

项　目	质量指标		试验方法
	SE、SF	SG、SH、GF-1、SJ、GF-2、SL、GF-3	
碱值①（以 KOH 计）/(mg/g)	报告		SH/T 0251
硫酸盐灰分①（质量分数）/%	报告		GB/T 2433
硫①（质量分数）/%	报告		GB/T 387、GB/T 388、GB/T 11140、GB/T 17040、GB/T 17476、SH/T 0172、SH/T 0631、SH/T 0749
磷①（质量分数）/%	报告	见附表 5-2-1	GB/T 17476、SH/T 0296、SH/T 0631、SH/T 0749
氮①（质量分数）/%	报告		GB/T 9170、SH/T 0656、SH/T 0704

① 生产者在每批产品出厂时要向使用者或经销者报告该项目的实测值，有争议时以发动机台架试验结果为准。

附录六　石油产品试验用玻璃液体温度计技术条件

（摘自 GB/T 514—2005）

本标准适用于石油产品试验时，用于测定温度的玻璃液体温度计。

1. 术语和定义

（1）棒式温度计　温度计由棒状厚壁毛细管构成，感温泡与毛细管内的毛细孔相同。标尺刻线、数字、商标等直接刻印在棒状毛细管表面。

（2）内标式温度计　温度计为套管式，外套管内有内芯毛细管和独立的标尺板，感温泡与外套管和内芯毛细管相互熔接在一起。标尺刻线、数字、商标等刻印在乳白色的标尺上，标尺板与内芯毛细管、外套固定在一起。

（3）局浸温度计　当温度计的感温泡和液柱的规定部分浸没在被测介质内，才可正确显示温度读数的玻璃液体温度计。

（4）全浸温度计　当温度计的感温泡和所有液柱部分浸没在被测介质内，且浸入的液柱顶部与被测介质液面处于同一水平时，才可正确显示温度读数的玻璃液体温度计。在实际使用中，全浸温度计感温液柱顶部可露出被测温介质液面几毫米，以便读取示值。

（5）感温泡　即为玻璃液体温度计的感温部分。它位于温度计的下端，可容纳绝大部分液体的玻璃泡。

（6）中间泡　位于主标尺之下或在主标尺和辅助标尺之间的毛细孔扩张部分。可容纳上升到温度计下限刻线时膨胀的液体，可以使测量温度上限高的温度计标尺缩短。

（7）安全泡　位于毛细管顶端的毛细孔扩张部分。其作用是防止温度过高（气压过大）而使液体膨胀冲破温度计，还可用于接上中断的液柱。

2. 温度计类型

GB/T 514—2005《石油产品试验用玻璃液体温度计技术条件》中规定的玻璃液体温度计按结构分为棒式和内标式温度计（见附图 6-1），感温液体为汞（水银）、乙醇或汞合金，以温度计编号的各支温度计列于附表 6-1。

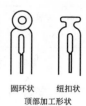

圆环状　　纽扣状
顶部加工形状

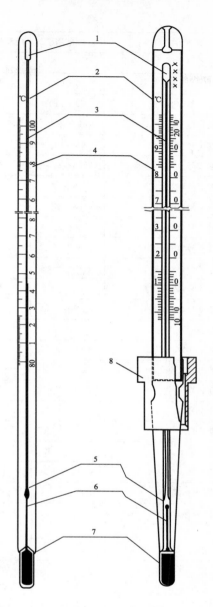

附图 6-1　石油产品试验用玻璃液体温度计示意图

1—安全泡；2—棒状毛细管（外套管）；3—毛细孔（内芯毛细管）；4—温度标尺（标尺板）；

5—中间泡；6—液柱；7—感温泡；8—金属套管

注：括号内为内标式温度计名称

附表 6-1　石油产品试验用玻璃液体温度计编号表

温度计编号	温度计名称	温度范围/℃	浸没深度/mm	分度值/℃	应用方法标准号
GB-1	闭口闪点 1 号（内标式）	−30～170	55	1	GB/T 261
GB-2	闭口闪点 2 号（内标式）	100～300	55	1	GB/T 261
GB-3	开口闪点 1 号（内标式）	0～360	45	1	GB/T 267、GB/T 509
GB-4	开口闪点 1 号	0～360	45	1	GB/T 267、SH/T 0059、SH/T 0561

温度计编号	温度计名称	温度范围/℃	浸没深度/mm	分度值/℃	应用方法标准号
GB-5	开口闪点 2 号	−6～400	25	2	GB/T 3536
GB-6	恩氏黏度 1 号（内标式）	0～60	90	0.5	GB/T 266
GB-7	恩氏黏度 2 号（内标式）	50～110	90	0.5	GB/T 266
GB-8	沥青恩氏黏度	19～27	90	0.1	SH/T 0099.1
GB-9	运动黏度 1 号（内标式）	98～102	全浸	0.1	GB/T 265
GB-10	运动黏度 2 号（内标式）	78～82	全浸	0.1	GB/T 265
GB-11	运动黏度 3 号（内标式）	48～52	全浸	0.1	GB/T 265
GB-12	运动黏度 4 号（内标式）	38～42	全浸	0.1	GB/T 265
GB-13	运动黏度 5 号（内标式）	18～22	全浸	0.1	GB/T 265、SH/T 0685
GB-14	运动黏度 6 号（内标式）	−2～2	全浸	0.1	GB/T 265
GB-15	运动黏度 7 号（内标式）	−22～−18	全浸	0.1	GB/T 265
GB-16	运动黏度 8 号（内标式）	−32～−28	全浸	0.1	GB/T 265
GB-17	运动黏度 9 号（内标式）	−42～−38	全浸	0.1	GB/T 265
GB-18	运动黏度 10 号（内标式）	−52～−48	全浸	0.1	GB/T 265
GB-19	运动黏度 11 号（内标式）	−62～−58	全浸	0.1	GB/T 265
GB-20	沥青黏度 1 号	58.6～61.4	全浸	0.05	SH/T 0557
GB-21	沥青黏度 2 号	133.6～136.4	全浸	0.05	SH/T 0557
GB-22	布氏黏度 1 号	−45～−35	全浸	0.1	GB/T 11145
GB-23	布氏黏度 2 号	−35～−25	全浸	0.1	GB/T 11145
GB-24	布氏黏度 3 号	−25～−15	全浸	0.1	GB/T 11145
GB-25	布氏黏度 4 号	−15～−5	全浸	0.1	GB/T 11145
GB-26	滴点 1 号（内标式）	0～150	全浸	1	SH/T 0115
GB-27	滴点 2 号（内标式）	100～250	全浸	1	SH/T 0115
GB-28	滴点 3 号	−5～300	76	1	GB/T 4929、SH/T 0089、SH/T 0430
GB-29	滴点 4 号	−5～400	76	1	GB/T 3498、GB/T 8019、SH/T 0661
GB-30	凝点（内标式）	−30～60	150	1	GB/T 510
GB-31	结晶点、凝点 1 号（内标式）	−80～60	75	1	SH/T 0179、SH/T 0644
GB-32	结晶点、凝点 2 号（内标式）	−60～60	75	1	SH/T 0179
GB-33	石蜡冻凝点	20～100	全浸	0.5	SH/T 0132
GB-34	熔点	38～82	79	0.1	GB/T 2539
GB-35	石蜡滴熔点	32～127	79	0.2	GB/T 8026、SH/T 0100
GB-36	浊点、倾点 1 号	−80～20	76	1	GB/T 3535、GB/T 6986、SH/T 0030、SH/T 0248
GB-37	浊点、倾点 2 号	−38～50	108	1	GB/T 3535、GB/T 6986、SH/T 0030、SH/T 0603、SH/T 0248

续表

温度计编号	温度计名称	温度范围/℃	浸没深度/mm	分度值/℃	应用方法标准号
GB-38	冰点	−80～20	全浸	0.5	SH/T 2430
GB-39	冷却液冰点 1 号	−37～2	100	0.2	SH/T 0090
GB-40	冷却液冰点 2 号	−54～15	100	0.2	GB/T 0090
GB-41	苯结晶点	4～6	全浸	0.02	GB/T 3145
GB-42	软化点	30～180	全浸	0.5	GB/T 4507、SH/T 0639
GB-43	脆裂点	−38～30	250	0.5	GB/T 4510
GB-44	蒸馏 1 号（内标式）	0～360	全浸	1	GB/T 255
GB-45	蒸馏 2 号	0～360	全浸	1	GB/T 255
GB-46	蒸馏 3 号	−2～300	全浸	1	GB/T 6536、SH/T 0326
GB-47	蒸馏 4 号	−2～400	全浸	1	GB/T 6536
GB-48	润滑油泡沫	−20～102	全浸	0.2	GB/T 12579、GB/T 1884、SH/T 0068
GB-49	冷却液泡沫	−20～150	76	1	SH/T 0066
GB-50	液化气挥发性	−50～5	35	0.2	GB/T 13287
GB-51	蒸发损失 1 号	95～155	全浸	0.2	GB/T 7325
GB-52	蒸发损失 2 号	155～170	全浸	0.5	GB/T 5304、GB/T 11964
GB-53	防锈油蒸发量	100～115	全浸	0.5	SH/T 0035
GB-54	蒸气压 1 号	34～42	全浸	0.1	GB/T 6602、GB/T 8017
GB-55	蒸气压 2 号	40～70	全浸	0.1	GB/T 6602
GB-56	破乳化	−1～105	全浸	0.5	SH/T 0191
GB-57	氧化特性 1 号	80～100	76	0.1	GB/T 12581、SH/T 0565
GB-58	氧化特性 2 号	72～126	100	0.2	GB/T 12581、SH/T 0124、SH/T 0565
GB-59	氧化安定性 1 号	98～152	100	0.2	GB/T 12580、SH/T 0722
GB-60	氧化安定性 2 号	95～103	全浸	0.1	GB/T 7325、GB/T 8018、SH/T 0060、SH/T 0325、SH/T 0585、SH/T 0702
GB-61	热安定性 1 号	165～180	全浸	0.5	SH/T 0560
GB-62	热安定性 2 号	145～160	全浸	0.5	SH/T 0560
GB-63	热安定性 3 号	130～145	全浸	0.5	SH/T 0560
GB-64	老化特性	195～205	100	0.1	GB/T 12709、SH/T 0192
GB-65	密度 1 号	−5～25	全浸	0.1	GB/T 13377
GB-66	密度 2 号	20～45	全浸	0.1	GB/T 13377
GB-67	密度 3 号	40～65	全浸	0.1	GB/T 13377

温度计编号	温度计名称	温度范围/℃	浸没深度/mm	分度值/℃	应用方法标准号
GB-68	密度4号	−1~38	全浸	0.1	GB/T 1884
GB-69	液化气密度	−15~45	全浸	0.2	SH/T 0221
GB-70	石蜡含油量	−37~21	76	0.5	GB/T 3554、SH/T 0638
GB-71	石蜡针入度	25~55	全浸	0.1	GB/T 1985
GB-72	油罐温度计1号	−34~52	全浸	0.5	GB/T 8927
GB-73	油罐温度计2号	−16~82	全浸	0.5	GB/T 8927
GB-74	油罐温度计3号	50~240	全浸	1	GB/T 8927
GB-75	苯胺点1号	−38~42	50	0.2	GB/T 262
GB-76	苯胺点2号	25~105	50	0.2	GB/T 262
GB-77	苯胺点3号	90~170	50	0.2	GB/T 262

3. 温度计校正与检定

（1）温度计校正　全浸温度计或局浸温度计应在规定的使用条件下使用。若全浸温度计或局浸温度计未在规定的浸没深度条件下使用或局浸温度计使用时露出液柱温度与规定的露出液柱平均温度不符时，温度计露出液柱温度的参考校正方法如下。

当全浸温度计局浸使用时，可按式（附6-1）进行露出液柱温度校正。

$$\Delta t_{露} = kh(t - t_1) \qquad\qquad (附 6\text{-}1)$$

式中　$\Delta t_{露}$——露出液柱温度校正值，℃；

　　　　k——感温液体在温度计毛细管玻璃中的视膨胀系数，℃$^{-1}$，一般对汞（水银）和汞铊合金 k 为 0.00016℃$^{-1}$，乙醇为 0.00104℃$^{-1}$，甲苯为 0.00103℃$^{-1}$，戊烷为 0.00145℃$^{-1}$；

　　　　h——与露出液柱高度相当的温度数，即温度计的指示温度与相应规定浸没深度的实际温度或外推温度值之差值，℃；

　　　　t——露出液柱的平均温度（使用辅助温度计，置于露出液柱的下部 1/4 位置上测量得到），℃；

　　　　t_1——温度计感温泡的温度，℃。

当局浸温度计全浸使用时，可按式（附6-2）进行液柱温度校正。

$$\Delta t = kh(t_s - t_1) \qquad\qquad (附 6\text{-}2)$$

式中　Δt——浸入液柱温度校正值，℃；

　　　　t_s——规定露出液柱的平均温度（参见附表6-2），℃。

k、h、t_1 的意义同式（附6-1）。

当在规定的浸入深度下使用局浸温度计时，若露出液柱温度与规定的露出液柱平均温度不同，可按式（附6-3）进行露出液柱温度校正。

$$\Delta t_{露} = kh(t_s - t) \qquad\qquad (附 6\text{-}3)$$

式中　$\Delta t_{露}$——露出液柱温度校正值，℃。

k、h、t_s、t 的意义同式（附6-1）、式（附6-2）。

附表 6-2　部分温度计的规定露出液柱平均温度

温度计编号	温度计名称	检定点(C)及露出液柱平均温度(E)/℃	
GB-5	开口闪点 2 号	C	0、100、200、300、370
		E	18、44、64、91、115
GB-28	滴点 3 号	C	0、50、100、150、200、250、300
		E	19、35、49、61、70、76、80
GB-29	滴点 4 号	C	0、100、200、300、400
		E	19、50、75、89、94
GB-34	熔点	C	40、50、60、70、80
		E	25(全范围)
GB-35	石蜡滴熔点	C	40、60、80、100、120
		E	25(全范围)
GB-36	浊点、倾点 1 号	C	−70、−35、0、20
		E	21(全范围)
GB-37	浊点、倾点 2 号	C	−35、0、50
		E	21(全范围)
GB-39	冷却液冰点 1 号	C	−35、−20、0
		E	15、20、25
GB-40	冷却液冰点 2 号	C	−50、−30、−15
		E	−5、15、25
GB-43	脆裂点	C	−30、0、30
		E	15(全范围)
GB-49	冷却液泡沫	C	−20、0、50、100、150
		E	15、22、30、33、36
GB-50	液化气挥发性	C	−46、−32、−18、0
		E	−23(全范围)
GB-57	氧化特性 1 号	C	80、90、100
		E	30(全范围)
GB-58	氧化特性 2 号	C	75、90、105、125
		E	30(全范围)
GB-59	氧化安定性 1 号	C	100、115、130、150
		E	30、33、35、35
GB-64	老化特性	C	195、205
		E	40(全范围)
GB-70	石蜡含油量	C	−35、−18、0、20
		E	21(全范围)
GB-75	苯胺点 1 号	C	−35、−20、0、20、40
		E	5、15、20、25、30
GB-76	苯胺点 2 号	C	25、50、75、100
		E	25、40、45、45
GB-77	苯胺点 3 号	C	100、130、160
		E	70、60、50

（2）检定温度计　温度计应按照国家计量检定规程 JJG 50 和国家计量检定部门的其他有关规定和标准方法，并按附表 6-3 所列的各点进行检定；温度计的检定周期应按照国家计

量检定规程 JJG 50 的规定周期进行检定（最长不得超过 1 年）；温度计应在检定有效期内使用；所有温度计都应严格符合本技术条件的要求并附有检定证书。

附表 6-3　温度计的检定点

温度计编号	温度计名称	检定点/℃	温度计编号	温度计名称	检定点/℃
GB-1	闭口闪点 1 号	−20、0、50、100、150	GB-40	冷却液冰点 2 号	−50、−30、−15
GB-2	闭口闪点 2 号	100、150、200、250、300	GB-41	苯结晶点	0、4、5、6
GB-3	开口闪点 1 号	0、100、200、300	GB-42	软化点	30、80、120、180
GB-4	开口闪点 1 号	0、100、200、300	GB-43	脆裂点	−30、0、30
GB-5	开口闪点 2 号	0、100、200、300、370	GB-44	蒸馏 1 号	0、50、100、150、200、250、300
GB-6	恩氏黏度 1 号	0、20、40、50	GB-45	蒸馏 2 号	0、50、100、150、200、250、300
GB-7	恩氏黏度 2 号	50、80、100	GB-46	蒸馏 3 号	0、50、100、150、200、250、300
GB-8	沥青恩氏黏度	20、25	GB-47	蒸馏 4 号	0、100、200、300、370
GB-9	运动黏度 1 号	100	GB-48	润滑油泡沫	−20、−10、0、10、20、30、40、50、60、70
GB-10	运动黏度 2 号	80	GB-49	冷却液泡沫	−20、0、50、100、150
GB-11	运动黏度 3 号	50	GB-50	液化气挥发性	−46、−32、−18、0
GB-12	运动黏度 4 号	40	GB-51	蒸发损失 1 号	0、100、110、130、150
GB-13	运动黏度 5 号	20	GB-52	蒸发损失 2 号	155、163、170
GB-14	运动黏度 6 号	0	GB-53	防锈油蒸发量	100、115
GB-15	运动黏度 7 号	−20	GB-54	蒸气压 1 号	38、41
GB-16	运动黏度 8 号	−30	GB-55	蒸气压 2 号	0、40、50、60、70
GB-17	运动黏度 9 号	−40	GB-56	破乳化	0、50、100
GB-18	运动黏度 10 号	−50	GB-57	氧化特性 1 号	80、90、100
GB-19	运动黏度 11 号	−60	GB-58	氧化特性 2 号	75、90、105、125
GB-20	沥青黏度 1 号	0、60、61	GB-59	氧化安定性 1 号	100、115、130、150
GB-21	沥青黏度 2 号	0、135、136	GB-60	氧化安定性 2 号	99、102
GB-22	布氏黏度 1 号	−45、−40、−35	GB-61	热安定性 1 号	165、170、180
GB-23	布氏黏度 2 号	−35、−30、−25	GB-62	热安定性 2 号	145、150、160
GB-24	布氏黏度 3 号	−25、−20、−15	GB-63	热安定性 3 号	130、135、145
GB-25	布氏黏度 4 号	−15、−10、−5	GB-64	老化特性	195、205
GB-26	滴点 1 号	0、50、100、150	GB-65	密度 1 号	0、10、20
GB-27	滴点 2 号	100、150、200、250	GB-66	密度 2 号	20、30、40
GB-28	滴点 3 号	0、50、100、150、200、250、300	GB-67	密度 3 号	40、50、60
GB-29	滴点 4 号	0、100、200、300、400	GB-68	密度 4 号	0、10、20、30、35
GB-30	凝点	−20、0、50	GB-69	液化气密度	−15、0、15、30、45
GB-31	结晶点、凝点 1 号	−60、−40、−20、0、50	GB-70	石蜡含油量	−35、−18、0、20
GB-32	结晶点、凝点 2 号	−50、−40、−20、0、50	GB-71	石蜡针入度	0、25、35、45、55
GB-33	石蜡冻凝点	25、50、75、100	GB-72	油罐温度计 1 号	−30、0、25、45
GB-34	熔点	40、50、60、70、80	GB-73	油罐温度计 2 号	0、25、55、80
GB-35	石蜡滴熔点	40、60、80、100、120	GB-74	油罐温度计 3 号	50、100、200、240
GB-36	浊点、倾点 1 号	−70、−35、0、20	GB-75	苯胺点 1 号	−35、−20、0、20、40
GB-37	浊点、倾点 2 号	−35、0、50	GB-76	苯胺点 2 号	25、50、75、100
GB-38	冰点	−75、−60、−40、0	GB-77	苯胺点 3 号	100、130、160
GB-39	冷却液冰点 1 号	−35、−20、0			

4. 温度计的标志

棒式温度计在刻度面上、内标式温度计在标尺板正面刻印有℃（或 C）的标志，且棒式温度计在釉带背面、内标式温度计在标尺板背面刻印下列标志：

(1) 温度计编号（内标式温度计编号刻在标尺板正面）；

(2) 制造厂商标；

(3) CMC 计量标志；

(4) 制造年月；

(5) 温度计的名称。

5. 温度计的包装和贮存

每支温度计应装在合适的盒子中，盒上应标注温度计编号以及温度范围。包装后的温度计应贮存在－30～40℃、相对湿度不超过80％、无腐蚀性气体和通风良好的室内。

附录七　职业技能鉴定模拟试题

共列出 6 套职业技能模拟试题，重点展示评分记录表中的技能考核点（评分要素），为在教学中对实训项目技能考核点的分解与评定提供样例。

1. 汽油馏程的测定（GB/T 6536—2010）　　　　　　　　　　　　（考核时间：70min）

序号	考核要点	评 分 要 素	配分	评 分 标 准	扣分	得分	备注
1	试样及仪器的准备	应检查温度计、量筒及蒸馏瓶合格	2	一项未检查，扣1分			
2		取样时试样应均匀	2	未摇匀，扣2分			
3		测量试油温度是否在规定范围	2	不测量试油温度，扣2分			
4		观察试样体积时量筒应垂直	2	量筒不垂直，扣2分			
5		蒸馏烧瓶应干净	2	蒸馏烧瓶不干净，扣2分			
6		应擦拭冷凝管内壁	2	未擦拭，扣2分			
7		向蒸馏烧瓶中加试样时蒸馏烧瓶支管应向上	2	支管未向上，扣2分			
8		温度计安装符合要求	4	不符合要求，扣2～4分			
9		蒸馏瓶安装不能倾斜	2	蒸馏瓶安装倾斜，扣2分			
10		冷凝管出口插入量筒深度应不小于25mm,并不应低于100mL标线	2	不符合要求，扣2分			
11	蒸馏过程	冷凝管出口在初馏后应靠量筒壁	2	不符合要求，扣2分			
12		初馏时间 5～10min	4	不符合要求，扣4分			
13		冷浴温度应保持 0～1℃	2	不符合要求，扣2分			
14		初馏到回收 5％时间应是 60～100s	2	不符合要求，扣2分			
15		馏出速度符合要求	4	过快或过慢，扣2～4分			
16		观察温度时视线水平	2	不符合要求，扣2分			
17		记录规定温度	4	漏记录一次，扣2分			
18		测定残留量	4	未测定残留量，扣4分			
19		记录大气压和室温	2	未记录，扣2分			
20		会用秒表	2	不会用，扣2分			
21		记录无涂改、漏写	2	涂改、漏写，每处扣1分			
22		试验结束后关电源	2	不会用，扣2分			
23		试验台面应整洁	2	不整洁，扣2分			
24		正确使用仪器	8	打破仪器,每件扣2分			
25		试验中不能起火	10	试验中起火,扣5～10分			

序号	考核要点	评 分 要 素	配分	评 分 标 准	扣分	得分	备注
26		温度计读数应补正	4	未补正或补正错误,每处扣2分			
27	结果报出	结果换算为蒸发温度	10	算错一点,扣2分			
28		结果修理符合规定	2	不符合规定,扣2分			
29		结果应准确	5	结果超差,扣1～5分			
30	清理桌面	台面整洁干净	5	台面乱扣5分			
		合计	100				

考评员：　　　　　　　　　　记录员：　　　　　　　　　　　年　月　日

2. 柴油闪点的测定（宾斯基-马丁闭口杯法）（GB/T 261—2008）　（考核时间：50min）

序号	考核要点	评 分 要 素	配分	评 分 标 准	扣分	得分	备注
1		检查温度计、仪器合格	5	一项未检查,扣2分			
2		取样前应摇匀试样	5	未摇匀,扣5分			
3	试样及仪器的准备	取样前,试样应不含溶解水	5	超过标准未脱水,扣5分			
4		试验杯、杯盖与其他附件要用清洗剂洗涤,并用空气吹干	5	不符合要求,扣2～5分			
5		试样注入试验杯环状标记处	5	量取不准,扣5分			
6		闪点测定仪应放在避风和较暗的地方	5	环境不符合要求,扣5分			
7		升温开始应搅拌	5	未搅拌,扣2～5分			
8		升温速度应正确	5	过快或过慢,每次扣2分			
9		点火火焰大小合适	5	不符合要求,扣5分			
10	闭口闪点的测定	点火前应停止搅拌	5	不按规定操作,每次扣2分			
11		点火后应打开搅拌开关	5	不按规定操作,每次扣2分			
12		发现闪火后,应继续进行试验	5	不按规定操作,扣5分			
13		正确使用仪器	5	试验中打破仪器,扣5分			
14		试验结束后关电源	5	未关电源,扣5分			
15		记录大气压	5	未记录,扣5分			
16	记录与结果的计算	记录无涂改、漏写	5	一处不符,扣2～3分			
17		大气压力对闪点有影响,应进行修正	5	未修正或修正不正确,扣2～5分			
18		结果应准确	5	结果超差,扣2～5分			
19	清理桌面	操作完成后,洗净仪器	5	清洗不正确,扣5分			
20		试验台面应整洁	5	不整洁,扣5分			
		合计	100				

考评员：　　　　　　　　　　记录员：　　　　　　　　　　　年　月　日

3. 汽油机油运动黏度的测定（GB/T 265—1988）　（考核时间：150min）

序号	考核要点	评分要素	配分	评分标准	扣分	得分	备注
1		检查仪器及计量器具（秒表、黏度计、温度计等）	6	未检查，各扣2分			
2		试样含有水或机械杂质时，在试验前必须经过脱水处理，用滤纸过滤除去机械杂质	6	不符合规定，各扣3分			
3		恒温浴应恒定在100℃±0.1℃	3	不符合要求，扣3分			
4	试样及仪器的准备	选择黏度计内径应符合要求	5	不符合要求，扣5分			
5		试样装入黏度计手法要正确	5	不符合要求，扣5分			
6		将黏度计管身的管端外壁所沾着的多余试样擦去	5	黏度计外壁试样未处理，扣5分			
7		将黏度计固定在恒温浴中，必须把毛细管黏度计的扩张部分5浸入一半	5	位置不正确，扣5分			
8		温度计要利用另一支夹子固定，务使水银球的位置接近毛细管中央点的水平面，并使温度计上要测温的刻度位于恒温浴的液面上10mm处	5	温度计安装位置不正确，扣5分			
9		将黏度计调整成为垂直状态，要利用铅垂线从两个相互垂直的方向去检查毛细管的垂直情况	5	未用铅垂线调整垂直状态，扣5分			
10	运动黏度的测定	恒温100℃±0.1℃，20min	5	不符合要求，扣2～5分			
11		利用毛细管黏度计管身所套的橡皮管将试样吸入扩张部分中，使试样液面高于标线	5	不符合要求，扣5分			
12		不要让毛细管和扩张部分中的试样产生气泡或裂隙	3	不符合要求，扣3分			
13		液面恰好到达标线a时，开动秒表；液面正好流到标线b时，停止计时	3	液面位置读错，扣3分			
14		应重复测定，至少4次	5	不符合要求，扣5分			
15	计算结果及精密度	单次测定流动时间与平均流动时间的差值不超过允许范围	5	不符合要求，扣5分			
16		100℃运动黏度的计算公式及结果正确	5	不符合要求，扣3～5分			
17		正确书写记录，重复性不超过算术平均值的1.0%	9	不符合要求，扣5～9分			
18		取重复测定两个结果的算术平均值，作为试样的运动黏度，取四位有效数字	5	不符合要求，扣5分			
19	清理桌面	操作完成后，洗净仪器	5	清洗不正确，扣5分			
20		试验台面应整洁	5	不整洁，扣5分			
		合计	100				

考评员：　　　　　　　　　记录员：　　　　　　　　　年　月　日

4. 柴油凝点的测定[GB/T 509—1983(1991)] (考核时间:60min)

序号	考核要点	评分要素	配分	评分标准	扣分	得分	备注
1	试样及仪器的准备	检查温度计合格	2	未检查,扣2分			
2		取样前摇匀试样	2	未摇匀,扣2分			
3		若试样含水量大于产品标准允许范围,必须先行脱水	5	未检查、脱水,扣5分			
4		试管应清洁、干燥	2	不符合要求,扣2分			
5		往试管中注入试样,使液面至环形刻线处	5	取量不准,扣5分			
6		温度计安装前应干净	2	不干净,扣2分			
7		用软木塞将温度计固定在试管中央,水银球距管底8~10mm	5	不符合要求,扣5分			
8		加热水浴应恒温在50℃±1℃范围	2	不符合要求,扣2分			
9		试样应预先加热至50℃±1℃	2	不符合要求,扣2分			
10		试样预热后应在室温中降温至35℃±5℃	2	不符合要求,扣2分			
11		冷浴温度比预期凝点低7~8℃	5	不符合要求,扣5分			
12		外套管浸入冷却剂的深度不应少于70mm	5	不符合要求,扣5分			
13	凝点的测定	当试样冷却到预期凝点时,将浸在冷却剂中的试管倾斜45°,保持1min,然后小心取出仪器,迅速地用工业乙醇擦拭套管外壁,垂直放置仪器,透过套管观察试样液面是否有过移动	10	不符合要求,扣2~10分			
14		重复试验预热到50℃±1℃,然后用比前次低4℃的温度重新测定	5	不符合要求,扣5分			
15		确定试样凝点	5	不符合要求,扣5分			
16		重复测定,第二次测定时的开始试验温度要比第一次测出的凝点高2℃	2	不符合要求,扣2分			
17		试验结束后关闭电源	5	未关电源,扣5分			
18	计算结果及精密度	合理使用记录纸	2	作废记录纸一张,扣1分			
19		记录无涂改、漏写	2	一处不符,扣1分			
20		取重复测定两次结果的算术平均值,作为试样的凝点	5	未取平均值,扣5分			
21		同一操作者重复测定两次,结果之差不应超过2℃	10	结果超差,扣5~10分			
22	清理桌面	试验过程中无不安全事故发生	5	发生不安全事故,扣5~10分			
23		正确使用仪器	5	打破仪器,扣2~5分			
24		试验台面应整洁	5	不整洁,扣5分			
	合计		100				

考评员: 记录员: 年 月 日

5. 石油产品硫含量的测定(燃灯法)[GB/T 380—1977(1988)]　　(考核时间:300min)

序号	考核要点	评 分 要 素	配分	评 分 标 准	扣分	得分	备注
1	试样及仪器的准备	各器皿用蒸馏水洗净	2	不符合要求,扣2分			
2		灯及灯芯用石油醚洗涤,并干燥	3	不符合要求,扣3分			
3		按试样硫含量预测数据确定装样量	2	不符合要求,扣2分			
4		处理好灯芯,并调整火焰高度	3	不符合要求,扣3分			
5		规范操作天平,并准确称量	3	不符合要求,扣3分			
6 7		空白样中注入标准正庚烷或95%乙醇或汽油	3	不符合要求,扣3分			
8		正确连接仪器,系统气密性良好	2	不符合要求,扣2分			
		玻璃珠装入高度约达2/3	2	不符合要求,扣2分			
9		用吸量管准确注入0.3%碳酸钠溶液10mL,用量筒注入蒸馏水10mL	5	不符合要求,扣2~5分			
10	分析测定	点灯后及时放在烟道下面	2	不符合要求,扣2分			
11		用不含硫火苗点灯	3	不符合要求,扣3分			
12		每个灯火焰高度调整为6~8mm	2	不符合要求,扣2分			
13		空气流速保持均匀,使火焰不带黑烟	3	不符合要求,扣3分			
14		待试样燃烧完毕后,再熄灭灯	2	不符合要求,扣2分			
15		熄灭灯后,要盖上灯罩	3	不符合要求,扣3分			
16		熄灭再经过3~5min后,关闭水流泵	2	不符合要求,扣2分			
17		准确称量燃烧完毕后的灯体	3	不符合要求,扣3分			
18		用蒸馏水喷射洗涤器皿	2	不符合要求,扣2分			
19		收集洗涤蒸馏水,合并至吸收器中		收集过程有散失,扣3分			
20		在吸收器中加入1~2滴指示剂	2	不符合要求,扣2分			
21		加入指示剂后,应呈现绿色	3	溶液呈红色应返工,扣3分			
22		滴定前,应先搅拌溶液	2	不符合要求,扣2分			
23		正确观察终点颜色变化	3	不符合要求,扣3分			
24	记录填写	记录无错误,无涂改,无杠改	10	每错误一处扣2分,涂改一处扣2分,杠改一处扣0.5分			
25	结果考察	计算公式及结果正确	20	计算公式或结果不正确扣20分			
26		精密度符合规定		精密度不符合规定,扣20分			
27	清理桌面	台面整洁,仪器摆放整齐	10	不符合要求,扣2~5分			
28		试验中,没有发生仪器破损		仪器破损扣10分,严重的,停止操作			
29		正确处理废液、废药		未正确处理,扣2~5分			
		合计	100				

考评员:　　　　　　　记录员:　　　　　　年　月　日

6. 石油沥青针入度的测定(GB/T 4509—2010)　　(考核时间:170min)

序号	考核要点	评 分 要 素	配分	评 分 标 准	扣分	得分	备注
1	试样及仪器的准备	检查仪器设备是否齐全	2	未检查,扣2分			
2		小心加热试样,不断搅拌以防局部过热,直到试样能够流动	3	未均匀搅拌,扣3分			
3		试样倒入两个试样皿中,试样深度应大于预计穿入深度的120%	3	不符合要求,扣3分			
4		在规定室温下,冷却时间应符合规定	2	不符合要求,扣2分			
5		试样皿和平底玻璃皿一起放入25℃±0.1℃恒温水浴中,水面应没过试样表面10mm以上	10	温度、操作不符合要求,扣5~10分			
6		两个试样皿和平底玻璃皿在水浴中的恒温时间应符合要求	5	恒温时间不符合要求,扣5分			

续表

序号	考核要点	评 分 要 素	配分	评 分 标 准	扣分	得分	备注
7	针入度的测定	调节针入度计水平	2	未调节针入度计水平,扣2分			
8		检查针连杆和导轨,确保上面没有水和其他物质	5	不符合要求,扣2~5分			
9		先用合适的溶剂将针擦干净,再用干净的布擦干	5	不符合要求,扣2~5分			
10		将针插入针连杆中固定,按试验条件放好砝码	5	不符合要求,扣2~5分			
11		调节针入度计表盘读数指零	5	不符合要求,扣5分			
12		用手紧压按钮,同时启动秒表	5	不符合要求,扣2~5分			
13		到规定的时间停压按钮,使标准针停止移动	3	计时不同步,扣3分			
14		慢慢放下针连杆,使针尖刚刚接触到试样的表面,必要时用放置在合适位置的光源反射来观察	5	不符合要求,扣5分			
15		拉下活杆,再使其与针连杆顶端相接触,此时表盘指针读数即为试样的针入度,用0.1mm表示	10	不符合要求,扣5~10分			
16		同一试样至少重复测定3次。每一试验点的距离和试验点与试样皿边缘的距离都不得小于10mm。每次试验前都应将试样和平底玻璃皿放入恒温水浴中,每次测定都要用干净的针	10	不符合要求,扣5~10分			
17	计算结果	取三次测定针入度的平均值作为实验结果(取至整数)	5	不符合要求,扣2~5分			
18		取重复测定两次结果的差值不超过平均值的4%	5	不符合要求,扣2~5分			
19	清理桌面	正确使用仪器	5	打破仪器,扣2~5分			
20		试验台面应整洁	5	不整洁,扣5分			
		合计	100				

考评员: 　　　　　　　记录员: 　　　　　　　年　　月　　日

参 考 文 献

[1] 王宝仁. 油品分析. 北京：高等教育出版社，2007.

[2] 潘翠娥，杜桐林. 石油分析. 武汉：华中理工大学出版社，1991.

[3] 徐春明，杨朝合. 石油炼制工程. 第 4 版. 北京：石油工业出版社，2009.

[4] 李树培. 石油加工工业学. 北京：中国石化出版社，1992.

[5] 廖克俭，戴跃玲，丛玉凤. 北京：化学工业出版社，2005.

[6] 中国石油化工股份有限公司科技开发部. 石油产品行业标准汇编 2010. 北京：中国石化出版社，2011.

[7] 庞荔元. 油品分析员读本. 北京：中国石化出版社，2007.

[8] 中国石油化工集团公司职业技能鉴定指导中心. 石油分析工. 北京：中国石化出版社，2008.

[9] 谢泉，顾军慧. 润滑油品研究与应用指南. 第 2 版. 北京：中国石化出版社，2011.

[10] 中国石油化工集团公司职业技能鉴定指导中心. 化工分析. 北京：中国石化出版社，2005.

[11] 姜学信. 石油产品分析. 北京：化学工业出版社，1999.

[12] 孙乃有，甘黎明. 石油产品分析. 北京：化学工业出版社，2012.

[13] 中国石油天然气集团公司人事服务中心. 油品分析工. 东营：中国石油大学出版社，2005.

[14] 熊云，李晓东，许世海. 油品应用及管理. 北京：中国石化出版社，2004.

[15] 汽油柴油质量检验编委会. 汽油柴油质量检验. 沈阳：辽宁大学出版社，2005.

[16] 中国石油化工总公司销售公司. 新编石油商品知识手册. 修订本. 北京：中国石化出版社，1996.

[17] 施代权，赵修从. 石油化工安全生产知识. 北京：中国石化出版社，2001.

[18] 张金锐，伍意玉. 石油化工分析基础知识问答. 北京：中国石化出版社，1996.

[19] 王雷，李会鹏编著. 炼油工艺学. 北京：中国石化出版社，2011.

[20] 康明艳，卢锦华. 润滑油生产与应用. 北京：化学工业出版社，2012.